研究所、甄試、高考、特考

電子電路題庫大全（中）

（結合補習界及院校教學精華的著作）

賀升　蔡曜光　編著

賀序

　　電子學是一門繁重的科目，如果沒有一套研讀的技巧，往往是讀後忘前，本人累積補界經驗，將本書歸納分類成題型及考型，並將歷屆研究所、高考、特考題目依題型考型分類。如此，有助同學在研讀時加深印象，熟悉題解技巧。並能在考試時，遇到題目，立即判知是屬何種題型下的考型，且知解題技巧。

　　本人深知同學在研讀電子學時的困擾：教科書內容繁雜，難以吞嚥。坊間考試叢書，雖然有許多優良著作，但依然分章分節，且將二技、甄試插大、普考等，全包含在內，造成同學無法掌握出題的方向。其實不同等級的考試，自然有不同的出題方向，及解題技巧。混雜一起，不但不能使自己功力加深，反而遇題難以下筆。本人深知以出題方向而言，二技、插大、甄試、普考是屬於同一類型。而高考、高等特考、研究所又是屬於另一類型。因此本書方向正確。再則，同學看題解時，往往不知此式如何得來？為何如此解題？也就是說題解交待不清，反而增加同學的困惑。本人站在同學的立場，加以深思，如何編著方能有助同學自習？因此本書有以下的重大的特色：

1. 應考方向正確——不混雜不同等級的考試內容
2. 題型考型清晰——即出題教授的出題方向
3. 題解井然有序——以建立邏輯思考能力
4. 理論精簡扼要——去蕪存菁方便理解
5. 英文題有簡譯——增加應考的臨場感

本人才疏學淺，疏漏之處在所難免。尚祈各界先進不吝指正，不勝感激（板橋郵政13之60號信箱，e－mail：ykt＠kimo.com.tw）

誌謝

謝謝揚智文化公司於出版此書時大力協助。

謝謝母親黃麗燕女士、姊姊蔡念勳女士，以及愛妻謝馥蔓女士與女兒蔡沅芳、蔡妮芳小姐的鼓勵，本書方能完成。並謝謝所有關心我的朋友，及我深愛的家人。

賀升　謹誌

蔡序

　　對理工科的同學而言，電子學是一門令人又喜又恨的科目。因為只要下功夫把電子學學好，幾乎在高考、研究所、博、碩士班的考試中，皆能無往不利。但面對電子學如此龐大的科目中，為了應考死背公式，死記解法，背了後面忘了前面，真是苦不堪言。因此有許多同學面臨升學考試的抉擇中，總是會因對電子學沒信心，而升起「我是不是該轉系？」唉！其實各位同學在理工科系的領域中已數載，早已奠下相關領域的基本基礎，而今只為了怕考電子學，卻升起另起爐灶，值得嗎？實在可惜！因此下定決心，把電子學學好，乃是應考電子學的首要條件。想想！還有哪幾種科目，可以讓您在高考、碩士班乃至博士班，一魚多吃，無往不利？

　　一般而言，許多同學習慣把電子學各章節視為獨立的，所以總覺得每一章有好多的公式要背。事實上電子學是一連貫的觀念，唯有建立好連貫的觀念，才能呼前應後。因此想考高分的條件，就是：

　　　連貫的觀念 ＋ 重點認識 ＋ 解題技巧 ＝ 金榜題名

電子學連貫觀念的流程．

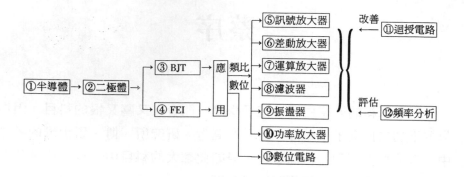

本書有助同學建立解題的邏輯思考模式。例如：BJT 放大器的題型，其邏輯思考方式如下：

一、直流分析

　　1.判斷 BJT 的工作 → 求 I_B，I_C，I_E

　　　⑴若在主動區，則

　　　　①包含 V_{BE} 的迴路，求出 I_B

　　　　②再求出 $I_C = \beta I_B$，$I_E = (1 + \beta) I_E$

　　　⑵若在飽和區，則

　　　　①包含 V_{BE} 的迴路，求出 I_B

　　　　②包含 V_{CE} 的迴路，求出 I_C

　　　　③$I_E = I_C + I_B$

　　2.求參數

$$r_\pi = \frac{V_T}{I_B}，r_e = \frac{V_T}{I_E}，r_o = \frac{V_A}{I_C}$$

二、小訊號分析

　　1.繪出小訊號等效模型

　　2.代入參數（r_π，r_e，r_o 等）

3.分析電路（依題求解）

　　如此的邏輯思考模式，幾乎可解所有 BJT AMP 的題目。所以同學在研讀此書時，記得要多注意，每一題題解所註明的題型及解題步驟，方能功力大增。

　　預祝各位同學金榜題名！

蔡曜光　謹誌

目　錄

CH11　運算放大器（Operational Amplifier）之應用

CH8 功率放大器(Power Amplifier)

§8–1〔題型四十七〕：A類功率放大器

考型118　功率放大器的分類

一、大訊號放大器與小訊號放大器區別：

1.小訊號放大器指一個多級放大器之輸入級、中間級。

分析重點：A_V，A_I，R_{out}，R_{in}。

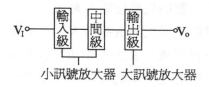

小訊號放大器　大訊號放大器

2.大訊號放大器指一個多級放大器之輸出級。

分析重點：功率效應、熱效應。

二、交流輸出功率之表示法：

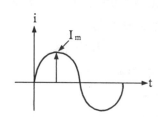

1.$P_{ac} = I_{rms} V_{rms} = \dfrac{I_m}{\sqrt{2}} \cdot \dfrac{V_m}{\sqrt{2}} = \dfrac{1}{2} I_m V_m$

2.$P_{ac} = I_{rms}^2 R_L = \dfrac{1}{2} I_m^2 R_L$

3.$P_{ac} = \dfrac{V_{rms}^2}{R_L} = \dfrac{V_m^2}{2R_L}$

I_m：交流輸出弦波電流之峰值

V_m：交流輸出弦波電壓之峰值

三、分貝（Decibel；dB）表示法

1.功率分貝增益 $dB = 10\log \dfrac{P_2}{P_1}$

2.電壓分貝增益 $dB = 20\log \dfrac{V_2}{V_1}$

3.電流分貝增益 $dB = 20\log \dfrac{I_2}{I_1}$

四、放大器的分類

依偏壓方式不同，可得到不同位置的工作點，在弦波輸入下，以輸出訊號不為零的範圍，可分為 A，B，AB，C 類。

1.**A 類放大器：**

工作點位於交流負載線的**中央部份**，在標準弦波輸入下，輸出為全週的波形。

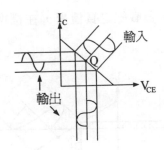

2.**B 類放大器：**

工作點位於交流負載線之**截止點**，在標準弦波輸入下，輸出為半週的波形。

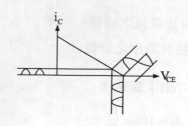

3. AB 類放大器：

工作點位於 A 類與 B 類之間，在標準弦波輸入下，輸出為大於半週之波形。

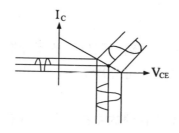

4. C 類放大器：

工作點位於交流負載線之**負值處**，在標準弦波輸入下，輸出小於半週的波形。

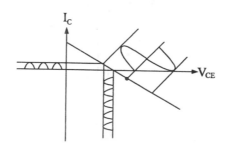

五、各種電晶體當功率放大器的比較

1. BJT 當功率放大器分析

(1) BJT 當功率放大器時，受限於**二次崩潰**（Second Breakdown）。

(2) 二次崩潰（Second Breakdown）：

BJT 在大電壓及大電流下，流過射基接面的電流不均勻，在接近接面處的電流密度最大，使得接面處溫度上升，若如此持續，（$T\uparrow \Rightarrow I\uparrow \Rightarrow T\uparrow\uparrow\cdots\cdots$），則造成熱跑脫，形成電晶體崩潰。此種崩潰，即為二次崩潰。

2. EMOS 當功率放大器分析

(1) 不適合當高功率放大器

$$\because I_D = K\left[V_{GS} - V_t\right]^2 = \frac{1}{2}\mu_n C_{OX}\frac{W}{L}\left(V_{GS} - V_t\right)^2$$

若欲得極大的 $I_D\uparrow\uparrow \Rightarrow \dfrac{W}{L}\uparrow\uparrow \Rightarrow W\uparrow\uparrow$，$L\downarrow\downarrow$，

但有效通道長度 L 太小，則崩潰電壓變小。

(2) 無二次崩潰效應

3. DMOS 當功率放大器分析

(1) 適合當高功率放大器，因半導體結構是雙重擴散 MOS（double diffused MOS），如此的結構，本身有效通道長度 L 本來就極小，所以崩潰電壓可達600V。

(2) 無二次崩潰效應。

4. MOS 及 BJT 當功率放大器的比較

比較項目	二次崩潰	操作速度	大的推動電流	功率
DMOS	無	快	不需	最高
EMOS	無	快	不需	小
BJT	有	慢	需	高

考型119　放大器的失真種類

一、失真的種類：

1. **諧波失真：** 輸出時，內含輸入波所沒有的頻率（大多為諧波），又稱振幅失真或非線性失真。

2. **頻率失真：** 不同頻率的輸入，產生不同的增益。

3. **相位失真：** 不同的頻率的輸入，產生不同的相位移。

4. **互調失真：** 輸出波具有輸入波「和頻」和「差頻」的成份。

二、非線性失真（或諧波失真）的形成原因：

1. 工作點位於非線性區

2. 輸入信號過大：超出飽和點與截止點

3. 輸出信號中，有新的頻率介入

例

$$V_1 = 3\sin\omega_1 t + 4\sin\omega_2 t$$

(1) $V_0 = 6\sin\omega_1 t + 0.5\sin 2\omega_1 t + 8\sin\omega_2 t$（諧波失真）

(2) $V_0 = 6\sin\omega_1 t + 8.5\sin\omega_1 t$（頻率失真）

(3) $V_0 = 6\sin\omega_1 t + 8\cos\omega_2 t$（相位失真）

(4) $V_0 = 6\sin\omega_1 t + 8\sin\omega_2 t + 0.5\sin(\omega_1 + \omega_2)t$（互調失真）

三、諧波失真的產生

（假設 $i_b = I_m \cos\omega t$）

$$i_c = I_s e^{V_{BE}/V_T} = I_s (e^{V_{BEQ}/V_T})(e^{v_{be}/V_T}) = I_{CQ}(e^{v_{be}/V_T}) = I_{CQ}e^{r_\pi i_b/V_T}$$

$$= I_{CQ}(e^{r_\pi I_m \cos\omega t/V_T}) = I_{CQ}\left[1 + \frac{r_\pi I_m}{V_T}\cos\omega t + \frac{r_\pi^2 I_m^2}{2!\,V_T^2}(\cos\omega t)^2 + \cdots\cdots\right]$$

$$= I_{CQ} + B_0 + B_1\cos\omega t + B_2\cos_2\omega t + \cdots\cdots$$

其中：

1. $I_{CQ} \Rightarrow$ 由直流電壓源所產生的直流集極電流。

2.$B_0 \Rightarrow$ 由交流輸入所產生的直流集極電流。

3.$B_1 \Rightarrow$ 基本波（fundamental wave）。

4.B_2，B_3……$B_n \Rightarrow$ 稱為諧波（harmonic wave）。

四、諧波失真大小之定義：

1.D_2：二次諧波失真（Second harmonic distortion）$\Rightarrow D_2 = |\dfrac{B_2}{B_1}|$

2.D_3：三次諧波失真（third harmonic distortion）$\Rightarrow D_3 = |\dfrac{B_3}{B_1}|$

3.D_n：n（高）次諧波失真（nth harmonic distortion）$\Rightarrow D_n = |\dfrac{B_n}{B_1}|$

4.D：總諧波失真（total harmonic distortion）或稱失真因數（distortion factor）$\Rightarrow D = \sqrt{D_2^2 + D_3^2 + \cdots\cdots D_n^2}$

五、基本波的輸出功率與總輸出功率之比較：

1.P_1（基本波輸出功率）

$$P_1 = \frac{1}{2} B_1^2 R_L$$

2.P（總輸出功率考慮失真時）

$$P = \frac{1}{2} B_1^2 R_L + \frac{1}{2} B_2^2 R_L + \frac{1}{2} B_3^2 R_L + \cdots\cdots \frac{1}{2} B_n^2 R_L$$

$$= \frac{1}{2} B_1^2 R_L \left[1 + \left(\frac{B_2}{B_1} \right)^2 + \left(\frac{B_3}{B_1} \right)^2 + \cdots\cdots + \left(\frac{B_n}{B_1} \right)^2 \right]$$

$$= \frac{1}{2} B_1^2 R_L \left[1 + D_2^2 + D_3^2 + \cdots\cdots D_n^2 \right]$$

$$P = P_1 \left[1 + D^2 \right]$$

考型120 電阻負載式的 A 類放大器

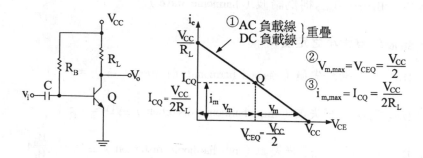

一、直流分析：（考法：求最佳輸出時 R_B 設計）

1. $V_{CC} = I_B R_B + V_{BE}$

2. $I_C = \beta I_B$，$i_c R_L + V_{CE} = V_{CC}$ 產生最大交流輸出之 R_B 值

3. $R_B = \dfrac{V_{CC} - V_{BE}}{I_B} = \dfrac{V_{CC} - V_{BE}}{\dfrac{I_C}{\beta}} = \dfrac{V_{CC} - V_{BE}}{\dfrac{V_{CC}}{2\beta R_L}}$ （$\because I_C = \dfrac{V_{CC}}{2R_L}$）

4. 最佳化工作點設計：（最大不失真擺幅）

   (1) $I_{CQ} = \dfrac{V_{CC}}{R_{AC} + R_{DC}}$

   (2) $V_{CEQ} = I_{CQ} R_{AC}$

二、交流分析

1. 輸入直流功率

   $P_{i(dc)} = V_{CC}\left(I_{CQ} + I_{BQ} \right) \approx V_{CC} I_{CQ}$

2. 輸出交流功率

   $P_{0(ac)} = \dfrac{V_0^2}{R_L} = \left(V_{0,rms} \right)\left(i_{L,rms} \right) = \dfrac{V_m}{\sqrt{2}} \cdot \dfrac{i_m}{\sqrt{2}} = \dfrac{1}{2} V_m i_m$

3.最大輸出交流功率

$$P_{0(ac)max} = \frac{V_0^2 \cdot _{max}}{R_L} = \frac{1}{2}(V_m i_m)_{max} = \frac{1}{2}(V_{CEQ})(I_{CQ})$$

$$= \frac{1}{2}(\frac{V_{CC}}{2})(I_{CQ}) = \frac{1}{4}V_{CC}I_{CQ} = \frac{1}{4}V_{CC}(\frac{V_{CC}}{2R_L}) = \frac{V_{CC}^2}{8R_L}$$

即 $P_{0(ac)max} = \frac{1}{4}V_{CC}I_{CQ} = \frac{V_{CC}^2}{8R_L}$

4.效率

$$\eta = \frac{P_{0(ac)}}{P_{i(dc)}} \times 100\%$$

5.最大效率

$$\eta_{max} = \frac{P_{0(ac)max}}{P_{i(dc)}} \times 100\% = \frac{\frac{1}{4}V_{CC}I_{CQ}}{V_{CC}I_{CQ}} \times 100\% = 25\%$$

6.輸出直流功率

$$P_{0(dc)} = I_{CQ}(V_{CC} - V_{CEQ})$$

7.電晶體的損耗功率（散逸功率）

$$P_C = P_{i(ac)} - P_{0(ac)} - P_{0(dc)}$$

$$= V_{CC}I_{CQ} - \frac{1}{2}V_m i_m - I_{CQ}(V_{CC} - V_{CEQ})$$

$$= V_{CEQ}I_{CQ} - \frac{1}{2}V_m i_m$$

8.電晶體的最大損耗功率

$$P_{c,max} = V_{CEQ}I_{CQ} = 2P_{0(ac)max}$$

即：無輸入信號時（$V_0 = 0$，$i_L = 0$）會有 $P_{c,max}$ 發生

9.求最大輸出時，選 Q 在飽和區邊界點。

考型121 變壓器耦合式的 A 類功率放大器

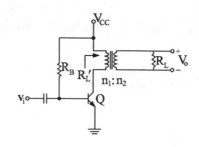

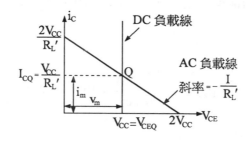

$$① V_m = V_{CEQ} = V_{CC}$$

$$② i_m = I_{CQ} = \frac{V_{CC}}{R'_L}$$

1.直流分析：

$Z_L = j\omega L$，$V_{CEQ} = V_{CC}$（若有 R_E 存在，則 $V_{CEQ} \neq V_{CC}$）

（考法一：設計 R_B）：

(1)$\dfrac{V_1}{V_2} = \dfrac{N_1}{N_2}$

(2)$\dfrac{I_1}{I_2} = \dfrac{N_2}{N_1}$

(3)$R_L = \dfrac{V_1}{i_1}$

$$R'_L = \frac{V_2\left(\frac{N_1}{N_2}\right)}{i_2\left(\frac{N_2}{N_1}\right)} = \left(\frac{N_1}{N_2}\right)^2 \cdot \frac{V_2}{i_2} = R_L\left(\frac{N_1}{N_2}\right)^2 = n^2 R_L$$

$$R_B = \frac{V_{CC} - V_{BE}}{I_B} = \frac{V_{CC} - V_{BE}}{\frac{I_{CQ}}{\beta}} = \frac{V_{CC} - V_{BE}}{\frac{V_{CC}}{\beta R_L}} = \frac{V_{CC} - V_{BE}}{V_{CC}} \cdot R'_L$$

$\left\{\begin{array}{l}\text{產生最大交流}\\\text{輸出之 } R_B \text{ 值}\end{array}\right.$

2. 交流分析

（考法二：功率計算）

(1) 輸入直流功率 $P_{i(dc)} = V_{CC} I_{CQ}$

(2) 輸出交流功率 $P_{0(ac)} = \dfrac{V_0^2}{R_L} = \dfrac{1}{2} V_m i_m$

(3) 輸出最大交流功率

$$P_{0(ac,max)} = \frac{V_{0,max}^2}{R_L} = \frac{1}{2}\left(V_m i_m\right)_{max} = \frac{1}{2}\left(V_{CEQ} I_{CQ}\right) = \frac{1}{2} V_{CC} I_{CQ}$$

$$= \frac{V_{CC}^2}{2R'_L}$$

(4) 效率：$\eta = \dfrac{P_{0(ac)}}{P_{i(dc)}} \times 100\%$

(5) 最大效率：$\eta_{max} = \dfrac{P_{0(ac)max}}{P_{i(dc)}} \times 100\% = \dfrac{\frac{1}{2} I_{CQ} V_{CC}}{V_{CC} I_{CQ}} \times 100\% = 50\%$

(6) 輸出直流功率 $P_{0(dc)} = 0$。（ $\because R_{DC} = 0$ ）

(7) 電晶體功率損耗 $P_C = P_{i(dc)} - P_{0(ac)} = V_{CC} I_{CQ} - \dfrac{1}{2} V_m i_m$

(8) 電晶體最大功率損耗 $P_{C,max} = I_{CQ} V_{CC} = 2P_{0(ac)max}$

⇒當交流輸入 = 0

(9)變壓器耦合負載的 A 類放大器，當輸出訊號最大時，

$I_m = I_{CQ}$，$V_m = V_{CC}$。

(10)變壓器耦合式 A 類放大器的最大效率，比直接耦合式電阻性負載的 A 類放大器爲高的原因，在於理想變壓器線圈無直流功率消耗。

考型122 含恆流源偏壓的 A 類功率放大器

1.電路圖

(1)恆流源偏壓

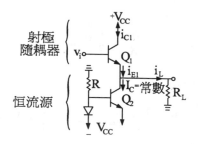

(2)電流鏡偏壓

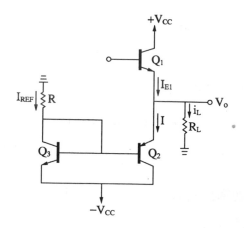

2.電路分析

(1)正半週分析

$V_i \uparrow \Rightarrow V_0 \uparrow \Rightarrow i_L \uparrow \Rightarrow i_{E1} \uparrow \cdots\cdots$

當 Q_1：飽和時，$V_{0,max} = V_{CC} - V_{CE1,sat}$

(2)負半週分析

$V_i \downarrow \Rightarrow V_0 \downarrow \Rightarrow i_L \uparrow \Rightarrow i_{E1} \downarrow \cdots\cdots$

$$\Rightarrow \begin{cases} \text{當 } Q_2\text{飽和時} \Rightarrow V_{0,min} = -V_{CC} + V_{CE2,sat} \\ \text{或 } Q_1：\text{OFF 時} \Rightarrow V_{0,min} = -IR_L \end{cases} \left.\right\} \text{選 } \min \left[|V_0| \right]$$

(3)恆流源 I 的限制

$$a. I \geq \frac{|-V_{CC} + V_{CE2(sat)}|}{R_L} \Rightarrow Q_2：飽和$$

$$b. I < \frac{|-V_{CC} + V_{CE2(sat)}|}{R_L} \Rightarrow Q_1：OFF$$

最大擺幅輸出時 R 的設計

$$R \leq \frac{N(V_{CC} - V_{BE})R_L}{[V_{CC} - V_{CE1(sat)}]}$$

①N 為面積比，即 $\dfrac{Q_3}{Q_2} = \dfrac{1}{N}$

②Q_3 為電流鏡，I_{ref} 的電晶體

3.轉移曲線

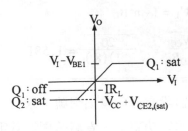

歷屆試題

1.圖中變壓器耦合 A 類放大器的負載電阻 $R_L = 8\Omega$，$V_{CC} = 20V$，

當 $I_{CQ} = 1A$ 時，集極電路效率爲50％，若忽略 R_E 的效應，試求：(1)傳至 R_L 的功率　(2)V_{CEQ}　(3)V_m，I_m　(4)變壓器匝數比 $n = \dfrac{N_1}{N_2}$。（題型：變壓器耦合式的 A 類放大器）

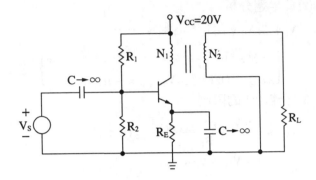

【 交大電子所 】

解☞ ：

(1) $P_L = V_{rms}I_{rms} = \dfrac{1}{2}V_m I_{CQ} = \dfrac{1}{2}V_{CC}I_{CQ} = \left(\dfrac{1}{2}\right)(20)(1) = 10W$

(2) $V_{CEQ} = V_{CC} = 20V$

(3) $V_m = V_{CC} = 20V$

　　$I_m = I_{CQ} = 1A$

(4) $V_{CC} = I_{CQ}R'_L = I_{CQ}n^2 R_L$

　　$\therefore n = \sqrt{\dfrac{V_{CC}}{I_{CQ}R_L}} = \sqrt{\dfrac{20}{(1)(8)}} = 1.581$

---

2. 下圖爲一放大器設有最大輸出信號，求

(1)電晶體最小額定功率（可省略基極等效電阻）

(2)交流輸出功率

(3)效率

(4)繪出負載線（題型：A 類放大器）

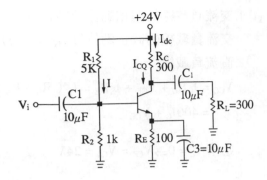

【高考】

解☞：

(1) 1.有最大輸出，則爲最佳工作點

$R_{DC} \approx R_C + R_E = 300 + 100 = 400\Omega$

$R_{AC} \approx R_C /\!/ R_L = 300 /\!/ 300 = 150\Omega$

$\therefore I_{CQ} = \dfrac{V_{CC}}{R_{DC} + R_{AC}} = \dfrac{24}{400 + 100} = 43.6mA$

$V_{CEQ} = I_{CQ} R_{AC} = （43.6m）（150） = 6.54V$

2.$P_{0,max} = \dfrac{V_m^2}{2R'_L} = \dfrac{V_{CEQ}^2}{2（R_C /\!/ R_L）} = \dfrac{（6.54）^2}{（2）（300 /\!/ 300）} = 143mW$

3.$P_{c,min} = 2P_{0,max} = （2）（143m） = 286mW$

即最小額定功率爲286mW

(2)交流輸出功率 $= P_{0,max} = 143mW$

(3)$I = \dfrac{V_{CC}}{R_1 + R_2} = \dfrac{24}{5K + 1K} = 4mA$

$\therefore P_i = V_{CC}（I + I_{CQ}） = （24）（4m + 43.6m） = 1142.4mW$

$\therefore \eta = \dfrac{P_{0,max}}{P_i} \times 100\% = \dfrac{143m}{1142.4m} \times 100\% = 12.5\%$

⑷ 1.交流負載線的飽和點位於$2V_{CEQ}$＝（2）（6.54）＝13.08V

交流負載線的截止點位於$2I_{CQ}$＝（2）（43.6m）＝87.2mA

2.直流負載線

$$V_{CC} = I_C R_C + V_{CE} + I_E R_E = I_C（R_C + R_E）+ V_{CE}$$
$$= 400 I_C + V_{CE}$$

①令 $I_C = 0 \Rightarrow V_{CE} = V_{CC} = 24V$

②令 $V_{CE} = 0 \Rightarrow I_C = \dfrac{V_{CC}}{400} = \dfrac{24}{400} = 60mA$

3.交、直流負載線如下：

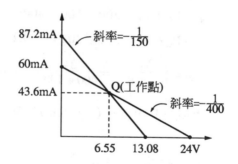

3.圖為一射極隨耦器，其中 $V_{CC} = 10V$，$R_L = 100\Omega$，$I = 0.1A$，輸出為 $V_0 = 8V$ 的弦波，則在忽略 D 的消耗下，

⑴負載的平均輸出功率為何？

⑵電源供應的平均功率為何？

⑶效率為何？（題型：具主動性偏壓的 A 類放大器）

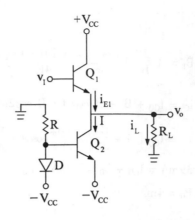

解☞：

(1)Q_1，Q_2均在作用區工作時，

$I_{C1} \approx I_{E1} \approx I$

$\therefore P_{0 \, \cdot \, av} = \dfrac{V_0^2}{2R_L} = \dfrac{8^2}{(2)(100)} = 0.32W$

(2)$P_{i \, \cdot \, av} = V_{CC}(I_{C1} + I) = 2V_{CC}I = (2)(10)(0.1) = 2W$

(3)$\eta = \dfrac{P_{0 \, \cdot \, av}}{P_{i \, \cdot \, av}} = \dfrac{0.32}{2} = 16\%$

註：i_L 的平均值爲0

4.若電晶體供給2w 至4kΩ 的負載，且零訊號時之集極電流爲35mA，而有訊號時之集極電流爲39mA，試求二次諧波失眞的百分率？（題型：諧波失眞）

解☞：

(1)由題意知

$V_S = 0 \Rightarrow I_{CQ} = 35mA$

$V_S \neq 0 \Rightarrow i_C = 39mA$

(2) $\because P = \dfrac{1}{2} B_1^2 R_L$

$\therefore B_1 = (\dfrac{2P}{R_L})^{1/2} = [\dfrac{(2)(2)}{4K}]^{1/2} = 31.62\text{mA}$

(3) $\because i_C = I_{CQ} + B_0 + B_1\cos\omega t + B_2\cos2\omega t + \cdots\cdots = I_C + i_c$

$= I_{CQ}[1 + \dfrac{r_\pi^2 I_m^2}{4V_T^2} + \dfrac{r_\pi I_m}{V_T}\cos\omega t + \dfrac{r_\pi^2 I_m^2}{4V_T^2}\cos2\omega t + \cdots\cdots]$

$\therefore 39\text{mA} = I_{CQ} + B_0 = 35\text{mA} + B_0$

$\therefore B_0 = 4\text{mA}$

(4) 由式③知

若 $\omega = 0 \Rightarrow B_0 = B_2 = 4\text{mA}$

(5) $\therefore D_2 = |\dfrac{B_2}{B_1}| \times 100\% = \dfrac{4\text{mA}}{31.62\text{mA}} \times 100\% = 12.65\%$

---

5. 若有一具有二次諧之電晶體放大電路，其輸入電流為 $i_b = I_{bm}$ $\cos\omega t$，輸出電流最大為 $i_c = I_{(max)}$，最小為 $i_c = I_{(min)}$。若無輸入訊號時之輸出為 $i_c = I_C$。試求諧波失真的成份 B_2。（輸出特性曲線，見圖。）**（題型：諧波失真）**

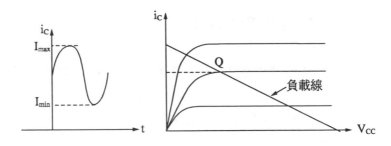

解 ☞：

因為 $i_b = I_{bm}\cos\omega t$，所以

(1) 當 $\omega t = 0$，$i_b = I_{bm}$，此時 $i_c = I_{(max)}$

(2)當 $\omega t = \dfrac{\pi}{2}$ ，$i_b = 0$ ，此時 $i_c = I_C$

(3)當 $\omega t = \pi$ 時，$i_b = -I_{bm}$ ，此時 $i_c = I_{min}$

由(1)(2)(3)所得結果代入

$i_c = I_C + B_0 + B_1 \cos\omega t + B_2 \cos 2\omega t + \cdots\cdots$ ，整理可得

$$\begin{cases} I_{max} = I_C + B_0 + B_1 + B_2 \\ I_C = I_C + B_0 - B_2 \\ I_{min} = I_C + B_0 - B_1 + B_2 \end{cases}$$

$$\Rightarrow \begin{cases} B_0 = B_2 = \dfrac{I_{max} + I_{min} - 2I_C}{4} \\ B_1 = \dfrac{I_{max} - I_{min}}{2} \end{cases}$$

6.圖中的 DMOS 工作在線性區，且 $i_D = 3(V_{GS} - V_T)(A)$

其中 $V_T = 2V$，則在維持 A 類操作下，

(1)V_I 的範圍為何？

(2)V_0 的範圍為何？（題型：恆流源偏壓的 A 類放大器）

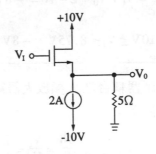

解☞ ：

1.$V_{0, max}$ ，$V_{I, max}$ 發生在 DMOS 飽和區邊界

2.$V_{0, min}$ ，$V_{I, min}$ 發生在 DMOS 截止區邊界

3.求 $V_{0,\,max}$ 及 $V_{I,\,max}$

①飽和區條件：$|V_{GD}| \leq |V_t|$，即

$V_G - V_D = V_I - 10 \leq V_t \Rightarrow V_I \leq V_t + 10$

即

$V_{I,\,max} = V_t + 10 = 2 + 10 = 12V$

②電流方程式

$i_D = 3(V_{GS} - V_t) = 3(V_G - V_S - 2)$

$= 3(V_{I,\,max} - V_{0,\,max} - 2) = 3(12 - V_{0,\,max} - 2)$

$= 2A + \dfrac{V_{0,\,max}}{5}$

$\therefore V_{0,\,max} = 8.75V$

4.求 $V_{0,\,min}$，$V_{I,\,min}$

Q：OFF 時，$V_{0,\,min} = (-2A)(5) = -10V$

截止條件：$|V_{GS}| \leq |V_t|$，即

$V_G - V_S = V_I - V_0 \leq |V_t| \Rightarrow V_I \leq V_t + V_0$

即

$V_{I,\,min} = V_t + V_0 = 2 - 10 = -8V$

5.故 $-10V \leq V_0 \leq 8.75V$，$-8V \leq V_I \leq 12V$

7.圖為一變壓器耦合之 A 類放大器電路，已知理想變壓器的阻抗匹配性能如下：

$$\frac{N_1}{N_2} = \frac{V_1}{V_2} = \frac{I_1}{I_2} = \sqrt{\frac{r_L}{R_L}}$$

其中 r_L：自變壓器初級進去之等效電阻

若欲輸出一最大功率5W 到 R_L 上，求

(1)$n = \dfrac{N_1}{N_2} = ?$ (2)電晶體之偏壓集極電流 $I_{CQ} = ?$（題型：**變壓器耦合式的 A 類放大器**）

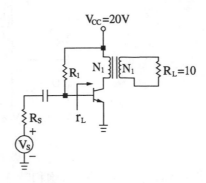

解 ☞ ：

(1)直流分析時 $R_{DC} = 0$

交流分析時 $R_{ac} = (\dfrac{N_1}{N_2})^2 R_L = 10n^2 \Omega$

$\therefore I_{CQ} = \dfrac{V_{CC}}{R_{ac}} = \dfrac{20}{10n^2}$

$V_{CEQ} = I_{CQ} R_{ac} = V_{CC} = 20V$

$P_{0,\,max} = \dfrac{1}{2} V_{CEQ} I_{CQ} = (\dfrac{1}{2})(20)(\dfrac{20}{10n^2}) = 5W$

$\therefore n = 2$

(2)$I_{CQ} = \dfrac{20}{10n^2} = \dfrac{20}{(10)(4)} = 0.5A$

8.圖為一射極隨耦器，其中 $V_{CC} = 15V$，$R_L = 1k\Omega$，兩個電晶體的參數相同且 $V_{CE(sat)} = 0.2V$，$V_{BE} = 0.7V$，$\beta \rightarrow \infty$，則在維持 A 類操作且 V_0 恰好有最大輸出，

(1)輸出 V_0 的範圍為何？

(2)R 值為何？

(3)Q_1 的射極電流範圍為何？（題型:**具主動性偏壓的 A 類放大器**）

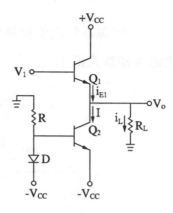

解☞：

(1)① 求 $V_{0,max}$（發生在 Q_1 飽和時）

$$\therefore V_{0,max} = V_{CC} - V_{CE1,sat} = 15 - 0.2 = 14.8V$$

② 求 $V_{0,min}$（發生在 Q_1：OFF 時，或 Q_2 飽和時）

Q_2：恰在飽和區邊界時

$$V_{0,min} = -V_{CC} + V_{CE2} = -15 + 0.2 = -14.8V$$

③ $\therefore -14.8V \leq V_0 \leq 14.8V$

(2) 當 $V_0 = V_{0,min}$（Q_1：OFF）

$$\therefore -I = i_L = \frac{V_{0,min}}{R_L} = \frac{-14.8}{1K} = -14.8mA$$

又 $I = \dfrac{0 - V_{BE2} - (-V_{CC})}{R} = \dfrac{0 - 0.7 + 15}{R} = 14.8mA$

$$\therefore R = 0.966k\Omega$$

(3)① 在 $V_0 = V_{0,max}$ 時 $\Rightarrow I_{E1} = I + i_{L1}$

即 $I_{E1} = I + i_{L1} = 14.8mA + \dfrac{V_{0,max}}{R_L} = 29.6mA$

②在 $V_0 = V_{0, \min}$ 時 $\Rightarrow I_{E1} = 0$（$\because Q_1$：OFF）

③ $\therefore 0 \leq I_{E1} \leq 29.6 \text{mA}$

---

9. Q_1、Q_2、Q_3 為特性完全相同的增強型 NMOS，$K = \dfrac{1}{2} \mu_n C_{OX} \dfrac{W}{L} = 10 \text{mA} / V^2$，$V_T = 1V$，$R_L = R = 1k\Omega$，則在維持 A 類操作下，

(1) V_1 的範圍為何？

(2) V_0 的範圍為何？（**題型：以電流鏡偏壓的 A 類放大器**）

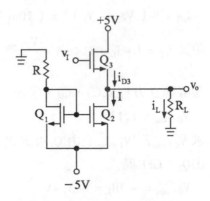

解☞：

1. 先求電流鏡上的 I

   ①取含 V_{GS1} 的方程式

   $V_{GS1} = V_{G1} - V_{S1} = -IR - V_{S1} = 5 - (1K) I$

   ②電流方程式

   $I = I_{D1} = K(V_{GS1} - V_t)^2 = (10m)(V_{GS1} - 1)^2$

   ③解聯立方程式①，②得

   $I = 3.4 \text{mA}$，$V_{GS1} = V_{GS2} = 1.6V$

2. 求 $V_{0, \max}$，及 $V_{I, \max}$（由 Q_3 決定）

①此區為 Q_3 位於飽和區及三極體區之分界點

$\therefore |V_{GD3}| \leq |V_t| \cdots\cdots$ 飽和區條件

即 $V_{G3} - V_{D3} \leq V_t \Rightarrow V_I \leq V_t + V_{D3}$

$\therefore V_{I,\,max} = V_t + V_{D3} = 1 + 5 = 6V$

②取含 V_{GS3} 的方程式

$V_{GS3} = V_{G3} - V_{S3} = V_{I,\,max} - V_{0,\,max} = 6 - V_{0,\,max}$

③電流方程式

$I_{D3} = K (V_{GS3} - V_t)^2 = (10m)(6 - V_{0,\,max} - 1)^2$

④又 $I_{D3} = I + i_L = 3.4mA + \dfrac{V_{0,\,max}}{R_L} = 3.4mA + \dfrac{V_{0,\,max}}{1K}$

⑤解聯立方程式②，③，④得

$V_{0,\,max} = 4.1V$

3.求 $V_{0,\,min}$ 及 $V_{I,\,min}$（由 Q_2 決定式 Q_3 決定）

①Q_3：OFF 時

$V_{0,\,min} = -IR_L = -3.4V$

②驗證 Q_2 是否維持在飽和區

$|V_{GD2}| \leq |V_t|$

$\Rightarrow V_{G2} - V_{D2} \leq V_t \Rightarrow -IR - V_{0,\,min} \leq V_t \Rightarrow 0 \leq V_t$

符合飽和條件，$\therefore Q_2$ 仍在飽和區工作（電流鏡條件）

③Q_2 在飽和區邊緣時，

如上式：$|V_{GD2}| = |V_t|$

即 $V_{G2} - V_{D2} = V_t \Rightarrow V_{GS2} - 5 - V_{0,\,min} = 1$

$\therefore V_{0,\,min} = V_{GS2} - 5 - 1 = 1.6 - 6 = -4.4V$

故知 $V_{0,\,min} = min [(-3.4V)，(-4.4V)] = -3.4V$

④求 $V_{i,\,min}$（發生在 Q_3 剛 OFF 時）

即 $V_{GS3} = V_t \Rightarrow V_{G3} - V_{S3} = V_t$

$\therefore V_{I,\,min} - V_{0,\,min} = V_t$

故 $V_{I,\,min} = V_t + V_{0,\,min} = 1 - 3.4 = -2.4V$

4. 整理

$-2.4V \le V_I \le 6V$ ， $-3.4V \le V_0 \le 4.1V$

5. 技巧說明

① Q_1 ， Q_2 為電流鏡需在飽和區工作

② $V_{0,\,max}$ ， $V_{I,\,max}$ 發生在 Q_3 的飽和邊界點

③ $V_{I,\,min}$ ， $V_{0,\,min}$ 發生在 Q_2 的飽和邊界點或 Q_3 截止邊界點

§8-2〔題型四十八〕：B 類功率放大器

 考型123 推挽式 B 類 BJT 功率放大器

一、基本 BJT B 類放大器之電路組態：

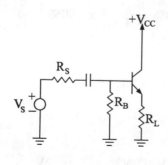 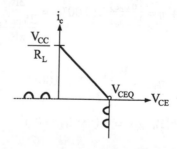

二、推挽式（push－pull）B 類 BJT 放大器

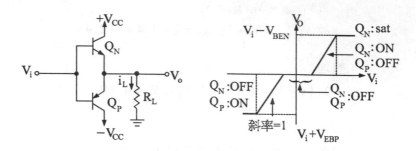

1. 當 V_i 爲正，Q_1 ON，Q_2 OFF ⇒ $i_L = i_1$ 爲正的半週弦波。
2. 當 V_i 爲負，Q_2 ON，Q_1 OFF ⇒ $i_L = -i_2$ 爲負的半週弦波。
3. 故弦波全波輸入時，負載電流也是全週的弦波。
4. 功率探討：

$$(1)P_i = V_i I_i = V_{CC}(i_{CN} + i_{CP}) = V_{CC}\left(\frac{V_m/\pi}{R_L} + \frac{V_m/\pi}{R_L}\right) = \frac{2V_{CC}V_m}{\pi R_L}$$

$$(2)P_0 = \frac{V_{0,rms}^2}{R_L} = \frac{V_m^2}{2R_L}$$

$$(3)P_{0,max} = \left(\frac{V_m^2}{2R_L}\right)_{max} = \frac{V_{CC}^2}{2R_L} \quad(此時\ V_m = V_{CC})$$

$$(4)\eta = \frac{P_{0(ac)}}{P_{i(dc)}} \times 100\% = \frac{\dfrac{V_m^2}{2R_L}}{\dfrac{2V_{CC}V_m}{\pi R_L}} \times 100\% = \frac{\pi}{4}\frac{V_m}{V_{CC}} \times 100\%$$

$$(5)\eta_{max} = \frac{P_{0(ac)max}}{P_{i(dc)}} \times 100\% = \frac{\pi}{4} \times 100\% = 78.5\%$$

$$(6)P_{0(dc)} = 0 \quad(\because I_{CQ} = 0)$$

$$(7)P_C = [P_{i(dc)} - P_{0(ac)}] = \left(\frac{2V_{CC}V_m}{\pi R_L} - \frac{V_m^2}{2R_L}\right) \ , \ I_{dc} = \frac{2V_m}{\pi R_L}$$

(8)$P_{c\,,\,min} = 0$（當交流輸入為0）

(9)$P_{c\,,\,max} \Rightarrow \dfrac{\partial P_c}{\partial V_m} = 0$時（$P_{c\,,\,max}$發生在 $V_m = \dfrac{2V_{CC}}{\pi}$）

$$\dfrac{\partial P_c}{\partial V_m} = \left[\dfrac{2V_{CC}}{\pi R_L} - \dfrac{V_m}{R_L} \right] = 0 \Rightarrow V_m = \dfrac{2}{\pi} V_{CC} = 0.636 V_{CC}$$

a.$P_{c\,,\,max} = \left[\dfrac{2V_{CC} \cdot (\dfrac{2}{\pi} V_{CC})}{\pi R_L} - \dfrac{(\dfrac{2}{\pi} V_{CC})^2}{2R_L} \right] = \dfrac{V_{CC}^2}{\pi^2 R_L}$

b.此時 $\eta = \dfrac{\pi}{4} \cdot \dfrac{V_m}{V_{CC}} \times 100\%$

(10)與 A 類相反，B 類放大器在無訊號輸入時，電晶體功率損耗最小。

考型124 推挽式 B 類 MOS 功率放大器

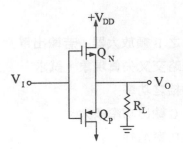

1.(1)$V_i < +V_T$，Q_1，Q_2：OFF$\Rightarrow V_0 = 0V$

(2)若 $V_t < V_i < V_{DD} + V_t$，Q_1：Sat. Q_2：OFF

① $\therefore i_{D1} = K (V_{GS1} - V_t)^2 = \dfrac{V_0}{R_L}$——①

② $V_{GS1} = V_{G1} - V_{S1} = V_I - V_0$——②

③解聯立方程式①，②可得 V_0

$$V_0 = \frac{2(V_I - V_t) + \dfrac{1}{R_L K} \pm \sqrt{\left(2V_I - 2V_t + \dfrac{1}{R_L K}\right)^2 - 4(V_I - V_t)^2}}{2}$$

④若 R_L 或 K 值極大，則 $V_0 \approx V_I - V_t$

(3)若 $-V_t > V_i > -(V_{DD} + V_t)$，則 Q_1：OFF，Q_2：sat，同理可推
導出（若 K 或 R_L 值極大）

$$V_0 \approx -(V_{DD} + V_t)$$

2. $V_I - V_0$ 轉移曲線

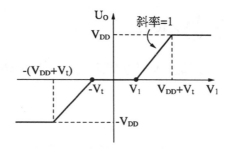

歷屆試題

10.考慮圖示電路之 B 類放大器，若輸出電壓 V_0 為一具有10伏特峰
值正弦波。忽略交叉失真現象，試求

(1)由電源所供給之功率

(2)R_L 上之 A、C 輸出功率多大

(3)Q_1 之最大的功率消耗

(4)效率（efficiency）**（題型：推挽式 B 類放大器）**

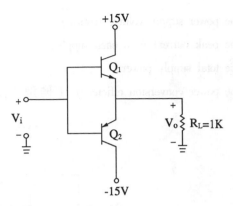

+15V

Q_1

V_i

V_o $R_L = 1K$

Q_2

-15V

【台大電機所】

解☞ :

(1) $\because V_m = 10V$

$\therefore I_m = \dfrac{V_m}{R_L} = \dfrac{10}{1K} = 10mA$

$P_i = V_{CC} (i_{CN} + i_{CP}) = V_{CC} [\dfrac{V_m / \pi}{R_L} + \dfrac{V_m / \pi}{R_L}] = \dfrac{2V_{CC}V_m}{R_L}$

$\quad = \dfrac{(2)(15)(10)}{\pi (1K)} = 95.5mW$

(2) $P_L = \dfrac{V_m^2}{2R_L} = \dfrac{100}{(2)(1K)} = 50mW$

(3) $P_{DI} = [P_i - P_L] = [\dfrac{2V_{CC}V_m}{R_L} - \dfrac{V_m^2}{2R_L}] \Big|_{V_m = \frac{2V_{cc}}{\pi}} = \dfrac{V_{CC}^2}{\pi^2 R_L}$

$\quad = \dfrac{(15)^2}{\pi^2 (1K)} = 22.8mW$

(4) $\eta = \dfrac{P_L}{P_i} \times 100\% = \dfrac{50m}{95.5m} \times 100\% = 52.36\%$

---

11. A class B output stage shown in Fig. is required to deliver an average power of $100W$ into a $16 - \Omega$ load. The power supply should be $4V$ greater than the corresponding peak sine - wave output voltage. Determine

(1)the power supply voltage required.

(2)the peak current from each supply.

(3)the total supply power.

(4)the power conversion efficiency. (題型:推挽式 B 類放大器)

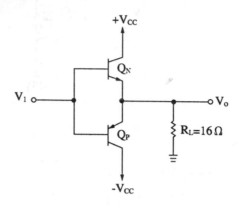

簡譯

已知 B 類放大器供給100W 的平均功率至 R_L,又 V_{CC}比輸出弦波峰值大4V,求

(1)V_{CC}

(2)電源的峰值電流

(3)總輸入功率

(4)功率轉換效率

解☞:

(1)$P_L = \dfrac{V_m^2}{2R_L} \Rightarrow 100 = \dfrac{V_m^2}{(2)(16)}$

$\therefore V_m = 56.57V$

依題意:$V_{CC} = V_m + 4V = 56.57 + 4 = 60.57 \approx 61V$

(2)$I_m = \dfrac{V_m}{R_L} = \dfrac{56.57}{16} = 3.54A$

$(3) P_S = V_{CC} (i_{CN} + i_{CP}) = V_{CC} [\dfrac{V_m / \pi}{R_L} + \dfrac{V_m / \pi}{R_L}] = \dfrac{2 V_{CC} V_m}{\pi R_L}$

$$= \dfrac{(2)(61)(56.57)}{16 \pi} = 137.4 W$$

$(4) \eta = \dfrac{P_L}{P_S} \times 100\% = \dfrac{100}{137.4} \times 100\% = 72.8\%$

---

12. It is required to design a class B output stage to deliver an average power of 20W to an $8 - \Omega$ load. The power supply is to be selected that V_{CC} is about 5V greater than the peak output voltage. Determine

(1) the supply voltage V_{CC} = ?

(2) the total supply power P_S = ?

(3) the power - conversion efficiency η = ?

(4) the maximum power dissipation of each transistor？（note： neglect the effect of V_{BE} ）（題型：推挽式 B 類放大器）

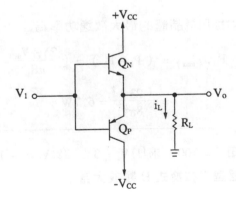

簡譯

若供給20W的平均功率至8Ω 的 R_L，又 V_{CC}比輸出弦波峰值大5V，求

(1) V_{CC}

(2) 總輸入功率

(3) 功率轉換效率 η

(4) 每個電晶體的最大功率損耗

解 ☞ ：

(1) $\because P_L = \dfrac{V_m^2}{2R_L}$

即 $20 = \dfrac{V_m^2}{(2)(8)} \Rightarrow V_m = 17.89V$

依題意：$V_{CC} = V_m + 5V = 17.89 + 5 = 22.89V \approx 23V$

(2) $P_S = V_{CC}(i_{CN} + i_{CP}) = V_{CC}\left(\dfrac{V_m/\pi}{R_L} + \dfrac{V_m/\pi}{R_L}\right) = \dfrac{2V_{CC}V_m}{\pi R_L}$

$= \dfrac{(2)(23)(17.89)}{8\pi} = 32.74W$

(3) $\eta = \dfrac{P_L}{P_S} \times 100\% = \dfrac{20}{32.74} \times 100\% = 61.1\%$

(4) 每個電晶體的最大散逸功率為

$P_{D,(max)} = (P_i - P_L) = \left[\dfrac{2V_{CC}V_m}{\pi R_L} - \dfrac{V_m^2}{2R_L}\right]\Bigg|_{V_m = \frac{2V_{CC}}{\pi}} = \dfrac{V_{CC}^2}{\pi^2 R_L}$

$= \dfrac{(23)^2}{8\pi^2} = 6.7W$

---

13. 已知 $\beta = 100$，求 (1) $V_i = 3V$ (2) $V_i = -10V$ 時的 V_B 和 V_E 值。

（題型：推挽式 B 類放大器）

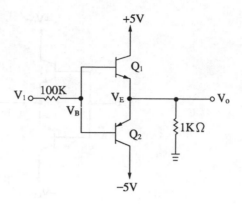

解☞：

(1) $V_i = 3V \Rightarrow Q_1$：Act，Q_2：OFF

$V_I = R_S I_{B1} + V_{BE1} + (1+\beta) I_{B1} R_E$

$\Rightarrow 3 = (100K) I_{B1} + 0.7 + (101)(1K) I_{B1}$

$\therefore I_{B1} = 11.4\mu A$

故 $V_E = I_{E1} R_E = (101)(11.4\mu)(1K) = 1.16V$

$V_B = V_E + V_{BE} = 1.16 + 0.7 = 1.86V$

(2) $V_i = -10V \Rightarrow Q_1$：OFF，$Q_2$：Act

$-V_I = R_S I_{B2} + V_{EB} + (1+\beta) I_{B2} R_E$

$\Rightarrow 10 = (100K) I_{B2} + 0.7 + (101)(1K) I_{B2}$

$\therefore I_{B2} = 0.046mA$

故 $V_E = -I_{E2} R_E = -(101)(0.046m)(1K) = -4.67V$

$V_B = V_E - V_{EB} = -0.7 - 4.67 = -5.37V$

---

14. A class B push – pull amplifier is shown below For sinusoidal input, please derive the equations to represent its

(1) efficiency, (2) dissipation, and (3) distortion. (if the transfer characteristic is not linear) (題型：推挽式 Class B Amp.)

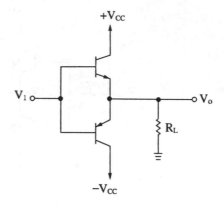

【清大電機所】

解☞：

(1) $P_L = \dfrac{V_{0\,(\,rms\,)}^2}{R_L} = \dfrac{1}{R_L} \left(\dfrac{V_m}{\sqrt{2}} \right)^2 = \dfrac{V_m^2}{2R_L}$

$P_i = V_{CC} \left(i_{CN} + i_{CP} \right) = V_{CC} \left[\dfrac{V_m}{\pi R_L} + \dfrac{V_m}{\pi R_L} \right] = \dfrac{2V_m V_{CC}}{\pi R_L}$

$\therefore \eta = \dfrac{P_L}{P_i} \times 100\% = \left(\dfrac{V_m^2}{2R_L} \right)\left(\dfrac{\pi R_L}{2V_m V_{CC}} \right) \times 100\%$

$= \dfrac{\pi}{4} \dfrac{V_m}{V_{CC}} \times 100\%$

(2) $P_D = P_i - P_L = \dfrac{2V_m V_{CC}}{\pi R_L} - \dfrac{V_m^2}{2R_L} = \dfrac{V_m}{R_L} \left[\dfrac{2V_{CC}}{\pi} - \dfrac{V_m}{2} \right]$

(3) ① 會消除偶次諧波

② 但放大奇次諧波

③ 具有交越失真，如下圖

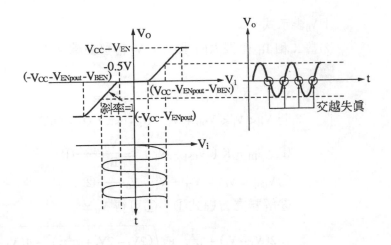

15. The circuit as shown in Fig. is designed to act as a class B MOSFET output stage. Both the MOSFETs have the same parameters K and absolute values of threshold voltage.

(1) Find an expression for the output voltage V_0

(2) For a large – value K or resistive load R_L draw the large – signal V_I – V_0 transfer characteristics. (題型：推挽式 MOS B 類放大器)

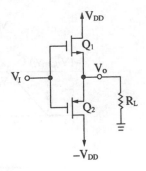

【清大電機所】

簡譯

Q_1，Q_2 有相同 K 和 $|V_t|$ 值，求

(1) V_0 表示式

(2) 當 K 和 R_L 值很大時求 V_0 / V_1 轉移曲線。

解 ☞ :

(1) 1. $V_i < + V_T$, Q_1 , Q_2 : OFF $\Rightarrow V_0 = 0V$

2. 若 $V_t < V_i < V_{DD} + V_t$, Q_1 : sat , Q_2 : OFF

① $\therefore i_{D1} = K(V_{GS1} - V_t)^2 = \dfrac{V_0}{R_L}$ ——①

② $V_{GS1} = V_{G1} - V_{S1} = V_I - V_0$ ——②

③ 解聯立方程式① , ②可得 V_0

$$V_0 = \frac{2(V_I - V_t) + \dfrac{1}{R_L K} \pm \sqrt{(2V_I - 2V_t + \dfrac{1}{R_L K})^2 - 4(V_I - V_t)^2}}{2}$$

④若 R_L 或 K 值極大,則 $V_0 \approx V_I - V_t$

3. 若 $-V_t > V_i > -(V_{DD} + V_t)$,則 Q_1 : OFF , Q_2 : sat,同理可推導出(若 K 或 R_L 值極大)

$V_0 \approx -(V_{DD} + V_t)$

(2) $V_I - V_0$ 轉移曲線

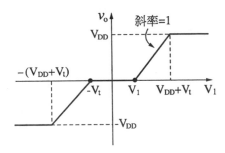

16. For the ideal class B push – pull amplifier of Figure, $V_{CC} = 15V$ and R_L = 4Ω. The input is sinusoidal. Determine (1) the maximum output signal power; (2) the collector dissipation in each transistor at this power out-

put；(3)the conversion efficiency. (4)What is the maximum dissipation of each transistor and what is the efficiency under this condition？（題型：推挽式 B 類 BJT 放大器）

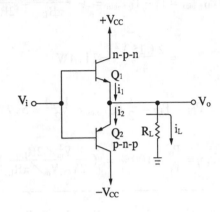

【中山電機所】【特考】

簡譯

有一理想 B 類推挽放大器如圖所示，已知 V_{CC} = 15V 及 R_L = 4Ω，輸入爲一弦波。試決定(1)輸出最大信號之功率　(2)每一電晶體之功率消耗　(3)效率（efficiency）　(4)每一電晶體最大功率消耗及在此情況下之效率

解☞：

(1)$P_{0 \cdot max} = \dfrac{V_{0 \cdot rms}^2}{R_L} = \dfrac{V_{CC}^2}{2R_L} = \dfrac{(15)^2}{(2)(4)} = 28.125W$

(2)$P_i = V_{CC}(i_1 + i_2) = \dfrac{2V_{CC}V_m}{\pi R_L} = \dfrac{2V_{CC}^2}{\pi R_L} = \dfrac{(2)(15)^2}{4\pi} = 35.81W$

$P_{D \cdot min} = P_i - P_{0 \cdot max} = 35.81 - 28.125 = 7.685W$

$\therefore P_{D1} = P_{D2} = \dfrac{1}{2}P_{D \cdot min} = 3.84W$

$(3) \eta_{max} = \dfrac{P_{0,\,max}}{P_i} \times 100\% = \dfrac{28.125}{35.81} \times 100\% = 78.5\%$

$(4) P_{D,\,max} = P_i - P_{0,\,min} = \left(\dfrac{2V_{CC}V_m}{\pi R_L} - \dfrac{V_m^2}{2R_L} \right) \Bigg|_{V_m = \frac{2}{\pi}V_{CC}} = \dfrac{2V_{CC}^2}{\pi^2 R_L}$

$$= \dfrac{2\,(\,15\,)^2}{4\pi^2} = 11.4W$$

$$\therefore P_{D1} = P_{D2} = \dfrac{1}{2}\,P_{D,\,max} = \dfrac{11.4}{2} = 5.7W$$

$$\therefore \eta = \dfrac{P_0}{P_i} \times 100\% = \left(\dfrac{V_m^2 / 2R_L}{2V_{CC}V_m / \pi R_L} \right) \Bigg|_{V_m = \frac{2}{\pi}V_{CC}} = 50\%$$

---

17. Draw the circuit of a class B push－pull power amplifier. State three advantages of class B over class A.（題型：推挽式 B 類放大器）

【中山電機所】【成大電機所】

解☞：

1. 電路圖

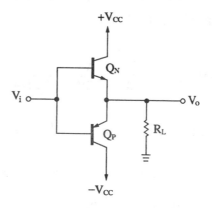

2. Class B Amp 的優點

(1)效率提高，$\eta = 78.5\%$

(2)消耗功率 P_D 低

(3)輸出振幅較大（$V_m = V_{CC}$）

---

18. Show that the maximum conversion efficiency of the idealized class B push – pull power amplifier is 78.5% .（題型：推挽式 B 類 Amp）

【成大電機所】【中山電機所】

簡譯

試畫出 B 類推挽式功率放大器，並舉出 B 類優於 A 類放大器的 3種優點。

解☞：

1. $P_L = \dfrac{V_{0\,(\text{rms})}^2}{R_L} = \dfrac{V_m^2}{2R_L}$

2. $P_i = V_{CC}\,(\,i_N + i_P\,) = V_{CC}\,(\,\dfrac{V_m\big/\pi}{R_L} + \dfrac{V_m\big/\pi}{R_L}\,) = \dfrac{2V_{CC}V_m}{\pi R_L}$

3. 求最大效率時，$V_m = \dfrac{2V_{CC}}{\pi}$

4. $\therefore \eta = \dfrac{P_L}{P_i} \times 100\% = \left[\,(\,\dfrac{V_m^2}{2R_L}\,)(\,\dfrac{\pi R_L}{2V_{CC}V_m}\,)\,\right]\Big|_{V_m = \frac{2}{\pi}V_{CC}}$

   $= \dfrac{\pi}{4} \times 100\% = 78.5\%$

---

19. 理想 B 類輸出級的功率轉換效率可高達 $\dfrac{\pi}{4} \times 100\%$，且當 $\hat{V}_0 = \dfrac{1}{\pi} V_{CC}$ 時，電路本身消耗的功率最大，對嗎？（題型：Class B Amp.）

【中央電機所】

解☞：

錯

應為 $\hat{V}_0 = \dfrac{2}{\pi} V_{CC}$

20.圖中，若兩電晶體之特性相同，β 均為50，$|V_{BE, \text{active}}| = 0.7V$，試分析並求下列各參數。

(1) $I_1 = ?$（mA）

(2) $I_2 = ?$（mA）

(3) $V_{BN} = ?$（V）

(4) $V_{CE1} = ?$（V）

(5) $V_{EC2} = ?$（V）（**題型：推挽式 B 類放大器**）

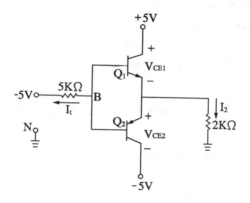

【工技電子所】

解 ☞ :

當 $V_i = -5V$ 時，Q_1：OFF，Q_2：ON

(1) $-V_i = （5K）I_B + V_{EB} + I_E（2K）$

$\Rightarrow 5 = （5K）I_B + 0.7 + （51）(2K) I_B$

$\therefore I_1 = I_B = 0.04mA$

(2) $I_2 = -（1+\beta）I_B = -（51)(0.04m） = -2.04mA$

(3) $V_{BN} = V_i + I_B（5K） = -5 +（0.04m)(5K） = -4.8V$

(4) $V_{CE1} = V_{CC} - I_2（2K） = 5 -（-2.04m)(2K） = 9.08V$

$(5) V_{EC2} = V_{E2} - V_{C2} = I_2(2K) + 5 = (-2.04m)(2K) + 5 = 0.92V$

---

21. 有一 Class B 輸出級如圖所示，其中電源為25V，負載為8Ω（不考慮交叉失真問題）(計算至小數點第二位)

(1)若要使輸出為20W，則可能產生的輸出電壓 V_0 峰值為多少伏特？

(2)求電源的平均輸送功率 P_S？

(3)求該輸出級的功率 η？

(4)每一電晶體的最大損耗功率 P_D 為多少？**(題型：推挽式 B 類放大器)**

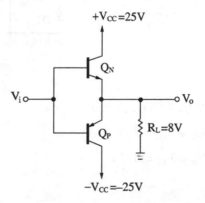

【台技電子所】

解☞：

$(1) \because P_L = \dfrac{V_m^2}{2R_L}$

$\therefore V_m = \sqrt{2P_L R_L} = \sqrt{(2)(20)(8)} = 17.89V$

$(2) P_S = V_{CC}(i_N + i_P) = \dfrac{2V_{CC}V_m}{\pi R_L} = \dfrac{(2)(25)(17.89)}{8\pi} = 35.56W$

$(3) \eta = \dfrac{P_L}{P_S} \times 100\% = \dfrac{20}{35.56} \times 100\% = 56.24\%$

$(4) P_{DN} = P_{DP} = \dfrac{1}{2} (P_S - P_L) = \dfrac{1}{2} (35.56 - 20) = 7.78W$

22.圖為一 B 類放大器，$V_{CC} = 30V$，並偏壓在截止區內。求 I_C 及 V_C，V_B 之近似值為何？（**題型：基本 B 類放大器**）

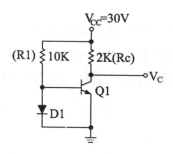

解☞：

1. $\because Q_1$：OFF $\therefore I_C = 0$

2. $V_C \approx V_{CC} = 30V$

3. $V_B = V_{D1} = 0.7V$

---

§8-3〔題型四十九〕：AB 類及 C 類功率放大器

考型125 各類 AB 類功率放大器

一、**AB 類放大器** ⇒ 改善 B 類放大器之交越失真現象，所設計出之放大器。

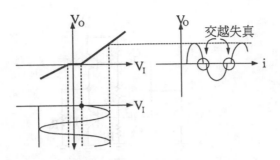

二、交越失眞（Crossover distortion）：

　　對 push - pull 式，B 類放大器而言，當輸入訊號 V_I 在零交越處（$|V_I| < V_{BE}$，cut - in）時，會有 Q_1、Q_2 均 OFF，輸出爲0之不連續的失眞現象。

三、改善交越失眞的方法（AB 類放大器）：

　　1. **以直流電壓源偏壓**

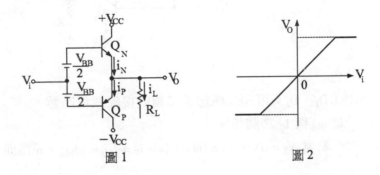

圖1　　　　　　　　　　　　圖2

　　特色

　　(1)以 $\dfrac{V_{BB}}{2} = 0.7V$ 提供 V_{BE} 偏壓

　　(2) $\dfrac{V_{BB}}{2}$ 可以電阻分壓法建立

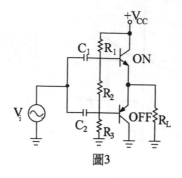

圖3

2. 以二極體偏壓

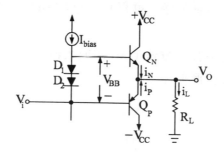

特色

(1)①D_1，D_2：可用二極體或二極體接線式電晶體。

　②I_{bias} 與 I_Q 之關係。

　　a. 當 $V_I = 0V$，$V_0 = 0$時，$i_N = i_P = I_{CQ} = nI_{bias}$。n 為面積比。

　　b. I_{BN}的範圍，$I_Q ／ (1 + \beta N) = I_L ／ (1 + \beta N)$ ∴ I_{bias}不可太

　　　小，此設定了 I_{bias}的下限，∴ D_1，D_2體積並不小。

(2)可防止熱跑脫（ thermal runaway ）。

3. 以達靈頓電路補償法

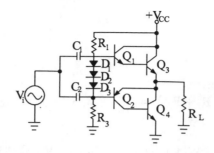

4. 以 OP 減少交越失真

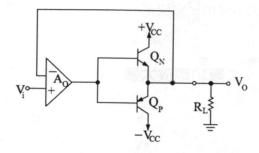

特色：

以 OP Amp 來減小交越失真

5. 以 V_{BE}乘法器偏壓

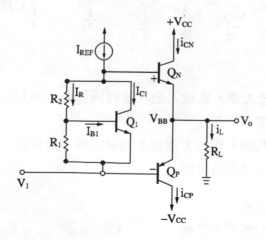

工作說明

① $I_R \approx \dfrac{V_{BE1}}{R_1}$

② $V_{BB} = I_R \left(R_1 + R_2 \right) = \dfrac{V_{BE1}}{R_1} \left(R_1 + R_2 \right) = V_{BE1} \left(1 + \dfrac{R_2}{R_1} \right)$

③ $\because V_{BB} = V_{BE1} \left(1 + \dfrac{R_2}{R_1} \right)$，故稱爲「$V_{BE}$乘法器」。

④ V_{BB}大小可由$\dfrac{R_2}{R_1}$來決定。

考型126 C 類功率放大器

一、電路

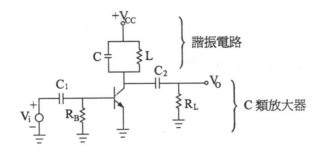

二、解說

1. C 類放大器，是輸入全波弦波訊號時，卻只有脈波式的輸出，故實用價值不高。
2. 一般是將 C 類放大器接上諧振電路，用振盪方法再重新獲得全波波形，供負載使用。

三、電路分析

1. 電晶體的功率損耗

$$P_C = V_{CE(sat)} I_{C(sat)}$$

2.輸出功率

$$P_0 = \frac{V_{CC}^2}{2Z}$$

Z：爲 LC 諧振電路的等效阻抗

3.週期平均損耗功率

$$P_{C,av} = \frac{t_{ON}}{T} P_C$$

4.效率 η

$$\eta = \frac{P_0}{P_0 + P_{C,av}} \times 100\% \approx \frac{P_0}{P_0} \approx 100\%$$

考型127 各類功率放大器的比較

1.

類型	工作點位置	用途	效率	優點	缺點	導通週期	特色
A	負載線中點	小功率線性放大	25% ~ 50%	失眞最小	①效率最低 ②無法消除諧波失眞 ③不能作大功率放大	360°	①電阻性耦合 $\eta = 25\%$ ②由變壓器耦合 $\eta = 50\%$ ③靜止時,消耗功率最大
B	截止點	大功率放大	78.5%	(1)效率高 (2)可消除偶次諧波失眞	①有交叉失眞 ②熱穩定較差	180°	靜止時,沒有功率損耗
AB	在 A、B 類之間	大功率放大	介 於 A、B 類之間	消除交叉失眞	(1)效率較 B 類低 (2)熱穩定性較差	180° ~ 360°	是 B 類 Amp 的改善
C	截止點以下	①RF 功率放大 ②諧波產生器	100%	效率最高	失眞最大	∠180°	

2.失眞大小比較：

C 類 > B 類 > AB 類 > A 類

3.效率大小比較

C 類 > A 類 > AB 類 > 推挽式 B 類

歷屆試題

23. What are the so – called「 class A 」,「 class B 」and「 class AB 」 power amplifiers ? Make a comparison in terms of efficiency and distortion.（ 10 ％ ）（ 題型：各類功率放大器的比較 ）

【台大電機所】

簡譯

何謂 A 類、B 類和 AB 類放大器，請由效率和失眞上來作比較。

解☞：

(1)Class A Amp：其工作點在 AC load line 的正中央點。

Class B Amp：其工作點在 AC load line 的邊緣點（ 截止點 ）。

Class AB Amp：其工作點在 Class A 及 Class B 之間的中央處。

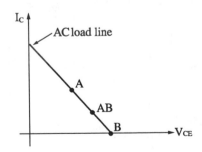

(2)效率：$\eta_B > \eta_{AB} > \eta_A$

失眞：$P_{D(B)} > P_{D(AB)} > P_{D(A)}$

24.已知 $I_{C1} = 1mA$，$V_{BE1} = 0.6V$，Q_1 的 β_1 值很大，因此 I_{B1} 可忽略不計，若 $I = 1.3mA$，求(1)R_1　(2)$V_{BB} = 1.26V$ 的 R_2。（題型：**AB 類放大器**）

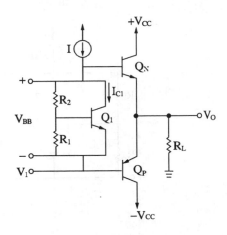

【台大電機所】

解☞：

(1)$I_{R1} = I - I_{C1} - I_{B1} = 1.3m - 1m - 0 = 0.3mA$

$R_1 = \dfrac{V_{BE1}}{I_{R1}} = \dfrac{0.6}{0.3m} = 2k\Omega$

(2)∵ $V_{BB} = I_{R1}(R_1 + R_2)$

即 $1.26 = (0.3m)(2K + R_2)$

∴ $R_2 = 2.2k\Omega$

25.下圖爲一差動放大器的輸出級。假設各電晶體之 $\beta_F = 200$，|$V_{BE(ON)}$| = $V_{D(ON)}$ = 0.7V，|$V_{CE(sat)}$| = 0.2V。在直流條件

下，V_0 之直流靜態點為 0V。

(1)欲消除交越失真，試求 R_B / R_A 之值。

(2)試繪 V_0 V.S. V_I 之轉移曲線（V_I 介於 ± 15V 間）。

(3)設 V_I 之交流部份為 $10 \sin \omega t$（V），試求 R_L 之輸出功率，Q_A 和 Q_B 之消耗功率及此輸出級的效率。（**題型：Class AB Amp.**）

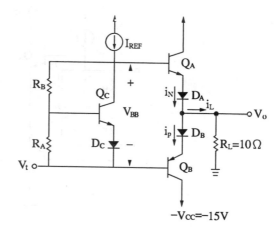

【交大電子所】

解 ☞：

(1)若欲克服交越失真，則

$$V_{BB} = V_{BEA} + V_{DA} + V_{DB} + V_{EBP} = 4 \, (\, 0.7 \,) = 2.8V$$

$$\because V_{RA} = \frac{R_A V_{BB}}{R_A + R_B} \Rightarrow V_{BB} = \left(\frac{R_A + R_B}{R_A} \right) V_{RA} = \left(1 + \frac{R_B}{R_A} \right) V_{RA}$$

又 $V_{RA} = V_{BEC} + V_{DC} = 1.4V$

$$\therefore V_{BB} = 2.8V = \left(1 + \frac{R_B}{R_A} \right)(1.4V)$$

故 $\dfrac{R_B}{R_A} = 1$

(2) 1. $V_{0(max)}^+ = V_{CC} - V_{CEA(sat)} - V_{D1} = 15 - 0.2 - 0.7 = 14.1V$

又 $V_0^+ = V_I + V_{BB} - V_{BEA} - V_{DA} = V_I + 2.8 - 1.4 = V_I + 1.4$

∴ 當 $V_{0(max)}^+ = 14.1V$ 時 $\Rightarrow V_I = V_{0(max)}^+ - 1.4 = 12.7V$

2. $V_{0(min)}^- = -V_{CC} + V_{ECB(sat)} + V_{DB} = -15 + 0.2 + 0.7$

$\quad\quad = -14.1V$

又 $V_0^- = V_I + V_{EBB} + V_{DB} = V_I + 1.4$

∴ 當 $V_{0(min)}^- = 14.1V$ 時

$\Rightarrow V_I = V_{0(min)}^- - 1.4 = -14.1 - 1.4 = -15.5V$ (超出範圍)

故當 $V_I = -15V \Rightarrow$

$V_{0(min)}^- = V_I + 1.4 = -15 + 1.4 = -13.6V$

轉移曲線如下：

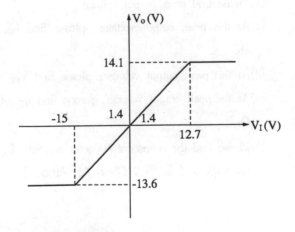

(3) 1. 由上知 $v_0 = v_0 + V_0 = 10\sin\omega t + 1.4V$

$\quad\quad v_0 = 10\sin\omega t$

$$P_{0(ac)} = \frac{V_m^2}{2R_L} = \frac{(10)^2}{(2)(10)} = 5W$$

$$2. P_i = V_{CC}(i_N + i_P) = V_{CC}\left(\frac{2V_m}{\pi R_L}\right) = \frac{(2)(15)(10)}{10\pi}$$
$$= 9.55W$$

$$3. P_{DA} = P_{DB} = \frac{1}{2}(P_i - P_0) = \frac{1}{2}[9.55 - 5] = 2.275W$$

$$4. \eta = \frac{P_0}{P_i} \times 100\% = \frac{5}{9.55} \times 100\% = 52.36\%$$

---

26. The class − AB output stage below, assume diode saturation current, $I_{SD} = 3 \times 10^{-14}A$ for D_1 and D_2, the constant n = 1 in the diode equation. The transistor saturation current $I_{SQ} = 10^{-13}A$ for Q_N and Q_P, and $\beta_N = \beta_P = 75$. Let $R_L = 8\Omega$. The average power delivered to the load is 5W. $V^+ = -V^- = 12V$, $I_{REF} = 20mA$

(1) Please find peak output voltage

(2) At this peak output voltage, please find i_{BN}, the AC base current of Q_N

(3) At this peak output voltage, please find V_{BB}

(4) At the peak output voltage, please find i_{CP}, the AC collector current of Q_P

(5) Please find the quiescent collector current, I_{CQ} (hint： when input signal = 0V) (題型：Class AB Amp.)

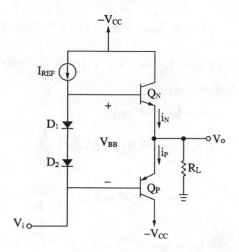

【交大電信所】

解☞ :

(1) $\because P_L = \dfrac{V_m^2}{2R_L}$

$\therefore V_m = \sqrt{2R_L P_L} = \sqrt{(2)(8)(5)} = 8.9V$

(2) $\because i_{N(max)} = \dfrac{V_m}{R_L} = \dfrac{8.9}{8} = 1.1A$

$\therefore i_{BN} = \dfrac{i_N}{1 + \beta_N} = \dfrac{1.1}{76} = 14.47mA$

(3) $\because I_D = I_{REF} - i_{BN} = 20mA - 14.47mA = 5.53mA$

$\therefore V_{BB} = V_{D1} + V_{D2} = 2V_T \ln \left[\dfrac{I_D}{I_{SD}} \right]$

$= (2)(25m) \ln \left[\dfrac{5.53m}{3 \times 10^{-14}} \right] = 1.3V$

(4) $\because V_{BEN} = V_T \ln \left[\dfrac{i_N}{I_{SQ}} \right] = (25m) \ln \left[\dfrac{1.1}{10^{-13}} \right] = 0.75V$

$$\therefore V_{EBP} = V_{BB} - V_{BEN} = 1.3 - 0.75 = 0.55V$$

故 $i_{CP} = I_{SQ}e^{V_{EBP}/V_T} = (10^{-13})e^{(0.55/25m)} = 0.358mA$

(5) $V_I = 0 \Rightarrow i_{BN} = 0$

$$\therefore I_D \approx I_{REF} = 20mA$$

故 $V_{BB} = V_{D1} + V_{D2} = 2V_T \ln \left[\dfrac{I_D}{I_{SD}} \right]$

$$= (2)(25m) \ln \left[\dfrac{20m}{3 \times 10^{-14}} \right] = 1.36V$$

即 $I_{CQ} = I_{SQ}e^{V_{BB}/2V_T} = (10^{-13})e^{\left[\frac{1.36}{(2)(25m)} \right]} = 65mA$

---

27. Consider the class AB output stage shown below, $V_{CC} = 15V$, $R_L = 100\Omega$, and the output is sinusoidal with a maximum amplitude of $10V$. Let Q_N and Q_P matched with saturation current, $I_S = 10^{-14}A$, and $\beta = 50$. Assume that the junction area of biasing diodes $= 1/3$ junction area of Q_n, and Q_p. Please find :

(1) Bias current I_{bias}, that guarantees a minimum of $1mA$ through the diode at all time.

(2) Current and power dissipation in the output transistor at $V_0 = 0$. (題型 : Class AB Amp.)

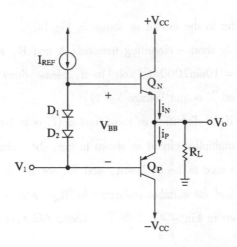

簡譯

$V_{CC} = 15V$，$R_L = 100\Omega$，輸出為最大振幅10V 的弦波，Q_N，Q_P 完全匹配，又 $I_S = 10^{-14}A$，$\beta = 50$，二極體的接面截面積為（Q_N，Q_P）的 $\frac{1}{3}$，

(1)求二極體電流最小為1mA 時的 I_{bias}。

(2)求 $V_0 = 0$時之輸出電晶體的電流和功率損耗。

解☞ :

$(1) i_{N(\,max\,)} = i_{P(\,max\,)} = \dfrac{V_0}{R_L} = \dfrac{10}{100} = 0.1A$

$\quad i_{BN(\,max\,)} = \dfrac{i_{N(\,max\,)}}{1 + \beta} = \dfrac{0.1}{51} = 1.96mA$

$\quad \therefore I_{bias} = I_D + i_{BN(\,max\,)} = 1mA + 1.96mA = 2.96mA$

$(2) I_Q = n I_{bias} = (\,3\,)(2.96m\,) = 8.88mA$

$\quad P_D = 2V_{CC} I_Q = (\,2\,)(15\,)(8.88m\,) = 266.4mW$

28.Refer to the circuit as shown in Fig.(a)

(1) By short – circuiting terminals A and B, and applying a voltage $V_i(t)$ = $10\sin 2000\pi t$ (volt) to it, please draw the corresponding " distort- ed " output voltage $V_0(t)$.

(2) If the distortion as mentioned in (1) is to be eliminated by using a V_{BE} – multiplier circuit as shown in Fig. (b), where V_{BE} for the transistor's as- sumed to be 0.7 volt, and h_{FE} for the transistor is very large. Please find the suitable resistance for R_{B2}, and complete the circuit of that giv- en in Fig.4(a). (題型：Class AB Amp.)

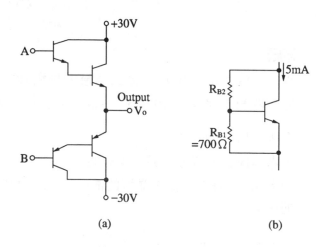

(a)   (b)

【 交大控制所 】

簡譯

(1)圖(a)電路將 A，B 端短路，並輸入一訊號 $V_i(t)$，若 $V_i(t)$ = $10\sin 2000\pi T$ （V）時，繪出對應失眞時的 $V_0(t)$波形圖。

(2)若採用圖(b)的 V_{BE}乘法器來消除交越失眞，（已知 V_{BE} = $0.7V$，h_{FE}非常大 ）求 R_{B2}值。

解☞：

(1) $\because V_i(t)$ = $10\sin 2000\pi t \Rightarrow V_{im}$ = 10

56　電子電路題庫大全（中）

當 $V_{im} = 10V \Rightarrow V_0 = V_{im} - 2V_{BE} = 10 - 1.4 = 8.6V$

當 $V_{im} = -10V \Rightarrow V_0 = V_{im} - 2V_{BE} = -10 + 1.4 = -8.6V$

則交越失眞情形如下：

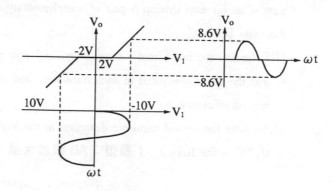

(2)加上乘法器之後，電路如下：

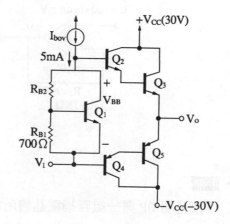

$V_{BB} = V_{BE2} + V_{BE3} + V_{EB4} + V_{EB5} = （4）（0.7）= 2.8V$

$V_{B1} = \dfrac{R_{B1} V_{BB}}{R_{B1} + R_{B2}} \Rightarrow V_{BB} = （\dfrac{R_{B1} + R_{B2}}{R_{B1}}）V_{B1}$ ，

即 $（1 + \dfrac{R_{B2}}{700}）（0.7）= 2.8V$

$$\therefore R_{B2} = 2.1 k\Omega$$

---

29. The circuit shown in Figure is an inexpensive phonograph amplifier. It consists of an op amp driving a pair of complementary transistors operating in the class B mode.

(1) Determine the rms (root – mean – square) power delivered to the load, and the power dissipated in each transistor, and calculate the power conversion efficiency.

(2) Estimate the second harmonic distortion in the loudspeaker (With V_{BE} = 0.7V in the BJTs) . (題型：AB 類放大器)

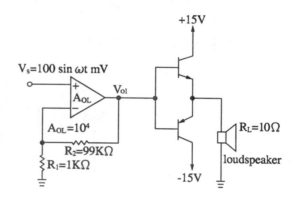

【 清大電機所 】

簡譯

下圖是用 OP 與一組互補電晶體所組成的 B 類放大器

(1) 求負載功率的 rms 值及每個電晶體的功率損耗與效率。

(2) 求揚聲器上訊號的二次諧波失真。

解☞ :

(1) 1. 對 OPA 而言，此為（串－並）負回授

$$\therefore \beta = \frac{R_1}{R_1 + R_2} = \frac{1K}{1K + 99K} = 0.01$$

$$A_{Vf} = \frac{V_{O1}}{V_S} = \frac{A_V}{1 + \beta A_V} = \frac{10^4}{1 + (0.01)(10^4)} \approx 99$$

$$\therefore V_{O1} = 99 V_S = (99)[100 \sin\omega t (mv)] = 9.9 \sin\omega t V$$

故知 $V_m = 9.9V \approx V_0$

2. $\because P_L = \dfrac{V_m^2 \sin^2\omega t}{R_L}$

均方根值的負載功率爲

$$\therefore P_{L(rms)} = \frac{V_m^2}{R_L}\sqrt{\frac{1}{2\pi}\int_0^{2\pi}\sin^4\omega t d(\omega t)} = \frac{\sqrt{3}}{2\sqrt{2}}\frac{V_m^2}{R_L}$$

$$= \frac{\sqrt{3}}{2\sqrt{2}} \cdot \frac{(9.9)^2}{10} = 6W$$

3. 平均值的負載功率爲：

$$P_{L(ave)} = \frac{V_m^2}{2R_L} = \frac{(9.9)^2}{(2)(10)} = 4.9W$$

4. 均方根值的輸入功率爲

$$P_{i(rms)} = \frac{V_{CC}V_m}{R_L} = \frac{(15)(9.9)}{10} = 14.85W$$

5. 平均值的輸入功率爲

$$P_{i(ave)} = V_{CC}(i_{CN} + i_{CP}) = V_{CC}\left[\frac{V_m/\pi}{R_L} + \frac{V_m/\pi}{R_L}\right]$$

$$= \frac{2V_{CC}V_m}{\pi R_L}$$

$$= \frac{(2)(15)(9.9)}{10\pi} = 9.45W$$

6.每個電晶體的散逸功率為

$$P_{D(rms)} = \frac{1}{2} \left[P_{i(rms)} - P_{L(rms)} \right] = \frac{1}{2} \left[14.85 - 6 \right]$$

$$= 4.43W$$

$$P_{D(ave)} = \frac{1}{2} \left[P_{i(ave)} - P_{L(ave)} \right] = \frac{1}{2} \left[9.45 - 4.9 \right]$$

$$= 2.28W$$

7.效率

①以均方根值計算，則

$$\eta = \frac{P_{L(rms)}}{P_{i(rms)}} \times 100\% = \frac{6}{14.85} \times 100\% = 40.4\%$$

②以平均值計算，則

$$\eta = \frac{P_{L(ave)}}{P_{i(ave)}} \times 100\% = \frac{4.9}{9.45} \times 100\% = 51.9\%$$

(2)因為 Q_1，Q_2為對稱電路，所以偶次諧波被消除。

---

30. Draw the circuit diagram of a V_{BE} multiplier and explain its operation. (**題型：Class AB Amp.**)

【成大電機所】

簡譯

繪出 V_{BE}乘法器電路，並說明工作原理。

解☞ :

1.電路圖如下:

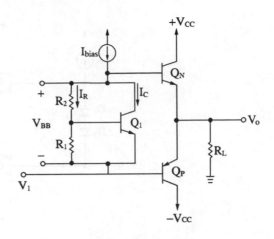

2.工作說明

① $I_R \approx \dfrac{V_{BE1}}{R_1}$

② $V_{BB} = I_R (R_1 + R_2) = \dfrac{V_{BE1}}{R_1} (R_1 + R_2) = V_{BE1} (1 + \dfrac{R_2}{R_1})$

③ $\because V_{BB} = V_{BE1} (1 + \dfrac{R_2}{R_1})$ ，故稱爲「 V_{BE}乘法器」。

④ V_{BB}大小可由 $\dfrac{R_2}{R_1}$ 來決定。

---

31. A class AB output stage using a two－diode bias network as shown in Fig. utilizes diodes having the same junction area as the output transistor. Assume that $V_{CC} = 10V$, $I_{bias} = 0.5mA$, $R_L = 100\Omega$, $\beta_N = 50$, $| V_{CEsat} | = 0V$

(1) What is the quiescent current？

(2) What are the largest possible positive and negative output signal levels？

(3) To achieve a positive peak output level equal to the negative peak level, what value of β_N is needed if I_{bias} is not changed？

(4) What value of I_{bias} is needed if β_N is held at 50？（題型：Class AB Amp.）

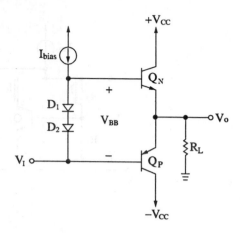

【 成大工科所 】

解☞：

(1) $\because I_{bias} = i_{CN} = I_{BQ} + I_{CQ} \approx \dfrac{I_{CQ}}{1+\beta} + I_{CQ} = I_{CQ} \left(1 + \dfrac{1}{1+\beta} \right)$

$\therefore I_{CQ} = \dfrac{I_{bias}}{1 + \dfrac{1}{1+\beta_N}} = \dfrac{0.5mA}{1 + \dfrac{1}{51}} = 0.49mA$

(2) 求 $V_{0(max)}$ 時，Q_N：ON, Q_P：OFF

$V_{0(max)} = (1 + \beta_N) I_{bias} R_L = (51)(0.5m)(100)$

$\qquad\quad = 2.55V$

求 $V_{0(min)}$ 時，Q_N：OFF，Q_P：ON

$V_{0(min)} = - V_{CC} + V_{CEP(sat)} = - 10V$

(3) $V_0 = (1 + \beta_N) I_{bias} R_L$

$\therefore \beta_N = \dfrac{V_0}{I_{bias} R_L} - 1 = \dfrac{10}{(0.5m)(100)} - 1 = 199$

(4) $V_0 = (1 + \beta_N) I_{bias} R_L$

$\therefore I_{bias} = \dfrac{V_0}{(1 + \beta_N) R_L} = \dfrac{10}{(51)(100)} = 1.96mA$

32. Explain the following terms：

(1) crossover disortion　　(2) class AB amplifier. （**題型：功率放大器的分類**）

【中山電機研究所】

解☞：

(1) 推挽式 B 類放大器，在轉換交界處，需待 $V_i > V_r$ 方能使電晶體導通，因此產生交越失真，如圖

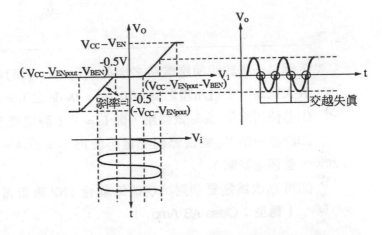

(2) AB 類放大器，則以提供偏壓，而改善 B 類放大器的交越失真，如下圖。

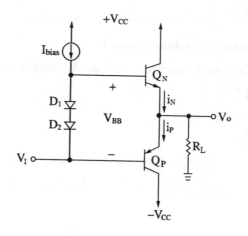

33. 下圖為一未註明偏壓電路之推挽式（push－pull）class AB 之功率放大電路，令電晶體之 $I_s = 10^{-4}$A，Diode 之 $I_s = 10^{-14}$A，n = 2

(1) 若使用兩個 diode 做偏壓，則 I_Q = ？（靜電流）

(2) 設計一個 V_{BE} 乘法器偏壓電路使得 I_Q = 5mA。（你必須畫出整個電路圖）

(3) 將 Q_1 改為達靈頓對，Q_2 改為耦合 PNP 重新畫出新的電路。

（題型：Class AB Amp.）

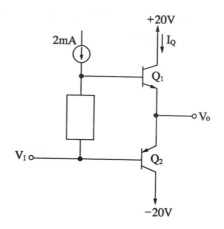

解☞ :

(1)$I_Q = nI_{bias} = $ (2)(2mA) $= 4mA$

(2) 1.設 I_{B1}，I_{B3}可忽略，且 $I_R = 1mA$，則

$I_{C3} = I_{bias} - I_R = 2mA - 1mA = 1mA$

2.$V_{BB} = 2V_T \ln \dfrac{I_Q}{I_S} = $ (2)(25m) $\ln$ ($\dfrac{5m}{10^{-14}}$) $= 1.35V$

$\therefore R_1 + R_2 = \dfrac{V_{BB}}{I_R} = \dfrac{1.35}{1m} = 1.35k\Omega$

3.$\because V_{BE3} = V_T \ln \dfrac{I_{C3}}{I_S} = $ (25m) $\ln \left[\dfrac{1m}{10^{-14}} \right] = 0.633V$

故 $R_1 = \dfrac{V_{BE3}}{I_R} = \dfrac{0.633}{1m} = 633\Omega$

$\therefore R_2 = 1.35K - R_1 = 1350 - 633 = 717\Omega$

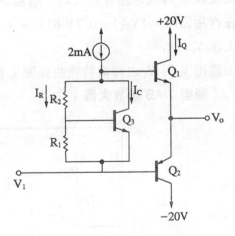

(3)

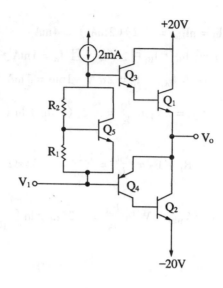

34.如圖設 A 為理想運算放大器，增益為 ∞ ，兩個電晶體 Q_N 和 Q_P 在作用區時，$|V_{BE}| = 0.7V$ 和 $r_0 = \infty$ 。

(1)求 V_0 / V_I 。

(2)畫出 V_0 對 V_I 之轉換特性曲線圖（輸入範圍為 − 5V ～ + 5V ）

（題型：AB 類放大器）

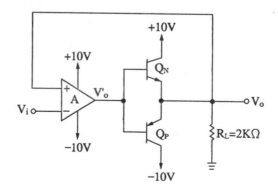

解☞：

(1) 1.當 $V_I > 0$時，Q_N：ON，Q_P：OFF

　　①若 Q_N 在主動區時，$V_0 = V_i$

　　②若 Q_N 已飽和，則，$V_0 = V_{CC} - V_{CE, sat} \approx 10 - 0.2 \approx 9.8V$

　2.當 $V_I < 0$時，Q_N：OFF，Q_P：ON

　　①若 Q_P 在主動區時，$V_0 = V_i$

　　②若 Q_P 已飽和，

　　　則 $V_0 = -V_{CC} + V_{EC, sat} \approx -10 + 0.2 \approx -9.8V$

　3.若 Q_N 及 Q_P 皆在主動區，則

$$\frac{V_0}{V_I} = 1$$

　4.此時轉換特性曲線，如下

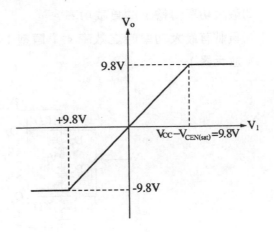

(2) 1.當 $V_I > 0$時，Q_N：ON，Q_P：OFF

　　$V'_0 = V_I + V_{BEN} = V_I + 0.7V$

　2.當 $V_I < 0$時，Q_N：OFF，Q_P：ON

　　$V'_0 = V_I - V_{EBP} = V_I - 0.7V$

　3.轉移特性曲線如下：

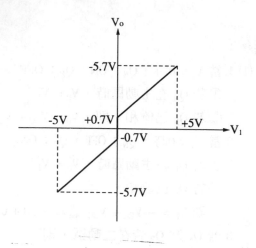

35.圖示功率放大器，Q_1 與 Q_2 完全匹配，試求：

(1)每一電晶體基極對地的直流電壓 V_{B1} 和 V_{B2}。

(2)最大功率傳輸下的負載功率。

(3)負載有最大功率時之效率。（**題型：以二極體偏壓的 AB 類放大器**）

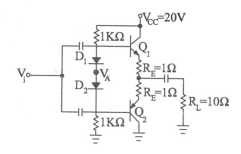

解☞：

(1)平均分配原理 $V_A = \dfrac{1}{2} V_{CC} = 10V$

$\therefore V_{B1} = V_A + V_{D1} = 10 + 0.7 = 10.7V$

$V_{B2} = V_A - V_{D2} = 10 - 0.7 = 9.3V$

$$(2)P_{L,\,max} = \frac{V_m^2}{2R} = \frac{V_{CC}^2}{2\,(\,R_E + R_L\,)} = \frac{(\,20\,)^2}{2\,(\,1 + 10\,)} = 18.18W$$

$$(3)P_{i,\,max} = V_{CC}\,(\,i_{CN} + i_{CP}\,) = V_{CC}\left(\frac{V_m/\pi}{R_L} + \frac{V_m/\pi}{R_L}\right)$$

$$= \frac{2V_{CC}V_m}{\pi R_L} = \frac{2V_{CC}^2}{\pi R_L} = \frac{(\,2\,)(\,20\,)^2}{\pi\,(\,10\,)} = 25.46W$$

$$\therefore \eta_{max} = \frac{P_{L,\,max}}{P_{i,\,max}} = \frac{18.18}{25.46} \times 100\% = 71.4\%$$

36. 若有一 C 類放大器,其由一400kHZ 的信號推動,而導通時間 為每週0.3μs,若此放大器可百分之百利用負載線動作(即 V_0 由0→V_{CC}),當 $I_{C(飽和)}$ = 200mA 及 $V_{CE(飽和)}$ = 0.2V 時,求其 平均消耗功率 P_D?(題型:C 類放大器)

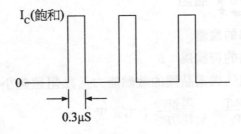

解☞:

1. $T = \dfrac{1}{f} = \dfrac{1}{400K} = 2.5\mu sec$

2. $P_{D,\,av} = \dfrac{t_{ON}}{T}P_C = \dfrac{t_{ON}}{T}V_{CC(sat)}I_{C(sat)}$

$$= \frac{0.3\mu}{2.5\mu} \cdot (0.2) \cdot (200m) = 4.8mW$$

37. 同上題，若其消耗平均功率 $P_D = 4.8\text{mW}$，因 $V_{CC} = 12\text{V}$，Z 為 20Ω，求效率 η，（Z 為並聯諧振阻抗）

解☞：

$$P_{0\,,\,max} = \frac{V_{CC}^2}{2Z} = \frac{(12)^2}{(2)(20)} = 3.6\text{W}$$

$$\therefore \eta = \frac{P_{0\,,\,max}}{P_{0\,,\,max} + P_{D\,,\,av}} = \frac{3.6}{3.6 + 4.8\text{m}} = 99.87\%$$

§8-4〔題型五十〕：熱效應

 熱阻

一、熱阻的意義

1. 熱阻的符號為：θ

2. 熱阻代表電晶體的散熱能力。熱阻值越小代表散熱能力越強。

3. $\theta = \dfrac{\triangle T}{P_C} = \dfrac{溫差}{消耗功率}$ （℃／W）

二、電晶體的接合溫度

1. $\boxed{T_J = T_A + P_D\,(\,\theta_{JC} + \theta_{CS} + \theta_{SA}\,) = T_A + P_D\,\theta_{JA}}$

2. 散熱模型：

3.類比等效模型

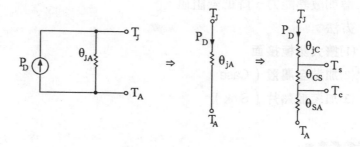

4. $T_{JA} = T_J - T_A = P_D \times \theta_{JA}$

三、熱穩定及熱不穩定條件

$$1 = \theta \cdot \frac{\partial P_C}{\partial T_j} \Rightarrow \frac{\partial P_C}{\partial T_j} = \frac{1}{\theta}$$

當 T↑，熱阻所能處理功率增加

1. **熱穩定條件** $\Rightarrow \frac{\partial P_C}{\partial T_j} < \frac{1}{\theta} \Rightarrow \frac{\partial P_C}{\partial I_C} \times \frac{\partial I_C}{\partial T_j} < \frac{1}{\theta}$

當 $\frac{\partial P_C}{\partial I_C} < 0$ 時必然熱穩定

2. **熱不穩定條件** $\Rightarrow \frac{\partial P_C}{\partial T_j} > \frac{1}{\theta}$

當 T↑，產生功率↑，超過熱阻散熱能力，而產生熱飛脫現象。

3. **熱跑脫**（thermal runaway）：
⇒ 當接面 T↑

又當 $\frac{\partial P_C}{\partial T_j} > \frac{1}{\theta}$ 時，T↑，I_C↑，P_C（$I_C V_{CB}$）↑，T↑↑，I_C↑↑，

P_C↑↑……如此惡性循環

四、散熱裝置之擴充

1.增加散熱能力，降低熱阻值。

2.方法：

   (1)**擴大集極接面**

   (2)**加裝金屬殼（Case）**

   (3)**加裝散熱片（Sink）**

考型129 功率遞減曲線的應用

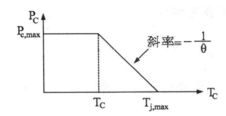

$$\theta = -\frac{\triangle T}{\triangle P} = \frac{T_{j,\,max} - T_C}{P_{C,\,max}}$$

歷屆試題

38. Assume a power transistor has the following specifications：

   P_C（25℃）= 100watts

   $T_{J(max)}$ = 175℃

   θ_{JC}（Thermal resistance from junction to case）= 2℃／W

   θ_{CA}（Thermal resistance from case to free air）= 25℃／W

The transistor is to be operated under an ambient temperature of 40℃.

(1) If the transistor is to be operated without using any heat sink, what will be the maximum allowable dissipation power of the transistor？

(2) If the transistor is to be dissipated with a maximum power of 30 watts,

what kind of heat sink should be used？（題型：熱效應）

簡譯

已知功率電晶體的規格如下：

P_C（25℃）= 100W，$T_{j(max)}$ = 175℃，θ_{jc} = 2℃／W，θ_{CA} = 25℃／W，T_A = 40℃

(1)求未用散熱片下的電晶體，最大許可功率損耗值。

(2)若電晶體的最大許可功率損耗為30W，問須用何種散熱片。

解☞：

$$(1)P_{D(max)} = \frac{\triangle T}{\theta_{jA}} = \frac{T_{j(max)} - T_A}{\theta_{JC} + \theta_{CA}} = \frac{175 - 40}{2 + 25} = 5\,W$$

$$(2)P_D = \frac{\triangle T}{\theta_{jA}} = \frac{T_j - T_A}{\theta_{JC} + \theta_{CA} + \theta_{SA}} = \frac{175 - 40}{2 + \theta_{CA} + \theta_{SA}} = 30$$

$$\therefore \theta_{CS} + \theta_{SA} \leq 2.5℃／W$$

1.故散熱片的選用，需符合 $\theta_{CS} + \theta_{SA} \leq 2.5℃／W$ 的條件

2.若無 θ_{CS}，則 $\theta_{SA} \leq 2.5℃／W$

---

39. The circuit shown is a voltage regulator based on the use of a 5V 3 – terminal regulator 7805.

    (1) Assume the GND terminal of 7805 draws a constant current of I_G = 0.05mA. Find the value of R_1 so that the regulated output voltage is V_0 = 13.4V.

    (2) If 7805 is specified to have a maximum power dissipation of 10 watts at case temperature of T_C = 25℃, and the maximum tolerable internal "junction" temperature is $T_{J(max)}$ = 172℃. Suppose the circuit is designed to deliver a maximum load current of $I_{L(max)}$ = 1 ampere under an input voltage $16V \leq V_{IN} \leq 20V$ and an ambient temperature of T_A =

40°C . Find the required thermal resistance from the internal junction to case (denoted by θ_{JC}) and the total thermal resistance of the heat sink (i.e. from case to air, denoted by θ_{CA}) . (**題型：熱效應**)

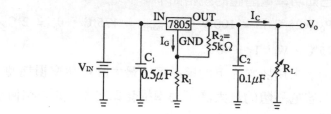

【 交大控制所 】

解☞ :

(1) $V_0 = V_{R2} + V_{R1} = V_{REG} + \left[I_G + \dfrac{V_{REG}}{R_2} \right] R_1$

$\Rightarrow 13.4 = 5 + \left[0.05m + \dfrac{5}{5K} \right] R_1$

∴ $R_1 = 8k\Omega$

(2)7805的功率遞減曲線

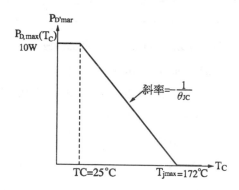

1. $\theta_{JC} = \dfrac{\triangle T}{P_D} = \dfrac{172 - 25}{10 - 0} = 14.7°C ╱ W$

2. 當 $V_{IN , max} = 20V$, $I_L = 1A$, 則

$$P_{i\,,\,max} = P_{D\,,\,max} + P_L = P_{D\,,\,max} + V_0 I_L$$

$$\Rightarrow (20)(1) = P_{D\,,\,max} + (13.4)(1)$$

$$\therefore P_{D\,,\,max} = 6.6W$$

$$3. \theta_{JA} = \frac{\triangle T}{P_{D\,,\,max}} = \frac{172-40}{6.6} = 20°C \diagup W$$

$$\therefore \theta_{CA} = \theta_{JC} - \theta_{JA} = 20 - 14.7 = 5.3°C \diagup W$$

40.何謂熱跑脫（Thermal Runaway）？（題型：熱效應）

【交大電子所】

解☞：

$$\because I_C = \beta I_B + (1+\beta) I_{CBO}$$

$T \uparrow \Rightarrow I_{CBO} \uparrow \Rightarrow I_C \Rightarrow T \uparrow \uparrow \Rightarrow I_{CBO} \uparrow \uparrow \cdots\cdots$ 如此循環，終至使電

晶體燒毀。此種現象稱為熱跑脫。

41.已知一個功率元件的接面─周圍及接面─金屬殼熱阻分別為
$0.2°C \diagup mW$ 和 $0.01°C \diagup mW$ 且最大接面溫度為 $150°C$，若欲設計
在周圍溫度 $90°C$ 時能安全損耗 1W 的散熱片規格。（題型：熱
效應）

【清大電機所】

解☞：

$$\theta_{jA} = 0.2°C \diagup mW = 200°C \diagup W$$

$$\theta_{CS} = 0.01°C \diagup mW = 10°C \diagup W$$

$$\because P_{D\,,\,max} > 1W \,，\, \nexists P_D = \frac{\triangle T}{\theta}$$

$$\therefore 1W > \frac{\triangle T}{\theta_{jC} + \theta_{SA}} = \frac{150-90}{10+\theta_{SA}}$$

$$\therefore \theta_{SA} < 50°C\diagup W$$

所以散熱片的規格選 $\theta_{SA} < 50°C\diagup W$

---

42. 一電晶體之承受功率減少曲線（Power Derating Curve）如圖所示，$P_{D,\,max} = 87.5W$ at $T_C = 25°C$，$T_{J,\,max} = 200°C$，如果不用散熱片，則外殼與周圍之熱阻 $\theta_{CA} = 83°C\diagup W$。請問在周圍溫度 $T_A = 30°C$ 時，電晶體可耗損幾瓦特？（**題型：熱效應**）

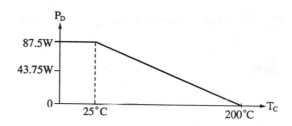

【清大核工所】

解 ☞：

$$1.\; \theta_{JC} = \frac{\triangle T}{P_D} = \frac{200 - 25}{87.5} = 2°C\diagup W$$

$$2.\; P_{D,\,max} = \frac{\triangle T}{\theta_{JA}} = \frac{\triangle T}{\theta_{JC} + \theta_{CA}} = \frac{200 - 30}{85} = 2W$$

---

43. 圖所示為一電晶體之耗損規格減少曲線（Dissipation derating curve），如果其外殼與散熱片之間的熱阻為 $0.5°C\diagup W$，散熱片與周圍之間的熱阻為 $4°C\diagup W$，請問假如工作於周圍溫度 $T_A = 60°C$ 時，此電晶體可以耗損幾瓦特？（**題型：熱效應**）

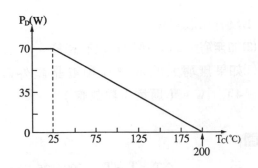

【清大核工所】

解☞：

1. $\theta_{CS} = 0.5\text{℃}／\text{W}$，$\theta_{SA} = 4\text{℃}／\text{W}$

$$\theta_{JC} = \frac{\triangle T}{P_D} = \frac{200 - 25}{70 - 0} = 2.5\text{℃}／\text{W}$$

2. $\therefore P_D = \frac{\triangle T}{\theta_J} = \frac{200 - 60}{\theta_{JC} + \theta_{CS} + \theta_{SA}} = \frac{140}{2.5 + 0.5 + 4} = 20\text{W}$

---

44. 何謂熱阻（Thermal resistance）？（**題型：熱阻**）

【高考】

解☞：

1. 熱阻代表電晶體的散熱能力。

2. 熱阻：$\theta = \dfrac{\triangle T}{P_D}$（單位：℃／W）

意即，電晶體每散逸1W 的功率，使電晶體接面上升1℃的溫度

3. 熱阻 $\theta = 0$，代表散熱的能力為無窮大。

---

45. 若電晶體以 TO5包裝外殼，又 $\theta_{JA} = 438\text{℃}／\text{W}$，$\theta_{JC} = 100\text{℃}／\text{W}$，最大允許接合面溫度為200℃；在 $T_A = 25\text{℃}$ 時，分別求出下列的最大功率消耗。

(1)沒有加散熱片。

(2)加無窮大的散熱片和沒有絕緣。

(3)如果無窮大的散熱片和電晶體外殼用絕緣體絕緣，θ_{CS} = 4℃／W。（題型：熱效應）

【高考】

解☞：

$$(1)P_{D,\,max} = \frac{\triangle T}{\theta} = \frac{T_j - T_A}{\theta_{JA}} = \frac{200 - 25}{438} = 0.4W$$

$$(2)P_{D,\,max} = \frac{\triangle T}{\theta} = \frac{T_j - T_A}{\theta_{JC} + \theta_{SA}} = \frac{200 - 25}{100 + 0} = 1.75W$$

$$(3)P_{D,\,max} = \frac{\triangle T}{\theta} = \frac{T_j - T_A}{\theta_{JC} + \theta_{CS} + \theta_{SA}} = \frac{200 - 25}{100 + 4 + 0} = 1.68W$$

46.圖中所示為 A 類變壓器、交連功率放大器，已知功率晶體的規格為 $P_{C(max)}$ = 15W，$I_{C(max)}$ = 3A，BV_{CEQ} = 38V，欲轉換至 R_L 之功率為最大，則：

(1)I_{CQ}　(2)V_{CEQ}　(3)V_{CC}　(4)n（取整數）　(5)$P_{L(max)}$ = ？（題型：變壓器耦合式的 A 類放大器）

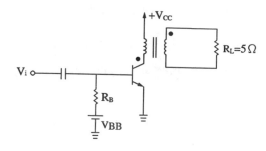

【高考】

解☞：

1. ∵ $P_{C(max)}$ = $2P_{L(max)}$ ⇒ 15W = $2P_{L(max)}$

$$\therefore P_{L(max)} = 7.5W = \frac{1}{2} \frac{V_{CC}^2}{n^2 R_L} = \frac{1}{2} \frac{V_{CC}^2}{10n^2} \text{——①}$$

2. $\because R_{AC} = n^2 R_L = 5n^2$

   $R_{DC} = 0$

$$\therefore I_{CQ} = \frac{V_{CC}}{R_{AC} + R_{DC}} = \frac{V_{CC}}{5n^2} \text{——②}$$

3. 由方程式①知

$$V_{CC} = \sqrt{10n^2 P_{L(max)}} = \sqrt{75n^2}$$

若 $n = 1$，則 $V_{CC} = 8.66V \Rightarrow V_{CC} + V_{CEQ} = 2V_{CC} = 17.32V < 38V$

若 $n = 2$，則 $V_{CC} = 17.32V$

$\Rightarrow V_{CC} + V_{CEQ} = 2V_{CC} = 34.64V < 38V$

若 $n = 3$，則 $V_{CC} = 25.98V$

$\Rightarrow V_{CC} + V_{CEQ} = 2V_{CC} = 51.96V > 38V$（不合）

$\therefore$ 取 $n = 2$

4. 故知

(1) $I_{CQ} = \frac{V_{CC}}{5n^2} = \frac{17.32}{20} = 0.866A < I_{C(max)}$（符合）

(2) $V_{CEQ} = V_{CC} = 17.32V$

(3) $V_{CC} = 17.32V$

(4) $n = 2$

(5) $P_{L(max)} = \frac{1}{2} V_{CC} I_{CQ} = \frac{1}{2}(17.32)(0.866) = 5.625W$

CH9　頻率響應（Frequency Response）

§9-1〔題型五十一〕：轉移函數及波德圖

考型130 頻率響應的解題技巧及觀念

一、觀念

1. 任一電路，在不同頻率的輸入下，會有不同輸出的增益。此種頻率對輸出增益的關係，可用增益—頻率響應圖表示：

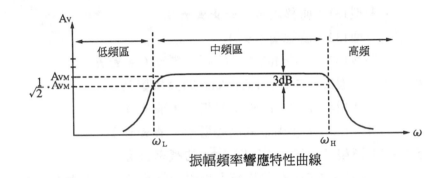

振幅頻率響應特性曲線

(1) 由低頻區可知，頻率越低，輸出增益越低。對音頻放大器而言，輸出會隨頻率變化，是一種不好的現象。但對高通濾波器而言，只准高頻通過，而需濾除低頻，這卻是應有的結果。

(2) 由中頻區可知，輸出增益不受頻率影響。對音頻放大器及全通濾波器而言，這是理想狀況。

(3) 由高頻區可知，輸入頻率越高，輸出增益就越低。對音頻放大器而言，這是不好的響應，但對低通濾波器而言，這是必備的條件。

2. 任一電路的頻率響應分析，包含有（低頻、中頻、高頻）響應的結果，稱之為完全響應。

3. 上圖的低、中、高頻區域是由 ω_L 及 ω_H 來分界

(1)$\omega_L = 2\pi f_L$ ，$\omega_H = 2\pi f_H$ ，

其中

ω：角頻率，單位：rad／sec（強度／秒）

f：頻率，單位：H_Z（赫芝）

(2)ω_L：稱爲低頻主極點，或下三分貝頻率，或下半功率頻率。

(3)ω_H：稱爲高頻主極點，或上三分貝頻率，或上半功率頻率。

4. ω_L 及 ω_H 取決於由中頻增益（A_{VM}），下取三分貝（$\dfrac{A_{VM}}{\sqrt{2}}$）的交叉點所定義。

5. 頻寬 $BW = \omega_H - \omega_L$。

對音頻放大器而言，頻寬越大越好。但事實上在設計電路的困難下，**頻寬越大，增益卻會越小**，或反之。因此**評估放大器的優劣是以「增益頻寬乘積」（GB 值）來比較。GB 值越大越好。**

（註：對數位電路的反相器比較，是用「延遲時間損耗功率乘積」（DP 值）來評估。**DP 值越小越好。**）

6. **對放大器而言，造成低頻響應不佳是因電路中，外部耦合電容的影響。造成高頻響應不佳是受電晶體內部電容的影響。**

7. 振幅頻率響應特性曲線（上圖）及相位頻率響應特性曲線的方法如下：

(1)**先求轉移函數**

$$\boxed{T（S）= \frac{V_O（S）}{V_I（S）}} \Rightarrow \boxed{T（j\omega）= \frac{V_O（j\omega）}{V_I（j\omega）}} \Rightarrow \boxed{T（jf）= \frac{V_O（jf）}{V_I（jf）}}$$

分析電路求 $V_O（S）$ ，$V_I（S）$ 或 $V_O（j\omega）$ ，$V_I（j\omega）$ 或 $V_O（jf）$ ，$V_I（jf）$ 時，是先

①令 $C \Rightarrow X_C = \dfrac{1}{SC}$ 或 $X_C = \dfrac{1}{j\omega C}$ 或 $X_C = \dfrac{1}{j2\pi fC}$

②令 $L \Rightarrow X_L = SL$ 或 $X_L = SL$ 或 $X_L = j\omega L$ 或 $X_L = j2\pi fL$

③令 R = R（電阻 R 不受頻率影響）

再作 $\dfrac{V_0(S)}{V_I(S)}$ 或 $\dfrac{V_0(j\omega)}{V_I(j\omega)}$ 或 $\dfrac{V_0(jf)}{V_I(jf)}$ 的演算。

註：轉移函數表示符號有〔 T（S）= H（S）= F（S）〕

(2)**再由轉移函數求出振幅分貝與頻率的關係：**

$$A_v(S)\Big|_{dB} = T(S)\Big|_{dB} = 20\log\left|\frac{V_0(S)}{V_I(S)}\right|$$

$$= 20\log\left|V_0(S)\right| - 20\log\left|V_I(S)\right|$$

(3)將(2)的結果再描繪於橫座標為 ω（f），縱座標為 $A_V\Big|_{dB}$ 的座標軸上，即可得振幅頻率響應特性曲線。

(4)由轉移函數求出角度與頻率的關係：

①設 $T(S) = \dfrac{V_0(S)}{V_I(S)} \Rightarrow T(a+jb) = \dfrac{(a_1+jb_1)}{(a_2+jb_2)}$

②$\phi = \tan^{-1}\dfrac{b}{a} = \tan^{-1}\left[\dfrac{(a_1+jb_1)}{(a_2+jb_2)}\right]$

$\qquad = \left[\tan^{-1}\dfrac{b_1}{a_1}\right] - \left[\tan^{-1}\dfrac{b_2}{a_2}\right]$

(5)將(4)的結果，再描繪於橫座標為 ω（f），縱座標為 ϕ 的座標軸上，即可得相位頻率響應特性曲線。

8.然上述的繪製法，會遇到二個繁雜的問題：

(1)描繪相位及振幅特性曲線頗繁：

　　解決方法：用波德圖（一種近似趨勢線法）。

(2)計算龐大電路的轉移函數頗難：

　　解決方法（本章重點）：採用「單一時間常數法」

　　（STC 法 Simple Time Constant）

(3)STC 法：其步驟的選用方式如下：

①由 STC 法，找出主極點（ω_P）及零點（ω_Z）：

此時可用：＜主極點法＞

②若有二個以上的極點：

此時可用：＜近似主極點法＞

③若無法使用 STC 法：

此時則用：＜重疊法＞

9.綜論：作電路的頻率響應分析步驟如下：

＜精確法＞：缺點：計算繁雜

⑴由電路分析，計算出轉移函數 T（S）

$$T（S）= \frac{V_O（S）}{V_I（S）}$$

⑵繪製振幅及相位對頻率的特性曲線響應圖

⑶由特性曲線響應圖，找出主極點，

由主極點的位置，可作以下分析

①高低頻響應情形（T_L（S），T_H（S））

②電路穩定分析

⑷求出完全響應 A（S）= $A_M \cdot T_L$（S）$\cdot T_H$（S）

＜快速法＞

⑴用 STC 法或重疊法等，先求出主極點及零點（ω_Z）或近似主極點，

⑵再求出轉移函數 F(S)。即將主極點（ω_P），零點（ω_Z）代入轉移函數 F(S)的標準式中，即可得 F_H(S)及 F_L(S)高頻分析時 F_H(S)的標準式：

①$F_H（S）= \frac{K\omega_{PH}}{S + \omega_{PH}} = \frac{K}{1 + \dfrac{S}{\omega_{PH}}}$ ，ω_{PH}：高頻分析時的主極點

②$F_L（S）= \frac{KS}{S + \omega_{PL}} = \frac{K}{1 + \dfrac{\omega_{PL}}{S}}$ ，ω_{PL}：低頻分析時的主極點

(3)由轉移函數可求出二項結果

　　①波德圖

　　②完全響應

二、放大器的頻率響應

1.電容效應

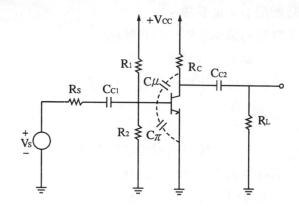

(1)耦合電容〔C_{c1}，C_{c2}，（μF）〕

　　⇒與周圍電阻形成串聯型式，是一種高通網路，具有低三分貝
　　　頻率 f_L。

(2)內部電容〔C_{π}，C_{μ}，（PF）〕

　　⇒與周圍電阻形成並聯型式，是一種低通網路，具有高三分貝
　　　頻率 f_H。

2.低、高、中頻分析時之電容等效情形：

$Z = \dfrac{1}{j\omega C}$	低頻	中頻	高頻
耦合電容（μF）	須考慮	視同短路	視同短路
內部電容（PF）	視同開路	視同開路	須考慮

3. 頻率響應

低頻響應	中頻響應	高頻響應
$\omega < \omega_L$	$\omega_L < \omega < \omega_H$	$\omega > \omega_H$
$A(S) = A_M \cdot F_L(S)$	$A(S) = A_M$	$A(S) = A_M \cdot F_H(S)$
高通，濾低頻信號	平坦響應	低通，濾高頻信號
$F_L(S) = \dfrac{KS}{S + \omega_P}$ $= \dfrac{K}{1 + \dfrac{\omega_P}{S}}$ $\omega_L = \omega_P$	$F_L(S) = F_H(S) = 1$	$F_H(S) = \dfrac{K\omega_P}{S + \omega_P}$ $= \dfrac{K}{1 + \dfrac{S}{\omega_P}}$ $\omega_H = \omega_P$
$F_L(S)$：C_B，C_C，C_E 要考慮。C_π，C_μ 忽略	C_B，C_C，C_E 忽略。C_π，C_μ 忽略	$F_H(S)$：C_B，C_C，C_E 忽略。C_π，C_μ 要考慮

考型131 轉移函數

一、精確法

1. 求出轉移函數

將電路中的 $C \Rightarrow \dfrac{1}{SC}$，$L \Rightarrow SL$，$R \Rightarrow R$ 來表示，並代入 $\dfrac{V_0(S)}{V_I(S)}$ 計算，則可得轉移函數：

$$T(S) = \frac{V_0(S)}{V_I(S)} = \frac{a_m S^m + a_{m-1} S^{m-1} + \cdots a_o}{S^n + b_{n-1} S^{n-1} + \cdots b_o}$$

$$= a_m \frac{(S_Z + \omega_{Z_1})(S_Z + \omega_{Z_2}) \cdots (S_Z + \omega_{Z_m})}{(S_P + \omega_{P_1})(S_P + \omega_{P_2}) \cdots (S_P + \omega_{P_n})}$$

高、低頻時轉移函數的表示式

$$(1)F_L(S) = \frac{(S+\omega_{Z_1})(S+\omega_{Z_2}) \cdots\cdots (S+\omega_{Z_n})}{(S+\omega_{P_1})(S+\omega_{P_2}) \cdots\cdots (S+\omega_{P_n})}$$

$$(2)F_H(S) = \frac{(1+\frac{S}{\omega_{Z_1}})(1+\frac{S}{\omega_{Z_2}}) \cdots\cdots (1+\frac{S}{\omega_{Z_n}})}{(1+\frac{S}{\omega_{P_1}})(1+\frac{S}{\omega_{P_2}}) \cdots\cdots (1+\frac{S}{\omega_{P_n}})}$$

2. 找出零點及極點

(1)零點：轉移函數 = 0 之 S 值。例：S_Z：ω_{Z_1}，ω_{Z_2}，……。

(2)極點：轉移函數 = ∞ 之 S 值。例：S_P：ω_{P_1}，ω_{P_2}，……。

(3)若電路爲穩定，則極點位於 S 平面的左半邊。

(4)若電路的極點爲複數，則必爲共軛複數之型式。（例 a ± jb，a 若爲負數，則電路穩定。若 a 爲實數，則電路不穩定）

(5)若（零點的冪次 m）≤（極點的冪次 n），則電路穩定。否則爲不穩定。

二、用 STC 法

1. 先求得每一耦合電容（C_1）兩端之等效電阻 R_i，則

$$\omega_{Pi} = \frac{1}{\tau_i} = \frac{1}{R_i C_i}$$

2. 寫出轉移函數之標準式

(1)找主極點

① 低頻分析時，若有極點（ω_P）比其他所有極點，大

$$\begin{cases} 4倍（Smith） \\ 8倍（Millman） \end{cases}$$，則 ω_P 爲低頻主極點，即 $\omega_L = \omega_P$，（ω_L：

稱下三分貝頻率）

② 高頻分析時，若有極點（ω_P）比其他所有極點，小

$$\begin{cases} 4\text{倍（Smith）} \\ 8\text{倍（Millman）} \end{cases} \quad \text{，則 } \omega_P \text{ 為高頻主極點，即 } \omega_H = \omega_P \text{，（} \omega_H :$$

稱上三分貝頻率）

(2)代入轉移函數的標準式

①低頻標準式：$F_L（S）= \dfrac{KS}{S + \omega_L} = \dfrac{K}{1 + \dfrac{\omega_L}{S}} = \dfrac{K}{1 - j\dfrac{\omega_L}{\omega}} = \dfrac{K}{1 - j\dfrac{f_L}{f}}$

②高頻標準式：$F_H（S）= \dfrac{K\omega_H}{S + \omega_H} = \dfrac{K}{1 + \dfrac{S}{\omega_H}} = \dfrac{K}{1 + j\dfrac{\omega}{\omega_H}} = \dfrac{K}{1 + j\dfrac{f}{f_H}}$

(3)求出高、低頻及完全響應

①$A_L（S）= A_M F_L（S）= \dfrac{A_M}{1 + \dfrac{\omega_L}{S}} = \dfrac{A_M}{1 - j\dfrac{\omega_L}{\omega}} = \dfrac{A_M}{1 - j\dfrac{f_L}{f}}$

②$A_H（S）= A_M F_H（S）= \dfrac{A_M}{1 + \dfrac{S}{\omega_H}} = \dfrac{A_M}{1 + j\dfrac{\omega}{\omega_H}} = \dfrac{A_M}{1 + j\dfrac{f}{f_H}}$

③$A（S）= A_M F_L（S）F_H（S）$

④$K = A_M$

三、近似主極點法

1.若無主極點存在時，則可用計算方式，求出近似主極點。

因為在主極點，其增益為 $\dfrac{A_M}{\sqrt{2}}$ 由此 $\sqrt{2} = （1 + j\dfrac{\omega_H}{\omega_{P_1}}）（1 + j\dfrac{\omega_H}{\omega_{P_2}}）$ 求得

$$\omega_H = \left\{ \dfrac{-（\omega_{P_1}^2 + \omega_{P_2}^2）+ \sqrt{（\omega_{P_1}^2 + \omega_{P_2}^2）^2 + 4\omega_{P_1}^2 \omega_{P_2}^2}}{2} \right\}^{\frac{1}{2}}$$

2.再將此主極點代入上述 STC 法，即可求出轉移函數等。

四、重疊法

重疊定理,當放大器不是 STC 網路,則需使用重疊定理。

1.低頻響應

(1)一次只看一個耦合電容(C_c),而將其他耦合電容視為短路,此時電路即成為 STC 網路。

(2)①無零點存在時 $\omega_L = \omega_{P_1} + \omega_{P_2} + \cdots\cdots$

　　②有零點存在時

$$\omega_L = \sqrt{(\omega_{P_1}^2 + \omega_{P_2}^2 + \cdots\cdots) - 2(\omega_{Z_1}^2 + \omega_{Z_2}^2 + \cdots\cdots)}$$

(3)$F_L(S) = \dfrac{K_S}{S + \omega_L} = \dfrac{K}{1 + \dfrac{\omega_L}{S}}$

(4)$F_L(\omega) = \dfrac{K}{1 - j\dfrac{\omega_L}{\omega}}$

(5)$A_L(S) = A_M F_L(S)$

(6)此法又稱為短路 STC 法

2.高頻響應

(1)一次只看一個內部電容 C_i,而將其他內部電容視為開路,此時電路即成為 STC 網路。

(2)①無零點存在時 $\dfrac{1}{\omega_H} = \dfrac{1}{\omega_{P_1}} + \dfrac{1}{\omega_{P_2}} + \cdots\cdots + \dfrac{1}{\omega_{P_n}}$

　　②有零點存在時

$$\dfrac{1}{\omega_H} = \sqrt{(\dfrac{1}{\omega_{P_1}^2} + \dfrac{1}{\omega_{P_2}^2} + \cdots\cdots) - 2(\dfrac{1}{\omega_{Z_1}^2} + \dfrac{1}{\omega_{Z_2}^2} + \cdots\cdots)}$$

(3)$F_H(S) = \dfrac{K\omega_H}{S + \omega_H} = \dfrac{K}{1 + \dfrac{S}{\omega_H}}$

$(4) F_H (\omega) = \dfrac{K}{1 + j\dfrac{\omega}{\omega_H}}$

$(5) A_H (S) = A_M F_H (S)$

(6)此法又稱爲斷路 STC 法

五、主極點近似與重疊定理所求得之比較

1.低頻時 $\boxed{f_{L1} < f_L < f_{L2}}$

$f_{L1} \Rightarrow$ 由主極點近似法所產生之低三分貝頻率

$f_{L2} \Rightarrow$ 由重疊定理法所產生之低三分貝頻率

$f_L \Rightarrow$ 精確法的低三分貝頻率

2.高頻時 $\boxed{f_{H2} < f_H < f_{H1}}$

$f_{H1} \Rightarrow$ 由主極點近似法所產生之高三分貝頻率

$f_{H2} \Rightarrow$ 由重疊定理法所產生之高三分貝頻率

$f_H \Rightarrow$ 精確法的高三分貝頻率

3.記憶法

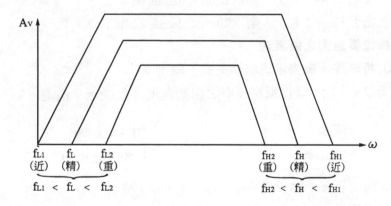

考型132 波德圖

用轉移函數來繪製振幅響應與相位響應圖

1. 將轉移函數表示成標準型式

$$T(j\omega) = \frac{K(j\omega)^n(1+j\frac{\omega}{\omega_{Z1}})(1+j\frac{\omega}{\omega_{Z2}})\cdots\cdots}{(1+j\frac{\omega}{\omega_{P1}})(1+j\frac{\omega}{\omega_{P2}})}$$

$$T(f) = \frac{K(j2\pi f)^n(1+j\frac{f}{f_{Z1}})(1+j\frac{f}{f_{Z2}})\cdots\cdots}{(1+j\frac{f}{f_{P1}})(1+j\frac{f}{f_{P2}})}$$

且座標之原點座標，取在 $\omega = 1$，or $f = \frac{1}{2\pi}$

2. 振幅響應圖之繪製法：

(1) 以 $20\log|K|$ 當作原點頻率的起點大小。

(2) 前進每一轉折點（ω_Z，ω_P，f_Z，f_P）時

　①若為 ω_Z（f_Z），則以20dB／decade 斜率上升。

　②若為 ω_P（f_P），則以20dB／decade 斜率下降。

3. 相位響應圖之繪製法

(1) 將轉移函數表示成標準型式（同上）

(2) 以 $k(j)^n$ 當作原點頻率之起始角度，然後水平前進。

$$k\begin{cases}正值\Rightarrow 0° \\ 負值\Rightarrow 180°\end{cases}, \quad \angle k + \angle n\cdot(90°) \Rightarrow \begin{cases}0° + \angle n\cdot 90° \\ 180° + \angle n\cdot 90°\end{cases}$$

(3) 前進至每一轉折點（ω_Z，ω_P，f_Z，f_P）時

　①若為 ω_Z（f_Z），則在$0.1\omega_Z$ 及 $10\omega_Z$ 的頻率上升90°。

　②若為 ω_P（f_P），則在$0.1\omega_P$ 及 $10\omega_P$ 的頻率間下降90°。

〔 **例** 〕:已知轉移函數 T（S），繪出振幅響應圖及相位響應圖

$$T（S）= \frac{10S}{（1+\frac{S}{10^2}）（1+\frac{S}{10^5}）}$$

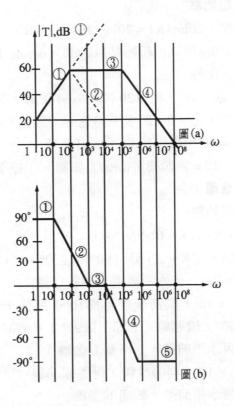

圖（a）

圖（b）

說明:

1.將轉移函數化成標準式

$$T（\omega）= \frac{K（j\omega）^n（1+j\frac{\omega}{\omega_{Z1}}）（1+j\frac{\omega}{\omega_{Z2}}）\cdots\cdots}{（1+j\frac{\omega}{\omega_{P1}}）（1+j\frac{\omega}{\omega_{P2}}）\cdots\cdots}$$

$$= \frac{10（j\omega）^1}{（1+j\frac{\omega}{10^2}）（1+j\frac{\omega}{10^5}）}$$

所以知極點為 $\omega_{P1} = 10^2$ ，$\omega_{P2} = 10^5$ ，零點 $\omega_Z = 0$

且 $K = 10$ ，$n = 1$

2.繪振幅響應圖

(1)決定起始點

起始點 = $20\log|K| = 20\log|10| = 20\text{dB}$

(2)∵ $\omega_Z = 0 \Rightarrow$ 所以由起始點以20dB／decade 上升，

如圖(a)①線

(3)行至 $\omega_{P1} = 10^2$ ，應以20dB／decad 下降，如②線

結果① + ② = 0 ，即水平前進。（ 如圖(a)③線 ）

(4)至 $\omega_P = 10^5$ ，再以20dB／decad 下降

∵ ③ － 20 = － 20dB／decad（ 如圖(a)④線 ）

3.相位響應圖

(1)決定起始點

∵ $K > 0 \Rightarrow$ ∴ $K = 0°$

起始點 = $\angle K + \angle (n) \cdot (90°) = \angle 0° + \angle (1) \cdot (90°) = 90°$

(2)∵ $\omega_Z = 0 \Rightarrow$ ∴ 先水平前進（ 圖(b)①線 ）

(3)遇 $\omega_{P1} = 10^2$ ，則前十倍（ 即10^1 ）與後十倍（ 10^3 ）之二點

下降90°，繪連線。（ 即下降90° ）（ 圖(b)②線 ）

(4)然後再水平前進。（ 下圖(b)③線 ）

(5)遇 $\omega_{P2} = 10^5$ ，同③步驟，得圖(b)④線

(6)然後再水平前進。如圖(b)⑤線

 考型133 一階 RC 電路的頻率響應

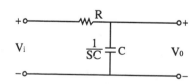

求①轉移函數
　②主極點
　③振幅響應圖
　④相位響應圖

一、求轉移函數及主極點

1.方法一：精確解

(1)電路分析

$$T(S) = \frac{V_0(S)}{V_i(S)} = \frac{\dfrac{1}{SC}}{R + \dfrac{1}{SC}} = \frac{1}{1 + SRC}$$

(2)轉移函數及主極點

$$\because T(S) = \frac{1}{1 + SRC} = \frac{1}{1 + \dfrac{S}{\omega_P}} \Rightarrow \boxed{\omega_P = \frac{1}{RC}} \quad (\text{主極點})$$

2.方法二：（STC：單一時間常數法）

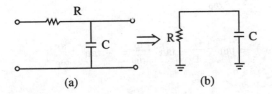

(a)　　　　(b)

$$\boxed{\omega_P = \frac{1}{\tau} = \frac{1}{RC}} \quad (\text{主極點})$$

二、振幅響應圖（如下圖）

討論：$T(S) = \dfrac{1}{1 + j\dfrac{\omega}{\omega_P}}$

1.if $\dfrac{\omega}{\omega_P} = 0.1 \Rightarrow 20\log\left|\dfrac{1}{\sqrt{1 + (0.1)^2}}\right| \cong 0\text{dB}$

2. if $\dfrac{\omega}{\omega_P} = 1 \Rightarrow$ $20\log\left|\dfrac{1}{\sqrt{1 + (1)^2}}\right| = -3\,dB$

3. if $\dfrac{\omega}{\omega_P} = 10 \Rightarrow$ $20\log\left|\dfrac{1}{\sqrt{1 + 10^2}}\right| = -20\,dB$

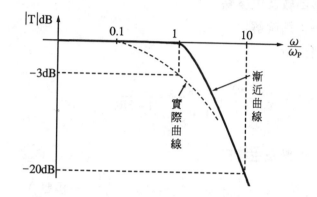

三、繪相位響應圖（如下圖）

$$T(S) = \dfrac{1}{1 + j\dfrac{\omega}{\omega_P}}$$

$$\therefore \phi(\omega) = \tan^{-1}\dfrac{0}{1} - \tan^{-1}\dfrac{\omega}{\omega_P} = -\tan^{-1}\dfrac{\omega}{\omega_P}$$

討論：$T(S) = \dfrac{1}{1 + j\dfrac{\omega}{\omega_P}}$

1. $\dfrac{\omega}{\omega_P} = 0.1 \Rightarrow \phi(\omega) = -\tan^{-1}(0.1) = -5.7°$

2. $\dfrac{\omega}{\omega_P} = 1 \Rightarrow \phi(\omega) = -\tan^{-1}(1) = -45°$

3. $\dfrac{\omega}{\omega_P} = 10 \Rightarrow \phi(\omega) = -\tan^{-1}(10) = -84.3°$

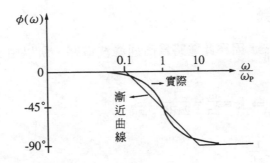

四、方波輸入的頻率響應

1. 傾斜 (titl) 失真 (P)

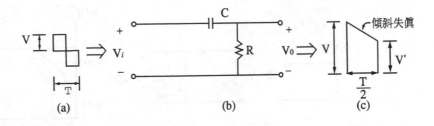

(a)　　　　　　　　　　(b)　　　　　　　(c)

(1) $V_0 = Ve^{\frac{-t}{RC}} = V (1 - \frac{t}{RC} + \cdots\cdots) = V'$

(2) 令 $t = \frac{T}{2}$ ，則傾斜失真為：

$$P = \frac{V - V'}{V} \times 100\% = \frac{V - V \left[1 - \frac{T}{2RC} \right]}{V} \times 100\% = \frac{T}{2RC} \times 100\%$$

$$= \frac{\frac{1}{f}}{2 \left(\frac{1}{2\pi f_L} \right)} \times 100\% = \frac{\pi f_L}{f} \times 100\%$$

(3) 即傾斜失真 (傾斜度)：

$$\boxed{P = \frac{\pi f_L}{f} \times 100\%}$$

(4)其中上式

$RC = \dfrac{1}{2\pi f_L}$，因為此電路為高通濾波電路，所以由 STC 法知

$\omega_L = \dfrac{1}{RC} \Rightarrow f_L = \dfrac{\omega}{2\pi} = \dfrac{1}{2\pi RC}$

$\therefore RC = \dfrac{1}{2\pi f_L}$

2. 上升時間（t_r）

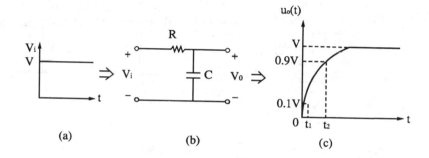

(a)　　　　　　　　(b)　　　　　　　　(c)

(1) $V_0 = V\left(1 - e^{\frac{-t}{RC}}\right)$

(2) $\because t_1$ 時，$V_{01} = 0.1V$，由①式知

$0.1V = V\left(1 - e^{\frac{-t_1}{RC}}\right)$

$\therefore e^{\frac{-t_1}{RC}} = 0.9 \Rightarrow \dfrac{-t_1}{RC} = \ell n\ (0.9)$

$\therefore t_1 \cong 0.1RC$

(3) $\because t_2$ 時，$V_{02} = 0.9V$，由①式知

$0.9V = V\left(1 - e^{\frac{-t_2}{RC}}\right) \Rightarrow t_2 \approx 2.3RC$

(4) $\therefore t_r = t_2 - t_1 = 2.2RC = \dfrac{2.2}{2\pi f_H} = \dfrac{0.35}{f_H}$

即上升時間：

$$\boxed{t_r = \dfrac{0.35}{f_H}}$$

(5)此電路為低通濾波電路，所以由 STC 法知，

$$\omega_H = \dfrac{1}{RC} \Rightarrow f_H = \dfrac{\omega}{2\pi} = \dfrac{1}{2\pi RC}$$

$$\therefore RC = \dfrac{1}{2\pi f_H}$$

歷屆試題

1. The low – frequency response of an amplifier is characterized by the transfer

function $F_L (S) = \dfrac{S (S + 10)}{(S + 100)(S + 25)}$, determine its lower 3dB fre-

quency $\omega_L = $? （題型：轉移函數）

【台大電機所】

簡譯

放大器低頻響應的轉移函數

$$F_L (S) = \dfrac{S (S + 10)}{(S + 100)(S + 25)}$$

求出 3dB 角頻率 $\omega_L = $?

解☞：

$$F_L (S) = \dfrac{S (S + 10)}{(S + 100)(S + 25)} = \dfrac{(S + \omega_{Z1}) (S + \omega_{Z2})}{(S + \omega_{P1})(S + \omega_{P2})}$$

$$\therefore \omega_L = \sqrt{\omega_{P1}^2 + \omega_{P2}^2 - 2 (\omega_{Z1}^2 + \omega_{Z2}^2)}$$

$$= \sqrt{25^2 + 100^2 - (2)(10^2)} = 102\,\mathrm{rad} / \mathrm{S}$$

2.一階電路的直流增益為10,頻率為無窮大時增益為2,且在 $\omega =$ $1\,\mathrm{Mrad} / \mathrm{sec}$ 時有一極點。求轉移函數。（**題型:轉移函數**）

【清電機所】

解☞:

$$T(S) = \frac{2(S + 5 \times 10^6)}{S + 10^6}$$

3.已知轉移函數為

$$T(S) = 10^4 (1 + S / 10^5)(1 + S / 10^3)^{-1}(1 + S / 10^4)^{-1}$$

(1)繪出波德圖。

(2)從波德圖中,求得 $\omega = 10^6\,\mathrm{rad} / \mathrm{sec}$ 時的近似值。（**題型:波 德圖**）

【清大電機所】

解☞:

(1) 1.振幅響應圖

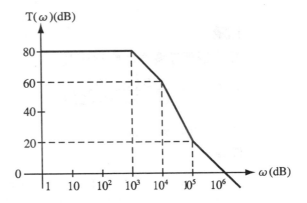

起始點 $= 20\log 10^4 = 80\mathrm{dB}$

$\omega_Z = 10^5$, $\omega_{Pl} = 10^3$, $\omega_P = 10^4$

2.相位響應圖

起始點 $= \angle K° + \angle n(90°) = 0 + 0° = 0°$

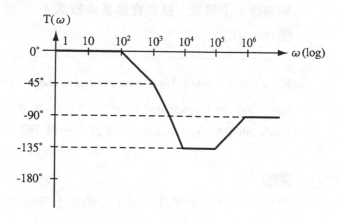

(2)當 $\omega = 10^6$ rad／S 時

$|T(\omega)| = 0\text{dB}$

$\angle T(\omega) = -90°$

---

4. Which of the following statements is incorrect？ (A) The zero – value time constant method can be used to determine the dominant pole of any circuit. (B) Miller's theorem is an exact network theorem, not an approximation. (C) Miller's theorem with constant gain K is only an approximation, which is valid below the upper 3dB frequency. (D) If the RC products at all nodes of a circuit have no significant maximum, there must be no dominant pole. (E) Device capacitances determine the high frequency response of an amplifier. 【交大電子所】

簡譯

下列何者不正確？(A)零值時間常數法可用來決定任何網路的主極點。 (B)米勒定理是正確的網路理論，而不是近似法。 (C)米勒定理的定值 K 是近似值，必須低於高三分貝頻率下才精確。　(D)在高頻網路中的所有節點產生的 RC 乘積，若均無一個特別大值，則表示沒有主極點。　(E)電容是決定放大器的高頻響應。（**題型：頻率響應基本觀念**）

解☞：(A)

---

5. For a single – pole（low – pass）system，show that the 10% to 90% rise time t_r can be characterized in terms of the time constant τ and the 3 – dB bandwidth BW，respectively.（**題型：一階 RC 電路頻響**）

【成大電機所】

簡譯

證明單極點低通網路，10%至90%上升時間 t_r 的公式，並分別以 τ 值及三分貝頻寬 BW 表示。

解☞：

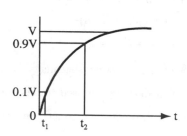

① $V_0 = V（1 - e^{-t/RC}）$

② ∵ t_1 時，$V_{01} = 0.1V$，由①式知

　 $0.1V = V（1 - e^{-t_1/RC}）$

　 ∴ $e^{-t_1/RC} = 0.9 \Rightarrow \dfrac{-t_1}{RC} = \ln（0.9）$

　 ∴ $t_1 = 0.1RC$

③ ∵ t_2 時，$V_{02} = 0.9V$，由①式知

　 $0.9V = V（1 - e^{-t_2/RC}）\Rightarrow t_2 \approx 2.3RC$

④ $\therefore t_r = t_2 - t_1 = 2.2RC = \dfrac{2.2}{2\pi f_H} = \dfrac{0.35}{f_H}$

即上升時間：

$t_r = \dfrac{0.35}{f_H}$

---

6. The amplifier as shown has midband gain $V_0 \diagup V_S = 140$.

(1) Find tha lower cutoff frequency if $C_2 = 50\mu F$.

(2) Find the value that C_2 would have to be in order to obtain a lower cutoff frequency of approximately $100MHz$. （題型：OP 低頻響應）

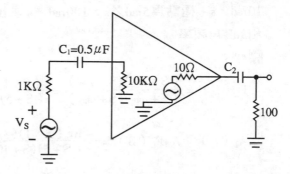

【大同電機所】

解☞：

(1) $f_{L1} = \dfrac{\omega_{P1}}{2\pi} = \dfrac{1}{2\pi C_1 (\ 10K + 1K\ )} = 28.9Hz$

$f_{L2} = \dfrac{\omega_{P2}}{2\pi} = \dfrac{1}{2\pi C_2 (\ 10 + 100\ )} = 28.9Hz$

$\therefore f_L = \sqrt{f_{L1}^2 + f_{L2}^2} = \sqrt{(\ 28.9\ )^2 + (\ 28.9\ )^2} = 40.9Hz$

(2) $f_{L2} = \dfrac{1}{2\pi (\ 10 + 100\ )\ C_2} = 100MHz$

$$\therefore C_2 = 14.5PF$$

---

7. Write the transfer function for an amplifier having a gain of − 100 at mid-band and a low − frequency response characterized by zeros at 1 and 10 rad／s (on the negative real axis) and poles at 5 and 100 rad／s. What is the dc gain of this amplifier？ What is its 3 − dB frequency？（ 題型：轉移函數 ）

【雲技電機所】

簡譯

一放大器中頻增益為 − 100，低頻響應之零點為 1rad／s 和 10rad／s，極點為 5rad／s，100rad／s 求出轉移函數及直流增益和 3dB 角頻率 ω_L。

解☞：

$$F_L（S）= \frac{（S+\omega_{Z1}）(S+\omega_{Z2})}{（S+\omega_{P1}）(S+\omega_{P2})} = \frac{（S+1)(S+10）}{（S+5)(S+100）}$$

$$A_L（S）= A_M F_L（S）= \frac{-10^2（S+1)(S+10）}{（S+5)(S+100）}$$

$$直流增益 = A_L（S）\Big|_{S=0} = -10^2 \times \frac{10}{500} = -2$$

$$\omega_{3dB} = \sqrt{\omega_{P1}^2 + \omega_{P2}^2 - 2\omega_{Z1}^2 - 2\omega_{Z2}^2}$$

$$= \sqrt{5^2 + 100^2 - 2 \times 1^2 - 2 \times 10^2} = 99\,rad／s$$

---

8. 由一電阻 R = 10kΩ 和一電容 C = 2.2μF 所構成的低通網路，其上升時間為多大？（ 題型：方波響應的上升時間 ）

解☞：

$$1. f_H = \frac{\omega_H}{2\pi} = \frac{1}{2\pi RC}$$

$$2. \ t_r = \frac{0.35}{f_H} = 4.84 \times 10^{-2} \sec$$

9. 試求出下圖中網路的電壓轉換函數

T（S）= V$_0$（S）／V$_i$（S）。（**題型：轉移函數**）

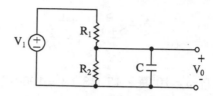

解☞：

$$T（S）= \frac{V_0（S）}{V_i（S）} = \frac{R_2 // \dfrac{1}{SC}}{R_1 + R_2 // \dfrac{1}{SC}} = \frac{R_2}{R_1 + R_2 + R_1 R_2 SC}$$

10. 在波德圖（ Bode Diagram 中 ），橫座標都是使用對數刻度，今在橫軸上任選二個頻率 f$_1$ 及 f$_2$，則位於此二頻率之兩點間的中央點，其頻率為多少？（**題型：波德圖**）

解☞：

$$中央點頻率 = \log f = \frac{\log f_1 + \log f_2}{2} = \frac{1}{2}（\log f_1 + \log f_2）$$

$$= \frac{1}{2}\log（f_1 f_2）= \log（f_1 f_2）^{\frac{1}{2}}$$

$$\therefore f = \sqrt{f_1 f_2}$$

11. 一個放大器之轉換函數：零點在0與 ∞ 處，極點在 S = − 10 與 S = − 10^5 處，且在 ω = 10^3 rad／sec 處時增益為1000，試列出此轉移函數。（**題型：波德圖**）

解☞ :

1. 轉移函數（ $\omega_Z = 0$ ， ∞ ）， （ $\omega_P = 10$ ， 10^5 ）

$$T（S）= A_M \cdot \frac{S + \omega_{Z1}}{S + \omega_{P1}} \cdot \frac{1 + \dfrac{S}{\omega_{Z2}}}{1 + \dfrac{S}{\omega_{P2}}}$$

$$= A_M \cdot \frac{S}{S + 10} \cdot \frac{1}{1 + \dfrac{S}{10^5}} = A_M \cdot \frac{j\omega}{10 + j\omega} \cdot \frac{1}{1 + j\dfrac{\omega}{10^5}}$$

2. 當 $\omega = 10^3$ 時，$|T（S）| = 1000$ 代入上式得

$A_M = 1000$

3. 故知

$$T（S）= （\frac{1000S}{S + 10}）（\frac{1}{1 + \dfrac{S}{10^5}}）= （\frac{1000S}{S + 10}）（\frac{10^5}{S + 10^5}）$$

$$= \frac{10^8 S}{（S + 10）（S + 10^5）}$$

---

12. 如圖所示放大器，試計算中頻增益與3dB 頻率 f_H，其中 $g_m = 20mA／V$。（題型：主極點計算法）

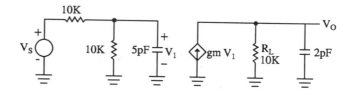

解☞ :

一、求中頻增益

$$A_M = \frac{V_0}{V_S} = \frac{V_0}{V_1} \cdot \frac{V_1}{V_S} = （g_m R_L）\cdot \frac{10K}{10K + 10K} = 100$$

二、求 f_H

1.由5PF 所產生的極點

$$\omega_{P1} = \frac{1}{C_1 R_1} = \frac{1}{(5P)(10K /\!/ 10K)} = 40 \text{Mrad} / \text{s}$$

2.由2PF 所產生的極點

$$\omega_{P2} = \frac{1}{C_2 R_2} = \frac{1}{(2P)(10K)} = 50 \text{Mrad} / \text{s}$$

3.因無主極點存在，所以用計算法，求主極點

① $$T(S) = \frac{A_M}{(1 + \frac{S}{\omega_{P1}})(1 + \frac{S}{\omega_{P2}})}$$

②在主極點 ω_H 處，增益為 $\frac{A_M}{\sqrt{2}}$

$$\therefore 2 = [1 + (\frac{\omega_H}{\omega_{P1}})^2][1 + (\frac{\omega_H}{\omega_{P2}})^2]$$

解得

$$\omega_H = \{\frac{-(\omega_{P1}^2 + \omega_{P2}^2) + \sqrt{(\omega_{P1}^2 + \omega_{P2}^2)^2 + 4\omega_{P1}^2 \omega_{P2}^2}}{2}\}^{\frac{1}{2}}$$

$$= 28.53 \text{Mrad} / \text{s}$$

$$\therefore f_H = \frac{\omega_H}{2\pi} = 4.54 \text{MHz}$$

§9-2〔題型五十二〕：FET Amp 的頻率響應

考型134 FET Amp 的低頻響應

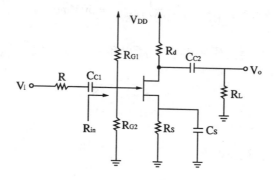

解題步驟：低頻響應

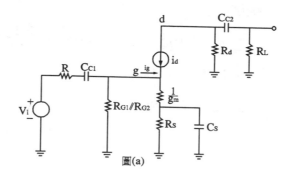

圖(a)

1.三個獨立 STC ⇒ 採主極點近似法

 ⑴由 C_{c1} 產生之 STC（g 端之 STC）

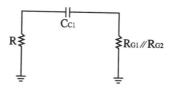

① $\omega_{P1} = \dfrac{1}{C_{c1}\left[\left(R_{G1} /\!/ R_{G2}\right) + R\right]}$

② $F_{L1} = \dfrac{S}{S + \omega_{P1}}$

(2)由 C_{c2} 產生之 STC

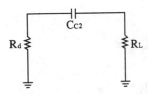

① $\omega_{P2} = \dfrac{1}{C_{C2}\left(R_d + R_L\right)}$

② $F_{L2} = \dfrac{S}{S + \omega_{P2}}$

(3)由 C_s 產生之 STC（S 端的 STC）

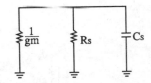

① $\omega_{P3} = \dfrac{1}{C_S\left(R_S /\!/ \dfrac{1}{g_m}\right)}$

② $F_{L3}^{l} = \dfrac{S}{S + \omega_{P3}}$

2.求 A_M（將 C_{C1}，C_{C2}，C_{C3} 等視為短路）

$A_M = \dfrac{V_o}{V_s} = \dfrac{V_o}{V_s} \times \dfrac{V_g}{V_s} = \dfrac{-i_d\left(R_d /\!/ R_L\right)}{i_d \cdot \dfrac{1}{g_M}} \times \dfrac{R_{G1} /\!/ R_{G2}}{R + \left(R_{G1} /\!/ R_{G2}\right)}$

$$= - g_m (R_d /\!/ R_L) \cdot [\frac{R_{G1} /\!/ R_{G2}}{R + (R_{G1} /\!/ R_{G2})}]$$

3.求零點

$$\because F_L (S) = \frac{V_o (S)}{V_i (S)} \xrightarrow{\text{找零點}} F_L (S) = 0 \Rightarrow V_o (S) = 0 \Rightarrow i_d = 0$$

由下圖知

$$i_d = \frac{V_s}{\frac{1}{g_m} + Z_s} = 0 \Rightarrow Z_s = \infty$$

$$Z_s = R_s /\!/ \frac{1}{SC_s} = \frac{\frac{R_s}{SC_s}}{R_s + \frac{1}{SC_s}} = \frac{R_s}{1 + SC_s R_s} = \infty$$

$$\Rightarrow \therefore 1 + SC_s R_s = 0$$

$$\Rightarrow S = - \frac{1}{C_s R_s} = - \omega_Z$$

$$\Rightarrow \omega_Z = \frac{1}{C_s R_s}$$

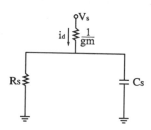

4.因為零點發生在 C_s 處,所以 F'_{L3} 需修正為

$$F_{L3} = \frac{S + \omega_Z}{S + \omega_{P3}}$$

5.求低頻響應

$$A_{L(S)} = A_M \cdot F_{L1} \cdot F_{L2} \cdot F_{L3}$$

討論

(1)若主極點存在（設 ω_{P2} 為主極點），則

$$A_L(S) \approx A_M F_{L(S)} = A_M \frac{S}{S + \omega_L}$$

(2)若主極點不存在，則用近似主極點法

$$\omega_L = \sqrt{\omega_{P1}^2 + \omega_{P2}^2 + \omega_{P3}^2 - 2\omega_Z^2}$$

6.關於零點的計算法

(1)耦合電容所產生的零點 $\Rightarrow \omega_Z = 0$

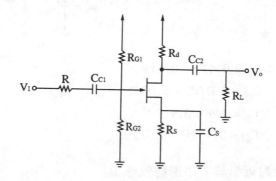

①當 $V_o = 0$ 時，可求出零點，（但 $V_i \neq 0$）

$$\therefore \frac{1}{SC_{c1}} = \infty \Rightarrow S = -\omega_Z = 0$$

②故零點 $\omega_Z = 0$

(2)旁路電路所產生的零點 $\Rightarrow \omega_Z = \frac{1}{R_s C_s}$

①當 $V_o = 0$ 時，可求出零點（但 $V_i \neq 0$）

$$Z_s = R_s /\!/ \frac{1}{SC_s} = \frac{R_s}{1 + SC_s R_s} = \infty$$

$$\therefore 1 + SC_sR_s = 0$$

$$\text{故 } S = -\omega_Z = -\frac{1}{C_sR_s}$$

②所以零點 $\omega_Z = \dfrac{1}{C_sR_s}$

 FET Amp 的高頻響應

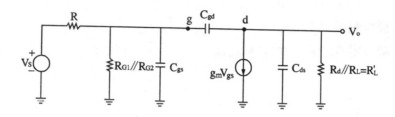

MOS：$C_{gs} = 0.1PF \sim 0.5PF$
$\quad\quad C_{gd} = 0.01PF \sim 0.03PF$

JFET：$C_{gs} = 1PF \sim 3PF$
$\quad\quad\,\, C_{gd} = 0.15PF \sim 0.5PF$

一、主極點近似法（用密勒效應）

$$k = \frac{V_o}{V_g}\bigg|_{\text{設中頻}} \quad (\, C_{ds}\,,\, C_{gs} \text{等視爲開路}\,) = \frac{-g_mV_{gs}\,(\,R_d//R_L\,)}{V_{gs}}$$

$$= -g_m\,(\,R_d//R_L\,) = -g_mR'_L$$

1.由 C_{gs} 產生 STC

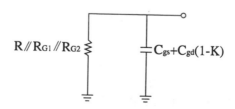

$(1)\omega_{P1} = \dfrac{1}{\left[\, C_{gs} + C_{gd}\,(\,1 - k\,)\,\right]\,\left[\,R /\!/ R_{G1} /\!/ R_{G2}\,\right]}$

$\qquad = \dfrac{1}{\left[\, C_{gs} + C_{gd}\,(\,1 + g_m R'_L\,)\,\right]\,(\,R /\!/ R_{G1} /\!/ R_{G2}\,)}$

$(2)F_{H1}\,(\,S\,) = \dfrac{1}{1 + \dfrac{S}{\omega_{P1}}}$

2.由 C_{ds} 產生之 STC

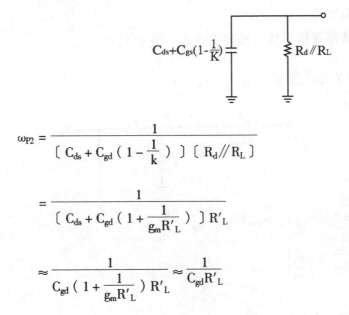

$\omega_{P2} = \dfrac{1}{\left[\, C_{ds} + C_{gd}\,(\,1 - \dfrac{1}{k}\,)\,\right]\,\left[\,R_d /\!/ R_L\,\right]}$

$\qquad = \dfrac{1}{\left[\, C_{ds} + C_{gd}\,(\,1 + \dfrac{1}{g_m R'_L}\,)\,\right]\,R'_L}$

$\qquad \approx \dfrac{1}{C_{gd}\,(\,1 + \dfrac{1}{g_m R'_L}\,)\,R'_L} \approx \dfrac{1}{C_{gd} R'_L}$

若 $\omega_{P1} \ll \omega_{P2} \Rightarrow \omega_H \cong \omega_{P1}$

3.**討論**：若假設成立，則用節點分析法

（忽略 $C_{gd}\,(\,1 - \dfrac{1}{k}\,)$ 之效應）

$SC_{gd}\,(\,V_{gs} - V_o\,) = g_m V_{gs} + \dfrac{V_o}{R'_L}$

若 $k = \dfrac{V_o}{V_{gs}} = \dfrac{-g_m + SC_{gd}}{\dfrac{1}{R'_L} + SC_{gd}} = -g_m R'_L$

則需 $\begin{cases} (1) SC_{gd} \ll g_m \\ (2) \dfrac{1}{R'_L} \gg SC_{gd} \end{cases}$

∵ $S = j\omega$

∴ 則頻率不能太高

①即頻率受限

②即此高頻響應不佳 ⇒ 頻寬 BW 小（受密勒效應）

4. **快速 W_Z 方法**（高頻）⇒ 令　$V_o = 0$

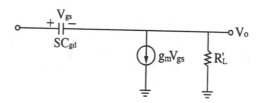

(1)令 $V_o = 0 \Rightarrow SC_{gd} V_{gs} = g_m V_{gs}$

∴ $\boxed{S = \dfrac{g_m}{C_{gd}} = -\omega_Z}$

(2)所以 $F_{H2}(S) = \dfrac{1 + \dfrac{S}{\omega_{Z1}}}{1 + \dfrac{S}{\omega_{P2}}}$

5. **高頻響應**

(1) $A_H(S) = A_M \cdot F_{H1}(S) \cdot F_{H2}(S)$

(2)通常 $\omega_H = \omega_{P1}$（∵密勒效應關係 $C_{gd}(1-k)$ 值較大，∴ ω_{P1} 較小）

$$\therefore A_H (S) \approx A_m \cdot \frac{1}{1 + \frac{S}{\omega_{P1}}}$$

二、重疊定理

1. 只看 C_{gs}（C_{gd}，C_{ds}開路）

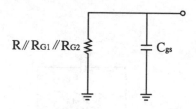

$$\Rightarrow \omega_{P1} = \frac{1}{C_{gs} (R \mathbin{/\!/} R_{G1} \mathbin{/\!/} R_{G2})}$$

2. 只看 C_{ds}（C_{gd}，C_{gs}開路）

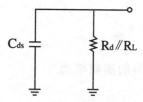

$$\Rightarrow \omega_{P2} = \frac{1}{C_{ds} (R_d \mathbin{/\!/} R_2)}$$

3. 只看 C_{gd}（C_{gs}，C_{ds}開路）$\Rightarrow$需先求 C_{gd}二端等效電阻 R_{gd}

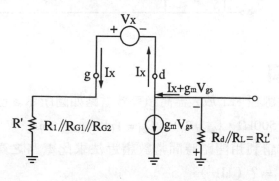

(1) $R_{gd} = \dfrac{V_x}{I_x} = \dfrac{I_x R' + (I_x + g_m V_{gs}) R'_L}{I_x}$ 又 $V_{gs} = I_x R'$

(2) ∴ $R_{gd} = R' + R'_L + g_m R'_L R' = R' + (1 + g_m R') R'_L$

(3) $\omega_{P3} = \dfrac{1}{C_{gd} \cdot R_{gd}}$

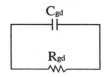

4. 求 ω_H：$\dfrac{1}{\omega_H} = \dfrac{1}{\omega_{P1}} + \dfrac{1}{\omega_{P2}} + \dfrac{1}{\omega_{P3}}$

5. $A_H(S) = A_M \dfrac{1}{1 + \dfrac{S}{\omega_H}}$

三、考慮基本效應時的高頻模型

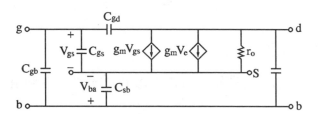

歷屆試題

13. 共源極 FET 放大器高頻等效電路如圖所示，已知 $R = 50k\Omega$，$R_{in} = 500k\Omega$，$C_{gs} = 2pF$，$C_{gd} = 1pF$，$g_m = 5mA／V$，$R'_L = 5k\Omega$，

(1) 請利用開路時間常數趨近法求此電路之高頻3－dB 頻率 f_H ＝？（ kHz ）

(2)假設流經 C_{gd} 之電流遠小於 g_mV_{gs} 而予以忽略下，請利用米勒
　效應趨近法求此電路之高頻3 – dB 頻率 f_H = ？（kHz）

(3)請寫出此電路之轉移函數 V_0（S）／ V_i（S）= ？

(4)根據(3)請求出正確之零點頻率 f_z（MHz），及極點頻率 f_{p1}
　（kHz），f_{p2}（MHz）= ？（**題型：CS Amp 高頻響應**）

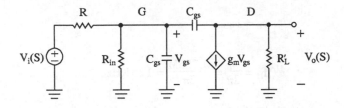

【台大電機所】

解☞：

(1) $\omega_{P1} = \dfrac{1}{（R /\!/ R_{in}）C_{gs}} = \dfrac{1}{（50K /\!/ 500K）(2P)} = 11\,\mathrm{Mrad}／s$

$\omega_{P2} = \dfrac{1}{\left[（R /\!/ R_{in}）+ R'_L + g_m（R /\!/ R_{in}）R'_L\right]C_{gd}}$

$= 0.842\,\mathrm{Mrad}／s$

$\omega_H = \left[\dfrac{1}{\omega_{P1}} + \dfrac{1}{\omega_{P2}}\right]^{-1} = \left[\dfrac{1}{11M} + \dfrac{1}{0.842M}\right]^{-1} = 0.782\,\mathrm{Mrad}／s$

$\therefore f_H = \dfrac{\omega_H}{2\pi} = \dfrac{0.782M}{2\pi} = 124.5\,\mathrm{KHz}$

(2) $K = \dfrac{V_0}{V_{gs}} = - g_m R'_L = （5m）(5K) = - 25$

$\omega_{P3} = \dfrac{1}{（R /\!/ R_{in}）\left[C_{gs} + C_{gd}（1 - K）\right]}$

$= \dfrac{1}{（50K /\!/ 500K）\left[2P +（1P）(26)\right]} = 0.785\,\mathrm{Mrad}／s$

$$\omega_{P4} = \cfrac{1}{C_{gd}\left(1 - \cfrac{1}{K}\right)R'_L}$$

$$= \cfrac{1}{(1P)\left(1 + \cfrac{1}{25}\right)(5K)} = 192.31\,\mathrm{Mrad/s}$$

$$\therefore \omega_H \approx \omega_{P3}$$

故 $f_H = \cfrac{\omega_Z}{2\pi} = \cfrac{0.785M}{2\pi} = 125\,\mathrm{KHz}$

(3)中頻分析

　　1.用節點分析法

$$\left(\frac{1}{R} + \frac{1}{R_{in}} + SC_{gs} + SC_{gd}\right)V_{gs} = \frac{V_i}{R} + SC_{gd}V_0 \text{——①}$$

$$\left(SC_{gd} + \frac{1}{R'_L}\right)V_0 = SC_{gd}V_{gs} - g_mV_{gs} \text{——②}$$

　　2.解 equ①，②得

$$\frac{V_0(S)}{V_i(S)} = \frac{A_M\left(1 - \cfrac{S}{g_m/C_{gd}}\right)}{1 + S\{C_{gs}(R/\!/R_{in}) + C_{gd}[(R/\!/R_{in}) + R'_L + g_m(R/\!/R_{in})R'_L]\} + S^2C_{gs}C_{gd}(R/\!/R_{in})R'_L}$$

$$A_M = -g_mR'_L\frac{R_{in}}{R + R_{in}}$$

(4)$\omega_Z = \cfrac{g_m}{C_{gd}} \Rightarrow f_Z = \cfrac{\omega_Z}{2\pi} = \cfrac{g_m}{2\pi C_{gd}} = \cfrac{5m}{(2\pi)(1P)} = 796\,\mathrm{MHz}$

$$f_{P1} = \frac{1}{\{2\pi(R/\!/R_{in})C_{gs} + C_{gd}[(R/\!/R_{in}) + R'_L + g_m(R/\!/R_{in})R'_L]\}}$$

$$= 124\,\mathrm{KHz}$$

$$f_{P2} = \frac{C_{gs} + C_{gd}\left(1 + g_m R'_L\right) + C_{gd}R'_L \diagup \left(R /\!/ R_{in}\right)}{2\pi C_{gs}C_{gd}R'_L}$$

$$= 895\,\text{MHz}$$

提示：由第(3)至(4)題，若未註明需以公式表示，則將 equ
①，②代入數值計算，較簡便。

---

14. In a common – soure MOS amplifier, which of the following items is the
most important factors influencing the 3dB high frequency ? (A) C_{gs}　(B) C_{gd}
(C) C_{ds}　(D) unable to determine . (**題型：CS Amp 頻響**)

簡譯

對 CS MOS 放大器而言，下列何者對高三分貝頻率的影響最
大：(A) C_{gs}　(B) C_{gd}　(C) C_{ds}　(D) 無法確定。
解☞：(B)

---

15. The high – frequency equivalent circuit of a common – source stage is
shown in Figure .

(1) Explain why the voltage gain function of the equivalent circuit in Figure
can be formulated as

$$A_{VH}\left(S\right) = \frac{A_{VO}\left(1 - b_1 S\right)}{\left(1 + a_1 S - a_2 S^2\right)}$$

(2) Solve the zero b_1 and A_{VO} . (**題型：FET Amp 頻響**)

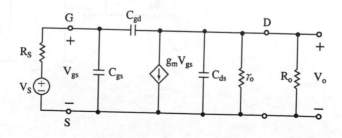

簡譯

CS Amp 的高頻等效電路如下，

(1)解釋電壓增益為何可表示成 $A_{VH}(S) = \dfrac{A_{VO}(1 - b_1 S)}{(1 + a_1 S - a_2 S^2)}$

(2)計算 b_1 和 A_{VO} 值。

解☞：

(1)C_{gd}因米勒效應而使系統成為只有二組 STC 網路，故有二個極點。而 C_{gd}可產一個零點。

(2)$b_1 = \dfrac{C_{gd}}{g_m}$

$A_{VO} = -g_m(r_o // R_D)$

16.已知 FET 的輸出電阻與轉移電導為 r_{ds}，g_m，且 $R_G \gg R_S$，R_L，r_{ds}，$R_D \gg R_L$，求(1)$A(S) = \dfrac{V_0(S)}{V_i(S)}$ (2)上題中電阻情況是否合理 (3)ω_L，ω_H，A_M(4)$V_i(t) = a \cos(\omega_i t)$，其中 $\omega_i = \dfrac{\omega_L}{10}$，根據 $A(S)$ 的波德圖，求 $V_0(t)$ 之近似值。 (5)為何在等效電路分析中，直流成份並不存在。（**題型：CS Amp 頻響**）

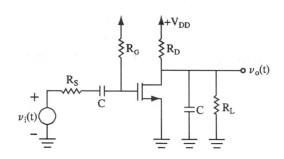

解☞：

(1)設 $C \gg [C_{gs} , C_{gd} (1 - K) , C_{ds}]$

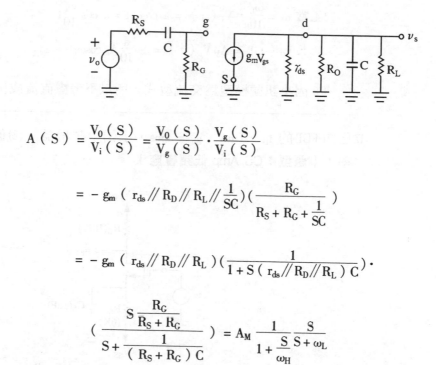

$$A (S) = \frac{V_0 (S)}{V_i (S)} = \frac{V_0 (S)}{V_g (S)} \cdot \frac{V_g (S)}{V_i (S)}$$

$$= - g_m (r_{ds} /\!/ R_D /\!/ R_L /\!/ \frac{1}{SC}) (\frac{R_G}{R_S + R_G + \frac{1}{SC}})$$

$$= - g_m (r_{ds} /\!/ R_D /\!/ R_L) (\frac{1}{1 + S (r_{ds} /\!/ R_D /\!/ R_L) C}) \cdot$$

$$(\frac{S \dfrac{R_G}{R_S + R_G}}{S + \dfrac{1}{(R_S + R_G) C}}) = A_M \frac{1}{1 + \dfrac{S}{\omega_H}} \frac{S}{S + \omega_L}$$

(2) $R_D \gg R_L$ 不合理

一般而言，$R_D \approx R_L$

(3) 1.中頻增益

$$A_M = \frac{V_0}{V_{gs}} \cdot \frac{V_{gs}}{V_i} = - g_m [r_d /\!/ R_D /\!/ R_L] (\frac{R_G}{R_G + R_S})$$

2.低頻主極點發生在輸入端

$$\therefore \omega_L = \frac{1}{(R_S + R_G) C}$$

3.高頻主極點發生在輸出端

$$\omega_H = \frac{1}{C \left[\, r_d // R_D // R_L \,\right]}$$

4.當 $\omega_i = \frac{\omega_L}{10}$ ，$V_i\,(\,t\,) = a\,\cos\omega_i t = a\,\cos\frac{\omega_L}{10}t$

　　$\therefore V_0\,(\,t\,) = A_M V_i\,(\,t\,) = -\frac{a}{10} A_M \cos\omega_i t$

5.因小訊號模型爲交流型式，所以不考慮直流成份

17.已知 FET 的 $I_D = 1\text{mA}$ ，$g_m = 1\text{ms}$ ，求(1)中頻增益　(2)低轉折頻率。**（題型：CS Amp 低頻響應）**

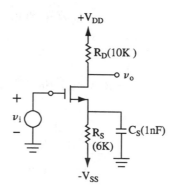

【清大電機所】

解☞：

(1)$A_M = -g_m R_D = (\,-1\text{m}\,)(\,10\text{K}\,) = -10$

$$(2)f_L = \frac{\omega_L}{2\pi} = \frac{1}{2\pi C_S \left(R_S /\!/ \frac{1}{g_m} \right)} = \frac{1}{(2\pi)(1n)(6K /\!/ \frac{1}{1m})} = 0.19\,MHz$$

18. Given the following capacitively coupled amplifier.

(1) Draw the small signal model of the amplifier circuit which is suitable for analysis in the " high – frequency band " .

(2) Find the midband frequency gain A_M = ?

(3) Find the exact high – frequency transfer function

$$T(S) = \frac{V_0(S)}{V_i(S)} = A_M \frac{1 - Z_1 S}{1 + P_1 S + P_2 S^2} = ?$$

i.e. Z_1 = ? P_1 = ? P_2 = ? （題型：JFET CS Amp 高頻響應）

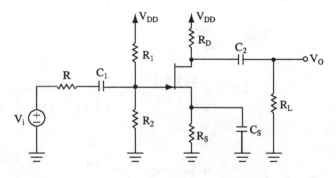

【清大電機所】

解☞：

(1)高頻小訊號模型（採用米勒效應）

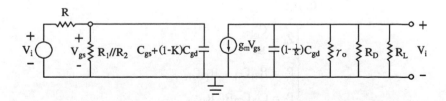

(2) $A_M = \dfrac{V_0}{V_i} = \dfrac{V_0}{V_{gs}} \cdot \dfrac{V_{gs}}{V_i} = -g_m (r_o /\!/ R_D /\!/ R_L) (\dfrac{R_1 /\!/ R_2}{R + R_1 /\!/ R_2})$

$K = \dfrac{V_0}{V_{gs}} = -g_m (r_o /\!/ R_D /\!/ R_L)$

(3)① $R_{T1} = R /\!/ R_1 /\!/ R_2$

$C_{T1} = C_{gs} + [1 + g_m (r_o /\!/ R_D /\!/ R_L)] C_{gd}$

$\therefore \omega_{P1} = \dfrac{1}{R_{T1} C_{T1}}$

② $R_{T2} = r_o /\!/ R_D /\!/ R_L$

$C_{T2} = [1 + \dfrac{1}{g_m (r_o /\!/ R_D /\!/ R_L)}] C_{gd}$

$\omega_{P2} = \dfrac{1}{R_{T2} C_{T2}}$

③ $\omega_{Z1} = \dfrac{-C_{gd}}{g_m}$

④ $T (S) = \dfrac{V_0 (S)}{V_i (S)} = A_M \dfrac{(1 + \dfrac{S}{\omega_Z})}{(1 + \dfrac{S}{\omega_{P1}})(1 + \dfrac{S}{\omega_{P2}})}$

$\qquad = A_M \dfrac{(1 + \dfrac{S}{\omega_Z})}{1 + S (\dfrac{1}{\omega_{P1}} + \dfrac{1}{\omega_{P2}}) + \dfrac{S^2}{\omega_{P1} \omega_{P2}}}$

$\qquad = A_M \dfrac{1 - Z_1 S}{1 + P_1 S + P_2 S^2}$

⑤所以

$\begin{cases} Z_1 = \dfrac{C_{gd}}{g_m} \\[2mm] P_1 = R_{T1} C_{T1} + R_{T2} C_{T2} \\[2mm] P_2 = C_{T1} C_{T2} R_{T1} R_{T2} \end{cases}$

19. The amplifier in Fig. is biased to operate at $I_D = 1mA$ and $g_m = 1mA/$ V. Neglecting r_o,

(1) find the value of C_S that places the corresponding pole at $10Hz$.

(2) What is the frequency of the transfer – function zero introducing by C_S?

(3) What is the gain of amplifier at dc?

(4) If R_S is replaced with a current source for which g_m remained the same, what do the pole and zero frequencies become? (題型：CS Amp 頻響)

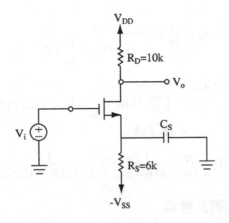

【清大電機所】

簡譯

已知 $I_D = 1mA$，$g_m = 1\dfrac{mA}{V}$，r_o 可忽略，求

(1) 求極點為$10Hz$ 時的 C_S 值。

(2) 由 C_S 所產生的零點。

(3) 直流增益。

(4) 若 R_S 以電流源取代後的極點及零點頻率。

解☞ :

(1)低頻小訊號模型

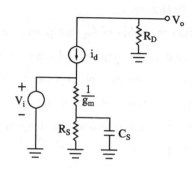

$$\because f_L = \frac{\omega_L}{2\pi} = \frac{1}{(2\pi)(R_S /\!/ \frac{1}{g_m})C_S}$$

$$\therefore C_S = \frac{1}{(2\pi)(R_S /\!/ \frac{1}{g_m})f_L} = \frac{1}{(2\pi)(6K /\!/ \frac{1}{1m})(10)}$$

$$= 18.6\mu F$$

(2)$f_Z = \frac{\omega_Z}{2\pi} = \frac{1}{2\pi R_S C_S} = \frac{1}{(2\pi)(6K)(18.6\mu)} = 1.43 Hz$

(3)直流增益

$$A_M = -g_m R_D = -(1m)(10K) = -10$$

$$A_L(S) = A_M \frac{S + \omega_Z}{S + \omega_L}$$

所以，直流增益為

$$A_L(0) = A_M \frac{S + \omega_Z}{S + \omega_L} = \frac{A_M f_Z}{f_L} = \frac{(-10)(1.43)}{10} = -1.43$$

(4)$f_P = \dfrac{1}{(2\pi)(\frac{1}{g_m})C_S} = \dfrac{1}{(2\pi)(\frac{1}{1m})(18.6\mu)} = 8.6 Hz$

$$f_Z = 0$$

---

20. 下圖所示 FET CS 與 CD 放大器，求低端截止頻率 ω_L。（題型：
FET Amp 的低頻響應）

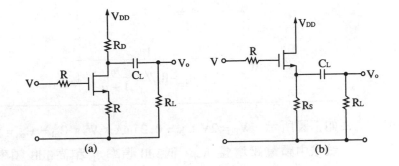

(a)　(b)

解☞：

(1) CS Amp

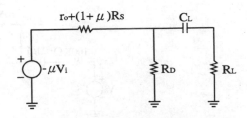

$$\therefore \omega_L = \frac{1}{RC_L} = \frac{1}{C_L \{ R_L + R_D // [r_0 + (1+\mu) R_s] \}}$$

(2) CD Amp

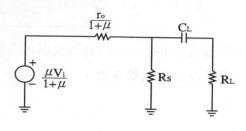

$$\therefore \omega_L = \frac{1}{RC_L} = \frac{1}{C_L \left[R_L + R_s /\!/ \left(\frac{r_0}{1+\mu} \right) \right]}$$

21. 如下圖所示，$V_T = 2V$，$k = 0.25mA / V^2$，$C_{gd} = C_{gs} = C_{ds} = 1PF$，試求中頻電壓增益 A_{vo}，低 3dB 頻率 f_L 和高 3dB 頻率 f_H。（**題型：FET Amp 的頻率響應**）

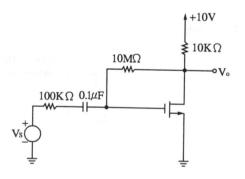

解☞ ：

一、直流分析

①電流方程式

$I_D = K (V_{GS} - V_t)^2 = (0.25m) (V_{GS} - 2)^2$

②含 V_{GS} 的電流方程式

$V_{GS} = V_{DS} = V_{DD} - I_D R_D = 10 - (10K) I_D$

③聯方程式①②得

$$I_D = 0.64\text{mA} \text{，及 } V_{GS} = V_{DS} = 3.6V$$

二、中頻分析

1.求參數 g_m

$$g_m = 2k（V_{GS} - V_t）=（0.5m）(3.6 - 2）= 0.8\text{mA}／V$$

2.繪中頻小訊號等效（密勒效應）

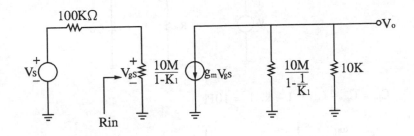

3.求 K_1（不含10MΩ 時）

$$K_1 = \frac{V_o}{V_{gs}} = - g_m R_L = -（0.8m）(10k）= -8$$

$$\therefore A_{VO} = \frac{V_o}{V_s} = \frac{V_o}{V_{gs}} \cdot \frac{V_{gs}}{V_s} = K_1 \cdot \frac{R_{in}}{100K + R_{in}} = -7.3$$

其中 $R_{in} = \dfrac{10M}{1 - K_1} = 1.11M\Omega$

三、低頻分析

1.低頻小訊號等效（只繪輸入部）

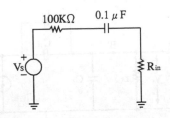

2. $\therefore f_L = \dfrac{\omega_L}{2\pi} = \dfrac{1}{2\pi RC} = \dfrac{1}{2\pi C\,(\,100K + R_{in}\,)} = 1.3\,Hz$

四、高頻分析

1.高頻小訊號等效（只繪輸入部）

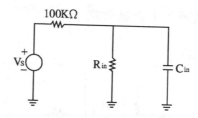

$C_{in} = C_{gs} + C_{gd}\,(\,1 - k_1\,) = 10PF$

$\therefore f_H = \dfrac{\omega_H}{2\pi} = \dfrac{1}{2\pi RC_{in}} = \dfrac{1}{2\pi C_{in}\,(\,100K /\!/ R_{in}\,)} = 173.6\,KHz$

§9–3〔題型五十三〕：BJT Amp 的頻率響應

考型136 BJT 參數及截止頻率和傳輸頻率

一、BJT 的混合π模型

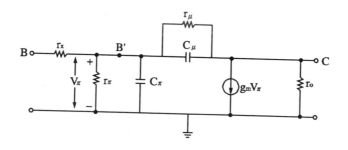

r_x：基極接點至基一射接面間之歐姆接觸的電阻值。（一般約爲幾 Ω 至幾十 Ω 之間）

r_μ：集極接面在逆偏下等效電阻。（一般約 $10\beta r_0$，$r_\mu \approx 10\beta r_0$ 所以視爲開路）

C_π：射極接面在順向偏壓下之電容效應，主要爲擴散電容 C_D 所產生的。（一般的大小約幾 PF 至幾十 PF）

C_μ：集極接面在逆向偏壓下之電容效應，主要爲過渡電容 C_T 所產生的。（一般的大小約零點幾 PF 至幾十 PF 之間）

一般而言 $C_\pi > C_\mu$。

二、低頻模型

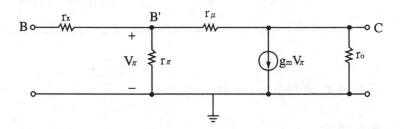

低頻模型參數之求法

$$V_b = h_{ie} i_b + h_{re} V_c$$

$$I_c = h_{fe} i_b + h_{oe} V_c$$

$$h_{ie} = \left. \frac{V_b}{i_c} \right|_{v_c = 0}$$

$$= r_x + r_\pi // r_\mu \backsimeq r_x + r_\pi \ (\ r_\mu\ 很大\ ) \qquad g_m = \frac{I_c}{V_T}$$

$$h_{re} = \left. \frac{V_b}{V_c} \right|_{i_b = 0}$$

$$= \frac{r_\pi}{r_\pi + r_\mu} \backsimeq \frac{r_\pi}{r_\mu} \qquad\qquad r_\pi = \frac{h_{fe}}{g_m}$$

$$h_{fe} = \frac{i_c}{i_b}\bigg|_{V_c = 0} = g_m r_\pi \qquad\qquad r_x = h_{ie} - r_\pi$$

$$h_{oe} = \frac{i_c}{V_c}\bigg|_{i_b = 0} \lesssim \frac{1}{r_o} + \frac{\beta}{r_\mu} \qquad\qquad r_\mu = \frac{r_\pi}{h_{re}}$$

$$\beta = g_m r_\pi \qquad\qquad\qquad r_o = \left(h_{oe} - \frac{h_{fe}}{r_\mu} \right)^{-1} = \frac{V_A}{I_c}$$

三、高頻模型

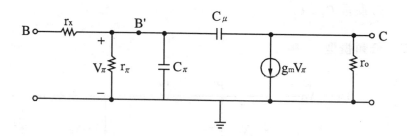

∵高頻時 C_μ 之電抗 $\ll r_\mu$，故 r_μ 可忽略。

四、截止頻率（ω_b）

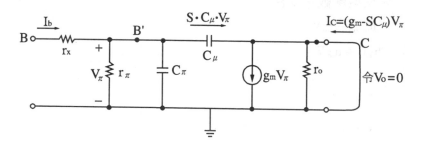

$$I_c = \left(g_m - SC_\mu \right) V_\pi$$

$$I_b = \left[\frac{1}{r_\pi} + S\left(C\pi + C_\mu \right) \right] V_\pi$$

$$\therefore h_{fe} = \frac{I_c}{I_b} = \frac{g_m - SC_\mu}{\frac{1}{r_\pi} + S\left(C_\pi + C_\mu\right)}$$

如果 $g_m \gg \omega C_\mu$

$$h_{fe} \backsimeq \frac{g_m r_\pi}{1 + sr_\pi\left(C_\pi + C_\mu\right)} = \frac{\beta_0}{1 + sr_\pi\left(C_\pi + C_\mu\right)}$$

$$\omega_b = \frac{1}{r_\pi\left(C_\pi + C_\mu\right)}$$

五、討論

(1)h_{fe} 與頻率有關

(2)$\beta_o = g_m r_\pi$

(3)$\omega_b = \dfrac{1}{r_\pi\left(C_\pi + C_\mu\right)}$

(4)$f_b = \dfrac{\omega_b}{2\pi} = \dfrac{1}{2\pi r_\pi\left(C_\pi + C_\mu\right)}$

(5)f_b 可視為頻寬

六、BJT 的傳輸頻率（f_T）（ transmission frequency ）

(1)又稱「單位增益頻率」（ unity gain frequency ）

(2)一般 BJT 的 f_T 約為 $100\,MHz \sim 1000\,MHz$

(3)f_T 會隨 I_c 而變

　　$\because \omega \uparrow \Rightarrow h_{fe} \downarrow$

　　$\therefore$ 當 $\omega \uparrow \uparrow \uparrow$ 至 $h_{fe} = 1$ 時，此時的頻率

　　稱為單位增益頻率（ f_T ）

(4)公式推導

$$令 \left| h_{fe}\left(j\omega_T\right) \right| = 1 = \left| \frac{\beta_o}{1 + \dfrac{j\omega_T}{\omega_b}} \right| = \frac{\beta_o}{\sqrt{1 + \left(\dfrac{\omega_T}{\omega_b}\right)^2}} \approx \frac{\beta_o}{\dfrac{\omega_T}{\omega_b}} = 1$$

所以 $\omega_T = \beta_o \omega_b \rightarrow f_T = \beta_o f_b$

故 $f_T = \beta_o f_b = \dfrac{\beta_o}{2\pi r_\pi \, (\, C_\pi + C_\mu \,)} = \dfrac{g_m}{2\pi \, (\, C_\pi + C_\mu \,)} = f_T$

① $\omega_T = \beta_o \omega_b = \dfrac{g_m}{C_\pi + C_\mu}$

② $f_T = \beta_o f_b = \dfrac{g_m}{2\pi \, (\, C_\pi + C_\mu \,)}$

③利用 f_T 求 C_π

    a． smith：$C_\pi = \dfrac{g_m}{2\pi f_T} - C_\mu$

    b． millman：let $C_\pi \gg C_\mu \Rightarrow f_T \approx \dfrac{g_m}{2\pi C_T}$

    c． JFET 之 f_T：$20\text{MHz} \sim 100\text{MHz}$

    d． MOS 之 f_T：$100\text{MHz} \sim 2\text{GHz}$

    e． MESFET 之 f_T：$5\text{GHz} \sim 15\text{GHz}$

(5)∵ $f_T = \beta_o f_b = （短路電流增益）\cdot（頻寬）$

所以 f_T 的另一定義爲：

「短路電流增益與頻寬之乘積」

(6) ω_b 與 ω_T 之圖形

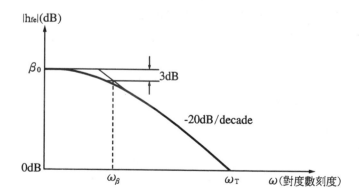

七、FET 傳輸頻率（f_T）

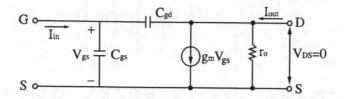

$$I_{out} \approx g_m V_{gs} = g_m I_{in} \cdot \frac{1}{S\,(\,C_{gs} + C_{gd}\,)}$$

$$\Rightarrow \frac{I_{out}}{I_{in}} = \frac{g_m}{S\,(\,C_{gs} + C_{gd}\,)}$$

$$\omega_T = \frac{g_m}{C_{gs} + C_{gd}}$$

考型137 　BJT CE Amp 的低頻響應

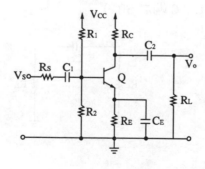

↓↓小訊號等效圖

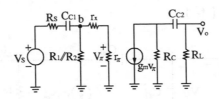

考法一: $C_E = \infty$ 時, $\dfrac{1}{SC_E} = 0$, 採主極點近似法。可分成 STC 網路。

1. 由 C_{c1} 產生之 STC (b 端之 STC)

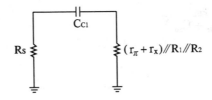

$$\therefore \omega_{P1} = \frac{1}{C_{c1}\left\{\, R_s + \left[\,(\,r_x + r_\pi\,)\,/\!/\,R_1\,/\!/\,R_2\,\right]\,\right\}}$$

2. 由 C_{c2} 產生之 STC (C 端之 STC)

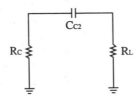

$$\therefore \omega_{P2} = \frac{1}{C_{c2}\,(\,R_c + R_L\,)}$$

3. 取 ω_{P1}, ω_{P2} 之大 4 倍以上者為 ω_L

4. 求 A_M (C_{c1}, C_{c2} 短路)

$$A_M = \frac{V_o}{V_s} = \frac{V_o}{V_\pi} \cdot \frac{V_\pi}{V_b} \cdot \frac{V_b}{V_s}$$

$$= \frac{-g_m V_\pi \left(R_c /\!/ R_L \right)}{V_\pi} \times \frac{r_\pi}{r_\pi + r_x} \times \frac{R_1 /\!/ R_2 /\!/ \left(r_x + r_\pi \right)}{R_s + \left[R_1 /\!/ R_2 /\!/ \left(r_x + r_\pi \right) \right]}$$

5.求 $A_L \left(S \right)$

$$A_L \left(S \right) \approx A_M \times \frac{S}{S + \omega_L}$$

考法二：$C_E \neq \infty \Rightarrow$ 採重疊定理

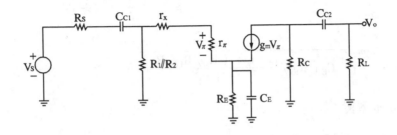

1.看 C_{c1} ，（ C_{c2} ， C_E 短路 ）

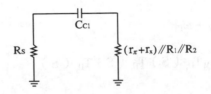

$$\therefore \omega_{P1} = \frac{1}{C_{c1} \left[R_s + \left(r_x + r_\pi \right) /\!/ R_1 /\!/ R_2 \right]}$$

2.由 C_{c2} 產生之 STC（ C 端之 STC ）

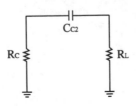

$$\therefore \omega_{P2} = \frac{1}{C_{c2}\,(\,R_c + R_L\,)}$$

3.只看 C_E ， （ C_{c1} ， C_{c2} 短路 ）

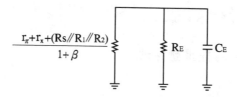

$$\therefore \omega_{P3} = \frac{1}{C_E\left[\,R_E\,/\!/\,\dfrac{r_\pi + r_x + (\,R_s\,/\!/\,R_1\,/\!/\,R_2\,)}{1+\beta}\,\right]}$$

4.求零點

$$S_{Z1} = 0 ， S_{Z2} = 0 ， S_{Z3} = \frac{1}{R_E C_E} = -\,\omega_{Z3}$$

5.求 ω_L

$$\omega_L = \omega_{P1} + \omega_{P2} + \omega_{P3}$$

6.$A_H\,(\,S\,) = A_M T_{H_1}\,(\,S\,)\,T_{H_2}\,(\,S\,)\,T_{H_3}\,(\,S\,)$

$$= A_M \frac{(\,S + \omega_{Z1}\,)(\,S + \omega_{Z2}\,)(\,S + \omega_{Z3}\,)}{(\,S + \omega_{P1}\,)(\,S + \omega_{P2}\,)(\,S + \omega_{P3}\,)}$$

$$= A_M \frac{S^2\,(\,S + \omega_{Z3}\,)}{(\,S + \omega_{P1}\,)(\,S + \omega_{P2}\,)\,(\,S + \omega_{P3}\,)}$$

BJT CE Amp 的高頻響應

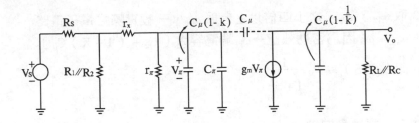

方法一：經密勒效應後，採主極點近似法

$$K = \frac{V_o}{V_\pi}\bigg|_{\text{中頻}} = \frac{-g_m V_\pi\,(\,R_c /\!/ R_L\,)}{V_\pi} = -g_m\,(\,R_c /\!/ R_L\,)$$

1. 由 C_π 產生之 STC

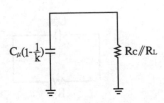

$$\therefore \omega_{P1} = \frac{1}{\left[\,C_\pi + C_\mu\,(\,1-K\,)\,\right]\left\{\,\left[\,(\,R_s /\!/ R_1 /\!/ R_2\,) + r_x\,\right] /\!/ r_\pi\,\right\}}$$

2. 由 $C_\mu\,(\,1 - \dfrac{1}{K}\,)$ 產生之 STC

$$\therefore \omega_{P2} = \frac{1}{C_\mu \left(1 - \frac{1}{K}\right)(R_c /\!/ R_L)}$$

3. 取 ω_{P1}，ω_{P2}，之小四倍以上者為 ω_H，一般實際之電子電路

$\omega_{P1} \approx \omega_H$ 因為密勒效應→ω_{P1} 端電容大〔 $C_\pi + (1 - K) C_\mu$ 〕

$$\therefore A_H (S) \approx A_M \frac{1}{1 + \frac{S}{\omega_H}}$$

方法二：採重疊定理

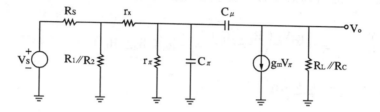

1. 只看 C_π，（ C_μ 開路 ）

$$[(R_S /\!/ R_1 /\!/ R_2) + r_x] /\!/ r_\pi \quad C_\pi$$

$$\therefore \omega_{P1} = \frac{1}{C_\pi \left[r_\pi /\!/ (r_x + R_s /\!/ R_1 /\!/ R_2) \right]}$$

2. 只看 C_μ，（ C_π 開路 ）

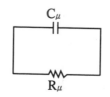

$$\therefore \omega_{P2} = \frac{1}{C_\mu R_\mu}$$

3. R_μ 之求法

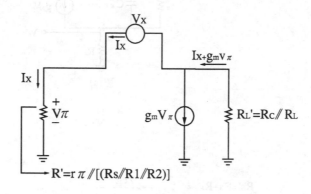

其 $R_\mu = \dfrac{V_x}{I_x} = R' + R'_L + g_m R' R'_L = R' + (1 + g_m R') R'_L$

4. 求 ω_H

$$\frac{1}{\omega_H} = \frac{1}{\omega_{P1}} + \frac{1}{\omega_{P2}}$$

考型139 射極隨耦器與源極隨耦器的頻率響應

一、射極隨耦器的頻率響應

(1)

⇓ STC法

(2)

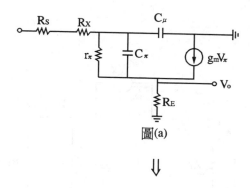

圖(a)

⇓

(3)

Rs'=Rs+Rx

$Z_\pi = \dfrac{1}{Y_\pi} = \dfrac{1}{\dfrac{1}{r_\pi} + SC_\pi}$

$Zeg = \dfrac{1}{Y_\pi V_\pi}$

圖(b)

$$Z_{eq}' = Z_\pi + Z_{eq} = \frac{1}{Y_\pi} + \frac{V_o}{Y_\pi V_\pi}$$

$$= \frac{1}{Y_\pi} + \frac{(Y_\pi + g_m) V_\pi R_E}{Y_\pi V_\pi}$$

$$= \frac{1 + g_m R_E}{\dfrac{1}{r_\pi} + SC_\pi} + R_E = \frac{1}{\dfrac{1}{r_\pi (1 + g_m R_E)} + S \dfrac{C_\pi}{1 + g_m R_E}} + R_E$$

$$= \left[\underbrace{r_\pi (1 + g_m R_E)}_{\text{大電阻}} // \underbrace{\frac{SC_\pi}{1 + g_m R_E}}_{\text{阻抗大}}\right] + \underbrace{R_E}_{\text{很小，可忽略}}$$

所以圖(b)，可等效成圖(c)

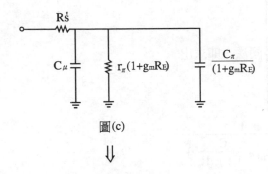

圖(c)

⇓

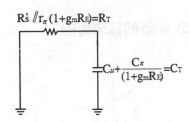

$$\therefore \omega_H = \frac{1}{C_T R_T}$$

$$= \frac{1}{\left[\left(1 + g_m R_E\right) /\!/ R_S{}'\right]\left[C_\mu + \dfrac{C_\pi}{1 + g_m R_E}\right]} \approx \frac{1}{R_s{}'\left(C_\mu + \dfrac{C_\pi}{1 + g_m R_E}\right)}$$

二、源極隨耦器的頻率響應

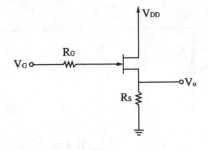

令

(1) $r_\pi \rightarrow \infty$
(2) $R_s{}' \rightarrow R_G$
(3) $R_E \rightarrow R_s$ 同法，即求出
(4) $C_\mu \rightarrow C_{gd}$
(5) $C_\pi \rightarrow C_{gs}$

$$\omega_H = \frac{1}{R_G \left[C_{gd} + \dfrac{C_{gs}}{1 + g_m R_s} \right]}$$

考型140 BJT CB Amp 的頻率響應

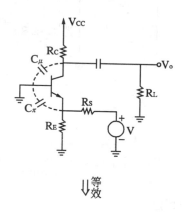

↓↓等效

一、

↓↓等效

二、

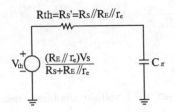

三、$A_H(S) = \dfrac{A_M}{\left(1 + \dfrac{S}{\omega_{P1}}\right)\left(1 + \dfrac{S}{\omega_{P2}}\right)}$

其中

$\omega_{P1} = \dfrac{1}{\tau_{in}} = \dfrac{1}{C_\pi \left[R_s /\!/ R_E /\!/ r_e \right]}$

$\omega_{P2} = \dfrac{1}{\tau_{out}} = \dfrac{1}{C_\mu \left(R_c /\!/ R_L \right)}$

$A_M = g_m \left(R_c /\!/ R_L \right) \dfrac{R_E /\!/ r_e}{R_S + R_E /\!/ r_e}$

四、討論

1.CB Amp 具有較大頻寬的理由：因無密勒效應

$\left\{\begin{array}{l} ①\text{input 只有 } C_\pi \text{ 且 } r_e \text{ 很小，所以 } \omega_{P1} \text{很大} \\ ②\text{又 } C_\mu \text{ 很小，所以 } \omega_{P2} \text{亦很大} \end{array}\right\} \Rightarrow$ 因此頻寬很大

2.

(1)CE：$\omega_H = \dfrac{1}{\left[C_\pi + C_\mu \left(1 + g_m R'_L \right) \right] R_s{}'}$ ←受 miller 效應影響

(2)CB：$\left\{\begin{array}{l} \omega_{P1} = \dfrac{1}{\tau_{in}} = \dfrac{1}{C_\pi \left(R_E /\!/ r_e /\!/ R_s \right)} \\[3mm] \omega_{P2} = \dfrac{1}{\tau_{out}} = \dfrac{1}{C_\mu \left(R_c /\!/ R_L \right)} \end{array}\right\}$ ←不受 miller 效應影響

(3)CC：$\omega_H = \dfrac{1}{\tau} \cong \dfrac{1}{R_S' \left[C_\mu + \dfrac{C_\pi}{1 + g_m R_E} \right]} \leftarrow \begin{cases} ①C_\mu - 端接地 \\ ②C_\pi：miller\ 影響小 \end{cases}$

歷屆試題

22. Fig. shows the wiring diagram of an a – f voltage amplifier, using a silicon transistor whose h – parameters are：$h_{fe} = 120$, $h_{re} = h_{oe} = 0$.

(1) Find the quiescent balues of the bias currents I_B and I_C, and then determine h_{ie}, neglecting the base – spreading resistance.

(2) With the switch S open, find the voltage gain $A_V = V_{01} / V_S$ by use of small – signal – model analysis.

(3) With S closed, it is desired to have a lower 3 – dB frequency of 10Hz. Determine the value of C_b, and also find the voltage gain at midband frequencies, A_{V0}.（20%）（題型：CE Amp 頻響）

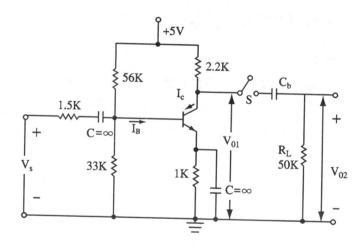

【台大電機所】

解☞：

(1)直流分析

取戴維寧等效電路

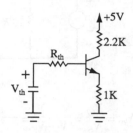

$$V_{th} = \frac{(33K)(5)}{56K + 33K} = 1.854V$$

$$R_{th} = 33K // 56K = 20.76k\Omega$$

$$\therefore I_B = \frac{V_{th} - V_{BE}}{R_{th} + (1 + h_{FE})R_E} = \frac{1.854 - 0.7}{20.76K + (121)(1K)} = 8.1\mu A$$

$$\therefore I_C = h_{FE}I_B = 0.972mA$$

$$h_{ie} = \frac{V_I}{I_B} = \frac{25mV}{8.1\mu} = 3.086k\Omega$$

(2)小訊號分析

$$A_V = \frac{V_{01}}{V_S} = \frac{V_{01}}{V_{b1}} \cdot \frac{V_{b1}}{V_S} = \frac{-h_{fe}R_C}{h_{ie}} \cdot \frac{R_i}{R_S + R_i}$$

$$= \frac{(-120)(2.2K)}{3.086K} \cdot \frac{2.69K}{1.5K + 2.69K} = -54.9$$

其中

$$R_i = 56K // 33K // h_{ie} = 56K // 33K // 3.086K = 2.69k\Omega$$

(3)

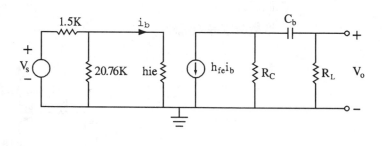

$$1.A_{V0} = \frac{V_{02}}{V_S} = \frac{V_{02}}{V_i} \cdot \frac{V_i}{V_S} = \frac{-h_{fe}\,(\,R_C /\!/ R_L\,)}{h_{ie}} \cdot \frac{R_i}{R_S + R_i}$$

$$= \frac{(\,-120\,)(2.2K /\!/ 50K\,)(2.69K\,)}{(\,3.086K\,)(1.5K + 2.69K\,)} = -52.43$$

$$2.f_L = \frac{\omega_L}{2\pi} = \frac{1}{2\pi C_b\,(\,R_L + R_C\,)}$$

$$\therefore C_b = \frac{1}{2\pi f_L\,(\,R_L + R_C\,)} = \frac{1}{(\,2\pi\,)(10)(2.2K + 50K\,)}$$

$$= 0.3\mu F$$

23.The following figure shows a single – stage high frequency amplifier, using a silicon transistor. From data sheets the device parameters are found to be：h_{FE} = dc current gain = 300, h_{fe} = small – signal current gain = 350, C_π (= C_e) = emitter – base capacitance = 17pF, and C_μ (= C_c) = collector – base capacitance = 1.8pF.

(1)First, calculate the dc collector current I_C, and then specify the transconductance g_m, and the input resistance r_π (= r_{be}) Take $V_{BE(\,on\,)}$ = 0.7V

(2)By use of hybrid – π model, plot an approximate voltage – gain vs. frequency curve, A_V (ω) = V_0 / V_S, throughout the mid and high frequency ranges. For the effect of C_μ miller's theorem can be used. (題型：CE

Amp 高頻響應）

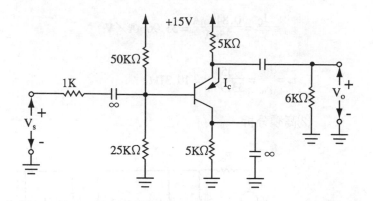

【台大電機所】

解☞：

⑴直流分析

化爲戴維寧模型

$$V_{th} = \frac{(\,25K\,)(15V\,)}{50K + 25K} = 5V$$

$$R_{th} = 25K /\!/ 50K = 16.67k\Omega$$

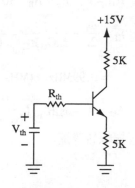

$$I_B = \frac{V_{th} - V_{BE}}{R_{th} + (\,1 + h_{FE}\,)\,R_E} = \frac{5 - 0.7}{16.67K + (\,301)(5K\,)} = 2.83\mu A$$

$$I_C = h_{FE}I_B = (300)(2.83\mu) = 0.849mA$$

$$g_m = \frac{I_C}{V_T} = \frac{0.849mA}{25mV} = 33.96mA/V$$

$$r_\pi = \frac{h_{fe}}{g_m} = \frac{350}{33.96m} = 10.31k\Omega$$

(2)高頻分析

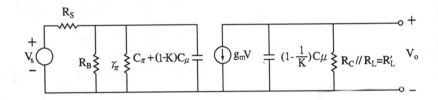

1. $K = -g_mR'_L = (-33.96m)(5K//6K) = -92.6$,

   $R_B = R_{th} = 16.67k\Omega$

2. ①主極點發生在輸入端

   $$\therefore C_{T1} = C_\pi + C_\mu(1-K) = 17P + (1.8P)(93.6)$$

   $$= 185.48PF$$

   $$R_{T1} = r_\pi // R_S // R_B = 10.31K // 1K // 16.67K = 864\Omega$$

   $$f_H = \frac{\omega_P}{2\pi} = \frac{1}{2\pi C_{T1}R_{T1}} = \frac{1}{(2\pi)(185.48P)(864)}$$

   $$= 0.99MHz \approx 1MHz$$

   ② $A_M = (-g_mR'_L)(\frac{R_B//r_\pi}{R_S+R_B//r_\pi}) = -80 \Rightarrow A_M = 38dB$

   ③振幅響應圖

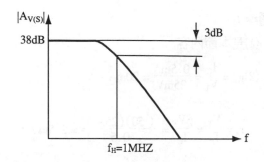

38dB

3dB

$|A_{V(S)}|$

$f_H=1MHZ$

f

24.For the small signal equivalent circuit of a BJT,

(1)What is the physical meaning of r_b, r_π, r_o and r_μ ?

(2)If I_C (dc current) $= 0.5mA$, $\beta = 50$, find g_m and r_π.

(3)If $r_o = 200k\Omega$ when $I_C = 0.5mA$, estimate its value at $I_C = 2mA$.

(4)What is C_π and C_μ ? Why is C_μ usually smaller than C_π ? （**題型：BJT Amp 頻響**）

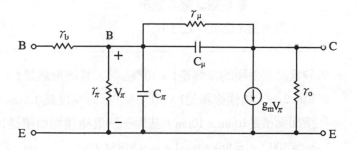

【清大電機所】【台大電機所】

簡譯

對 BJT 的小訊號等效電路而言，

(1)r_b，r_π，r_o 及 r_μ 的意義為何？

(2)求 $I_C = 0.5mA$，$\beta = 50$的 g_m 與 r_π 值。

(3)當 $I_C = 0.5mA$ 時，$r_o = 200k\Omega$，計算 $I_C = 2mA$ 時的 r_o 值。

(4)說明 C_π 與 C_μ。並說明通常 C_μ 會小於 C_π 的原因。

解☞：

(1)見本節內容

$(2) g_m = \dfrac{I_C}{V_T} = \dfrac{0.5mA}{25mV} = 20mA \diagup V$

$r_\pi = \dfrac{V_T}{I_B} = \dfrac{\beta V_T}{I_C} = \dfrac{(50)(25m)}{0.5} = 2.5k\Omega$

$(3) \because r_o = \dfrac{V_A}{I_C} \Rightarrow V_A = r_o I_C = (200K)(0.5m) = 100V$

$\therefore r_{o1} = \dfrac{V_A}{I_{C1}} = \dfrac{100}{2m} = 50k\Omega$

(4)①C_π：是基射接面在主動區時的接面等效電容，其等效電容包含擴散電容和空乏電容效應

②C_μ：是基集接面在主動區時的接面等效電容，其等效電容主要是空乏電容效應

③由①，②知，$C_\pi > C_\mu$

25.矽電晶體射極的摻雜是 $1 \times 10^{19} cm^{-3}$，基極摻雜是 $1 \times 10^{17} cm^{-3}$ 而厚度為 $0.2\mu m$，集極摻雜是 $1 \times 10^{15} cm^{-3}$，而厚度為 $0.5\mu m$，射極——基極接面面積是 $10\mu m \times 10\mu m$，基極——集極接面面積是 $100\mu m \times 100\mu m$。$h_{fe} = 100$，$\tau_n = 8ns$，$\eta = 1$，$\epsilon_0 = 8.854 \times 10^{-14} F \diagup cm$，$\epsilon_r = 11.7$。

(1)在 $V_{BE, act} = 0.7V$ 時，求 I_B，I_C，I_E 和 V_B，V_C，V_E。

(2)$I_{ES} = 1 \times 10^{-15} A$，$I_{CS} = 2 \times 10^{-15} A$，請用 Ebers－Moll 方程式求 V_{BE}。

(3)$V_A = \infty$，而 r_b 可忽略，求 $\dfrac{V_{out}}{V_S}$。

(4)繪出 BJT 的完整高頻 π 模型。並求 C_π，C_μ 值。

(5)忽略 r_b，r_μ，r_o 求 f_T 值。（題型：BJT Amp 高頻響應）

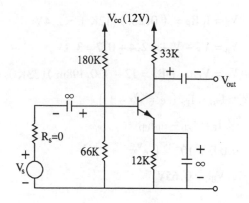

【台大電機所】

解☞：

(1)直流分析

　取戴維寧模型

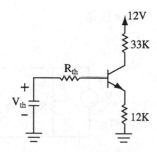

$$V_{th} = \frac{(66K)(12V)}{180K + 66K} = 3.2V$$

$$R_{th} = 180K /\!/ 66K = 48.3k\Omega$$

$$I_B = \frac{V_{th} - V_{BE}}{R_{th} + (1 + h_{fe})R_E} = \frac{3.2 - 0.7}{48.3K + (101)(12K)} = 1.98\mu A$$

$$I_C = h_{fe}I_B = (100)(1.98\mu) = 0.198mA$$

$$I_E = (1 + h_{fe})I_B = (101)(1.98\mu) = 0.2mA$$

$$V_E = I_E R_E = (0.2m)(12K) = 2.4V$$

$$V_B = V_E + V_{BE} = 2.4 + 0.7 = 3.1V$$

$$V_C = V_{CC} - I_C R_C = 12 - (0.198m)(33K) = 5.47V$$

(2) $\because I_{ED} = I_{ES} [e^{V_{BE}/V_T} - 1]$

又 $I_E = I_{ED} - \alpha_R I_{CD}$

$$0.002 = 10^{-15} [e^{V_{BE}/V_T} - 1]$$

$$\therefore V_{BE} = 0.65V$$

(3) $g_m = \dfrac{I_C}{V_T} = \dfrac{0.198mA}{25mV} = 7.92mA/V$

$$\dfrac{V_{out}}{V_S} = -g_m R_C = (-7.92m)(33K) = -261.36$$

(4) 1.高頻 π 模型

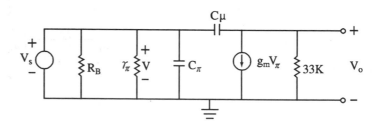

$$R_B = 180K // 66K = 48.3k\Omega$$

2.求 C_π

$$C_\pi = \dfrac{\mathcal{l}_n I_E}{V_T} = \dfrac{(8n)(0.2m)}{25m} = 64PF$$

3.求 C_μ

① $\because V_{JC} = V_T \ln \dfrac{N_B N_C}{n_i^2} = (25m) \ln [\dfrac{(10^{17})(10^{15})}{(1.45 \times 10^{10})^2}] \cong 0.67V$

$$②W_{JC} = \sqrt{\left[\dfrac{2\varepsilon_r\varepsilon_0\,(\,V_{JC} + V_{CB}\,)}{q}\right]\left(\dfrac{N_B + N_C}{N_B N_C}\right)}$$

$$= \sqrt{\dfrac{(2)(11.7)(8.854 \times 10^{-14})(0.67 + 2.37)(10^{17} + 10^{15})}{(1.6 \times 10^{-19})(10^{17})(10^{15})}}$$

$$= 1.99\,\mu m$$

$$③ \therefore C_\mu = \dfrac{\varepsilon A}{\omega_{JC}} = \dfrac{\varepsilon_r\varepsilon_0 A}{\omega_{JC}}$$

$$= \dfrac{(11.7)(8.854 \times 10^{-14})(100^2)(10^{-8})}{1.99 \times 10^{-4}}$$

$$= 0.52 PF$$

$$(5)f_T = \dfrac{g_m}{2\pi\,(\,C_\pi + C_\mu\,)} = \dfrac{7.92m}{(\,2\pi\,)(64P + 0.52P)} = 19.54 MHz$$

---

26. Fig. shows the wiring diagram of an CE amplifier. Using a silicon transistor, whose h − parameter are $h_{fe} = 100$, h_{FE} (dc) $= 100$, and $C_c = 25pF$, $C_e = 85pF$, $R_S = 50\Omega$, $r'_{bb} = 50\Omega$.

(1) plot the frequency response magnitude characteristics.

(2) find the f_L.

(3) find the operating point.

(4) find the 3dB upper frequency f_H.

(5) find the mid − gain A_{V0}.

where： $R_1 = 29k\Omega$，$R_2 = 12k\Omega$，$R_C = 10k\Omega$，$R_E = 15k\Omega$，$C_1 = 0.1\mu F$，$C_2 = 0.01\mu F$，$R_L = 10k\Omega$ (題型：CE Amp 頻響)

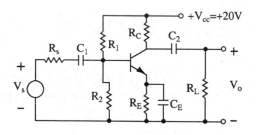

【清大電機所】

解☞：

(1)直流分析⇒求參數

　1.取戴維寧等效電路

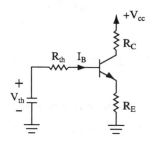

$$R_{th} = R_1 /\!/ R_2 = 12K /\!/ 29K = 8.49k\Omega$$

$$V_{th} = \frac{R_2 V_{CC}}{R_1 + R_2} = \frac{(12K)(20)}{12K + 29K} = 5.85V$$

　2.求工作點（第(3)題答案）

$$I_{BQ} = \frac{V_{th} - V_{BE}}{R_{th} + (1 + h_{FE}) R_E} = \frac{5.85 - 0.7}{8.49K + (101)(15K)}$$

$$= 3.38\mu A$$

$$I_{CQ} = h_{FE} I_B = (100)(3.38\mu) = 0.338mA$$

$$V_{CEQ} = V_{CC} - I_{CQ} R_C - (1 + h_{FE}) I_{BQ} R_E$$

$$= 20 - (0.338m)(10K) - (101)(3.38\mu)(15K) = 11.5V$$

3.求參數

$$r_\pi = \frac{V_T}{I_B} = \frac{25mV}{3.38\mu A} = 7.4k\Omega$$

$$g_m = \frac{I_C}{V_T} = \frac{0.338mA}{25mV} = 13.52mA / V$$

⑵中頻分析（第⑸題答案）

1.低頻小訊號模型

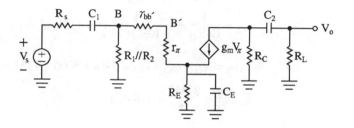

2.中頻分析（視電容為短路）

$$A_{V0} = \frac{V_0}{V_S} = \frac{V_0}{V_\pi} \cdot \frac{V_\pi}{V_B} \cdot \frac{V_B}{V_S}$$

$$= -g_m (R_C /\!/ R_L) \cdot \left(\frac{r_\pi}{r_\pi + r_{bb}}\right) \left[\frac{R_1 /\!/ R_2 /\!/ (r_{bb} + r_\pi)}{R_S + R_1 /\!/ R_2 /\!/ (r_{bb} + r_\pi)}\right]$$

$$= \frac{(-13.52m)(10K /\!/ 10K)(7.4K)[8.49K /\!/ (50 + 7.4K)]}{(7.4K + 50)[50 + 8.49K /\!/ (50 + 7.4K)]}$$

$$= -66.31$$

⑶低頻分析（第⑵題答案）

（此題未註明 C_E，自設 $C_E = 10\mu F$）

採用短路 STC 法

1.$R_{T1} = R_S + [R_1 /\!/ R_2 /\!/ (r_{bb} + r_\pi)]$
$\quad = 50 + [8.49K /\!/ (7.4K + 50)] = 4.02K$

$$\omega_{L1} = \frac{1}{C_1 R_{T1}} = \frac{1}{(0.1\mu)(4.02K)} = 2488 \text{rad/s}$$

2. $R_{T2} = R_C + R_L = 20k\Omega$

$$\omega_{L2} = \frac{1}{C_2 R_{T2}} = \frac{1}{(0.01\mu)(20K)} = 5000 \text{rad/s}$$

3. $R_{T3} = R_E // \dfrac{R_S // R_1 // R_2 + (r_{bb} + r_\pi)}{1 + h_{fe}}$

$$= 15K // \frac{50 // 8.49K + 7450}{101} = 74\Omega$$

$$\omega_{L3} = \frac{1}{C_E R_{T3}} = \frac{1}{(10\mu)(74)} = 1351 \text{rad/s}$$

4. $\therefore \omega_L = \omega_{L1} + \omega_{L2} + \omega_{L3} = 2488 + 5000 + 1351 = 8.84 \text{Krad/s}$

$$f_L = \frac{\omega_L}{2\pi} = \frac{8.84K}{2\pi} = 1.41 \text{KHz}$$

⑷高頻分析（第⑷題答案）

1. $K = \dfrac{V_0}{V_\pi} = -g_m (R_C // R_L) = (-13.52m)(5K)$

$$= -67.6$$

2. $R_{T4} = r_\pi // [r_{bb} + R_S // R_1 // R_2]$

$$= 7.4K // [50 + 50 // 8.49K] = 98.4\Omega$$

$C_{T4} = C_e + (1-K)C_c = 85P + (1+67.6)(25P)$

$$= 1.8nF$$

$$\omega_{P4} = \frac{1}{R_{T4}C_{T4}} = \frac{1}{(98.4)(1.8n)} = 5.65 \text{Mrad/s}$$

3. $R_{T5} = R_C /\!\!/ R_L = 5k\Omega$

$$C_{T5} = \left(1 + \frac{1}{67.6}\right)(25P) = 25.4PF$$

$$\omega_{P5} = \frac{1}{R_{T5}C_{T5}} = \frac{1}{(5K)(25.4P)} = 7.87\text{Mrad} / s$$

$$\therefore \omega_H = \left[\sqrt{\frac{1}{\omega_{P4}^2} + \frac{1}{\omega_{P5}^2}}\right]^{-1} = \left[\sqrt{\frac{1}{(5.65M)^2} + \frac{1}{(7.87M)^2}}\right]^{-1}$$

$$= 4.59\text{Mrad} / s$$

$$\therefore f_H = \frac{\omega_H}{2\pi} = \frac{4.59M}{2\pi} = 731\text{KHz}$$

(5)振幅響應圖（第(1)題答案）

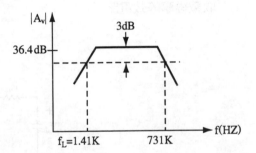

$$|A_{V0}| = 20\log|A_{V0}| = 20\log|-66.31| = 36.4\text{dB}$$

27.已知 $\beta = 100$，$C_\pi = 10C_\mu = 1pF$，求高頻轉折頻率 ω_H。（題型：CE Amp 的高頻分析）

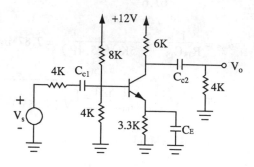

【清大電機所】

解☞：

一、直流分析⇒求參數

取戴維寧等效電路

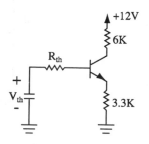

$$V_{th} = \frac{(4K)(12V)}{4K + 8K} = 4V$$

$$R_{th} = \frac{(4K)(8K)}{4K + 8K} = 2.67k\Omega$$

$$\therefore I_B = \frac{V_{th} - V_{BE}}{R_{th} + (1+\beta)R_E} = \frac{4 - 0.7}{2.67K + (101)(3.3K)} = 9.82\mu A$$

$$I_C = \beta I_B = 0.982mA$$

$$\therefore r_\pi = \frac{V_T}{I_B} = \frac{25mV}{9.82\mu A} = 2.55k\Omega$$

$$g_m = \frac{\beta}{r_\pi} = 39.28mA \diagup V$$

二、高頻分析→採米勒效應

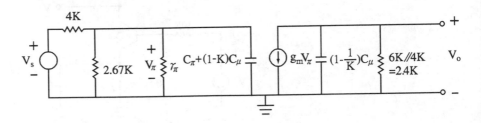

1. $K = \dfrac{V_0}{V_{b1}} = -g_m R'_L = (-39.28m)(2.4K) = -94.3$

2. $R_{T1} = 4K /\!/ 2.69K /\!/ r_\pi = 4K /\!/ 2.69K /\!/ 2.55K = 986\Omega$

$C_{T1} = C_\pi + (1-K)C_\mu = 1P + (95.3)(0.1P)$

$\quad = 10.53PF$

$$\therefore \omega_{P1} = \frac{1}{R_{T1}C_{T1}} = \frac{1}{(986)(10.53P)} = 96.3Mrad \diagup s$$

3. $R_{T2} = 6K /\!/ 4K = 2.4k\Omega$

$C_{T2} = (1 - \dfrac{1}{K})C_\mu = (1 + \dfrac{1}{94.3})(0.1P) = 0.101PF$

$$\therefore \omega_{P2} = \frac{1}{R_{T2}C_{T2}} = \frac{1}{(2.4K)(0.101P)} = 4125.4Mrad \diagup s$$

4. $\because \omega_{P1} \ll \omega_{P2}$

$\quad \therefore \omega_H \approx \omega_{P1} = 96.3Mrad \diagup s$

28.For Fig. let $\beta = 100$, $C_\mu = 2pF$, and $f_T = 400MHz$. Find(1)midband voltage gain, (2)upper 3dB frequency.（題型：CE Amp 高頻響應）

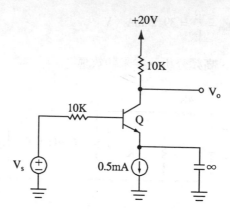

【清大核工所】

解☞：

(1) 1.直流分析⇒求參數

$\textcircled{1} g_m = \dfrac{I_C}{V_T} \approx \dfrac{I_E}{V_T} = \dfrac{0.5mA}{25mV} = 20mA \diagup V$

$\textcircled{2} r_\pi = \dfrac{\beta}{g_m} = \dfrac{100}{20m} = 5k\Omega$

$\textcircled{3} f_T = \dfrac{\omega_T}{2\pi} = \dfrac{g_m}{2\pi\,(\,C_\pi + C_\mu\,)}$

$\therefore C_\pi = \dfrac{g_m}{2\pi f_T} - C_\mu = \dfrac{20m}{(\,2\pi\,)(400M)} - 2P = 6PF$

2.求中頻增益

$A_M = \dfrac{V_0}{V_S} = \dfrac{V_0}{V_b} \cdot \dfrac{V_b}{V_S} = (\,-g_m R_C\,) \cdot (\,\dfrac{r_\pi}{R_S + r_\pi}\,)$

$= \dfrac{(\,-20m\,)(10K\,)(5K\,)}{10K + 5K} = -66.7$

⑵高頻分析（用米勒效應）

$$K = \frac{V_0}{V_b} = -g_m R_C = (-20m)(10K) = -200$$

$$\therefore f_H = \frac{\omega_H}{2\pi} = \frac{1}{(2\pi)(R_S /\!/ r_\pi)[(C_\pi + (1-K)C_\mu]}$$

$$= \frac{1}{(2\pi)(10K /\!/ 5K)[6P + (201)(2P)]} = 117KHz$$

---

29. Consider the emitter diffusion capacitance C_{de} of a BJT. Which of the following statements is correct？ (A)If the emitter current increases, C_{de} decreases. (B) If the base width increases, C_{de} decreases. (C)The larger the value of C_{de}, the smaller the unity – gain frequency f_T. (D)If the BJT is operated in the active region, C_{de} is smaller than the collector junction capacitance. **（題型： BJT 高頻小訊號模型 ）**

【交大電子所】

簡譯

考慮 BJT 的射極擴散電容 C_{de}，問下列何者正確：(A)若射極電流增加，C_{de} 會減少。 (B)若基極寬度增加，C_{de} 會減少。 (C)C_{de} 值愈大，單位增益的頻率 f_T 會愈小。 (D)若 BJT 工作於主動區，則 C_{de} 比集極接面的電容小。

解☞：(B)、(C)

(A)$\because I_E \uparrow \Rightarrow$ 擴散電容 $C_{de} \uparrow$

(B)BW 與 C_{de} 無關

(C)$\because f_T = \frac{g_m}{2\pi(C_\pi + C_\mu)} \Rightarrow C_\pi = C_{de}$ 與 f_T 成反比

(D)在主動區內：J_E 順偏，J_C 逆偏

$C_{de} > C_\mu$

30. If a BJT is operated in the forward – active mode, the small signal model can be realized as follows：

Which of the following statement is correct？ (A)r_b is caused by the Early effect. (B)r_o is due to the channel length modulation effect. (C)C_μ is majorly due to the diffusion capacitance. (D)r_π is due to the base spreading resistance. (E)none of the above. **（題型：CE Amp 頻響）**

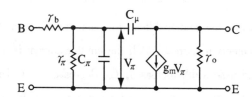

【交大電子所】

簡譯

若 BJT 在主動區時，小訊號模型如下，問下列何者正確：(A)r_b 是因 Early effect 產生的。 (B)r_o 是因通道長度調變效應所產生。 (C)C_μ 主要的是擴散電容。 (D)r_π 主要的是基極展佈電阻。 (E)以上皆非。

解☞：(E)

(A)應是 r_o

(B)應是 base width

(C)應是 depletion

(D)應是 r_b

31. Following the above question, assume the DC collector current is 8mA, $\beta_0 = 200$, and $KT/q = 25mV$. Which of the following statements is correct？ (A)C_π is usually smaller than C_μ. (B)$g_m = 0.2\Omega^{-1}$ (C)$r_\pi = 625\Omega$ (D)For the CE configuration, the cut – off frequency is $2\pi g_m/(C_\pi + C_\mu)$ (E)$\beta_0 = g_m r_o$

（題型：CE Amp 頻響）

簡譯

已知 $I_C = 8mA$，$\beta = 200$，$\dfrac{KT}{q} = 25mV$，問下列何者正確：(A)C_π 通常比

C_μ 小　(B)$g_m = 0.2\dfrac{A}{V}$　(C)$r_\pi = 625\Omega$　(D)CE 組態的截止頻率是 $\dfrac{2\pi g_m}{C_\pi + C_\mu}$

(E)$\beta = g_m r_o$

解☞：(C)

(A)$C_\pi > C_\mu$

(B)$g_m = \dfrac{I_C}{V_T} = \dfrac{8mA}{25mV} = 0.32 A / V$

(C)$r_\pi = \dfrac{\beta_0}{g_m} = \dfrac{200}{0.32} = 625\Omega$

(D)$f_T = \dfrac{g_m}{2\pi\,(\,C_\pi + C_\mu\,)}$

(E)$\beta_0 = g_m r_\pi$

---

32. If a resistor R_E is connected in series with the emitter of a CE amplifier as Which of the following statements is true？ (A)The bandwidth is reduced and the voltage gain is increased.　(B)The bandwidth is reduced and the voltage gain is reduced.　(C)The bandwidth is the same but the output resistance R_0 is increased.　(D)R_0, the input resistance R_i, and the bandwidth all are increased.　(E)None of the above．（題型：CE Amp 的頻響）

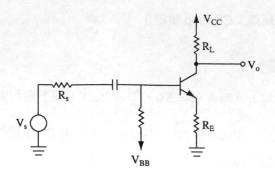

解☞：(D)

33.操作於工作區之 BJT，其小幅訊號模式如下：

下列敘述何者為誤？(A)r_μ 係由集極接面逆向偏壓所造成　(B)r_o 係由

Early effect 造成　(C)元件之截止頻率（f_T）為 $\dfrac{g_m}{2\pi\,(\,C_\pi+C_\mu\,)}$　(D)C_π 通

常較 C_μ 大　(E)C_μ 含有擴散電容和空乏區電容。（**題型：CE Amp 頻響**）

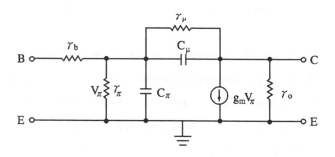

解☞：(E)

---

34. The transistor in the circuit shown below has $\beta_0 = 100$, short-circuit unity current gain frequency $f_T = 200\text{MHz}$. The upper 3dB frequency of the circuit is found to be 400KHz. (r_b, r_o, and r_μ are neglected). You are advised to use the Miller's theorem !

(1) Estimate the values of r_π (or r_{be}) and g_m. Assume that $\dfrac{KT}{q} = 25\text{mV}$.

(2) Show that $f_T \approx \dfrac{\beta_0}{2\pi\,(\,r_\pi /\!/ R_S\,)(C_\pi + C_\mu)}$

(3) Calculate the base-emitter capacitance, C_π and the base-collector capacitance C_μ. (題型：CE Amp 頻響)

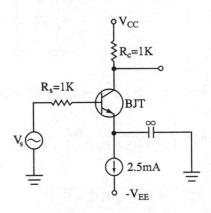

【 交大電子所 】

簡譯

若 $\beta = 100$，$\dfrac{KT}{q} = 25\text{mV}$，短路單位電流增益的頻率 $f_T = 200\text{MHz}$，高三分貝頻率為400MHz，而 r_b，r_o，r_μ 可忽略。（請用米勒定理）

(1) 求 r_π 和 g_m 值。

(2) 證明 $f_T \simeq \dfrac{\beta}{2\pi\,(\,r_\pi /\!/ R_S\,)(C_\pi + C_\mu)}$ 。

(3) 求 C_π 和 C_μ 值。

解☞ :

(1)$g_m = \dfrac{I_C}{V_T} = \dfrac{\alpha I_E}{V_T} = \dfrac{\beta I_E}{(1+\beta)\,V_T} = \dfrac{(100)(2.5m)}{(101)(25m)} \approx 100mA \diagup V$

$r_\pi = \dfrac{\beta_0}{g_m} = \dfrac{100}{100m} = 1k\Omega$

(2)

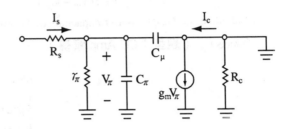

1.$I_C = (g_m - SC_\mu)\,V_\pi \approx g_m V_\pi\ (設\ \omega C_\mu \ll g_m)$

$h_{fe} = \dfrac{I_c}{I_b} = \dfrac{g_m r_\pi}{1 + S\,(R_S /\!/ r_\pi)\,(C_\pi + C_\mu)} = \dfrac{\beta_0}{1 + \dfrac{S}{\omega_\beta}}$

$\therefore \omega_\beta = \dfrac{1}{(R_S /\!/ r_\pi)(C_\pi + C_\mu)}$

2.令 $|h_{fe}\,(j\omega_T)| = |\dfrac{\beta_0}{1 + j\dfrac{\omega_T}{\omega_\beta}}| = \dfrac{\beta_0}{\sqrt{1 + (\dfrac{\omega_T}{\omega_\beta})^2}} \approx \dfrac{\beta_0}{\dfrac{\omega_T}{\omega_\beta}} = 1$

$\therefore \omega_T = \beta_0 \omega_\beta$

故 $f_T = \dfrac{\omega_T}{2\pi} = \dfrac{\beta_0}{(2\pi)(R_S /\!/ r_\pi)(C_\pi + C_\mu)}$

(3)米勒效應高頻等效電路

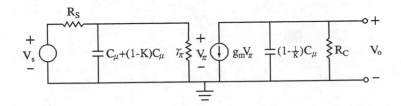

$$K = \frac{V_0}{V_S} = -g_m R_C = -(100m)(1K) = -100$$

$$\therefore f_H = \frac{1}{2\pi(r_\pi /\!/ R_S)[C_\pi + C_\mu(1-K)]}$$

$$= \frac{1}{2\pi(1K /\!/ 1K)[C_\pi + (101)C_\mu]} = 400K \text{——①}$$

$$f_T = \frac{\beta_0}{2\pi(r_\pi /\!/ R_S)(C_\pi + C_\mu)} = \frac{100}{2\pi(1K /\!/ 1K)(C_\pi + C_\mu)}$$

$$= 200M \text{——②}$$

解 equ①，②得

$$C_\pi = 152.63PF$$

$$C_\mu = 6.37PF$$

---

35. For an NPN bipolar junction transistor in common emitter configuration (CE).

(1) Plot the small signal hybrid π model at high frequency.

(2) For the model in(1), give a simple physical explanation on each parameters indicate their relative magnitude.

(3) Plot the small signal h parameter model at low frequency and give the definition of each parameter in terms of BJT terminal characteristics (i.e., voltage or current).

(4) Plot the input and output characteristics of NPN transistor. From these curves. how to determine the h parameters defined in(2)？（at fixed operation point）．（題型：CE Amp 頻響）

解☞：

(1)

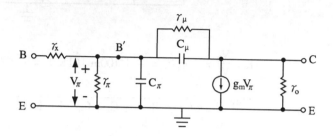

(2) 1.r_x：基極接點至基一射接面間之歐姆接觸的電阻值。

　2.r_μ：集極接面在逆偏下之等效電阻。

　3.C_π：射極接面在順向偏壓下之電容效應，主要爲擴散電容 C_D 所產生的。

　4.C_μ：集極接面在逆向偏壓下之電容效應，主要爲過渡電容 C_T 所產生的。

　5.一般而言 $C_\pi > C_\mu$。

(3)

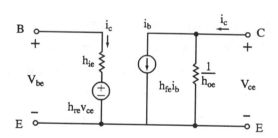

$$\text{hie} = \left.\frac{V_{be}}{i_b}\right|_{V_{BE}} = 0, \quad \text{hre} = \left.\frac{V_{be}}{V_{ce}}\right|_{i_b} = 0$$

$$\text{hfe} = \left.\frac{i_c}{i_b}\right|_{V_{CE}} = 0, \quad = \text{hoe} = \left.\frac{i_c}{V_{ce}}\right|_{i_b} = 0$$

(4)①輸入特性曲線

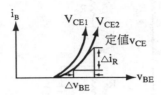

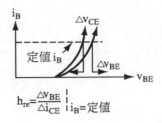

$$h_{ie} = \frac{\triangle v_{BE}}{\triangle i_B}\bigg|_{v_{CE}=定值}$$

$$h_{re} = \frac{\triangle v_{BE}}{\triangle i_{CE}}\bigg|_{i_B=定值}$$

②輸出特性曲線

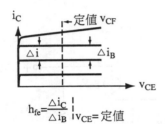

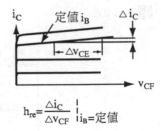

$$h_{fe} = \frac{\triangle i_C}{\triangle i_B}\bigg|_{v_{CE}=定值}$$

$$h_{re} = \frac{\triangle i_C}{\triangle v_{CF}}\bigg|_{i_B=定值}$$

36.用時間常數法求右圖之低3dB頻率之近似值為

$f_L = （ 1／2\pi ）〔 1／R_B^E C_B + 1／R_E^B C_E 〕$

其中 R_E^B 電阻應為：(A)R_E　(B)（ $R_E + r_\pi$ ）$// R_1 // R_2$

(C)〔（ $R_S // R_1 // R_2$ ）$+ r_\pi$ 〕$/ R_E （ 1 + \beta_0 ）$

(D)$R_E //$｛〔 $r_\pi +$（ $R_S // R_1 // R_2$ ）〕／（ $1 + \beta_0$ ）｝

(E)$R_E //$｛〔 $r_\pi +$（ $R_1 // R_2$ ）〕／（ $1 + \beta_0$ ）｝ **（ 題型：BJT 頻響 ）**

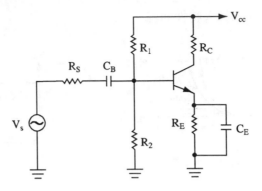

【 交大電子所 】

解☞ : (D)

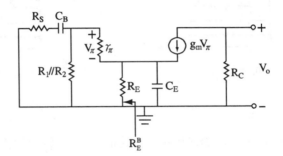

$$R_E^B = \left[R_E // \frac{R_1 // R_2 // R_S + r_\pi}{1 + \beta_0} \right]$$

---

37. The complete small – signal bipolar junction transistor (BJT) model used in a common – emitter amplifier is shown below. If the source resistance $R_S = 4.2k\Omega$, $g_m = 80 \times 10^{-3} A/V$ and the load is such that $C_\mu (1 + g_m R_L) = 4C_\pi$.

(1) Please apply the Miller theorem to estimate the upper 3dB frequency of the function V_0/V_S.

(2) State what assumptions you have to make when using the Miller theorem and

how you justify your assumptions. (題型：CE Amp 高頻響應)

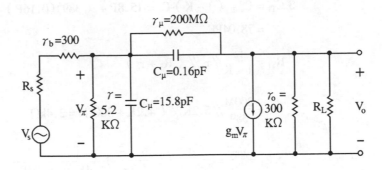

【交大電子，電信，材料所】

簡譯

下圖是 CE 組態之高頻小訊號模型，已知 $R_S = 4.2k\Omega$，$g_m = 80 \times 10^{-3}$ A／V，$C_\mu (1 + g_m R_L) = 4C_\pi$

(1)採用米勒定理，求 $\dfrac{V_0}{V_S}$ 的高三分貝頻率。

(2)採用米勒定理時，須作何假設？並問如何證實你的假設。

解☞：

(1) 1.米勒高頻小訊號模型

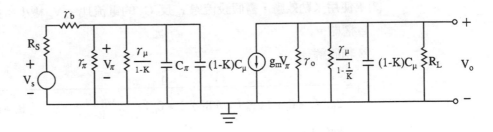

$$2. \because C_\mu (1 + g_m R_L) = (0.16P)[1 + (80m) R_L] = 4C_\pi$$
$$= (4)(15.8P)$$

$$\therefore R_L = 4.925k\Omega$$

$$K = -g_m (r_o /\!/ R_L) = -(80m)(300K /\!/ 4.925K)$$

$$= -388$$

3. $C_{T1} = C_\pi + (1-K) C_\mu = 15.8P + (389)(0.16P)$

$$= 78.04PF$$

$$R_{T1} = \frac{r_\mu}{1-K} // r_\pi // (R_S + r_b)$$

$$= \frac{200M}{389} // 5.2K // (4.2K + 300) = 2.4k\Omega$$

$$\therefore f_{p1} = \frac{\omega_{P1}}{2\pi} = \frac{1}{2\pi R_{T1} C_{T1}} = \frac{1}{(2\pi)(2.4K)(78.04P)} \approx 850KHz$$

4. $C_{T2} = \left(1 + \frac{1}{K}\right) C_\mu = \left(1 + \frac{1}{388}\right)(0.16P) = 0.16PF$

$$R_{T2} = r_o // \frac{r_\mu}{1 - \frac{1}{K}} // R_L = 300K // \frac{200M}{1 + \frac{1}{388}} // 4.925K = 1.912k\Omega$$

$$\therefore f_{p2} = \frac{\omega_{P2}}{2\pi} = \frac{1}{(2\pi) R_{T2} C_{T2}} = \frac{1}{(2\pi)(1.912K)(0.16P)}$$

$$= 520MHz$$

$$\because f_{p1} \ll f_{p2} \quad \therefore f_H \approx f_{p1} = 850KHz$$

(2) 1. 使用米勒效應，需假設流過 r_μ 反 C_μ 的電流比 $g_m V_\pi$ 極小。故可忽略。

2. 精確解

$$f_{p1} = \frac{1}{2\pi \left\{ C_\pi + C_\mu \left[1 + g_m (r_o // R_L)\right] + C_\mu \left[\frac{r_o // R_L}{r_\pi // (R_S + r_b)}\right] \right\} (R_S + r_b)}$$

$$\cong 846KHz$$

$$f_{p2} = \frac{C_\pi + C_\mu (1 + g_m (r_o // R_L)) + C_\mu \left[\frac{r_o // R_L}{r_\pi // (R_S + r_b)}\right]}{2\pi C_\pi C_\mu (r_o // R_L)} \approx 1020MHz$$

$$\therefore f_H \approx f_{p1} \approx 850KHz$$

38. Consider the emitter follower circuit shown in Fig.(a) Which of the circuits in Fig.(b) and Fig.(c) is the equivalent circuit for the output admittance Y_0? Calculate R_1, R_2 and L (Fig.(b)) or R_1, R_2 and C (Fig.(c)) .

$R_S = 2k\Omega$

$R_E = 1k\Omega$

$f_T = 500MHz$

$\beta_0 = 80$

$r_o = \infty$, $r_b = 0$

$C_\mu = 0$, $C_\pi = 20pF$ (題型：CC Amp 頻響)

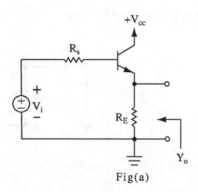

Fig(a)

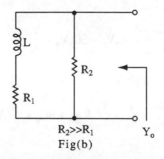

$R_2 >> R_1$

Fig(b)

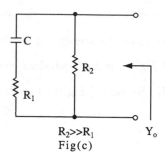

R₂>>R₁
Fig(c)

簡譯

$\beta_0 = 80$，$f_T = 500\text{MHz}$，$r_b = 0$，$r_o = \infty$，$C_\mu = 0$，$C_\pi = 20\text{pF}$，若 Y_0 可等效成圖(b)及圖(c)，求(1)R_1，R_2，L(2)R_1，R_2，C。

解☞ ：

(1)高頻小訊號模型

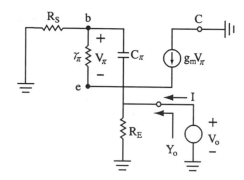

$$I_0 - \frac{V_0}{R_E} = -g_m V_\pi - SC_\pi V_\pi - \frac{V_\pi}{r_\pi}$$

將上式同除 V_0

$$Y_0 = \frac{I_0}{V_0} = \frac{1}{R_E} - \frac{V_\pi}{V_0} \left(g_m + SC_\pi + \frac{1}{r_\pi} \right)$$

$$= \frac{1}{R_E} + \left[\frac{\dfrac{1}{\dfrac{1}{r_\pi} + SC_\pi}}{R_S + \dfrac{1}{\dfrac{1}{r_\pi} + SC_\pi}} \right] \left(g_m + SC_\pi + \frac{1}{r_\pi} \right)$$

$$= \frac{1}{R_E} + \frac{g_m + SC_\pi + \dfrac{1}{r_\pi}}{1 + R_S \left(\dfrac{1}{r_\pi} + SC_\pi \right)}$$

$$= \frac{1 + R_S \left(\dfrac{1}{r_\pi} + SC_\pi \right) + R_E \left(g_m + SC_\pi + \dfrac{1}{r_\pi} \right)}{R_E + \dfrac{R_E R_S}{r_\pi} + SR_E R_S C_\pi}$$

$$= \frac{SC_\pi \left(R_S + R_E \right) + \left(1 + \dfrac{R_S + R_E}{r_\pi} + R_E g_m \right)}{\dfrac{R_E \left(r_\pi + R_S \right)}{r_\pi} + SR_E R_S C_\pi}$$

$$= \frac{S + \dfrac{1 + \dfrac{R_S + R_E}{r_\pi} + R_E g_m}{C_\pi \left(R_S + R_E \right)}}{\dfrac{R_E \left(r_\pi + R_S \right)}{r_\pi C_\pi \left(R_S + R_E \right)} + S \dfrac{R_E R_S}{R_S + R_E}}$$

$$= \frac{S + \dfrac{r_\pi + R_S + R_E + r_\pi R_E g_m}{C_\pi r_\pi \left(R_S + R_E \right)}}{S \dfrac{R_E R_S}{R_S + R_E} + \dfrac{R_E \left(r_\pi + R_S \right)}{r_\pi C_\pi \left(R_S + R_E \right)}} \quad \text{——①}$$

(2)由等效圖(b)知

$$1. Y_0 = \frac{1}{R_2} + \frac{1}{R_1 + SL} = \frac{R_1 + R_2 + SL}{R_1 R_2 + SLR_2} = \frac{S + \dfrac{R_1 + R_2}{L}}{SR_2 + \dfrac{R_1 R_2}{L}} \quad \text{——②}$$

2.由①，②比較可得

$$R_2 = \frac{R_E R_S}{R_S + R_E}$$

$$\frac{R_1 + R_2}{L} = \frac{r_\pi + R_S + R_E + r_\pi R_E g_m}{C_\pi r_\pi \ (\ R_S + R_E \ )} ——③$$

$$\frac{R_1 R_2}{L} = \frac{R_E \ (\ r_\pi + R_S \ )}{r_\pi C_\pi \ (\ R_S + R_E \ )} ——④$$

3.$\frac{③}{④} = \frac{1}{R_2} + \frac{1}{R_1} = \frac{r_\pi + R_S + R_E + r_\pi R_E g_m}{R_E \ (\ r_\pi + R_S \ )}$

$$\therefore \frac{1}{R_1} = \frac{r_\pi + R_S + R_E + r_\pi R_E g_m}{R_E \ (\ r_\pi + R_S \ )} - \frac{R_S + R_E}{R_E R_S} = \frac{r_\pi R_E \ (\ R_S g_m - 1 \ )}{R_E R_S \ (\ r_\pi + R_S \ )}$$

$$\therefore R_1 = \frac{R_S \ (\ r_\pi + R_S \ )}{r_\pi \ (\ R_S g_m - 1 \ )}$$

4.由④知

$$L = \frac{r_\pi C_\pi \ (\ R_S + R_E \ ) \ R_1 R_2}{R_E \ (\ r_\pi + R_S \ )}$$

$$= \frac{r_\pi C_\pi \ (\ R_S + R_E \ )}{R_E \ (\ r_\pi + R_S \ )} \cdot \frac{R_S \ (\ r_\pi + R_S \ )}{r_\pi \ (\ R_S g_m - 1 \ )} \cdot \frac{R_E R_S}{R_S + R_E}$$

$$= \frac{C_\pi R_S^2}{R_E g_m - 1}$$

5.求參數

$$f_t = \frac{\omega_t}{2\pi} = \frac{g_m}{2\pi \ (\ C_\pi + C_\mu \ )} = \frac{g_m}{2\pi C_\pi}$$

$$\therefore g_m = 2\pi C_\pi f_t = \ (\ 2\pi \ )(20P \ )(500M \ ) = 62.8 mA／V$$

$$r_\pi = \frac{\beta_0}{g_m} = \frac{80}{62.8m} = 1274\Omega$$

6.求值

$$R_1 = \frac{R_S(r_\pi + R_S)}{r_\pi(R_S g_m - 1)} = \frac{(2K)(1274 + 2K)}{(1274)[(2K)(62.8m) - 1]}$$

$$= 41.25\Omega$$

$$R_2 = \frac{R_E R_S}{R_S + R_E} = \frac{(1K)(2K)}{1K + 2K} = 667\Omega$$

$$L = \frac{C_\pi R_S^2}{R_S g_m - 1} = \frac{(20P)(2K)^2}{(2K)(62.8m) - 1} = 0.64\mu H$$

(3)由等效圖(c)知

1.$$Y_0 = \frac{1}{R_2} + \frac{1}{R_1 + \frac{1}{SC}} = \frac{S + \frac{1}{C(R_1 + R_2)}}{S\frac{R_1 R_2}{R_1 + R_2} + \frac{R_2}{C(R_1 + R_2)}} \quad\text{⑤}$$

2.由①及⑤比較知

$$\frac{1}{C(R_1 + R_2)} = \frac{r_\pi + R_S + R_E + r_\pi R_E g_m}{C_\pi r_\pi(R_S + R_E)} \quad\text{⑥}$$

$$\frac{R_2}{C(R_1 + R_2)} = \frac{R_E(r_\pi + R_S)}{C_\pi r_\pi(R_S + R_E)} \quad\text{⑦}$$

$$\frac{R_1 R_2}{R_1 + R_2} = \frac{R_E R_S}{R_E + R_S} \quad\text{⑧}$$

3.$$\frac{⑦}{⑥} = R_2 = \frac{R_E(r_\pi + R_S)}{r_\pi + R_S + R_E + r_\pi R_E g_m}$$

$$= \frac{(1K)(1274 + 2K)}{1274 + 2K + 1K + (1274)(1K)(62.8m)} = 253\Omega$$

4.由⑧知

$$\frac{(253)R_1}{253 + R_1} = \frac{(1K)(2K)}{3K} = 667\Omega$$

$$\therefore R_1 = -407.6\Omega$$

5.由⑦知

$$\frac{253}{C(-407.6 + 253)} = \frac{(1K)(1274 + 2K)}{(20P)(1274)(2K + 1K)}$$

$$= 4.28 \times 10^{10}$$

$$\therefore C = -38.2PF$$

本題目數值設計不當

39.(1)Use the approximate model for the transistor in the circuit shown to obtain the lower 3 – dB frequency f_L, (2)Calculate the percentage tilt in the output if the input current I is a 200Hz square wave. （題型：CE Amp 低頻響應）

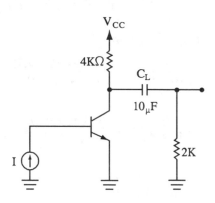

【交大電物所】

解☞：

(1)$f_L = \dfrac{\omega_L}{2\pi} = \dfrac{1}{(2\pi)\,C_L\,(R_L + R_C)} = \dfrac{1}{(2\pi)(10\mu)(2K + 4K)}$

　　$= 2.65Hz$

(2)百分傾斜率

　　$P = \dfrac{\pi f_L}{f} \times 100\% = \dfrac{(\pi)(2.65)}{200} \times 100\% = 4.16\%$

---

40. The low – frequency model for transistor is shown as below. Using this model, the low – frequency response for the amplifier circuit can be expressed as

$\dfrac{V_0}{V_S} = K \dfrac{S^2(S + \omega_Z)}{(S + \omega_{P1})(S + \omega_{P1})(S + \omega_{P3})}$ Find the expression for $\omega_{P1}, \omega_{P2}, \omega_{P3}, \omega_Z$

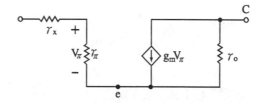

The low – frequency model

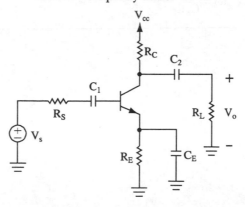

（題型：CE Amp 低頻響應）【交大電物所】

解☞ :

1.低頻小訊號模型

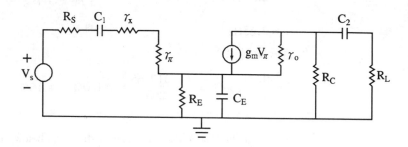

2.使用短路重疊法

$$\omega_{P1} = \frac{1}{C_1 \left(R_S + r_x + r_\pi \right)}$$

$$\omega_{P2} = \frac{1}{C_E \left(\dfrac{R_S + r_x + r_\pi}{1 + \beta} /\!/ R_E \right)}$$

$$\omega_{P3} = \frac{1}{C_2 \left[R_L + r_o /\!/ R_C \right]}$$

$$\omega_Z = \frac{1}{C_E R_E}$$

41.Consider the following circuit：

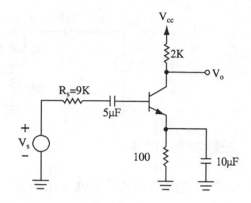

The parameters of the transistor are：

$r_\pi = 1k\Omega$，$\beta = 99$，$C_\pi = 100PF$，$C_\mu = 5pF$，$r_o = \infty$

For simplicity, the bias of the transistor has been neglected.

(1)Determine the midband gain A_V.

(2)Find the lower 3 – dB frequency f_L.

(3)Find the upper 3 – dB frequency f_H. (題型：CE Amp 頻響)

【交大控制所】

簡譯

考慮下圖電路中，電晶體參數如下

$r_\pi = 1k\Omega$　$\beta = 99$　$C_\pi = 100pF$　$C_\mu = 5pF$　$r_o = \infty$

求：

(1)中頻增益 A_V

(2)低頻3dB 頻率 f_L

(3)高頻3dB 頻率 f_H

解☞：

(1)中頻增益

$$A_V = \frac{V_0}{V_S} = \frac{V_0}{V_B} \cdot \frac{V_B}{V_S} = \frac{-\alpha R_C}{r_e} \cdot \frac{r_\pi}{R_S + r_\pi} = \frac{-\beta R_C}{R_S + r_\pi} = \frac{(-99)(2K)}{9K + 1K} = -19.8$$

(2) 1.低頻響應

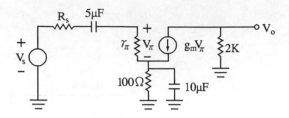

2.使用短路 STC 法

$$\omega_{P1} = \frac{1}{(R_S + r_\pi)\, C_1} = \frac{1}{(9K + 1K)(5\mu)} = 20\text{rad}/\text{s}$$

$$\omega_{P2} = \frac{1}{\left[\,\left(\dfrac{R_S + r_\pi}{1 + \beta}\right) /\!/ R_E\,\right] C_E} = \frac{1}{\left[\,\left(\dfrac{10K}{100}\right) /\!/ 100\,\right](10\mu)}$$

$$= 2000\text{rad}/\text{s}$$

$$\therefore \omega_L = \omega_{P1} + \omega_{P2} = 2020\text{rad}/\text{s}$$

$$\therefore f_L = \frac{\omega_L}{2\pi} = \frac{2020}{2\pi} = 321\text{Hz}$$

(3)高頻響應

1.繪高頻小訊號等效（米勒等效）

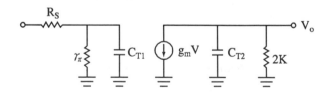

2.求參數

$$K = \frac{V_0}{V_\pi} = (-g_m)(2K) = (-99m)(2K) = -198$$

$$\therefore C_{T1} = C_\pi + (1 - K)\, C_\mu = 100P + (199)(5P) = 1095PF$$

$$C_{T2} = C_\mu \left(1 - \frac{1}{K} \right) \approx C_\mu = 5PF$$

3.求 f_H

$$\omega_1 = \frac{1}{C_{T1} \left(R_S /\!/ r_\pi \right)} = \frac{1}{\left(1095P \right)\left(9K /\!/ 1K \right)}$$

$$= 1.015 \text{Mrad} / \text{sec}$$

$$\omega_2 = \frac{1}{C_{T2} \left(2K \right)} = \frac{1}{\left(5P \right)\left(2K \right)} = 100 \text{Mrad} / \text{sec}$$

$$\therefore f_H = \frac{\omega_1}{2\pi} = \frac{1.015M}{2\pi} = 0.16 \text{MHz}$$

42.已知 $V_{BE(ON)} = 0.7V$ ，$h_{FE} = 200$ ，$r_o = \infty$ ，$V_T = 25mV$ ，$C_\pi = 1.5pF$ ，$C_c = 25pF$ ，$C_\mu = 0.5pF$ ，$R_S = R_C = 10k\Omega$ ，求(1)$V_{CE} = 5V$ 時之 R_B 值(2)R_i(3) g_m(4)回授型式(5)繪出交流等效模型(6)極點數目與零點數目(7)近似主極點(8)$\dfrac{V_{ce}}{V_S}$的零點。（題型：BJT Amp 的頻響）

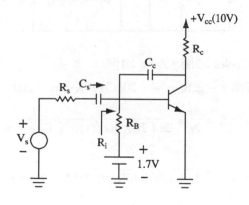

【交大控制所】

解☞：

$$(1)I_C = \frac{V_{CC} - V_{CE}}{R_C} = \frac{10 - 5}{10K} = 0.5mA$$

$$I_B = \frac{I_C}{h_{FE}} = 2.5\mu A$$

$$R_B = \frac{V_{BB} - V_{BE}}{I_B} = \frac{1.7 - 0.7}{2.5\mu} = 0.4M\Omega$$

$$r_\pi = \frac{V_T}{I_B} = \frac{25m}{2.5\mu} = 10k\Omega$$

(2)$R_i = R_B /\!/ r_\pi = 0.4M /\!/ 10K = 9.76k\Omega$

(3)$g_m = \frac{I_C}{V_T} = \frac{0.5mA}{25mV} = 20mA / V$

(4)並──並式

(5)

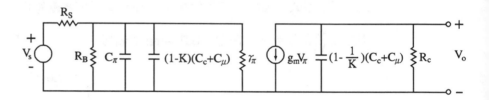

(6)poles：2個，Zeros：1個

(7)$K = -g_m R_C = -(20m)(10K) = -200$

$$\therefore f_p = \frac{\omega_P}{2\pi} = \frac{1}{2\pi(R_S /\!/ R_B /\!/ r_\pi)[C_\pi + (C_\mu + C_C)(1-K)]}$$

$$= \frac{1}{2\pi(10K /\!/ 10K /\!/ 0.4M)[1.5P + (25.5P)(201)]}$$

$$= 6.29KHz$$

(8)$f_Z = \frac{\omega_Z}{2\pi} = \frac{g_m}{2\pi(C_\mu + C_C)} = \frac{20m}{2\pi(25.5P)} = 124.8MHz$

43. Define f_β and f_T, What is the relationship between f_β and f_T? （題型：f_β&f_T）

【成大電機所】

解☞：

(1) 1.f_β：截止頻率。$f_\beta = \dfrac{\omega_\beta}{2\pi} = \dfrac{1}{2\pi r_\pi \, (\, C_\pi + C_\mu \,)}$

  2.f_T：有二種意義：

   ①是 $|h_{fe}| = 1$時的頻率，故又稱爲「單位增益頻率」

   ②因 $f_T = \beta_0 f_\beta$，所以又稱爲「短路電流增益與頻寬之乘積」

(2)f_β 與 f_T 之關係

  $f_T = \beta_0 f_\beta$

44.(1)If the common－emitter BJT is operated under high－frequency condition, draw the unilateral hybrid－π equivalent circuit by use of Miller's theorem. Assume the current in C_μ is negligibly small.

(2)If the denominator of $A_{VH}\,(\,S\,) = V_0\,(\,S\,) \diagup V_i\,(\,S\,)$ is expressed as $(\,1 + a_1 S + a_2 S^2\,)$, use the time－constant method to calculate a_1. （題型：CE Amp 頻響）

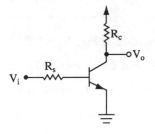

【成大電機所】

簡譯

(1)請用米勒定理等效，繪出下圖電路在高頻時的 π 模型電路，並假

設 C_μ 上的電流很小，可忽略。

(2)若 $A_{VH}(S) = V_0(S) / V_i(S)$ 的分母可表示成

$(1 + a_1S + a_2S^2)$，使用時間常數法求 a_1 值。

解☞：

(1)

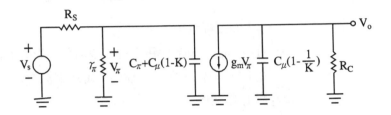

$$K = -g_m R_C$$

(2)①令 C_μ 開路，則

$$R_\pi = r_\pi /\!/ R_S$$

②令 C_π 開路，則

$$R_\mu = (r_\pi /\!/ R_S)(1 + g_m R_C) + R_C$$

③$a_1 = C_\pi R_\pi + C_\mu R_\mu$

$\quad = C_\pi (r_\pi /\!/ R_S) + C_\mu (r_\pi /\!/ R_S)(1 + g_m R_C) + C_\mu R_C$

---

45. For the amplifier of Fig. $h_{fe} = 100$, $h_{ie} = 1k\Omega$, $R_C = 3k\Omega$, $C_b = C_z = 100\mu F$, $\omega C_z R_e \gg 1$, and the shunting effect of $R_1 /\!/ R_2$ is negligible. It is desired that the absolute value of the midband voltage gain A_0 be more than 160, and that the lower 3 – dB frequency f_L be at most 90Hz. Find the range of values for R_S which satisfies these two requirements. （題型：CE Amp 的頻響）

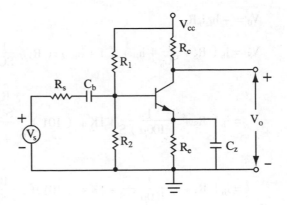

【成大電機所】

簡譯

如圖所示放大器，$h_{fe} = 100$，$h_{ie} = 1k\Omega$，$R_C = 3k\Omega$，$C_b = C_z = 100\mu F$，$\omega C_z R_e \gg 1$且 $R_1 /\!/ R_2$之並接效應可以忽略。

假設中頻增益之絕對值比160還大，且低3分貝頻率 f_L 不超過90Hz，試求滿足上述兩需求的 R_S 值。

解☞：

依題條件

① $|A_V| \geq 160$ ② $f_L \leq 90$

1. $|A_V| = |\dfrac{V_0}{V_S}| = |\dfrac{-h_{fe}R_C}{R_S + h_{ie}}| = |\dfrac{(-100)(3K)}{R_S + 1K}| \geq 160$

∴ $R_S \leq 875\Omega$

2. 低頻分析

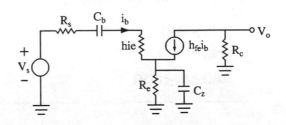

$$V_0 = -h_{fe}i_bR_C$$

$$V_S = i_b\left[R_S + \frac{1}{SC_b} + h_{ie} + (1+h_{fe})\left(R_e /\!/ \frac{1}{SC_z}\right)\right]$$

$$= i_b\left[R_S + \frac{1}{(100\mu)S} + 1K + (101)\frac{\frac{R_e}{SC_z}}{R_e + \frac{1}{SC_z}}\right]$$

$$= i_b\left[R_S + \frac{1}{(100\mu)S} + 1K + (101)\left(\frac{R_e}{1+SR_eC_z}\right)\right]$$

$$\approx i_b\left[R_S + \frac{1}{(100\mu)S} + 1K + \frac{101}{(100\mu)S}\right]$$

$$= i_b\left[R_S + 1K + \frac{102}{(100\mu)S}\right]$$

$$\therefore \frac{V_0}{V_S} = \frac{(-100)(3K)}{R_S + 1K + \frac{102}{(100\mu)S}} = \frac{\frac{-300K}{R_S + 1K}S}{S + \frac{1}{(R_S+1K)\left(\frac{100\mu}{102}\right)}}$$

$$= \frac{A_0 S}{S + \omega_L}$$

$$\therefore \omega_L = 2\pi f_L = (2\pi)(90) \leq 566$$

$$\Rightarrow 566 \geq \frac{1}{(R_S + 1K)(0.98\mu)}$$

$$\therefore R_S \geq 803\Omega$$

3.故知

$$803\Omega \leq R_S \leq 875\Omega$$

46. A transistor having $h_{fe} = \beta_0 = 125$, $f_T = 300\text{MHz}$, $C_C = C_\mu = 0.5\text{pF}$ and $r_0 \rightarrow \infty$ is used in a common – emitter circuit and biased at $I_{CQ} = 1\text{mA}$. For signal source resistance $R_S = 300\Omega$ and collector load resistance $R_C = 1.2\text{k}\Omega$, determine the midband gain $A_{V0} = V_0 / V_S$ and upper 3 – dB frequency f_H. (題型：CE Amp 高頻響應)

【 成大電機所 】

解☞：

$(1) A_{V0} = \dfrac{V_0}{V_S} = \dfrac{-\beta_0 R_C}{R_S + r_\pi} = \dfrac{(-125)(1.2\text{K})}{300 + 3.125\text{K}} = -43.7$

其中

$r_\pi = \dfrac{V_T}{I_B} = \dfrac{(1 + \beta_0) V_T}{I_C} = \dfrac{(126)(25\text{m})}{1\text{m}} = 3.125\text{k}\Omega$

(2)求參數

① $g_m = \dfrac{\beta_0}{r_\pi} = \dfrac{125}{3.125\text{K}} = 40\text{mA} / \text{V}$

② $\because f_T = \dfrac{g_m}{2\pi (C_\pi + C_\mu)}$

$\therefore C_\pi = \dfrac{g_m}{2\pi f_T} - C_\mu = \dfrac{40\text{m}}{(2\pi)(300\text{M})} - 0.5\text{p} = 20.7\text{pF}$

③高頻主極點發生在輸入端

$f_H \approx \dfrac{1}{2\pi [(C_\pi + C_\mu (1 + g_m R_C))](r_\pi /\!/ R_S)}$

$= \dfrac{1}{(2\pi)\{20.7\text{p} + (0.5\text{p})[1 + (40\text{m})(1.2\text{K})]\}(3.125\text{K} /\!/ 300)}$

$= 12.8\text{MHz}$

47. Derive the gain – bandwidth product of the amplifier circuit shown Fig. Note that all bias components have been removed for simplicity. **（題型：CE Amp 頻響）**

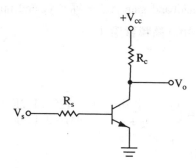

【 成大電機所 】

解☞：

1. 中頻增益

$$A_M = (-g_m R_C)(\frac{r_\pi}{R_S + r_\pi})$$

2. 高頻分析（用米勒等效）

$$K = -g_m R_C$$

$$\omega_H = \frac{1}{[C_\pi + (1-K)C_\mu](R_S /\!/ r_\pi)}$$

$$= \frac{1}{[C_\pi + (1+g_m R_C)C_\mu](R_S /\!/ r_\pi)}$$

3. $GB = A_M \omega_H = \frac{-g_m R_C}{[C_\pi + (1+g_m R_C)C_\mu]R_S}$

48. The amplifier shown has the following component value：

$r_i = 10k\Omega$, $C_\mu = C'_{bc} = 2pF$, $C_\pi = C'_{be} = 200pF$,

$r_\pi = r'_{be} = 150\Omega$, $r_x = r_{bb'} = 20\Omega$, $R_L = 200\Omega$

（$R_C \gg R_L$）, $R_b = R_1 /\!/ R_2 = 2k\Omega$, $g_m = 500mA / V$.

(1) Find the midband voltage gain.

(2) Find the 3dB frequency：f_H.

(3) If $R_C = 2k\Omega$, and C_e is designed to achieve a 30Hz lower 3dB frequency, find the value of C_e. What do you suggest the values of C_{C1} and C_{C2} then？

（題型：CE Amp 頻響）

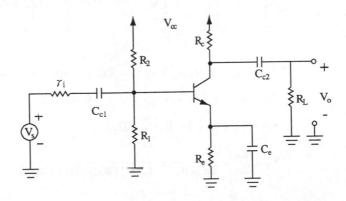

【高考】【成大電機所】

解☞：

(1) 中頻響應

$$A_M = \frac{V_0}{V_S} = \frac{V_0}{V_\pi} \cdot \frac{V_\pi}{V_b} \cdot \frac{V_b}{V_S}$$

$$= (-g_m)(R_C /\!/ R_L) \cdot \left(\frac{r_\pi}{r_\pi + r_{bb'}}\right)\left[\frac{R_b /\!/ (r_{bb'} + r_\pi)}{r_i + R_b /\!/ (r_{bb'} + r_\pi)}\right]$$

$$\cong \frac{(-500m)(200)(150)\ [\ 2K /\!/\ (\ 20+150\ )\ ]}{(\ 20+150\ )\ [\ 10K+2K /\!/\ (\ 20+150\ )\ ]}$$

$$= -1.36$$

(2)高頻分析

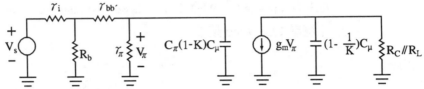

1. $K = -g_m\ (\ R_C /\!/ R_L\ ) = (\ -500m\ )(200\ ) = -100$

$R_\pi = [\ (\ r_i /\!/ R_b\ ) + r_{bb'}\ ] /\!/ r_\pi = 0.138k\Omega$

$C_{T1} = C_\pi + C_\mu\ (\ 1-K\ ) = 402pF$

$f_{p1} = \dfrac{\omega_{p1}}{2\pi} = \dfrac{1}{2\pi C_{T1} R_{T1}} = \dfrac{1}{(\ 2\pi\ )(402p\ )(0.138K\ )}$

$= 2.87MHz$

2. $C_{T2} = (\ 1-\dfrac{1}{K}\ )\ C_\mu = (\ 1-\dfrac{1}{100}\ )(2p\ ) = 1.98pF$

$R_{T2} = R_C /\!/ R_L \cong R_L = 200\Omega$

$f_{p2} = \dfrac{\omega_{p2}}{2\pi} = \dfrac{1}{2\pi C_{T2} R_{T2}} = \dfrac{1}{(\ 2\pi\ )(1.98p\ )(200\ )} = 402MHz$

3. $\because f_{p2} \gg f_{p1}$

$\therefore f_H = f_{p1} = 2.87MHz$

(3)低頻分析

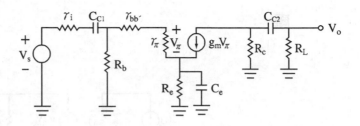

採用短路 STC 法

$R_\pi = r_i + \left[R_b /\!/ \left(r_{bb'} + r_\pi \right) \right] = 10.16\text{k}\Omega$

$R_{T2} = \dfrac{\left(r_i /\!/ R_b \right) + r_{bb'} + r_\pi}{1 + \beta} /\!/ R_e \approx 24\Omega$

$R_{T3} = R_L + R_C = 2.2\text{k}\Omega$

$\therefore \omega_L = \omega_{p1} + \omega_{p2} + \omega_{p3}$

$\Rightarrow 2\pi f_L = \dfrac{1}{R_{T1} C_{C1}} + \dfrac{1}{R_{T2} C_e} + \dfrac{1}{R_{T3} C_{C2}} = \dfrac{1}{\left(10.16\text{K} \right) C_{C1}} + \dfrac{1}{\left(24 \right) C_e}$

$\qquad + \dfrac{1}{\left(2.2\text{K} \right) C_{C2}} = 188.5$

設 $C_{C1} = C_{C2} = 100\mu\text{F} \Rightarrow$ 則 $C_e = 228\mu\text{F}$

49.已知 $\beta = 100$，$r_\pi = 1\text{k}\Omega$，$r_0 = \infty$，求

(1)f_L　(2)$i\left(t \right)$ 為100Hz 方波時之傾斜率。

(3)傾斜率不超過2％之最低方波頻率。（題型：CE Amp）

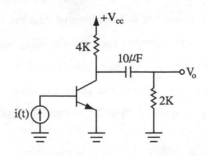

【成大電機所】

解☞ :

(1)

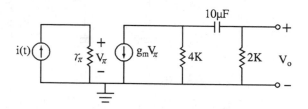

$$f_L = \frac{\omega_L}{2\pi} = \frac{1}{(2\pi)(4K+2K)(10\mu)} = 2.65Hz$$

(2) $p = \frac{\pi f_L}{f} \times 100\% = \frac{(2.65)\pi}{100} \times 100\% = 8.32\%$

(3) $p \leq 2\%$,即

$$\frac{\pi f_L}{f} \times 100\% = \frac{2.65\pi}{f} \leq 0.02$$

$\therefore f \geq 417Hz$

---

50. (1) Draw the simplified high – frequency hybrid – π model of a BJT.

(2) Derive the expression for the CE short – circuit current gain, A_I as a function of frequency using above BJT model, under the assumption that the BJT transconductance is much greater than the admittance of the C – B junction capacitance. Neglect the base spreading resistance of BJT.

(3) Find f_β, the 3 – dB down frequency of A_i.

(4) Find f_T, the frequency at which the short – circuit CE current gain attains unit magnitude. (題型：CE Amp 的高頻響應)

【 中央資電所 】

解☞：

(1)

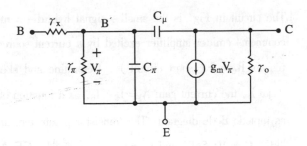

(2)

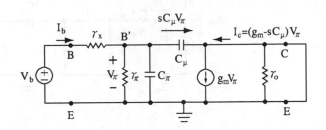

$$\because V_\pi = I_b \left[r_\pi // \frac{1}{S(C_\mu + C_\pi)} \right] = \frac{r_\pi I_b}{1 + Sr_\pi(C_\mu + C_\pi)}$$

$$I_C = (g_m - SC_\mu) V_\pi$$

$$\therefore A_I = \frac{I_C}{I_b} = \frac{I_C}{V_\pi} \cdot \frac{V_\pi}{I_b} = \frac{(g_m - SC_\mu) r_\pi}{1 + Sr_\pi(C_\mu + C_\pi)} \approx \frac{g_m r_\pi}{1 + Sr_\pi(C_\mu + C_\pi)}$$

$$= \frac{\beta_0}{1 + Sr_\pi(C_\pi + C_\mu)} \quad (\because g_m \gg \omega C_\mu)$$

(3)由(2)知

$$f_\beta = \frac{1}{2\pi(C_\mu + C_\pi) r_\pi}$$

$$(4) f_T = \beta_0 f_\beta = \frac{\beta_0}{2\pi\ (\ C_\mu + C_\pi\ )\ r_\pi} = \frac{g_m}{2\pi\ (\ C_\mu + C_\pi\ )}$$

51. The circuit in Fig. is the small – signal hybrid – π model of a single – stage common – emitter amplifier excited by a current source I_b, and with collector resistor $R_C = 0$ (short circuit). Determine and sketch the magnitude of β ($j\omega$), the current gain $A_I = I_C / I_b$, as a function of frequency by using the asymptotic Bode diagram. The transistor parameters are $g_m = 0.05\Omega^{-1}$, $r_\pi =$ 2kΩ, $C_\pi = 10.5pF$, and $C_\mu = 0.5pF$. (題型：CE Amp 的高頻響應)

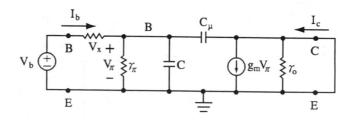

【 中山電機所 】

解☞：

$$(1) A_I = \beta\ (\ j\omega\ )\ = h_{fe}\ (\ j\omega\ )\ = \frac{\beta_0}{1 + \dfrac{S}{W_\beta}} = \frac{g_m r_\pi}{1 + S r_\pi\ (\ C_\pi + C_\mu\ )}$$

$$= \frac{100}{1 + \dfrac{S}{25M}}$$

（ 解法見例第13題 ）

(2)波德圖

①振幅響應圖

起始點 = $20\log\ (\ 100\ )\ = 400dB$

②相位響應圖

起始點 = $0°$

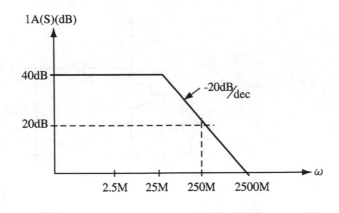

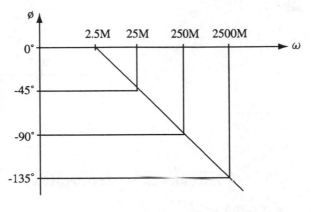

52. Use the approximate model for the transistor in the circuit shown in the following figure.

(1) Obtain the lower 3 – dB frequency f_L.

(2) What is lowest – frequency square wave which will suffer less than 1 percent tilt？（題型：CE Amp 頻率響應）

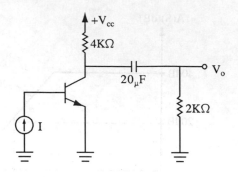

解☞：

(1)

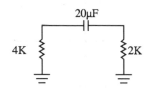

$$f_L = \frac{\omega_L}{2\pi} = \frac{1}{2\pi C\,(\,4K + 2K\,)} = \frac{1}{2\pi\,(\,20\mu\,)(\,6K\,)} = 1.33 Hz$$

(2)百分傾斜率 p

$$p = \frac{\pi f_L}{f} \times 100\% \le 1\%$$

$$\therefore f \ge \pi f_L \times 100\% \Rightarrow f \ge 417 Hz$$

53.(1)繪出高頻 π 模型。

(2)以 β_0，C_μ，C_π，r_π，g_m 表示電流增益 A_I，使得

$$A_I = \frac{I_0}{I_b} = \frac{\beta_0\,(\,1 - S/\omega_z\,)}{(\,1 + S/\omega_\beta\,)}\ ，並求 \omega_z，\omega_\beta。$$

(3)$g_m = 0.08\dfrac{A}{V}$，$r_\pi = 1.5 k\Omega$，$C_\pi = 19.6 pF$，$C_\mu = 0.4 pF$，求 β_0，ω_β。

(4)若 $\omega_z \ll \omega_p$，則 $A_I \simeq \dfrac{\beta_0}{1 + S \big/ \omega_\beta}$，求 f_T。**（題型：BJT 頻響）**

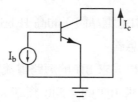

【台技電子所】

解☞：

(1)

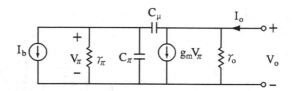

$(2)A_I = \dfrac{I_0}{I_b} = \dfrac{\beta_0 \left(1 - \dfrac{S}{\omega_z} \right)}{1 + \dfrac{S}{\omega_\beta}}$

其中

①$\beta_0 = g_m r_\pi$，

②$\omega_z = \dfrac{g_m}{C_\mu}$

③$\omega_\beta = \dfrac{1}{r_\pi \left(C_\pi + C_\mu \right)}$

$(3)\beta_0 = g_m r_\pi = \left(0.08 \right)(1.5K) = 120$

$\omega_\beta = \dfrac{1}{r_\pi \left(C_\pi + C_\mu \right)} = \dfrac{1}{\left(1.5K \right)(19.6p) \left(0.4p \right)}$

$= 33.3M \ rad \big/ S$

$$(4) f_T = \frac{\omega_T}{2\pi} = \frac{g_m}{(2\pi)(C_\pi + C_\mu)} = \frac{0.08}{(2\pi)(0.4p + 19.6p)} = 637MHz$$

54.(1)試繪出 BJT（電晶體）的高 Hybrid – π 模式等效電路，並敘述各參數的物理意義。

(2)根據(1)之模式求 BJT 的短路電流增益 h_{fe}。

(3)根據(2)，求 BJT 的 – 3dB 頻率 ω_β 及 0dB 增益頻寬 ω_T。（題型：BJT Amp 高頻響應）

【工技電子所】

解☞：

以 CE Amp 為例

(1)

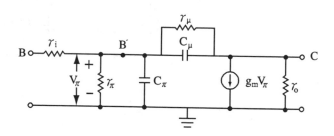

1. r_x：基極接點至基－射接面間之歐姆接觸的電阻值。

2. r_μ：集極接面在逆偏下之等效電阻。

3. C_π：射極接面在順向偏壓下之電容效應，主要為擴散電容 C_D 所產生的。

4. C_μ：集極接面在逆向偏下之電容效應，主要為過渡電容 C_T 所產生的。

5. 一般而言 $C_\pi > C_\mu$。

(2)

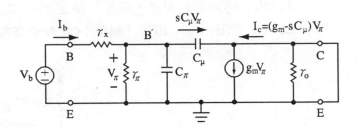

$$\because V_\pi = I_b \left[r_\pi // \frac{1}{S(C_\mu + C_\pi)} \right] = \frac{r_\pi I_b}{1 + Sr_\pi (C_\mu + C_\pi)}$$

$$I_C = (g_m - SC_\mu) V_\pi$$

$$\therefore h_{fe} = \frac{I_C}{I_b} = \frac{I_C}{V_\pi} \cdot \frac{V_\pi}{I_b} = \frac{(g_m - SC_\mu) r_\pi}{1 + Sr_\pi (C_\mu + C_\pi)} \simeq \frac{g_m r_\pi}{1 + Sr_\pi (C_\mu + C_\pi)}$$

$$= \frac{\beta_0}{1 + Sr_\pi (C_\mu + C_\pi)} \quad (\because g_m \gg \omega C_\mu)$$

(3) 1. $$\because h_{fe} = \frac{\beta_0}{1 + sr_\pi (C_\pi + C_\mu)} = \frac{\beta_0}{1 + \dfrac{S}{\omega_\beta}}$$

$$\therefore \omega_\beta = \frac{1}{r_\pi (C_\pi + C_\mu)}$$

2. 令 $|h_{fe}(j\omega_T)| = 1$，即

$$\left| \frac{\beta_0}{1 + j\dfrac{\omega_T}{\omega_\beta}} \right| = \frac{\beta_0}{\sqrt{1 + \left(\dfrac{\omega_T}{\omega_\beta}\right)^2}} \approx \frac{\beta_0}{\dfrac{\omega_T}{\omega_\beta}} = 1$$

$$\therefore \omega_T = \beta_0 \omega_\beta = \frac{\beta_0}{r_\pi (C_\pi + C_\mu)} = \frac{g_m}{C_\pi + C_\mu}$$

55.電晶體放大電路如圖所示，其低頻響應在下降3分貝（dB）之頻率為20Hz。爲滿足此要求，該如何決定 C_{C1}，C_{C2} 和 C_E 之值。對於 BJT，$h_{ie} = 1k\Omega$，$h_{fe} = 100$。（題型：CE AmP 低頻響應）

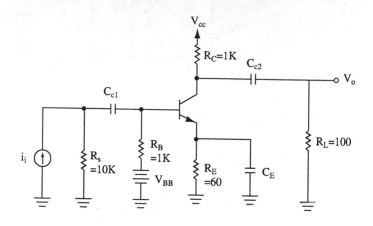

【高考】

解☞：

1.低頻小訊號模型

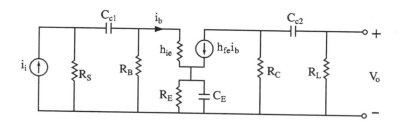

2.採用短路 STC 法

$$R_{C1} = R_S + R_B /\!/ h_{ie} = 10K + 1K /\!/ 1K = 10.5k\Omega$$

$$R_{CE} = R_E /\!/ \frac{R_S /\!/ R_B + h_{ie}}{1 + h_{fe}} = 60 /\!/ \frac{10K /\!/ 1K + 1K}{101} = 14.4\Omega$$

$$R_{C2} = R_C + R_L = 1K + 100 = 1.1k\Omega$$

3. $\therefore f_L = \dfrac{\omega_L}{2\pi} = \dfrac{1}{2\pi} \left[\dfrac{1}{C_{C1}R_{C1}} + \dfrac{1}{C_E R_{CE}} + \dfrac{1}{C_{C2}R_{C2}} \right]$

$$= \dfrac{1}{2\pi} \left[\dfrac{1}{(\,10.5K\,)\,C_{C1}} + \dfrac{1}{(\,14.4\,)\,C_E} + \dfrac{1}{(\,1.1K\,)\,C_{C2}} \right]$$

$$= 20Hz$$

4. $\because R_{C1} , R_{C2} \gg R_{CE}$

   $\therefore$ 只要 C_{C1} 及 C_{C2} 大 $0.1C_E$ 約 0.1 倍，則

   $$f_L \approx \dfrac{\omega_L}{2\pi} = \dfrac{1}{(\,2\pi\,)\,R_{CE}C_E} = \dfrac{1}{(\,2\pi\,)(\,14.4\,)\,C_E} = 20Hz$$

   $\therefore C_E = 552.6\mu F$

5. 在此亦可設計 $C_{C1} = C_{C2} = C_E = 552.6\mu F$

---

56. 一個共射極電晶體的高頻等效電路如圖(a)所示：

   (1)求中頻增益 $V_0 \diagup V_\pi$，

   (2)根據米勒（Miller）效應，圖(a)可化簡成圖(b)，則 C_1 和 C_2 的表示式為何？（題型：米勒效應）

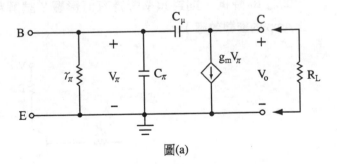

圖(a)

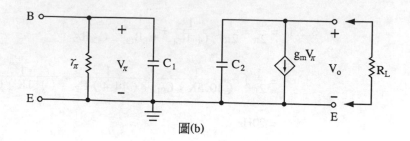

圖(b)

【高考】

解☞:

(1) $K = \dfrac{V_0}{V_\pi} = -g_m R_L$

(2) $C_1 = C_\pi + C_\mu (1 - K) = C_\pi + (1 + g_m R_L) C_\mu$

(3) $C_2 = C_\mu (1 - \dfrac{1}{K}) = (1 + \dfrac{1}{g_m R_L}) C_\mu$

---

57. 下圖 BJT 電路中，C_π 和 C_μ 分別代表基極到射極和基極到集極電容

(1)利用密勒定理，求出輸入電容 C_{in}。

(2)若 R_E 降低，則對頻率響應有何影響？試解釋之。（**題型：CE Amp 的密勒效應**）

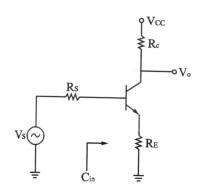

解☞：

(1) 1.繪出密勒效應之等效圖

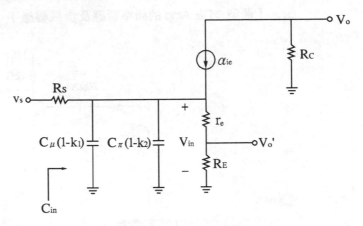

2.求不含 C_μ 時的 $K_1 = \dfrac{V_o}{V_{in}}$

$$K_1 = \frac{V_o}{V_{in}} = \frac{-\alpha R_c}{r_e + R_E}$$

3.求不含 C_π 時的 $K_2 = \dfrac{V_o{}'}{V_{in}}$

$$K_2 = \frac{V_o{}'}{V_{in}} = \frac{\alpha R_E}{r_e + R_E}$$

4.求 C_{in}

$$C_{in} = C_\mu\left(1 - k_1\right) + C_\pi\left(1 - k_2\right)$$

$$= C_\mu\left(1 + \frac{\alpha R_c}{r_e + R_E}\right) + C_\pi\left(1 - \frac{\alpha R_E}{r_e + R_E}\right)$$

(2) 由上式結果知，若降低 R_E，則 C_{in} 增加，導致 $\omega_H = \dfrac{1}{RC_{in}}$ 的頻率降低，即頻寬減小。故知 R_E 降低，照成高頻響應不佳，但卻增加電壓增益。

58. 下圖所示電路 $\beta = 110$，$r_b = 50\Omega$，$C_\pi = 60pf$，$C_\mu = 5pf$，(1)試繪出高頻
等效電路。(2)求高頻3dB 截止頻率。(3)預估步級響應之上升時間
t_γ。（ 題型：CE Amp 的頻率響應及步級響應 ）

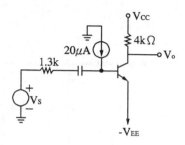

解☞ ：

(1)高頻等效電路（ 密勒效應 ）

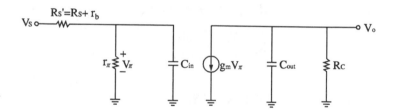

$$C_{in} = C_\pi + C_\mu \left(1 - k \right) = C_\pi + C_\mu \left(1 + g_m R_C \right)$$

$$C_{out} = C_\mu \left(1 - \frac{1}{k} \right)$$

求參數

① $g_m = \dfrac{I_C}{V_T} = \dfrac{\beta I_B}{V_T} = \dfrac{(110)(20\mu A)}{25mV} = 88mA／V$

② $r_\pi = \dfrac{\beta}{g_m} = 1.25k\Omega$

③ $k = -g_m R_C = -352$

④ $C_{in} = 1825PF$，$C_{out} \cong C_\mu = 5PF$

(2)求 f_H

$$f_H = f_{P_1} = \frac{1}{(\,2\pi\,)\,C_{in}\,(\,r_\pi /\!/ R'_s\,)}$$

$$= \frac{1}{(\,2\pi\,)(\,1825P\,)(\,1.25K /\!/ 1.305K\,)} = 137kHz$$

(3)求 t_r

$$t_r = \frac{0.35}{f_H} = \frac{0.35}{137k} = 2.55\mu sec$$

59.如下圖所示電路，電晶體：$\beta = 100$，$C_\mu = 2pF$，$f_T = 400MHz$，試求 A_M 與 f_H。（題型：BJT Amp 中高頻分析）

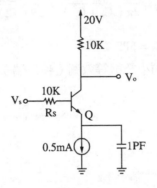

解☞：

(1)求 A_M

1.繪小訊號等效圖

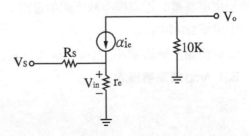

2.求參數

$$\because r_e = \frac{V_T}{I_e} = \frac{25mV}{0.5mA} = 50\Omega \text{ , } \alpha = \frac{\beta}{1+\beta} = \frac{100}{101} \text{ ,}$$

$$g_m = \frac{I_C}{V_T} = 20mA \diagup V \text{ , } r_\pi = (1+\beta) r_e = 5k\Omega$$

$$\therefore A_M = \frac{V_o}{V_s} = \frac{V_o}{V_{in}} \cdot \frac{V_{in}}{V_s} = \frac{-\alpha R_c}{r_e} \cdot \frac{(1+\beta) r_e}{(1+\beta) r_e + R_s} = -66.7$$

(2)求 f_H

1.求 C_π

$$\because f_T = \frac{g_m}{2\pi (C_\pi + C_\mu)} = \frac{20m}{2\pi (C_\pi + 2P)} = 400MHz$$

$$\therefore C_\pi = 6PF$$

2.高頻小訊號等效圖（輸入端）

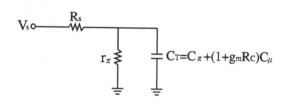

$$\therefore f_H = \frac{\omega_H}{2\pi} = \frac{1}{(2\pi)(R_s /\!/ r_\pi) C_T} = 117KHz$$

60.利用電晶體的近似模型於下圖中電路：

(1)求低3dB 頻率 f_L。

(2)欲使輸出傾斜率小於1%，輸入方波的最小頻率為何？（**題型：BJT Amp 頻率響應**）

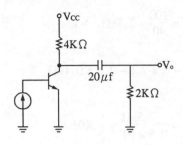

解☞：

(1)繪小訊號等效圖

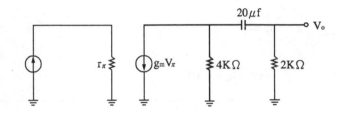

$$f_L = \frac{\omega_L}{2\pi} = \frac{1}{2\pi RC} = \frac{1}{(2\pi)(20\mu)(4K+2K)} = 1.33Hz$$

(2)依題意知

傾斜率 $P = \frac{\pi f_L}{f} \times 100\% \leq 1\%$

$$\therefore f \geq \frac{\pi f_L}{0.01} = \frac{(\pi)(1.33)}{0.01} = 417.6Hz$$

61.某一電晶體偏壓於 $I_c = 1mA$，測得下列參數：$h_{ie} = 2.6k\Omega$，$h_{fe} = 100$，$h_{re} = 0.5 \times 10^{-4}$，$h_{oe} = 1.2 \times 10^{-5} A/V$。試求出混合 π 模型的低頻模型參數及 V_A。（題型：BJT 完整模型）

解☞：

$$g_m = \frac{I_c}{V_T} = \frac{1}{25} = 40mA/V$$

$$r_\pi = \frac{h_{fe}}{g_m} = \frac{100}{40} = 2.5k\Omega$$

$$r_x = h_{ie} - r_\pi = 2.6 - 2.5 = 0.1k\Omega$$

$$r_\mu = \frac{r_\pi}{h_{re}} = \frac{2.5k\Omega}{0.5 \times 10^{-4}} = 50M\Omega$$

$$r_o = \left(h_{oe} - \frac{h_{fe}}{r_\mu}\right)^{-1} = \left(1.2 \times 10^{-5} - \frac{100}{50 \times 10^6}\right)^{-1} = 100k\Omega$$

$$r_o = \frac{V_A}{I_C}$$

$$V_A = r_o I_C = 100V$$

---

62. 某一射極追隨器如下圖所示，其電晶體規格：$f_T = 400MHz$，$C_\mu = 2pF$，$g_m = 40mA／V$，$r_b = 100\Omega$ 且 $\beta_o = 100$。試求：高3dB 截止頻率 f_H。（題型：CC Amp 的高頻響應）

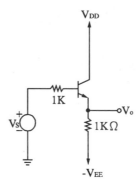

解☞ ：

1. 由〔考型141〕知，其等效圖可化為

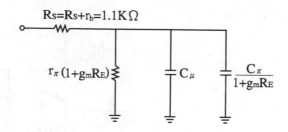

$$R_S = R_s + r_b = 1.1K\Omega$$

$r_\pi (1 + g_m R_E)$ C_μ $\dfrac{C_\pi}{1 + g_m R_E}$

2.求參數

① $\because f_T = \dfrac{g_m}{2\pi\left(C_\pi + C_\mu\right)} = \dfrac{40m}{\left(2\pi\right)\left(C_\pi + 2P\right)} = 400MHz$

$\therefore C_\pi = 13.9PF$，

$C_{in} = C_\mu + \dfrac{C_\pi}{1 + g_m R_E}$

$= 2P + \dfrac{13.9P}{1 + \left(40m\right)(1k)} = 2.34PF$

② $r_\pi = \dfrac{\beta_o}{g_m} = \dfrac{100}{40m} = 2.5k\Omega$

3.求 f_H

$f_H = \dfrac{\omega_H}{2\pi} = \dfrac{1}{\left(2\pi\right)\left[R'_s // r_\pi\left(1 + g_m R_E\right)\right]C_{in}}$

$= \dfrac{1}{\left(2\pi\right)\left[1.1k // 102.5k\right]\left(2.34P\right)} = 62.5MHz$

63.已知 BJT 的 $h_{fe} = 100$，$C_\mu = 2pF$，$f_T = 400MHz$。試求：兩個高頻極點頻率，並求出高3dB 截止頻率。（題型：CB Amp 的頻率響應）

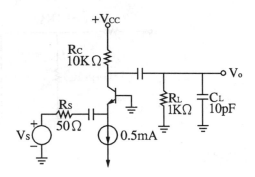

解☞：

1.繪出高頻等效電路

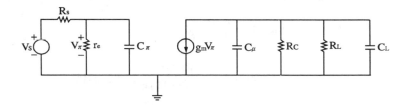

2.求參數

$$r_e = \frac{V_T}{I_E} = \frac{25mV}{0.5mA} = 50\Omega$$

$$g_m \approx \frac{1}{r_e} = 20mV \diagup A$$

$$f_T = \frac{g_m}{2\pi \left(C_\pi + C_\mu \right)} = \frac{20m}{\left(2\pi \right)\left(2P + C_\pi \right)} = 400MHz$$

$$\therefore C_\pi = 6PF$$

3.求極點

$$f_{P_1} = \frac{\omega_{P_1}}{2\pi} = \frac{1}{\left(2\pi \right) C_\pi \left(r_e \diagup\diagup R_S \right)} = 1061MHz$$

$$f_{P_2} = \frac{\omega_{P_2}}{2\pi} = \frac{1}{(2\pi)(R_C \mathbin{/\!/} R_L)(C_\mu + C_L)} = 14.6\text{MHz}$$

$$\therefore f_H = f_{P_2} = 14.6\text{MHz}$$

§9-4〔題型五十四〕：多級放大器的頻率響應

考型141 串疊放大器（Cascode）的頻率響應

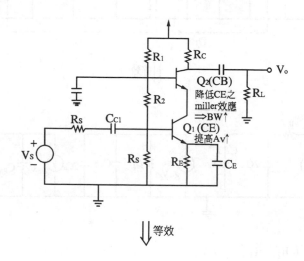

⇓等效

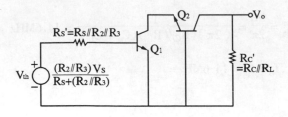

↓↓小訊號等效

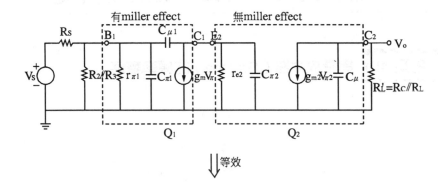

↓↓等效

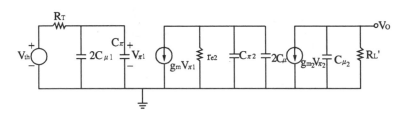

一、$V_{th} = \dfrac{(R_2 /\!/ R_3 /\!/ r_{\pi_1}) V_S}{R_S + (R_2 /\!/ R_3 /\!/ r_{\pi_1})}$

二、$R_T = R_S /\!/ R_2 /\!/ R_3 /\!/ r_{\pi_1} \approx R_S /\!/ r_{\pi_1}$

三、$\omega_{P_1} \approx \dfrac{1}{(C_{\pi_1} + 2C_{\mu_1})(r_{\pi_1} /\!/ R_S)}$ ←input

四、$\omega_{P_2} \approx \dfrac{1}{(C_{\pi_2} + 2C_{\mu_1})r_{e_2}}$ ←通常爲最大，所以不考慮

五、$\omega_{P_3} \approx \dfrac{1}{C_{\mu_2}R'_L}$ ←output

六、整理

1.型一：$\omega_{P_1} \ll \omega_{P_2}, \omega_{P_3} \rightarrow \omega_H = \omega_{P_1}$

2.型二：$\omega_{P_3} \ll \omega_{P_1}, \omega_{P_2} \rightarrow \omega_H = \omega_{P_3}$

3.型三：$\omega_{P_1}, \omega_{P_3} \ll \omega_{P_2} \rightarrow \omega_H =$ 代入近似主極點公式

4.Q：$R_{o_1} \approx r_{e_2}$

因爲 r_{e_2} 極小，所以可降低 Q_1 的密勒效應，而且 Q_2 並無密勒效應，故對整個系統而言，頻寬極大。

考型142 串接放大器（Cascade）的頻率響應

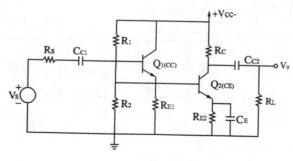

↓↓ 戴維寧等效

一、

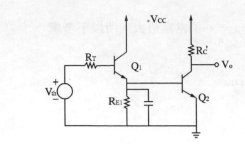

⇓小訊號等效

二、

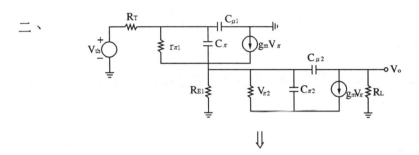

⇓

三、

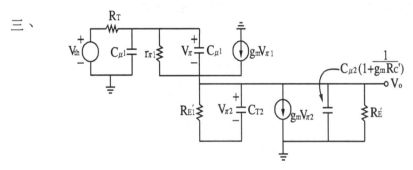

四、

1. $V_{th} = \dfrac{(R_1 /\!/ R_2) V_S}{R_1 /\!/ R_2 + R_s}$

2. $R_T = R_S /\!/ R_1 /\!/ R_2$

3. $R_E' = R_{E_1} /\!/ r_{\pi_2}$

$4. C_{T_2} = C_{\pi_2} + C_{\mu_2} \left(1 + g_m R'_L \right)$

$5. R_C' = R_C /\!/ R_L$

五、用重疊法→開路 STC 法（求高頻）

1.由 C_{π_1}

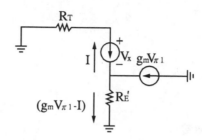

(1) $IR_T = V_x + \left(g_m V_{\pi_1} - I \right) R_E'$

(2) $\therefore R_x = \dfrac{V_x}{I} = \dfrac{R_T + R_E'}{1 + g_m R_E'}$

(3) $\therefore R_{\pi_1} = r_{\pi_1} /\!/ R_x = r_{\pi_1} /\!/ \dfrac{R_T + R_E'}{1 + g_m R_E'}$

(4) $\therefore \omega_{P_1} = \dfrac{1}{C_{\pi_1} R_{\pi_1}}$

2.from C_{μ_1}

$R_2 = R_T /\!/ \left[r_{\pi_1} + \left(1 + \beta \right) R_E' \right]$

$\omega_{P_2} = \dfrac{1}{C_{\mu_1} R_2}$

3.from C_{T_2}

$R_3 = R_E' /\!/ \dfrac{r_{\pi_1} + R_T}{1 + \beta}$

$$\omega_{P_3} = \frac{1}{C_{T_2} R_3}$$

4. from C_{μ_2}

$$R_4 = R_C{}'$$

$$\omega_{P_4} = \frac{1}{C_{\mu_2} R_4}$$

5. $\dfrac{1}{\omega_H} = \dfrac{1}{\omega_{P_1}} + \dfrac{1}{\omega_{P_2}} + \dfrac{1}{\omega_{P_3}} + \cdots\cdots$

6. **討論**

(1) $\because Q_1$ 之集極接地

$\Rightarrow C_{\mu_1}$ 沒被放大

$\Rightarrow \omega_{P_2} \uparrow \uparrow$

(2) Q_2 提高 A_v 但具有 miller effect

(3) $\because Q_1$ 之 $R_{01} = R_3$ 很低 $\Rightarrow$ 補償 miller effect

(4) $\therefore$ 仍維持 BW $\uparrow \uparrow$

考型143 雙端輸入的差動放大器頻率響應

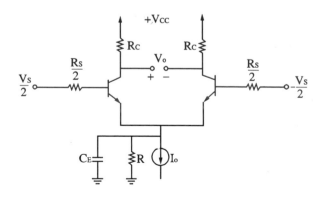

一、差模半電路

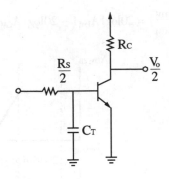

$$\Rightarrow \begin{cases} f_{H(DM)} \approx \dfrac{1}{2\pi C_T \left(r_\pi // \dfrac{R_S}{2} \right)} \\[4mm] C_T = C_\pi + C_\mu \left(1 + g_m R_C \right) \end{cases}$$

二、共模半電路

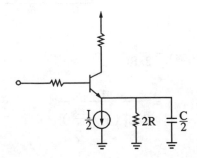

1.求零點（令 $V_o = 0$，$Z_E = \infty$）

(1) $Z_E = R_E // \dfrac{1}{SC_E}$

(2) $\therefore \omega_Z = \dfrac{1}{R_E C_E} = \dfrac{1}{\left(2R \right)\left(\dfrac{C}{2} \right)} = \dfrac{1}{RC}$

$(3) f_{Z(CM)} = \dfrac{1}{2\pi RC} \Rightarrow R \uparrow\uparrow \Rightarrow f_Z \downarrow\downarrow$

$(4) CMRR = 20\log\left|\dfrac{A_{DM}}{A_{CM}}\right| = 20\log|A_{DM}| - 20\log|A_{CM}|$（如圖）

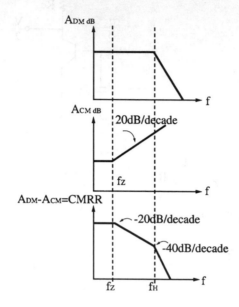

$(5) f_{P_1(CMRR)} = f_{Z(CM)} = \dfrac{1}{2\pi RC}$

$(6) f_{P_2(CMRR)} = f_{H(DM)} = \dfrac{1}{2\pi C_T\left(r_\pi /\!/ \dfrac{R_S}{2}\right)}$

考型144 單端輸入的差動放大器頻率響應

一、

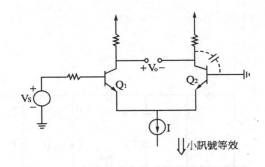

↓↓小訊號等效

二、

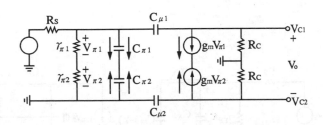

三、直流分析

1. ∵ $V_{BE_1} = V_{BE_2} = V_{BE}$

2. $I_{C_1} = I_{C_2} = I_C$

   $\Rightarrow I_{E_1} = I_{E_2} = I_E = \dfrac{I}{2}$

3. $\begin{cases} r_{e_1} = r_{e_2} = r_e = \dfrac{V_T}{I_E} \\[2mm] r_{\pi_1} = r_{\pi_2} = r_\pi = (1 + \beta) r_e \\[2mm] g_{m_1} = g_{m_2} = g_m = \dfrac{I_C}{V_T} \end{cases}$

4.$\because V_{\pi_1}\left[\dfrac{1}{r_\pi}+SC_\pi+g_m\right]+V_{\pi_2}\left[\dfrac{1}{r_\pi}+SC_\pi+g_m\right]=0$

$\therefore V_{\pi_1}=-V_{\pi_2}$

四、

1.小訊號分析

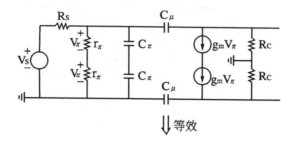

$\Downarrow$ 等效

2.

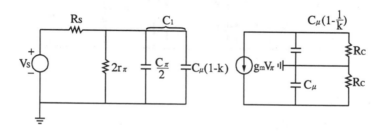

3.求 A_M

$$A_M=\frac{V_o}{V_1}\cdot\frac{V_1}{V_s}=\frac{-\alpha R_C}{r_e}\frac{R_{in}}{R_{in}+R_s}=-g_m R_C\frac{(1+\beta)\,2r_e}{R_s+(1+\beta)(2r_e)}$$

$$=\frac{-g_m R_C\,(2r_\pi)}{R_s+2r_\pi}$$

4.求極點

(1)from $\dfrac{C_\pi}{2} \to \omega_{P_1} = \dfrac{1}{C_1\ (\ R_s /\!/ 2r_\pi\ )}$ ⎫

$C_1 = \dfrac{C_\pi}{2} + C_\mu\ (\ 1 - K\ )$

比較大小，

即可求出主極點

(2)from $C_\mu \to \omega_{P_2} = \dfrac{1}{R_C C_\mu}$

(3)from $C_\mu\ (\ 1 - \dfrac{1}{k}\ ) \to \omega_{P_3} = C_\mu\ (\ 1 - \dfrac{1}{k}\ )\ R_C$ ⎭

考型145 寬頻差動放大器頻率響應

一、

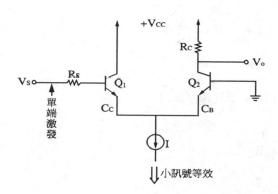

二、

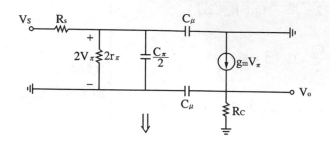

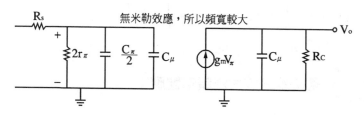

三、$A_H(S) = \dfrac{A_M}{(1 + \dfrac{S}{\omega_{P_1}})(1 + \dfrac{S}{\omega_{P_2}})}$

四、$\omega_{P_1} = \dfrac{1}{\tau_{in}} = \dfrac{1}{(C_\mu + \dfrac{C_\pi}{2})(R_S /\!/ 2r_\pi)}$

五、$\omega_{P_2} = \dfrac{1}{\tau_{out}} = \dfrac{1}{C_\mu R_C}$

六、$A_M = g_m R_C \cdot \dfrac{2r_\pi}{R_S + 2r_\pi}$

考型146　多級放大器頻率響應

一、$A_{H_1} = \dfrac{A_{M_1}}{1 + j\dfrac{f}{f_m}}$ ， $A_{H_2} = \dfrac{A_{M_2}}{1 + j\dfrac{f}{f_m}}$ ……$A_{H_n} = \dfrac{A_{M_n}}{1 + j\dfrac{f}{fm}}$

二、$A_H^* = \dfrac{V_o}{V_I} = A_{H_1} \cdot A_{H_2}$ ……

三、$|A_H^*| = \dfrac{A_{H_1} \cdot A_{H_2} \cdots\cdots}{\sqrt{1 + \left(\dfrac{f_H^*}{f_{H_1}}\right)^2} \cdots\cdots \sqrt{1 + \left(\dfrac{f_H^*}{f_{H_n}}\right)^2}} = \dfrac{A_m^*}{\sqrt{2}}$

$$\therefore \left[1 + \left(\dfrac{f_H^*}{f_{H_1}}\right)^2\right]\left[1 + \left(\dfrac{f_H^*}{f_{H_2}}\right)^2\right]\cdots\cdots\left[1 + \left(\dfrac{f_H^*}{f_{H_n}}\right)^2\right] = 2$$

四、若 $f_{H_1} = f_{H_2} = \cdots\cdots = f_{H_n} \rightarrow \left[1 + \left(\dfrac{f_H^*}{f_{H_n}}\right)^2\right]^n = 2$

$$\Rightarrow \dfrac{f_H^*}{f_H} = \sqrt{2^{1/n} - 1} \rightarrow \boxed{f_H^* = \sqrt{2^{1/n} - 1}\,f_H} \Rightarrow f_H^* < f_H$$

五、同理

$$\boxed{f_L^* = \dfrac{f_L}{\sqrt{2^{1/n} - 1}}} \Rightarrow f_L^* > f_L$$

六、單級與多級放大器的比較

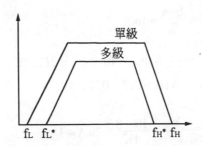

歷屆試題

64. For the circuit diagram shown, all transistors' β are 200. For npn transistors, $V_{BE(act)} = 0.7V$, and for pnp transistor, $V_{EB(act)} = 0.7V$. V_S is the small signal input voltage.

(1) Find the dc levels：V_{C2}, V_{E3}, and V_0.

(2) Find the small signal voltage gain, V_0 / V_S.

(3) Let $C_\mu = 20pF$, $C_\pi = 10pF$, find the upper 3dB frequency in Hz.（題型：寬頻差動放大器的頻響）

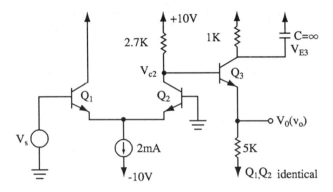

【台大電機所】

解☞：

(1) 直流分析

1. $I_{C2} \approx \dfrac{I}{2} = \dfrac{2mA}{2} = 1mA$

　$\therefore V_{C2} = V_{CC} - I_{C2}R_{C2} = 10 - （1m）(2.7K）= 7.3V$

2. $V_{E3} = V_{C2} + V_{EB3} = 7.3 + 0.7 = 8V$

3. $I_{E3} = \dfrac{V_{CC} - V_{E3}}{R_{E3}} = \dfrac{10 - 8}{1K} = 2mA \approx I_{C3}$

　$V_0 = I_{C3}R_{C3} + （-10）= （5K）(2m）- 10 = 0V$

(2)中頻增益

　1.求參數

$$\alpha = \frac{\beta}{1+\beta} = \frac{200}{201} = 0.995$$

$$r_{e1} = r_{e2} = \frac{V_T}{I_{C2}} = \frac{25mV}{1mA} = 25\Omega$$

$$r_{\pi3} = \frac{V_T}{I_{B3}} = \frac{\beta_3 V_T}{I_{C3}} = \frac{(200)(25mV)}{2mA} = 2.5k\Omega$$

　2.中頻增益

$$A_M = \frac{V_0}{V_{b3}} \cdot \frac{V_{b3}}{V_S} = \left(\frac{-\beta_3 R_{C3}}{r_{\pi3}}\right)\left[\frac{\alpha(r_{\pi2}//R_{C2})}{2r_e}\right]$$

$$= \frac{(-200)(5K)(0.995)(2.5K//2.7K)}{(2.5K)(2)(25)}$$

$$= -10332$$

(3)高頻分析

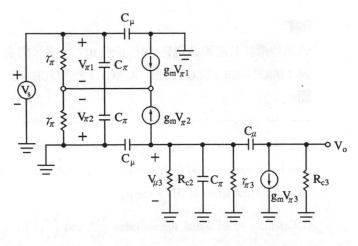

$$\Downarrow$$

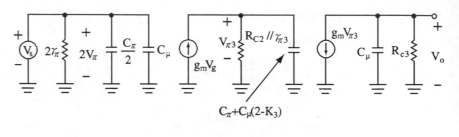

$$C_\pi + C_\mu(2 - K_3)$$

$$K_3 = \frac{V_0}{V_{\pi3}} = g_{m3}R_{C3} = \left(\frac{I_{C3}}{V_T}\right)(R_{C3}) = \left(\frac{2mA}{25mV}\right)(5K) = -400$$

$$C_T = C_{\pi3} + C_\mu(2 - K_3) = 10p + 20p(2 + 400) = 8050pF$$

$$R_T = R_{C2} /\!/ r_{\pi3} = (2.7K /\!/ 2.5K) = 1.298k\Omega$$

$$\therefore f_H = \frac{\omega_H}{2\pi} = \frac{1}{2\pi R_T C_T} = \frac{1}{(2\pi)(1.298K)(8050p)} = 15.23KHz$$

---

65. For a signal with high source resistance, which of the following BJT circuits (input – output) configurations can not be used for wideband amplification：(A)CC – CB cascade,　(B)CE – CB cascode,　(C)CC – CE cascade,　(D)CE – CC cascade.（**題型：多級放大器**）

【台大電機所】

簡譯

若訊號源具有高電源電阻，則下列 BJT 組態，何者不能當寬頻放大器：(A)CC – CB　(B)CE – CB　(C)CC – CE　(D)CE – CC。

解☞：(D)

---

66. Fig. shows a typical cascode amplifier. In your analysis, neglect r_x and r_0 form your low frequency and high frequency BJT hybrid – π model. The low frequency current gains of BJT's are β.

(1)Calculate small signal voltage gains $\dfrac{V_{Cl}}{V_{bl}}$ and $\dfrac{V_0}{V_S}$.

(2)There are four bypass (coupling) capacitors in this circuit, namely C_{Cl},

C_{C2}, C_B and C_E. Calculate the pole frequencies corresponding to theseCcapacitors using " short – circuit time constant " method.

(3) Among the poles you calculated in (2), which one is the dominant pole？

（ If $C_{C1} \simeq C_{C2} \simeq C_B \simeq C_E$ ）

(4) Explain why this circuit does not suffer from Miller effect and has good high frequency response. (題型：CasCode（CE＋CB）的頻響)

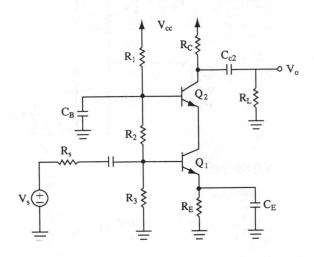

【台大電機所】

簡譯

r_0，r_x 可忽略，求

(1) 小訊號電壓增益$\dfrac{V_{C1}}{V_{b1}}$和$\dfrac{V_0}{V_S}$。

(2) 使用短路時間常數法，以 C_{C1}，C_{C2}，C_B，C_E 表示的四種極點頻率。

(3) 若 $C_{C1} \simeq C_{C2} \simeq C_B \simeq C_E$，則(2)中何者為主極點。

(4) 說明高頻響應並不受米勒效應影響的原因。

解☞ :

(1) 1.低頻小訊號模型

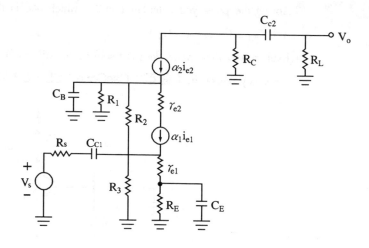

2.中頻分析

$$i_{e2} = \alpha_1 i_{e1}$$

①$\dfrac{V_{C1}}{V_{b1}} = \dfrac{-\alpha i_{e1} r_{e2}}{i_{e1} r_{e1}} = \dfrac{-\alpha_1 r_{e2}}{r_{e1}} = (-\alpha_1)(\dfrac{V_T}{i_{e2}})(\dfrac{i_{e1}}{V_T})$

$$= (-\alpha_1)(\dfrac{V_T}{\alpha_1 i_{e1}})(\dfrac{i_{e1}}{V_T}) = -1$$

②$\dfrac{V_0}{V_S} = \dfrac{V_0}{V_{e2}} \cdot \dfrac{V_{e2}}{V_{b1}} \cdot \dfrac{V_{b1}}{V_S}$

$$= \dfrac{-\alpha_2 (R_C /\!/ R_L)}{-\alpha_1 r_{e2}} \cdot \dfrac{-\alpha_1 r_{e2}}{r_{e1}} \cdot \dfrac{R_2 /\!/ R_3 /\!/ r_{\pi 1}}{R_S + R_2 /\!/ R_3 /\!/ r_{\pi 1}}$$

$$= \dfrac{-\alpha_2 (R_C /\!/ R_L)(R_2 /\!/ R_3 /\!/ r_{\pi 1})}{r_{e1} (R_S + R_2 /\!/ R_3 /\!/ r_{\pi 1})}$$

(2)短路 STC 法

①$R_{C1} = R_S + R_2 /\!/ R_3 /\!/ r_{\pi 1}$

$$\therefore \omega_{p1} = \frac{1}{C_{C1}R_{C1}}$$

②$R_{CE} = R_E // \left[r_{e1} + \frac{R_S // R_3 // R_2}{1 + \beta} \right]$

$$\therefore \omega_{p2} = \frac{1}{C_E R_{CE}}$$

③$R_{CB} = R_1 // \left[R_2 + R_S // R_3 // r_{\pi 1} \right]$

$$\therefore \omega_{p3} = \frac{1}{C_B R_{CB}}$$

④$R_{C2} = R_C + R_L$

$$\therefore \omega_{p4} = \frac{1}{C_{C2}R_{C2}}$$

(3)若 $C_{C1} \simeq C_{C2} \simeq C_B \simeq C_E$，則主極點為

$$\omega_H \approx \omega_{p2} = \frac{1}{C_E R_{CE}}$$

(4)在高頻分析時，因 Q_1 的 $C_{\mu 1}$ 以米勒效應等效至 Q_1 輸入端時

為 $C_{\mu 1}(1 - K) = 2C_{\mu 1}$，放大效果極低（$\because K = \dfrac{V_{C1}}{V_{b1}} = -1$），　且

Q_2 的 $C_{\mu 2}$ 若無 C_B 存在，則直接接地，更消除 Q_2 的米勒效應。因

此在高頻時效果較佳。

67.已知 $\beta = 100$，$V_T = 25mV$，$V_A = 50V$，$r_\mu = \infty$，$r_b = 0$，$C_\pi = 1pF$，$C_\mu =$
0pF

(1)繪出等效的差模半電路，及小訊號等效模型。

(2)求 AB 端看入的輸入電阻及「＋」、「－」端看入的輸出電阻。

(3)$\dfrac{V_0}{V_i}$

(4)f_H（題型：差動放大器的頻響）

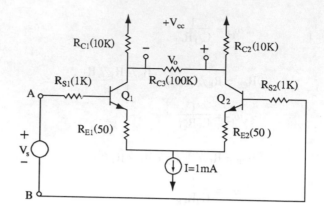

【台大電機所】

解☞：

(1) 1.差模半電路

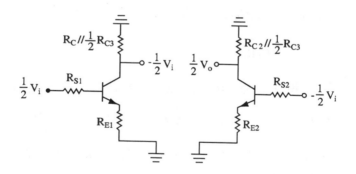

2.小訊號等效模型

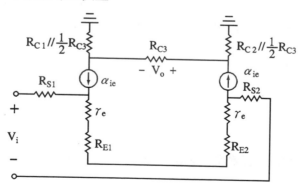

(2) 1. $r_{e1} = r_{e2} = r_e = \dfrac{V_T}{I_E} = \dfrac{2V_T}{I} = \dfrac{(2)(25mV)}{1mA} = 50\Omega$

$r_{01} = r_{02} = r_0 = \dfrac{V_A}{I_C} = \dfrac{50V}{0.5mA} = 100k\Omega$

2. $R_{in} = 2[R_{S1} + (1+\beta)(r_e + R_E)]$

$\quad = 2[1K + (101)(50 + 50)] = 22.2k\Omega$

3. $R_{out} = R_{C3}//[(r_{01}//R_{C1}) + (r_{02}//R_{C2})]$

$\quad = 100K//[(100K//10K) + (100K//10K)] = 15.4k\Omega$

(3) $\dfrac{V_0}{V_i} = \dfrac{\alpha i_{e1} R_{out}}{i_{e1}(2r_e + 2R_E) + i_b(R_{S1} + R_{S2})} = \dfrac{\alpha R_{out}}{2r_e + 2R_E + \dfrac{R_{S1} + R_{S2}}{1 + \beta}}$

$\quad = \dfrac{(0.99)(15.4K)}{(2)(50 + 50) + \dfrac{2K}{101}} = 69.4$

(4) $f_H = \dfrac{\omega_H}{2\pi} = \dfrac{1}{2\pi C_\pi [r_\pi // (\dfrac{R_{S1} + R_{E1}}{1 + g_m R_{E1}})]} = 333MHz$

---

68. The transistors as shown in the following figure has $h_{fe} = 100$, $C_\mu = 0.2pF$ and $f_T = 1GHz$.

(1) What are I_C and C_π of the transistor Q_2 ?

(2) What are the midband gain (V_0 / V_S) and the upper 3dB frequency ?

（題型：差動放大器的頻響）

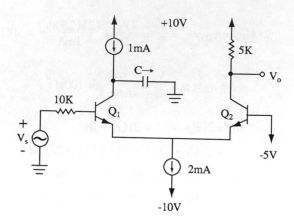

簡譯

電晶體參數 $h_{fe} = 100$，$C_\mu = 0.2pF$，$f_T = 1GHz$

(1)求出 Q_2 電晶體 I_C 及 $C_\pi = $ ？

(2)求出中頻增益 V_0 / V_S 及上3dB 頻率？

解☞：

(1)直流分析→求參數

$$I_{C2} \approx 2mA - I_{C1} = 2mA - 1mA，\alpha = \frac{h_{fe}}{1+h_{fe}} = \frac{100}{101} = 0.99$$

$$g_{m2} = \frac{I_{C2}}{V_T} = \frac{1mA}{25mV} = 40mA / V = g_{m1} = g_m$$

$$r_{e1} = r_{e2} = r_e = \frac{V_T}{I_{E1}} = \frac{25mV}{1mA} = 25\Omega$$

$$r_{\pi1} = r_{\pi2} = (1+h_{fe})r_{e1} = (101)(25) = 2.525k\Omega$$

(2)中頻增益

1.$A_M = \dfrac{V_0}{V_S} = \dfrac{V_0}{V_{e2}} \cdot \dfrac{V_{e2}}{V_{b1}} \cdot \dfrac{V_{b1}}{V_S} = \left(\dfrac{\alpha R_C}{r_{e2}} \right)\left(- g_{m1} r_{e2} \right) \left(\dfrac{r_{\pi 1}}{R_S + r_{\pi 1}} \right)$

$$= \dfrac{(0.99)(5K)(- 40m)(25)(2.525K)}{(25)(10K + 2.525K)} = - 39.9$$

2.高頻分析

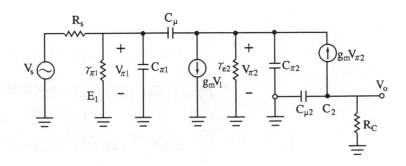

$\Downarrow$

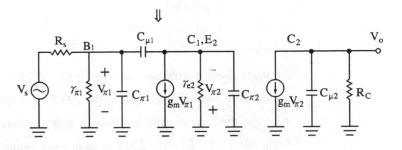

①求參數

$\because f_T = \dfrac{g_m}{2\pi (C_\pi + C_\mu)}$

$\therefore C_\pi = \dfrac{g_m}{2\pi f_T} - C_\mu = \dfrac{40m}{(2\pi)(1G)} - 0.2p = 6.16pF$

$K = \dfrac{V_{C1}}{V_{b1}} = - g_m r_e \approx - 1$

②求主極點

$$f_{p1} = \frac{\omega_{p1}}{2\pi} = \frac{1}{(2\pi)(R_S /\!/ r_{\pi 1})[C_{\pi 1} + (1-K)C_{\mu 1}]}$$

$$= \frac{1}{(2\pi)(10K /\!/ 2.525K)(6.16p + 0.4p)}$$

$$= 12.1MHz$$

$$f_{p2} = \frac{\omega_{p2}}{2\pi} = \frac{1}{(2\pi)(r_{e2})[C_{\pi 2} + (1 - \frac{1}{K})C_{\mu 1}]}$$

$$= \frac{1}{(2\pi)(25)(6.16p + 0.4p)} = 968MHz$$

$$f_{p3} = \frac{\omega_{p3}}{2\pi} = \frac{1}{2\pi R_C C_\mu} = \frac{1}{(2\pi)(5K)(6.16p)} = 159MHz$$

$$\because f_{p2} \gg f_{p3} \gg f_{p1}$$

$$\therefore f_H \approx f_{p1} = 12.1MHz$$

---

69. The figure shows a multistage amplifer circuit. All the bipolar transistors used in this circuit have a current gain ($\beta = 200$), a output resistance of ($r_0 = \infty$) and the base to emitter voltage as they are biased in the active mode ($V_{BE} = 0.7V$). $kT/q = 25mV$ at room temperature.

(1) Find out small signal gain $V_0 / (V_1 - V_2)$.

(2) If the 3 – dB frequency of this circuit is 10kHz, calculate the required capacitance value of the capacitor C. （題型：寬頻差動放大器的頻響）

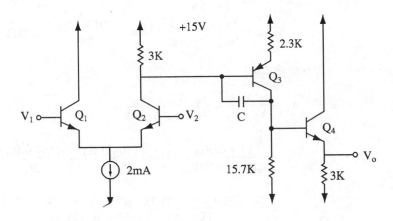

【台大電機所】

解☞：

(1) 1.求參數

①$\because I_{C1} = I_{C2} = \dfrac{2mA}{2} = 1mA = I_{E1} = I_{E2}$

$\therefore r_{e1} = r_{e2} = \dfrac{V_T}{I_{E1}} = \dfrac{25mV}{1mA} = 25\Omega$

②$V_{C2} = V_{CC} - I_{C2}R_{C2} = 15 - (1m)(3K) = 12V$

$I_{E3} = \dfrac{V_{CC} - V_{EB3} - V_{C2}}{R_{E3}} = \dfrac{15 - 0.7 - 12}{2.3K} = 1mA$

$\therefore r_{\pi 3} = \dfrac{V_T}{I_{B3}} = \dfrac{(1+\beta)\,V_T}{I_{E3}} = \dfrac{(201)(25m)}{1mA} \approx 5k\Omega$

③$V_{B4} = I_{C3}R_{C3} + (-V_{CC}) = (1m)(15.7K) - 15 = 0.7V$

$V_0 = V_{B4} - V_{BE4} = 0.7 - 0.7 = 0V$

$\therefore I_{E4} = \dfrac{V_0 - (-V_{CC})}{R_{E4}} = \dfrac{15}{3K} = 5mA$

故 $r_{\pi4} = \dfrac{V_T}{I_{B4}} = \dfrac{(1+\beta)V_T}{I_{E4}} = \dfrac{(201)(25m)}{5m} \approx 1k\Omega$

2.電路分析

$$A_V = \frac{V_0}{V_1 - V_2} = \frac{V_0}{V_{b4}} \cdot \frac{V_{b4}}{V_{b3}} \cdot \frac{V_{b3}}{V_1 - V_2}$$

$$= \frac{(1+\beta)R_{E4}}{r_{\pi4} + (1+\beta)R_{E4}} \cdot \frac{(-\beta)(R_{C3}/\!/R_{i4})}{R_{i3}} \cdot \frac{\alpha(R_{C2}/\!/R_{i3})}{2r_e}$$

$$= \frac{(201)(3K)(-200)(15.7K/\!/604K)(0.995)(3K/\!/467.3K)}{[1K+(201)(3K)](467.3K)(2)(25)}$$

$$= -387.8$$

其中

$$\alpha = \frac{\beta}{1+\beta} = \frac{200}{201} = 0.995$$

$$R_{i4} = r_{\pi4} + (1+\beta)R_{E4} = 1K + (201)(3K) = 604k\Omega$$

$$R_{i3} = r_{\pi3} + (1+\beta)R_{E3} = 5K + (201)(2.3K) = 467.3k\Omega$$

(2)低頻分析

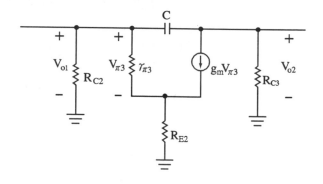

（主極點發生在輸入端）⇓

$$①K = \frac{V_{02}}{V_{01}} = \frac{V_{02}}{V_{\pi3}} \cdot \frac{V_{\pi3}}{V_{01}} = (-g_{m3}R_{C3}) \cdot \frac{r_{\pi3}}{r_{\pi3} + (1+\beta)R_{E2}}$$

$$= \frac{(-40m)(15.7K)(5K)}{5K + (201)(2.3K)} = -6.72$$

其中

$$g_{m3} = \frac{\beta}{r_{\pi3}} = \frac{200}{5K} = 40mA/V$$

$$②C_T = C(1-K) = 7.72C$$

$$R_T = R_{C2}//[r_{\pi3} + (1+\beta)R_{E2}] = 3K//[5K + (201)(2.3K)]$$

$$= 2.98k\Omega$$

$$\therefore f_L = \frac{\omega_L}{2\pi} = \frac{1}{2\pi C_T R_T} = \frac{1}{(2\pi)(2.98K)(7.72)C} = 10KHz$$

$$\therefore C = 692pF$$

---

70. From the given ac circuit of a cascaded BJT amplifier, its high – frequency transfer function can be written as

$$Av(S) = \frac{V_o(S)}{V_s(S)} = \frac{A_{vo}}{(1 + S/P_1)(1 + S/P_2)}$$

Where P_1 and P_2 are the first two dominant poles. The dc bias current of Q_1 and Q_2 are $I_{C1} = 75\mu A$ and $I_{C2} = 150\mu A$, respectively. The device parameters are given as:

$r_{x1}(r_{bb'1}) = r_{x2}(r_{bb'2}) = 400\Omega$, $\beta_1 = \beta_2 = 60$

$C_{e1}(C_{\pi1}) = 5pF$, $C_{e2}(C_{\pi2}) = 10pF$,

$C_{C1}(C_{\mu 1}) = C_{C2}(C_{\mu 2}) = 1pF, \ kT / q = 25mV.$

Applying the Miller theorem, find the high-frequency transfer function. Also find the upper 3dB frequency f_{3dB}. (題型：多級放大器的頻響(CE＋CE))

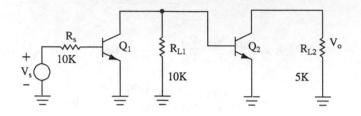

簡譯

圖為 BJT 串接的電路，其高頻轉移函數可寫成

$$A_V(S) = \frac{V_0(S)}{V_S(S)} = \frac{A_{V0}}{(1 + \dfrac{S}{p_1})(1 + \dfrac{S}{p_2})}$$

其中 p_1，p_2為最前面的兩個主極點，且參數值如下「

$I_{C1} = 75\mu A$，$I_{C2} = 150\mu A$，$r_{x1} = r_{x2} = 400\Omega$，

$\beta_1 = \beta_2 = 60$，$C_{\pi 1} = 5pF$，$C_{\pi 2} = 10pF$，

$C_{\mu 1} = C_{\mu 2} = 1pF$，$\dfrac{KT}{q} = 25mV$

(1)採用米勒定理求高頻轉移函數。

(2)求高三分貝頻率。

解☞：

(1) 1.米勒效應高頻小訊號模型

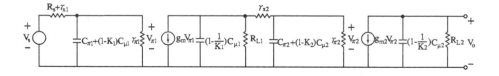

2.求參數

$$g_{m1} = \frac{I_{C1}}{V_T} = \frac{75\mu A}{25mV} = 3mA / V \quad , \quad g_{m2} = \frac{I_{C2}}{V_T} = \frac{150\mu A}{25mV} = 6mA / V$$

$$r_{\pi 1} = \frac{\beta_1}{g_{m1}} = \frac{60}{3m} = 20k\Omega \quad , \quad r_{\pi 2} = \frac{\beta_2}{g_{m2}} = \frac{60}{6m} = 10k\Omega$$

$$K_1 = -g_{m1} \left[R_{L1} /\!/ (r_{x2} + r_{\pi 2}) \right]$$

$$= - (3m) \left[10K /\!/ (400 + 10K) \right] = -15.29$$

$$K_2 = -g_{m2} R_{L2} = - (6m)(5K) = -30$$

3.求中頻增益 A_{V0}

$$A_{V0} = \frac{V_0}{V_S} = \frac{V_0}{V_{\pi 2}} \cdot \frac{V_{\pi 2}}{V_{\pi 1}} \cdot \frac{V_{\pi 1}}{V_S}$$

$$= (-g_{m2} R_{L2}) \left(\frac{-g_{m1} R_{L1} r_{\pi 2}}{R_{L1} + r_{x2} + r_{\pi 2}} \right) \left(\frac{r_{\pi 1}}{R_S + r_{x1} + r_{\pi 1}} \right)$$

$$= \frac{(6m)(5K)(3m)(10K)(10K)(20K)}{(10K + 400 + 10K)(10K + 400 + 20K)} = 290$$

4.求高頻極點

①$C_{T1} = C_{\pi 1} + (1 - K_1) C_{\mu 1} = 21.3pF$

$R_{T1} = (R_S + r_{x1}) /\!/ r_{\pi 1} = 6.84k\Omega$

$$\therefore p_1 = \frac{1}{R_{T1} C_{T1}} = 6.87 \times 10^6 rad / S \Rightarrow f_1 = \frac{p_1}{2\pi} = 1.09MHz$$

②$C_{T2} = (1 - \frac{1}{K_1}) C_{\mu 1} + C_{\pi 2} + (1 - K_2) C_{\mu 2} = 42.1pF$

$R_{T2} = (R_{L1} + r_{x2}) /\!/ r_{\pi 2} = 5.1k\Omega$

$$\therefore p_2 = \frac{1}{R_{T2} C_{T2}} = 4.66 \times 10^6 rad / sec \Rightarrow f_2 = \frac{p_2}{2\pi} = 0.74MHz$$

5.求高頻轉移函數

$$A_{VS} = \frac{A_{V0}}{(1+\dfrac{S}{p_1})(1+\dfrac{S}{p_2})} = \frac{290}{(1+\dfrac{S}{6.87M})(1+\dfrac{S}{4.66M})}$$

(2)$\omega_{3dB} = \dfrac{1}{\sqrt{\dfrac{1}{p_1^2}+\dfrac{1}{p_2^2}}} = \dfrac{1}{\sqrt{\dfrac{1}{(6.87M)^2}+\dfrac{1}{(4.66M)^2}}} = 3.86\text{Mrad}／\text{S}$

$$\therefore f_{3dB} = \frac{\omega_{3dB}}{2M} = 0.61\text{MHz}$$

71.已知圖(a)及圖(b)兩放大器，$r_\pi = 5k\Omega$，$g_m = 20mS$，$C_\pi = 10pF$，$C_\mu = 0.5pF$ 其它參數可忽略，電流源 I_{C1}，I_{E2}，I_{C3}之 $r_0 \doteqdot 20k\Omega$

(1)求兩放大器的中頻電壓增益。

(2)請說明，兩放大器何者增益較大。

(3)問兩放大器分別有幾個極點？幾個零點。

(4)若圖(a)放大器具有主極點，試利用時間常數法或密勒定理求高三分貝頻率。

(5)若圖(b)放大器具有主極點，則此主極點位於節點①或②或③上？

（題型：（CC＋CE）Amp 頻響）

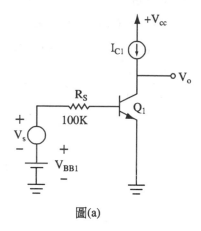

圖(a)

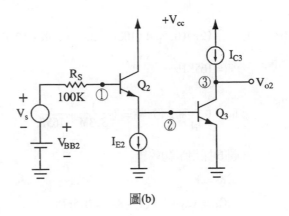

圖(b)

【 交大電子所 】

解☞ :

(1)$A_{V1} = \dfrac{V_{01}}{V_S} = (-g_m r_0)(\dfrac{r_{\pi 1}}{R_S + r_{\pi 1}}) = (-20m)(20K)(\dfrac{5K}{100K + 5K})$

$= -19$

$A_{V2} = \dfrac{V_{02}}{V_S} = \dfrac{V_{02}}{V_{b3}} \cdot \dfrac{V_{b3}}{V_S} = \dfrac{(-g_{m3} r_0)(1+\beta)(r_0 /\!/ r_{\pi 3})}{R_S + r_{\pi 2} + (1+\beta)(r_0 /\!/ r_{\pi 3})}$

$= \dfrac{(-20m)(20K)(101)(20K /\!/ 5K)}{100K + 5K + (101)(20K /\!/ 5K)} = -317.5$

其中 $\beta = r_\pi g_m = (5K)(20m) = 100$

(2)圖(b)A_{V2}較大,因 Q_2的輸入電阻較大。

(3)圖(b)中有三個極點:在①、②、③節點。二個零點:是由 $C_{\pi 2}$
及 $C_{\mu 3}$所產生。

(4) 1.圖(a)採用開路 SCT 法

$\qquad f_{p1} = \dfrac{\omega_{p1}}{2\pi} = \dfrac{1}{2\pi C_\pi (R_S /\!/ r_\pi)} = \dfrac{1}{(2\pi)(10p)(100K /\!/ 5K)} = 3.3MHz$

$\qquad f_{p2} = \dfrac{\omega_{p2}}{2\pi} = \dfrac{1}{2\pi C_\mu [(R_S /\!/ r_\pi) + r_0 + g_m r_0 (R_S /\!/ r_\pi)]}$

$$= \dfrac{1}{(2\pi)(0.5p)\left[(100K /\!/ 5K) + 20K + (2m)(20K)(100K /\!/ 5K)\right]}$$

$$= 165KHz$$

$$f_H = \left(\dfrac{1}{f_{p1}} + \dfrac{1}{f_{p2}}\right)^{-1} = \left(\dfrac{1}{3.3M} + \dfrac{1}{165K}\right)^{-1} = 157KHz$$

2. 圖(b)採用米勒效應

①$K_2 \approx 1$

$$C_{T1} = C_{\mu 2} + C_{\pi 2}(1 - K_2) = 0.5pF$$

$$R_{T1} = R_S /\!/ \left[r_{\pi 2} + (1 + \beta)(r_0 /\!/ r_{\pi 3})\right]$$

$$= 100K /\!/ \left[5K + (101)(20K /\!/ 5K)\right] = 80.4k\Omega$$

$$\therefore \omega_{p1} = \dfrac{1}{C_{T1}R_{T1}} = \dfrac{1}{(0.5p)(80.4K)} = 24.9MHz$$

②$K_3 \approx -g_m r_0 = -400$

$$C_{T2} = C_{\pi 3} + C_{\mu 3}(1 - K_3) = 10p + (0.5p)(401) = 210.5pF$$

$$R_{T2} = r_{\pi 3} /\!/ r_0 /\!/ \dfrac{r_\pi + R_3}{1 + \beta} = 5K /\!/ 20K /\!/ \dfrac{5K + 100K}{101} = 825\Omega$$

$$\therefore \omega_{p2} = \dfrac{1}{C_{T2}R_{T2}} = \dfrac{1}{(210.5p)(825)} = 5.76MHz$$

③$C_{T3} = C_{\mu 3}\left(1 - \dfrac{1}{K_3}\right) = (0.5p)\left(1 + \dfrac{1}{400}\right) \approx 0.5pF$

$$R_{T3} = r_0 = 20K\Omega$$

$$\therefore \omega_{p3} = \dfrac{1}{C_{T3}R_{T3}} = \dfrac{1}{(0.5p)(20K)} = 100MHz$$

④ $\because \omega_{p3} \gg \omega_{p1} \gg \omega_{p2}$ $\therefore \omega_{p2}$為主極點在②節點

---

72. In the cascaded multi - stage amplifier with the bias circuits not shown, all BJT's are identical. The numer of independent poles at high frequency is(A)5

(B)6   (C)7   (D)8   (E)none of the above（題型：多級放大器的頻響）

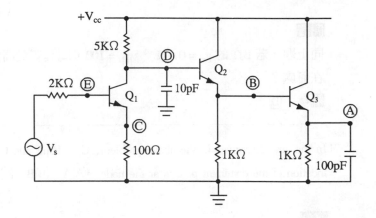

【交大電子所】

簡譯

求下圖高頻時的所有獨立極點數。

解☞：(A)

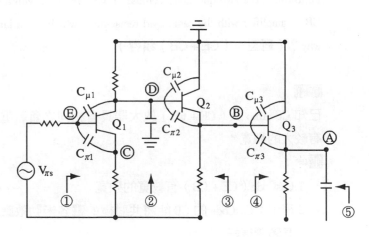

73. For the same amplifier in the above problem, the three BJT's have $g_m = 0.1\Omega^{-1}$ and $\beta_0 = 100$. Which node has the highest node resistance？(A)A

(B)B　(C)C　(D)D　(E)E

簡譯

同上題，若 BJT 的 $g_m = 0.1\Omega^{-1}$，$\beta_0 = 100$，問具有最高的節點電阻是在何處？

解☞：(D)

---

74. In the amplifier given in the above problem, $C_\pi = 10pF$ and $C_\mu = 0.5pF$. The location of the dominant pole is at the node of(A)A　(B)B　(C)C　(D)D　(E)E

簡譯

同上題，若 $C_\pi = 10pF$，$C_\mu = 0.5pF$，問主極點位於那個節點。

解☞：(D)

---

75. Following the above question, compare a CE amplifier with a cascode （ CE – CB ） amplifier with the same load resistance, which has a larger bandwidth？why？（題型：（CE＋CB）頻響）

簡譯

已知 CE Amp 及（CE＋CB）放大器具有相同之負載電阻，問何者具有較大的頻寬。

解☞：

1. CasCode（CE＋CB）有較寬的頻寬
2. 理由：CasCode 的 CB 能將共射極的電容米勒效應降低。因而使高頻響應好。

---

76. A common emitter amplifier and a cascode （ CE – CB ） amplifier shown in Fig (a) and (b), respectively, have identical input voltage source and identical

load R_C. The biasing arrangements are not shown in these circuits. If ⓐ Q_1, Q_2, and Q_3 are identical transistors which have the high – frequency hybrid π model shown in Fig (c), ⓑ $R_C \gg 1 / g_m$, ⓒ the high – frequency response of the CE and CE – CB amplifiers contain only poles and dominant – pole approximation is valid, and ⓓ the CB stage has a much higher upper 3 – dB frequency f_H than does the CE stage, then show that the cascode amplifier has a higher upper 3 – dB frequency f_H than does the CE amplifier. (題型:Cas-Code(CE + CB))

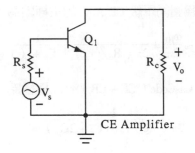

CE Amplifier

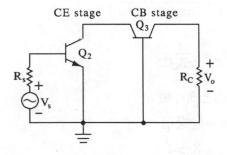

CE stage   CB stage

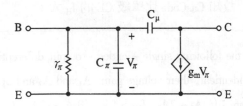

簡譯

單一 CE 組態和串疊組態（CE + CB）如圖(a)，(b)，若 Q_1，Q_2，Q_3完全相同，又電壓源與負載 R_C 也完全相同，BJT 的高頻 π 模型如圖(c)，若 $R_C \gg \dfrac{1}{g_m}$，且 CE 與（CE + CB）組態的高頻響應只有極點可用主極點近似法，又知 CB 組態的高三分貝頻率 f_H，比 CE 組態大很多，證明串疊組態的高三分貝頻率 f_H 比 CE 組態大。

解☞：

1.因為圖(a)單級 CE Amp 的主極點為：

$$f_{H1} \approx \frac{\omega_{H1}}{2\pi} = \frac{1}{2\pi\,(\,R_S /\!/ r_\pi\,)\,[\,C_\pi + (\,1 + g_m R_C\,)\,C_\mu\,]}$$

2.而 CasCode（CE + CB）有三極極點：

$$f_{p1} = \frac{1}{2\pi\,(\,R_S /\!/ r_\pi\,)(C_\pi + 2C_\mu)}$$

$$f_{p2} = \frac{1}{2\pi r_e\,(\,C_\pi + 2C\mu\,)}$$

$$f_{p3} = \frac{1}{2\pi R_C C_\mu}$$

由上式可知

$f_H \approx f_{p1}$ 或 f_{p3}

3. $\because g_m R_C \gg 1$

故知 CasCode 比單級 CE 的 f_H 大。

77.For the following single – ended – output differential amplifiers, if their loads are identical, their voltage gains A_1 and A_2 and upper 3dB frequencies f_{H1} and f_{H2} are：(A)$A_1 \simeq 2A_2$, $f_{H1} > f_{H2}$　(B)$A_1 \simeq 2A_2$, $f_{H1} \simeq f_{H2}$　(C)$A_1 \simeq 2A_2$, $f_{H1} <$

f_{H2} (D)$A_1 \simeq A_2$, $f_{H1} \simeq f_{H2}$ (E)$A_1 \simeq A_2$, $f_{H1} > f_{H2}$.（題型：D.A.頻響）

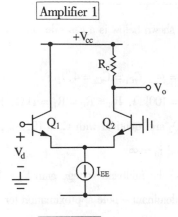

Amplifier 2

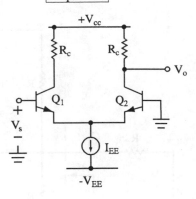

【交大電子、電信、材料所】

簡譯

已知 Q_1，Q_2 完全相同，$A = \dfrac{V_0}{V_d}$，求 A_1，A_2 與 f_{H1}，f_{H2} 之大小關係。

解☞：(E)

78. The circuit shown below is a cascode amplifier with circuit parameters listed as follows：

1. $C_E = C_B = \infty$, $C_{C1} = C_{C2} = 4.7\mu F$.

2. $R_1 = R_2 = 100k\Omega$, $R_B = R_C = R_L = 1k\Omega$, $R_S = R_E = 0.5k\Omega$.

3. Q_1 and Q_2 are identical with $C_\pi = 19.5pF$, $C_\mu = 0.5pF$, $r_\pi = 2k\Omega$, $\beta = 100$, and $r_0 = \infty$.

(1) Determine the midband voltage gain V_0 / V_S.

(2) Use the dominant – pole approximation for determining the lower 3 – dB frequency f_L.

(3) Explain briefly the reason why the cascode amplifer has higher upper 3 – dB frequency f_H than that of the common – emitter amplifier. （題型：Cas-Code（CE＋CB）頻響）

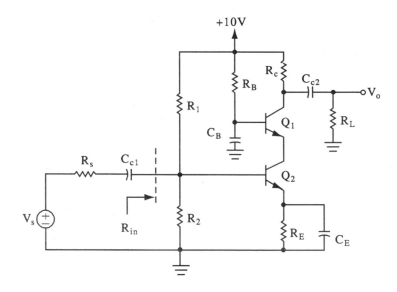

【交大控制所】

解☞：

(1)中頻小訊號模型

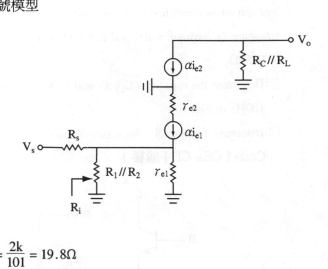

$$r_e = \frac{V_\pi}{1 + \beta} = \frac{2k}{101} = 19.8\Omega$$

$$\alpha = \frac{\beta}{1 + \beta} = \frac{100}{101} = 0.99$$

$$\therefore A_V = \frac{V_0}{V_S} = \frac{-\alpha^2 (R_C // R_L)}{r_{e1}} \cdot \frac{R_1 // R_2 // r_{\pi1}}{R_S + R_1 // R_2 // r_{\pi1}}$$

$$= \frac{(-0.99)^2 (1K // 1K)(100K // 100K // 2K)}{(19.8)(0.5K + 100K // 100K // 2K)} \cong -19.7$$

(2)低頻分析

$$R'_E = R_E // \left[\frac{r_\pi + (R_1 // R_2 // R_S)}{1 + \beta} \right]$$

$$\therefore f_L = \frac{\omega_L}{2\pi} = \frac{1}{2\pi C_E R'_E}$$

(3)CasCode 的 CB 能將共射極的電容米勒效應降低，因而能使高頻
響應較佳。

79. To study the low – frequency, small signal behavior of transistors, an equivalent circuit as shown in Fig. (a) is proposed. In Fig. (b) a circuit is given with transistor Q_1 having $\beta = 100$ and $r_i = 1k\Omega$, transistor Q_2 having $\beta = 100$ and $r_i = 0.5k\Omega$.

(1) Determine the capacitors C_1, C_2 and C_3 which allow a lower 3dB cut off at 100Hz in Fig. (b).

(2) Determine the overall voltage gain of the circuit in Fig. (b). 〔 題型：Cas-Cade（CE＋CE）頻響 〕

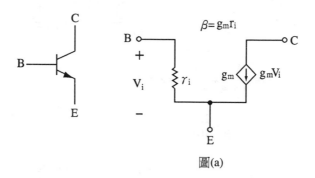

圖(a)

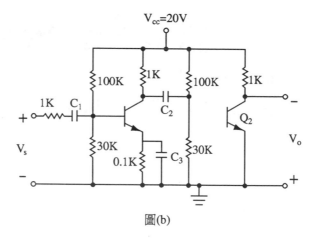

圖(b)

【 交大電物所 】

解☞：

(1) 1.低頻小訊號模型

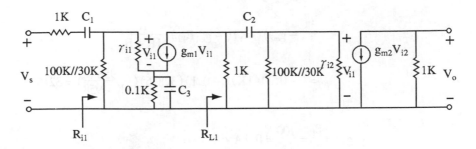

2.使用短路 STC 法

$$R_{T1} = 1K + [\, 100K /\!/ 30K /\!/ r_{i1} \,]$$

$$= 1K + (\, 100K /\!/ 30K /\!/ 1K \,) = 1.96k\Omega$$

$$R_{T2} = 1K + [\, 100K /\!/ 30K /\!/ r_{i2} \,]$$

$$= 1K + [\, 100K /\!/ 30K /\!/ 0.5K \,] = 1.49k\Omega$$

$$R_{T3} = 0.1K /\!/ \left[\, \frac{1K + 100K /\!/ 30K /\!/ r_{i1}}{1 + \beta_1} \,\right]$$

$$= 0.1K /\!/ \left[\, \frac{1K + 100K /\!/ 30K /\!/ 1K}{101} \,\right] = 16\Omega$$

$$\therefore \omega_L = \omega_{L1} + \omega_{L2} + \omega_{L3}$$

$$f_L = \frac{\omega_L}{2\pi} = \frac{1}{2\pi} \left[\, \frac{1}{R_{T1}C_1} + \frac{1}{R_{T2}C_2} + \frac{1}{R_{T3}C_3} \,\right]$$

$$= \frac{1}{2\pi} \left[\, \frac{1}{1960C_1} + \frac{1}{1490C_2} + \frac{1}{16C_3} \,\right] = 100$$

$$\therefore 取 \ C_1 = C_2 = C_3 \approx 100\mu F$$

(2)求中頻增益

$$R_{L1} = 1K /\!/ 100K /\!/ 30K /\!/ r_{i2} = 1K /\!/ 100K /\!/ 30K /\!/ 0.5K$$

$$= 328.6\Omega$$

$$R_{i1} = (100K // 30K) // r_{i1} = 100K // 30K // 1K = 958\Omega$$

$$\therefore A_M = \frac{V_0}{V_S} = \frac{V_0}{V_{i2}} \cdot \frac{V_{i2}}{V_{i1}} \cdot \frac{V_i}{V_S}$$

$$= (-g_{m2})(1K)(-g_{m1}R_{L1})(\frac{R_{i1}}{1K + R_{i1}})$$

$$= (-0.2)(1K)(-0.1)(328.6)(\frac{958}{1K + 958}) = 3216$$

其中

$$g_{m1} = \frac{\beta_1}{r_{i1}} = \frac{100}{1K} = 0.1 A/V$$

$$g_{m2} = \frac{\beta_2}{r_{i2}} = \frac{100}{0.5K} = 0.2 A/V$$

---

80. If $R_C = 5k\Omega$, $I = 1mA$, $R_S = 2.5k\Omega$, and $\beta = 100$, $C_\pi = \frac{5}{\pi}pF$, $C_\mu = \frac{2.5}{\pi}pF$, for both transistor. Find the upper 3 – dB frequency of this circuit. (題型：CasCode（CE＋CB）的高頻響應)

簡譯

若 $R_C = 5K\Omega$，$R_S = 2.5K\Omega$ and $\beta = 100$，$C_\pi = \frac{5}{\pi}pF$，$C_\mu = \frac{2.5}{\pi}pF$ 求 f_H

解☞：

一、直流分析——求參數

$$I_{E1} = I = 1mA$$

$$I_{C1} = I_{E2} = \alpha I_{E1} = (0.99)(1mA) = 0.99mA$$

$$I_{C2} = \alpha I_{E2} = (0.99)(0.99mA) = 0.98mA$$

$$r_{e1} = \frac{V_T}{I_{E1}} = \frac{25mV}{1mA} = 25\Omega$$

$$r_{\pi 1} = (1 + \beta)\, r_{e1} = (101)(25) = 2525\Omega$$

$$r_{e2} = \frac{V_T}{I_{E2}} = \frac{25mV}{0.99mA} = 25.25\Omega$$

$$r_{\pi 2} = (1 + \beta)\, r_{e2} = (101)(25.25) = 2550\Omega$$

$$g_{m1} = \frac{I_{C1}}{V_T} = \frac{0.99m}{25m} = 39.6mA\diagup V$$

$$g_{m2} = \frac{I_{C2}}{V_T} = \frac{0.98m}{25m} = 39.2mA\diagup V$$

二、小訊號分析

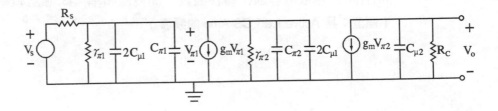

$$\therefore f_{p1} = \frac{\omega_{p1}}{2\pi} = \frac{1}{2\pi\,(2C_{\mu 1} + C_{\pi 1})(R_S /\!/ r_{\pi 1})}$$

$$= \frac{1}{2\pi\left(\dfrac{5}{\pi}p + \dfrac{5}{\pi}p\right)(2.5K/\!/2525)} = 39.8\text{MHz}$$

$$f_{p2} = \frac{\omega_{p2}}{2\pi} = \frac{1}{2\pi r_{e2}\left(C_{\pi2} + 2C_{\mu1}\right)}$$

$$= \frac{1}{2\pi\left(25.25\right)\left(\dfrac{5}{\pi}p + \dfrac{5}{\pi}p\right)} = 1980\text{MHz}$$

$$f_{p3} = \frac{\omega_{p3}}{2\pi} = \frac{1}{2\pi R_C C_{\mu2}} = \frac{1}{2\pi\left(5K\right)\left(\dfrac{2.5}{\pi}p\right)} = 40\text{MHz}$$

故 $f_H = \left[\sqrt{\dfrac{1}{f_{p1}^2} + \dfrac{1}{f_{p2}^2} + \dfrac{1}{f_{p3}^2}}\,\right]^{-1}$

$$= \left[\sqrt{\frac{1}{\left(39.8\text{M}\right)^2} + \frac{1}{\left(1980\text{M}\right)^2} + \frac{1}{\left(40\text{M}\right)^2}}\,\right]^{-1}$$

$$= 28.21\text{MHz}$$

（P.S. f_{p2}過大，可忽略。）

81.已知 $I_{bias} = 10\mu A$，Q_1的參數為：$\mu_n C_{OX} = 20\dfrac{\mu A}{V^2}$，$V_A = 50V$，$\dfrac{W}{L} = 64$，$C_{gs} = C_{gd} = 1pF$，$Q_2$的參數為：$C_{gd} = 1pF$，$V_A = 50V$，且輸出端與地之間有$1pF$ 的雜散電容求(1)轉移函數　(2)極點頻率　(3)零點頻率。

（題型：具 Active load CS Amp 的頻響）

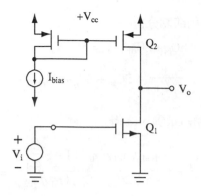

【清大核工所】

解☞：

(1) 1.直流分析⇒求參數

$$K_1 = \frac{1}{2}\mu_n C_{OX}(\frac{\omega}{L})_1 = (\frac{1}{2})(20\mu)(64) = 640\mu A / V^2$$

$$g_{m1} = 2\sqrt{K_1 I_{bias}} = 2\sqrt{(640\mu)(10\mu)} = 160\mu A / V$$

$$r_{01} = r_{02} = \frac{V_A}{I_{bias}} = \frac{50V}{10\mu A} = 5M\Omega$$

2.中頻分析

$$A_M = \frac{V_0}{V_i} = -g_{m1}(r_{01} // r_{02}) = (-160\mu)(5M // 5M) = -400$$

3.高頻分析

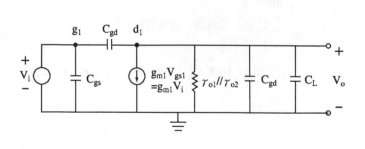

用節點分析法

$$(SC_{gs} + SC_{gd})V_i = SC_{gd}V_0 \text{———①}$$

$$(\frac{1}{r_{01}//r_{02}} + SC_{gd} + SC_L + SC_{gd})V_0 = SC_{gd}V_i - g_mV_i \text{———②}$$

解 equ①、②得

$$\frac{V_0}{V_i} = \frac{-g_{m1}(r_{01}//r_{02})(1 - S\frac{C_{gd}}{g_{m1}})}{1 + S(2C_{gd} + C_L)(r_{01}//r_{02})} = A_M \frac{(1 - \frac{S}{\omega_z})}{(1 + \frac{S}{\omega_p})}$$

(2)求極點

由上式知

$$f_p = \frac{\omega_p}{2\pi} = \frac{1}{2\pi(2C_{gd} + C_L)(r_{01}//r_{02})} = \frac{1}{(2\pi)(3p)(2.5M)}$$

$$= 21.2KHz$$

(3)求零點

$$f_Z = \frac{\omega_Z}{2\pi} = \frac{g_{m1}}{(2\pi)C_{gd}} = \frac{160\mu}{(2\pi)(1p)} = 25.5MHz$$

82.BJT 串疊是由①及②相疊而成（填 CE，CB 或 CC），而串疊最大的用途為③。（**題型：多級放大器的頻響**）

【中央資訊及電子所】

解☞：

①CE　②CB　③頻寬增加

83.已知 $I = 1mA$，$f_t = 400MHz$, $\beta = 100$，$C_\mu = 2pF$，

$$\frac{V_0(S)}{V_S(S)} = A(S) = \frac{A_0}{(1 + \frac{S}{\omega_{p1}})(1 + \frac{S}{\omega_{p2}})}$$

(1)繪出等效小訊號模型。

(2)求中頻增益 A_0。

(3)若 $|A(j\omega_H)| = \dfrac{A_0}{\sqrt{2}}$，求 ω_H。（**題型：寬頻差動放大器頻響**）

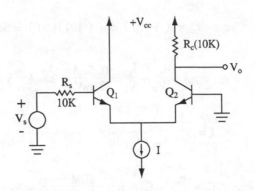

解☞：

(1) 1.高頻小訊號模型

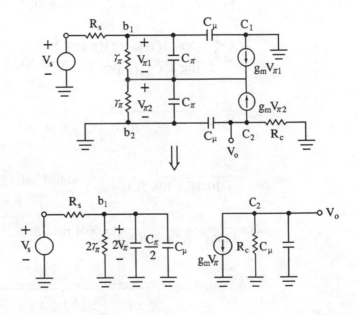

2.求參數

$$r_{e1} = r_{e2} = \frac{V_T}{I_{E1}} = \frac{2V_T}{I} = \frac{(2)(25m)}{1m} = 50\Omega = r_e$$

$$r_{\pi 1} = r_{\pi 2} = (1 + \beta) r_e = (101)(50) = 5.05k\Omega$$

$$g_{m1} = g_{m2} = \frac{I_{C1}}{V_T} \approx \frac{I_{E1}}{V_T} = \frac{0.5mA}{25mV} = 20mA \diagup V = g_m$$

$$\because f_t = \frac{g_m}{2\pi (C_\pi + C_\mu)}$$

$$\therefore C_\pi = \frac{g_m}{2\pi f_t} - C_\mu = \frac{20M}{(2\pi)(400M)} - 2p = 6pF$$

(2)中頻增益

$$A_0 = \frac{V_0}{V_S} = \frac{V_0}{2V_\pi} \cdot \frac{2V_\pi}{V_S} = (\frac{1}{2} g_m R_C)(\frac{2r_\pi}{R_S + 2r_\pi})$$

$$= \frac{(\frac{1}{2})(20m)(10K)(2)(5.05K)}{10K + (2)(5.05K)} \approx 50$$

(3)$\omega_{p1} = \frac{1}{R_{T1} C_{T1}} = \frac{1}{(2r_\pi \mathbin{/\mkern-5mu/} R_S)(\frac{1}{2} C_\pi + C_\mu)}$

$$= \frac{1}{(10.1K \mathbin{/\mkern-5mu/} 10K)(3p + 2p)} \approx 40M \text{ rad} \diagup S$$

$$\omega_{p2} = \frac{1}{C_\mu R_C} = \frac{1}{(2p)(10K)} = 50M \text{ rad} \diagup S$$

$$\because |A(j\omega_H)| = \frac{A_0}{\sqrt{[1 + (\frac{\omega_H}{\omega_{p1}})^2][1 + (\frac{\omega_H}{\omega_{p2}})^2]}} = \frac{A_0}{\sqrt{2}}$$

$$\therefore 2 = \left[1 + \left(\frac{\omega_H}{\omega_{p1}} \right)^2 \right] \left[1 + \left(\frac{\omega_H}{\omega_{p2}} \right)^2 \right]$$

故 $\omega_H = 28.53M$ rad／S

84.如圖所示，$I = 1mA$，$R_S = R_C = 10k\Omega$，若電晶體的

$f_T = 400MHz$，$\beta = 100$，$C_\mu = 2pF$，若

$$A(S) = \frac{V_0(S)}{V_S(S)} = \frac{A_0}{\left(1 + \frac{S}{\omega_{p1}} \right) \left(1 + \frac{S}{\omega_{p2}} \right)}$$

(1)畫出其等效小信號電路。

(2)求 $A_0 = ?$

(3)假若$|A(j\omega_H)| = \frac{A_0}{\sqrt{2}}$，求 $\omega_H = ?$（**題型：寬頻差動放大器**）

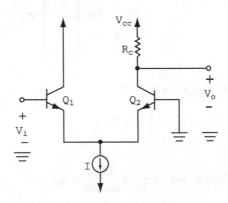

【工技電子所】

解☞：(1)

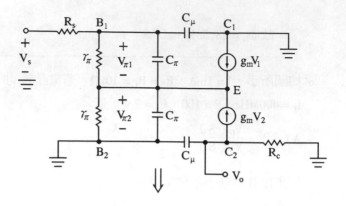

⇓

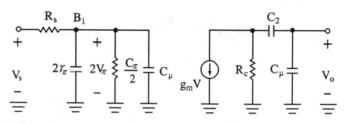

(2)直流分析→求參數

1. $I_{E1} = I_{E2} = \dfrac{I}{2} = 0.5mA$

$\therefore r_{e1} = r_{e2} = \dfrac{V_T}{I_{E1}} = \dfrac{25mV}{0.5mA} = 50\Omega$

$r_{\pi 1} = r_{\pi 2} = (1 + \beta) r_{e1} = (101)(50) \approx 5k\Omega$

2. $\because g_m = \dfrac{\beta}{r_\pi} \approx \dfrac{1}{r_e} = 20mA／V$

$\therefore f_T = \dfrac{g_m}{2\pi (C_\pi + C_\mu)}$

$$\therefore C_\pi = \frac{g_m}{2\pi f_T} - C_\mu = \frac{20m}{2\pi\ (\ 400M\ )} - 2p \approx 6pF$$

3.中頻增益

$$A_0 = \frac{V_0}{V_S} = \frac{V_0}{V_{\pi 1}} \cdot \frac{V_{\pi 1}}{V_S} = \frac{(\ g_m R_C\ )}{2} \cdot \frac{2r_\pi}{R_S + 2r_\pi}$$

$$= \frac{(\ 20m\ )\ (\ 10K\ )(5K)}{10K + (\ 2)(5K\ )} = 50$$

(3)頻率響應

$$1.\omega_{p1} = \frac{1}{(\ R_S /\!/ 2r_\pi\ )(\frac{C_\pi}{2} + C_\mu\ )} = \frac{1}{(\ 10K /\!/ 10K\ )(3p + 2p\ )}$$

$$= 40M\ \text{rad}\diagup S$$

$$\omega_{p2} = \frac{1}{R_C C_\mu} = \frac{1}{(\ 10K\ )(2p\ )} = 50M\ \text{rad}\diagup S$$

$$\therefore A\ (\ S\ ) = \frac{V_0}{V_S} = \frac{A_0}{(\ 1 + \frac{S}{\omega_{p1}}\ )(1 + \frac{S}{\omega_{p2}}\ )}$$

$$2.A\ (\ j\omega\ ) = \frac{A_0}{(\ 1 + j\frac{\omega}{\omega_{p1}}\ )(1 + j\frac{\omega}{\omega_{p2}}\ )}$$

$$\therefore |A\ (\ j\omega_H\ )\ | = \frac{A_0}{\sqrt{\ [\ 1 + (\ \frac{\omega_H}{\omega_{p1}}\ )^2\ ]\ [\ 1 + (\ \frac{\omega_H}{\omega_{p2}}\ )^2\ ]}} = \frac{A_0}{\sqrt{2}}$$

$$\text{即} 2 = (1 + \frac{\omega_H^2}{\omega_{p1}^2})(1 + \frac{\omega_H^2}{\omega_{p2}^2}) = [1 + \frac{\omega_H^2}{(40M)^2}][1 + \frac{\omega_H^2}{(50M)^2}]$$

$$\therefore \omega_H = 28.53M\ \text{rad}\diagup S$$

85.電晶體的 $\beta = 100$, $C_\pi = 5pF$, $C_\mu = 1pF$,計算所有高頻極點之頻率,並決

定放大器之頻寬。取 $V_T = 25mV$。（**題型：CaCode（CE＋CB）頻響**）

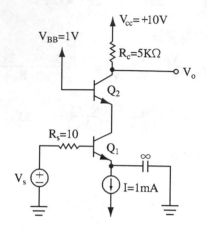

【技師】

解 :

解法同例第 17 題

(1) $f_{p1} = 2.28GHz$

$f_{p2} = 0.91GHz$

$f_{p3} = 32MHz$

(2) $BW \approx f_{p3} = 32MHz$

---

86. 一個由三級串聯放大器組成之系統，每級之增益與極點頻率如下：

第一級：$A_{V1} = 40dB, f_{p1} = 2kHz$；

第二級：$A_{V2} = 32dB, f_{p2} = 40kHz$；

第三級：$A_{V3} = 20dB, f_{p3} = 150kHz$。

試求：當 $f = f_{p1}$ 時之開迴路增益與總相位移。（**題型：多級放大器的頻率響應**）

解 :

1. 總電壓增益 $A_{VT} = A_{V1} + A_{V2} + A_{V3} = 40 + 32 + 20 = 92dB$

2.總相位移 $\emptyset_T = -\tan^{-1}(\frac{f}{f_{p1}}) - \tan^{-1}(\frac{f}{f_{p2}}) - \tan^{-1}(\frac{f}{f_{p3}})$

$$= -\tan^{-1}(\frac{2K}{2K}) - \tan^{-1}(\frac{2K}{40K}) - \tan^{-1}(\frac{2K}{150K})$$

$$= -48.62°$$

87.(1)三完全相同的放大器串接，且各級不相互作用，已知總高3dB 頻率為25KHz，則各級之高3dB 頻率為何？

(2)承上題，若總低3dB 頻率為10Hz，則各級之低3dB 頻率為何？（**題型：多級放大器的頻率響應**）

解☞：

(1) $\because f_H^* = f_H \sqrt{2^{1/n} - 1} = f_H \sqrt{2^{1/3} - 1} = 25KHZ$

$\therefore f_H = 49KHZ$

(2) $\because f_L^* = \dfrac{f_L}{\sqrt{2^{1/n} - 1}} = \dfrac{f_L}{\sqrt{2^{1/3} - 1}} = 10HZ$

$\therefore f_L = 5.1HZ$

88.有個五串級放大電路，如每一級受到耦合電容 C_B 的影響，其低3dB 頻率 f_L 為200Hz，求總下降3dB 頻率 f'_L？（**題型：多級放大器的頻率響應**）

解☞：

$\because f_L^* = \dfrac{f_L}{\sqrt{2^{1/n} - 1}} = \dfrac{200}{\sqrt{2^{\frac{1}{5}} - 1}} = 5.187Hz$

CH10 運算放大器(OPA)內部電路分析

§10-1〔題型五十五〕：OPA 741內部電路分析

考型147 OPA 741 內部電路工作說明

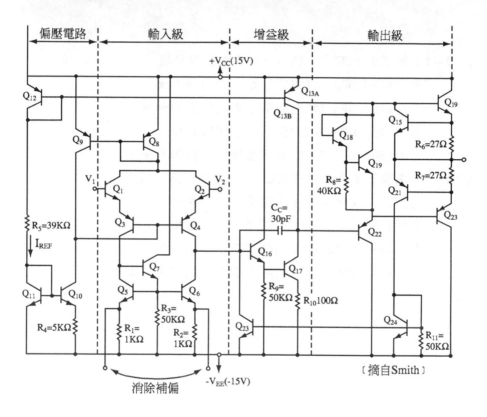

〔摘自Smith〕

一、偏壓電路

1. Q_{11}，Q_{12}，R_5組成偏壓電流 I_{REF}

2. Q_{10}，Q_{11}，R_4組成 widlar 電流鏡，由 Q_{10}的集極供出電流。

3. Q_8，Q_9組成電流鏡，提供第一級偏壓。

4. Q_{12}，Q_{13}組成電流重複鏡。Q_{13A}提供輸出級偏壓，Q_{13B}提供第二級

偏壓電流。

二、輸入級

1. Q_1，Q_2組成 NPN 差動對，是訊號輸入端。

2. Q_3，Q_4組成 PNP 差動對，提供高的輸入電阻，以保護 Q_1，Q_2差動對。

3. Q_5，Q_6，Q_7及 R_1，R_2，R_3，作為輸入級的負載電路，以提供高的電阻負載，並形成 Q_3，Q_4差動對的單端輸出。

三、增益級

1. Q_{16}：射極隨耦器，提供第二級 Q_{17}高輸入電阻，以降低輸入級的負載效應，避免增益損失。

2. Q_{17}：共射極放大器，放大由輸入級傳入的訊號。而 Q_{17}的負載是由 Q_{13B}及 Q_{22}並聯形成的。

3. C_c：形成 Q_{17}的迴授電路，因密勒補償電容效應，而提供頻率補償，可獲較大的頻寬。

四、輸出級

1. Q_{14}，Q_{20}形成 B 類推挽式功率放大器。

2. Q_{18}，Q_{19}提供兩個 V_{BE}壓降給 Q_{14}，Q_{20}，以消除交越失真。與 Q_{14}，Q_{20}而形成 AB 類功率放大器。

3. Q_{15}，Q_{21}，Q_{23}，Q_{24}及 R_6，R_7形成短路保護電路。平時這些電晶體是截止。但若遇輸出端有大電流產生時（例如輸出端短路接地），則此些電晶體就會導通而形成保護電路。

五、OPA 741與 CMOS OPA

1. OPA 741通常作成 SSI 電路，且有較佳的輸出級。

2. CMOS OPA 通常作成 VLSI 電路，此電路不是用來推動大功率負載，所以沒有低阻抗輸出級。

考型148 OPA 741內部電路直流分析

一、偏壓電路直流分析

1. 參考電流 I_{REF}

$$I_{REF} = \frac{V_{CC} - V_{EB12} - V_{BE11} - (-V_{EE})}{R_5}$$

2. 輸入級偏壓電流 I_{C10}

$$I_{C10} = \frac{V_T}{R_4} \ell_n \frac{I_{REF}}{I_{C10}}$$

二、輸入級電路直流分析

1. 輸入差動對偏壓電流 I_{C1}，I_{C2}

∵ Q_8，Q_9 電流鏡因素：

$$I_{C1} = I_{C2} = I \Rightarrow I_{E1} = I_{E2} = I_{E3} = I_{E4} \cong I = \frac{1}{2} I_{C10}$$

2. 溫度漂移特性

① 輸入偏壓電流（ input bias current ）

$$I_B = \frac{1}{2}(I_{B1} + I_{B2}) = \frac{1}{2}\left[\frac{I_{C1}}{\beta_N} + \frac{I_{C2}}{\beta_N}\right] = \frac{I}{\beta_N}$$

② 輸入偏移電流（ input offset current ）

$$I_{OS} = |I_{B1} - I_{B2}|$$

3. 共模輸入範圍

① V_{BE5}，V_{BE6} 的求法

$$V_{BE5} = V_{BE6} = V_T \ln \frac{I_{C6}}{I_S} = V_T l_n \frac{I}{I_S}$$

② 設 $|V_{BE}| = 0.6V$，R_1，R_2 壓降可不計，而電晶體離開主動區條

件是 $V_{BC} = 0V$，則

③求共模輸入之上限：條件為 Q_1，Q_2 離開主動區時，所以：

$$V_{CM(max)} = V_{CC} - V_{EB8} - V_{CB1}$$

④求共模輸入之下限：條件為 Q_3，Q_4 離開主動區時，所以：

$$V_{CM(min)} = V_{BE1} + V_{EB3} + V_{BC3} + V_{BE7} + V_{BE5} - V_{EE}$$

三、增益級電路直流分析

1. 增益級 Q_{17} 的 I_{C17}，I_{B17}，V_{BE17}

① ∵電流重複鏡（面積比）

$$I_{C13B} = \frac{3}{4} I_{REF} \approx I_{C17}$$

② $V_{BE17} = V_T \ln \dfrac{I_{C17}}{I_S}$

③ $I_{B17} = \dfrac{I_{C17}}{\beta_N}$

2. 射極隨耦器 Q_{16}

$$I_{C16} \approx I_{E16} = I_{B17} + \frac{I_{E17}R_{10} + V_{BE17}}{R_9}$$

四、輸出級電路直流分析

1. ∵電流重複鏡（面積比）

$$I_{C13A} = \frac{1}{4} I_{REF}$$

2. $I_{R8} = \dfrac{V_{BE19}}{R_8}$

3. $I_{E19} = I_{C13A} - I_{R8}$

4. $V_{BE19} = V_T \ln \dfrac{I_{C19}}{I_S}$

5. $I_{B19} = \dfrac{I_{C19}}{\beta_N}$

6. $I_{C18} \approx I_{E18} = I_{B19} + I_{R8}$

7. $V_{BE18} = V_T \ln \dfrac{I_{C18}}{I_S}$

8. $V_{BB} = V_T \ln \dfrac{I_{C14}}{I_{S14}} + V_T \ln \dfrac{I_{C20}}{I_{S20}} = 2V_{BE}$

若知 I_{S14} 及 I_{S20}，則知 I_{C14}，及 I_{C20}

五、額定輸出電壓

1. 最大值 $\quad V_{max} = V_{CC} - V_{BC13A\,(\,sat\,)} - V_{BE14}$

2. 最小值 $\quad V_{min} = -V_{CC} + V_{CE17\,(\,sat\,)} + V_{EB22} + V_{EB20}$

考型149 OPA 741內部電路小訊號分析

一、輸入級小訊號分析

1. $Q_1 \sim Q_4$ 小訊號模型

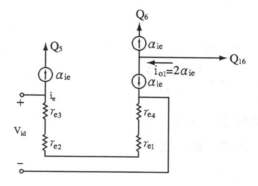

2. 輸入級的差模輸入電阻

① $r_{e1} = r_{e2} = r_{e3} = r_{e4} = r_e = \dfrac{V_T}{I_{C1}} = \dfrac{V_T}{I}$

$i_e = \dfrac{V_{id}}{4r_e} = \dfrac{V_1 - V_2}{4r_e}$

② $R_{id} = \dfrac{V_{id}}{i_b} = \dfrac{V_{id}}{\dfrac{i_e}{1+\beta_N}} = (\,1+\beta_N\,)(\dfrac{V_{id}}{i_e}\,) = (\,1+\beta_N\,)(4r_e\,)$

$$G_{m1} = \frac{i_{01}}{V_{id}} = \frac{\alpha}{2r_e} \approx \frac{1}{2r_e}$$

3. 輸入級的輸出電阻

$R_{out1} = R_{04} /\!/ R_{06}$

其中

①$R_{04} = r_{OP} \left[1 + g_m \left(r_\pi /\!/ r_e \right) \right] = \dfrac{V_A}{I} \left[1 + \dfrac{I}{V_T} \left(r_\pi /\!/ r_e \right) \right]$

②$R_{06} = r_{ON} \left[1 + g_m \left(r_\pi /\!/ R_2 \right) \right] = \dfrac{V_A}{I} \left[1 + \dfrac{I}{V_T} \left(r_\pi /\!/ R_2 \right) \right]$

4. 輸入級小訊號等效模型

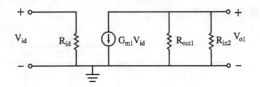

$$A_{V1} = - G_{m1} \left(R_{out1} /\!/ R_{in2} \right)$$

二、增益級小訊號分析

1. Q_{16}，Q_{17}，Q_{13B}小訊號模型

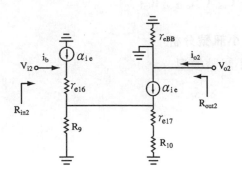

①輸入電阻

$$R_{in2} = \frac{V_{i2}}{i_b} = (1 + \beta_{16}) \{ r_{e16} + [R_9 /\!/ (1 + \beta_{17}) (r_{e17} + R_{10})] \}$$

②輸出電導

$$G_{m2} = \frac{i_{02}}{V_{i2}} = \frac{\alpha i_{e17}}{V_{i2}} = \alpha [\frac{V_{e17}}{(r_{e17} + R_{10}) V_{i2}}]$$

$$= [\frac{\alpha}{r_{e17} + R_{10}}] \{ \frac{R_9 /\!/ [(1 + \beta_{17}) (r_{e17} + R_{10})]}{r_{e16} + R_9 /\!/ [(1 + \beta_{17}) (r_{e17} + R_{10})]} \}$$

③輸出電阻

$$R_{out2} = r_{013B} /\!/ \{ r_{017} [1 + g_{ml7} (r_\pi /\!/ R_{10})] \}$$

2.增益級小訊號等效模型

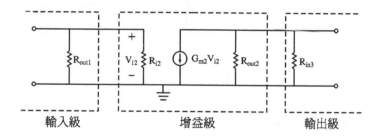

輸入級　　　　　　　　增益級　　　　　　輸出級

$$A_{V2} = - G_{m2} (R_{out2} /\!/ R_{in3})$$

三、輸出級小訊號分析

Q$_{18}$，Q$_{19}$小訊號模型

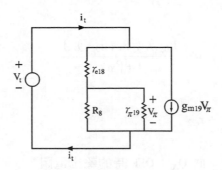

$$i_t = \frac{V_t}{r_{e18} + (R_8 /\!/ r_{\pi19})} + g_{m19} \left[\frac{V_t (R_8 /\!/ r_{\pi19})}{r_{e18} + (R_8 /\!/ r_{\pi19})} \right]$$

$$\therefore R_t = \frac{V_t}{i_t}$$

① 由 Q_{22} 基極看入的輸入電阻 R_{in3}

$$R_{in3} = (1 + \beta_{22}) \left[(R_t + r_{o13A}) /\!/ (1 + \beta_{20})(r_{e20} + R_L) \right]$$

② 開路電壓增益 μ_3

$$\mu_3 = \left. \frac{V_0}{V_{02}} \right|_{R_{L=\infty}} \approx 1$$

③ 當 Q_{14}：OFF，而 Q_{20}：ON 時的輸出電阻

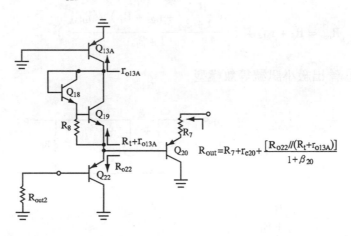

$$R_{out} = R_7 + r_{e20} + \frac{[R_{o22} /\!/ (R_t + r_{o13A})]}{1 + \beta_{20}}$$

即

$$R_{out} = R_7 + r_{e20} + \frac{\left[R_{0_{22}} \,/\!/\, \left(R_t + r_{0_{13A}} \right) \right]}{1 + \beta_{20}}$$

其中

$$R_{0_{22}} = \frac{R_{out2}}{1 + \beta_{22}} + r_{e22}$$

④當 Q_{14}：ON，而 Q_{20}：OFF 時的輸出電阻

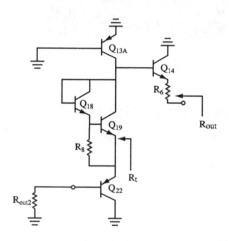

$$R_{out} = R_6 + r_{e14} + \left[\frac{\left(\frac{R_{out2}}{1 + \beta_{22}} + r_{e22} + R_t \right) \,/\!/\, r_{013A}}{1 + \beta_{14}} \right]$$

⑤輸出級小訊號等效模型

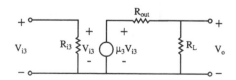

$$A_{V3} = \frac{\mu_3 R_L}{R_{out} + R_L}$$

四、OPA 全級電壓增益

$$A_V = \frac{V_0}{V_{id}} = \frac{V_0}{V_{i3}} \cdot \frac{V_{i3}}{V_{i2}} \cdot \frac{V_{i2}}{V_d} = A_{V3} \cdot A_{V2} \cdot A_{V1}$$

考型150 OPA 741的頻率響應及迴轉率

1. OPA 741的主極點，主要是由米勒電容 C_c 所決定，其 STC 等效電路
如下：

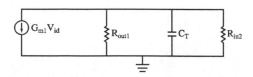

2. **電路分析**

① $C_T = C_C (1 - A_{V2})$

② $R_T = R_{out1} /\!/ R_{in2}$

③ $f_H = \dfrac{\omega_H}{2\pi} = \dfrac{1}{2\pi C_T R_T}$

3. **傳輸頻率**

① $f_t = A_{vo} f_H$

② $f_t = \dfrac{G_{m1}}{2\pi C_C}$

4. **OPA 741的迴轉率（Slew Rate，SR）**

① 求迴轉率時的簡化模型

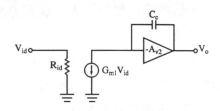

② $SR = \dfrac{2I}{C_C}$

其中 2I 爲流入增益級輸入處 Q_{16} 的直流電流

③ 全功率頻帶寬

$f_M = \dfrac{SR}{2\pi V_M}$

④ 傳輸頻率與 SR 關係式

$SR = 4\omega_t V_T$

歷屆試題

1. 如圖所示爲國際半導體公司 LM380 積體電路功率放大器的內部
   簡化電路。假設 $V_S = 22.1V$，$V_T = 25mV$，所有電晶體之 $\beta =$
   100，$V_A = 100V$，$V_{BEactive} = 0.7V$。

   (1) 試求電晶體 Q_3 的偏壓電流以及輸出點（Out）的直流電壓。
       計算時把正負兩個輸入端接地。

   (2) 此電路的輸出級爲 AB 類。假設 Q_7、Q_9 的 I_S 比 D_1、D_2、Q_8 的
       I_S 大十倍，試求 Q_7、Q_9 的靜態偏電流。（提示：爲了簡化計
       算，可以忽略流過 R_2 的電流以及流入 Q_7 基極的電流。另外
       電晶體之 $I_C = I_S \exp (V_{BE} / V_T)$。）

   (3) 假設 $R_L = 8\Omega$，在 Q_8、Q_9 進入作用區的考慮下，求 Q_{12} 共射級
       的小信號放大倍率。（即 Q_{12} 集極對基極的小信號電壓比。
       在計算中，假設輸出電流不大、Q_8 與 Q_9 的小信號參數仍可靜
       態電流來估算。）

   (4) 簡述電容 C 的作用。假設電晶體 Q_{12} 的 $C_\pi = 8pF$，$C_\mu = 2pF$，
       在開迴路的條件下，估算極點的頻率（以 Hz 爲單位）。

   （題型：OPA 內部電路分析）

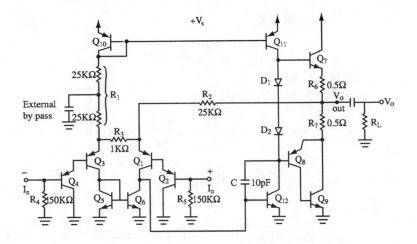

【台大電機所】

國際半導體公司 LM380積體電路功率放大器的內部簡化電路
（錄自 Sedra & Smith，Microelectromic Circuits，p680．）

解☞：

$(1) I_{C3} \approx I_{E3} = \dfrac{V_S - V_{BE10} - V_{BE3} - V_{BE4}}{R_1} = \dfrac{22.1 - 2.1}{50K} = 0.4mA$

$V_0 = \dfrac{1}{2} (V_{CC} + V_{BE}) = \dfrac{1}{2} (22.1 + 0.7) = 11.4V$

(2)設 R_6 及 R_7 的壓降可忽略，則

$\therefore I_{C7} \approx I_{C9} = 10 I_{D1} = 10 I_{E3} = 4mA$

(3) 1.小訊號等效圖

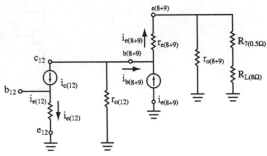

2.求參數

$$r_{e12} = \frac{V_T}{I_{E12}} = \frac{25m}{0.4m} = 62.5\Omega$$

$$i_{e(8+9)} = \beta^2 i_{b(8+9)}$$

$$r_{e(8+9)} = \frac{V_T}{I_{E(8+9)}} = \frac{25m}{4m} = 6.25\Omega$$

$$r_{0_{12}} = \frac{V_A}{I_{C12}} = \frac{100}{0.4m} = 250k\Omega$$

3. $\therefore A_V = \dfrac{V_{c12}}{V_{b12}} = \dfrac{-\left[\beta^2\left(r_{e(8+9)} + R_7 + R_L\right) /\!/ r_{012}\right]}{r_{e12}} = -1480$

(4) 1.C 的作用，可產生米勒補償效應，以增加穩定度

2.$f_p = \dfrac{1}{2\pi R_{eq} C_{eq}} = \dfrac{1}{2\pi\left(1 + \beta\right) r_{e12}\left(1 - A_V\right) C} = 1.72kHz$

---

2. Fig show a circuit for generating a constant current $I_0 = 10\mu A$. Determine the values of R_1 and R_2 assuming that V_{BE} is $0.7V$ at a current of 1 mA and neglecting the effect of finite β. $I_{REF} = 1mA$. （**題型：widlar 電流鏡分析**）

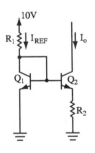

【台大電機所】

$I_{REF} = 1mA$，且 $I_C = 1mA$ 時 $V_{BE} = 0.7V$，$I_0 = 10\mu A$，且 β 效應可忽略，求 R_1，R_2值。

解☞：

1.當 $I_{REF} = 1mA$ 時，$V_{BE} = 0.7V$

$$\therefore R_1 = \frac{V_{CC} - V_{BE1}}{I_{REF}} = \frac{10 - 0.7}{1m} = 9.3k\Omega$$

2.$R_2 = \frac{V_T}{I_0} \ln \left[\frac{I_{REF}}{I_0} \right] = \frac{25mV}{10\mu A} \ln \left[\frac{1mA}{10\mu A} \right] = 11.51k\Omega$

---

3. Which one of the following statements about ”type 741” OPAMP is NOT true：. (A) It employs Miller compensation to ensure stability even at unit gain. (B) The 3rd stage has no voltage gain. (C) It contains NPN and PNP transistors that have matched characteristics. (D) It contains output current limiting circuit for protection. （題型：OPA 741）

【台大電機所】

有關 OPA 741的特性，下列何者為非：(A)使用米勒補償，可確保在單位增益時仍能維持穩定。 (B)第三級並無電壓增益。(C)NPN 與 PNP 電晶體的特性互相匹配。 (D)具有限制輸出電流的保護電路。

解☞：(C)

---

4. The circuit in Figure § shows the input stage with both inputs grounded for the 741 Op Amp. If a mismatch occurs in Q_3 and Q_4 such that $\beta_{p3} = 24$ and $\beta_{p4} = 50$, what should the mismatch $\triangle R$ be to compensate for the difference in β_p's, thus reducing the offset voltage to zero？

（Assuming $G_{m1} = 1 / 5.25mA / V$，$I = 10\mu A$，$R = 1k\Omega$）（題型：

OPA 741直流分析）

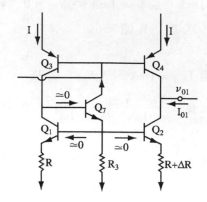

【清大電機所】

簡譯

已知 OP 741輸入級的輸入端接地，而 Q_3，Q_4不匹配，以致 β_{p3} = 24，β_{p4} = 50，假設 $G_{m1} = \dfrac{1}{5.25} \dfrac{mA}{V}$，$I = 10\mu A$，$R = 1k\Omega$，若輸入偏移電壓降至0V 時，求$\triangle R$值？

解☞ ：

1. 設輸出的變量電流$\triangle I = I_{C4} - I_{C6}$

   即 $I_{C6} = I_{C4} - \triangle I$

2. $\because V_{BE5} + I_{C5} R = V_{BE6} + I_{C6}（R + \triangle R）$

   $= V_{BE6} +（I_{C4} - \triangle I）(R + \triangle R)$

   $\therefore V_{BE5} - V_{BE6} =（I_{C4} - \triangle I）(R + \triangle R) - I_{C5} R$

   $\Rightarrow V_{BE5} - V_{BE6} = I_{C4}\triangle R +（I_{C4} - I_{C5})R - \triangle I(R + \triangle R)$——①

3. 又 $V_{BE5} - V_{BE6} \approx（I_{C5} - I_{C6}）r_{e6} =（I_{C5} - I_{C4} + \triangle I）r_{e6}$——②

   由 equ① = equ②，得

$$\triangle I = \frac{（I_{C4} - I_{C5})(R + r_{e6}) + I_{C4}\triangle R}{r_{e6} + R + \triangle R}$$

4.若 $V_{0S} = 0V \Rightarrow$ 則需 $\triangle I = 0$

$\therefore\ (\ I_{C4} - I_{C5})(\ R + r_{e6}\ )\ + I_{C4} \triangle R = 0$

$$\triangle R = \frac{(\ I_{C5} - I_{C4})(\ R + r_{e6}\ )}{I_{C4}}$$

5. $I_{C4} = \alpha_{p4} I_{E4} = \frac{\beta_{p4}}{1 + \beta_{p4}} I = \frac{(\ 50)(\ 10\mu\ )}{51} = 9.8\mu A$

$I_{C5} \approx I_{C3} = \alpha_{p3} I_{E3} = \frac{\beta_{p3}}{1 + \beta_{p3}} I = \frac{(\ 24)(\ 10\mu\ )}{25} = 9.6\mu A$

$r_{e6} = \frac{V_T}{I_{C5}} = \frac{25mV}{9.6\mu A} = 2.6k\Omega$

6. $\therefore \triangle R = \frac{(\ I_{C5} - I_{C4})(\ R + r_{e6}\ )}{I_{C4}}$

$$= \frac{(\ 9.6\mu - 9.8\mu\ )(\ 1k + 2.6k\ )}{9.8\mu} = -73\Omega$$

---

5. Figure shows the input stage of op amp 741 where $I_{REF} = 20\mu A$ and the parameters for transistors are：

npn：$I_s = 10^{-14} A$，$\beta = 250$，$V_A = 125V$；

pnp：$I_s = 10^{-14} A$，$\beta = 50$，$V_A = 50V$；

(1) Perform the dc analysis to find out I, then based on this perform small signal analysis to obtain the values for input differential resistance R_{id} and transconductance $G_{m1} = i_0 / v_i$ of this input stage.

(2) If, due to processing imperfection, the β of Q_4 is reduced to 40 while the β of Q_3 remains at 50, find the input offset voltage. (for simplicity, use the G_{m1} obtained in (1)) (題型：OPA 741 內部電路分析)

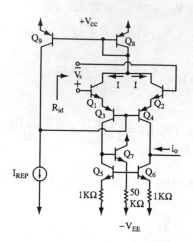

簡譯

已知 $I_{REF} = 20\mu A$,

npn：$I_s = 10^{-14}A$, $\beta = 250$, $V_A = 125V$

pnp：$I_s = 10^{-14}A$, $\beta = 50$, $V_A = 50V$

(1)求 I , R_{id} , $G_{m1} = \dfrac{i_0}{v_i}$

(2)若 Q_4 的 β 值降至40，而 Q_3 的 β 值維持50，求輸入偏移電壓。

解 ☞ ：

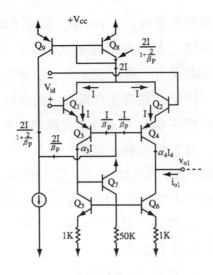

(1) 1. $I_{REF} = \dfrac{2I}{1 + \dfrac{2}{\beta_p}} + \dfrac{2I}{\beta_p} = 2I\left(\dfrac{1}{1 + \dfrac{2}{50}} + \dfrac{1}{50}\right) = 20\mu A$

$\therefore I = 10.4\mu A$

2. $r_e = \dfrac{V_T}{I_{E1}} \approx \dfrac{V_T}{I} = \dfrac{25mV}{10.4\mu A} = 2.4k\Omega$

$R_{id} = 4\,(\,1 + \beta_N\,)\,r_e = 4\,(\,1 + 250\,)(2.4k\,) = 2.41M\Omega$

$G_{m1} = \dfrac{i_0}{v_i} = \dfrac{2\alpha_p i_e}{4i_e r_e} = \dfrac{\alpha_p}{2r_e} = \dfrac{\beta_p}{2r_e\,(\,1 + \beta_p\,)} = \dfrac{50}{(\,2)(2.4k\,)(51\,)}$

$= 0.204mA / V$

(2) $\triangle I = \alpha_3 I - \alpha_4 I = I\,(\,\alpha_3 - \alpha_4\,) = I\left(\dfrac{\beta_3}{1 + \beta_3} - \dfrac{\beta_4}{1 + \beta_4}\right)$

$= (\,10.4\mu\,)\left[\dfrac{50}{51} - \dfrac{40}{41}\right] = 0.0497\mu A$

$\therefore V_{OS} = \dfrac{\triangle I}{G_{m1}} = \dfrac{0.0497\mu}{0.204m} = 0.244mV$

6.(1)在如圖之741 op amp 輸入級中，$R_3 = 50k\Omega$ 的作用是

(a)使 Q_5 及 Q_6 的基極電流不會太大而導致飽和。

(b)避免 Q_7 工作電流太大，使增益減少。

(c)提供 Q_7 適當工作電流以保持夠大的電流增益。

(d)提供 Q_5 及 Q_6 基極放電路徑，使其容易截止。

(e)增加 Q_6 的輸出電阻。

(2)同上題，在741 op amp 輸出級中，負半週過電流保護爲何不能如正半週者一樣，直接將 Q_{21} 之集極接至 Q_{20} 之基極？

(a)Q_{21} 爲 PNP 電晶體，增益不夠大。

(b)Q_{20} 不容易截止。

(c)Q_{18} 及 Q_{19} 流過的電流太大。

(d)Q_{20} PNP 之基極不能與 Q_{21} PNP 之射極相連接。

(e)Q_{22} 不是提供定電流。

(3)同上題，$R_4 = 5k\Omega$ 的作用爲

(a)減少 Q_{10} 的增益，以降低輸入差動放大器的增益。

(b)減少 Q_{10} 的電流，以減少輸入差動放大器偏壓電流。

(c)增加 Q_{10} 的輸出電阻，以增加輸入差動放大器的輸入電阻。

(d)減少 Q_{10} 的電流，使 Q_{11} 的電流增加。

(e)增加 Q_{10} 的輸出電阻，使 Q_3 及 Q_4 的基極偏壓穩定。

(4)同上題，Q_{16} 及 R_9 的作用爲

(a)使補償電容 C_C 不會形成負載效應而衰減 Q_{17} 的增益。

(b)阻隔輸入差動放大器，避免使 Q_{17} 的增益減少。

(c)使輸入差動放大器輸出電阻不會因負載效應而大減。

(d)使 Q_4 不致進入飽和區。

(e)保護 Q_{17} 使 Q_{17} 不會電流太大而燒壞。（題型：OPA 741內部電路分析）

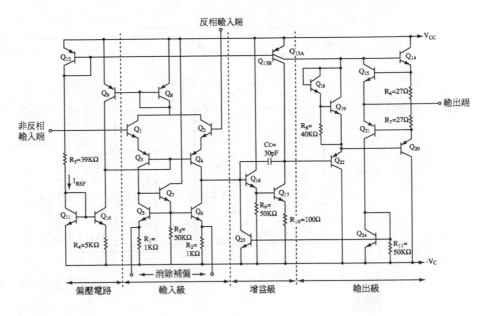

解☞：

參閱本章內容

---

7. For the 741 OP AMP circuit shown in the following figure, briefly answer the following questions.

(1) What is the purpose of the subcircuit Q_{18}, Q_{19}, and R_5 ?

(2) What is the purpose of the subcircuit Q_5, Q_6, Q_7, R_1, R_2 ?

(3) What is the purpose of the subcircuit Q_{15} and R_7 ?

（Note that： You don't need to explain each component within the subcircuit.）（題型：OPN 741內部電路）

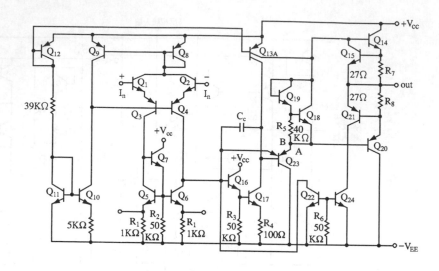

【交大電子所】

簡譯

(1) Q_{18}，Q_{19} 和 R_5 的作用為何？

(2) Q_5，Q_6，Q_7 和 R_1，R_2 的作用為何？

(3) Q_{15} 和 R_7 的作用為何？

解☞：

(1) V_{BE} 乘法器，目的在消除交叉失真。

(2) ① 擔任第一級輸出（Q_4）之高負載值，以免第一級增益下降。

② 提升 CMRR 值。

(3) 擔任正飽和短路保護裝置。

---

8. (1) 如圖所示之簡單的雙載子 OP AMP 無法工作，原因何在？

(2) 以最簡單可行的方法，更改上述之電路，使其可以工作。

(3) 針對(2)之電路欲加以米勒補償，則米勒電容 C_c 應加於何處？請繪圖示之。（題型：BJT OPA 內部分析）

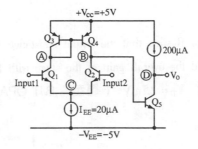

+V_cc=+5V

【 交大電子所 】

解☞ ：

(1)當 $V_1 = V_2 = 0V$ 時

$V_{C2} = V_{B5} = V_{BE5} - V_{EE} = 0.7 - 5 = -4.3V$

$V_{E1} = V_{E2} = V_2 - V_{BE2} = 0 - 0.7 = -0.7V$

∴Q_2與 Q_5無法同時在主動區工作

(2)(3)應將 Q_5改為 PNP。

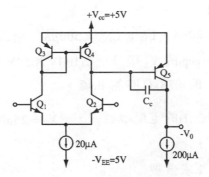

---

9. The circuit shown in Fig. is a simplified schematic of the gain stage of an Op－Amp in which the biasing circuit is not completely included. However, the transistors are biased at $I_{c16} = 20\mu A$ and $I_{c17} = I_{c13B} = 500\mu A$. All transistors have $\beta_0 = 200$, and the Early voltages are $100V$ and $50V$ for npn and pnp transistors, respectively. Assume $r_b = 0$ for all transistors.

Then

(1) Find R such that the output resistance R_0 equals 78 kohms.

(2) Find the overall gain of the stage with R found in(1).

Note：$V_T = 25\,mV$.（ 題型：BJT OPA 內部電路分析 ）

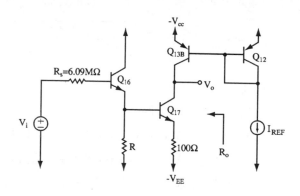

簡譯

$I_{c16} = 20\mu A$ ，$I_{c17} = I_{c13B} = 500\mu A$ ，全部的電晶體之 $\beta_0 = 200$ ，而
npn，pnp 的 V_A 值分別為100V 和50V，$r_b = 0$，$V_T = 25mV$，求

(1)求 $R_0 = 78k\Omega$ 時的 R 值。

(2)和在(1)的電壓增益 $\dfrac{V_0}{V_S}$ ，（ $V_T = 25mV$ ）

解☞ ：

(1) 1.求參數

$$r_{013B} = \frac{V_{AP}}{I_{c13B}} = \frac{50V}{500\mu A} = 100k\Omega$$

$$r_{017} = \frac{V_{AN}}{I_{c17}} = \frac{100V}{500\mu A} = 200k\Omega$$

$$g_{m17} = \frac{I_{c17}}{V_T} = \frac{500\mu A}{25mV} = 20mA\diagup V$$

$$r_{\pi17} = \frac{\beta}{g_{m17}} = \frac{200}{20m} = 10k\Omega$$

$$r_{e16} = \frac{V_T}{I_{E16}} = \frac{V_T}{I_{C16}} = \frac{25mV}{20\mu A} = 1.25k\Omega$$

$$r_{016} = \frac{V_{AN}}{I_{C16}} = \frac{100V}{20\mu A} = 5M\Omega$$

2. $R_0 = R_{017} /\!/ r_{013B}$

$$\therefore R_{017} = \frac{r_{013B}R_0}{r_{013B} - R_0} = \frac{(100k)(78k)}{100k - 78k} = 355k\Omega$$

$$R_{016} = R /\!/ \left[\, r_{e16} + \frac{R_S}{1 + \beta_0} \,\right] /\!/ r_{016}$$

$$= R /\!/ \left[\, 1.25k + \frac{6.09k}{201} \,\right] /\!/ 5M$$

$$\Rightarrow R_{016} = R /\!/ 31.35k\Omega \text{——①}$$

3. $R_{017} = r_{017} + \left[\, g_{m17} r_{017} \dfrac{r_{\pi17}}{R_{016} + r_{\pi17}} + 1 \,\right] \left[\, (R_{016} + r_{\pi17}) /\!/ R_{E17} \,\right]$

$$\Rightarrow 355k = 200k + \left[\, \frac{(20m)(200k)(10k)}{R_{016} + 10k} \,\right] \left[\, (R /\!/ 3.35k + \right.$$

$$\left. 10k) /\!/ 100 \,\right] \text{——②}$$

4. 解 equ①，②得

$$R_{016} = 15.8k\Omega \,，\, R = 32.1k\Omega$$

$$(2)\, G_{m2} = \frac{i_{c17}}{V_i} = \frac{\alpha V_{b17}}{V_i(r_{e17} + R_{E17})}$$

$$= \left[\, \frac{\alpha}{r_{e17} + R_{E17}} \,\right] \left[\, \frac{R /\!/ R_{i17}}{r_{e16} + R /\!/ R_{i17}} \,\right] \left[\, \frac{V_{b16}}{V_i} \,\right]$$

$$= \left[\frac{\alpha}{r_{e17} + R_{E17}} \right] \left[\frac{R /\!/ R_{i17}}{r_{e16} + R /\!/ R_{i17}} \right] \left[\frac{R_{i16}}{R_S + R_{i16}} \right]$$

$$= 2.2\text{mA} / \text{V}$$

其中

$$R_{i17} = (1 + \beta)(r_{e17} + R_{E17}) = 30.1\text{k}\Omega$$

$$R_{i16} = (1 + \beta)(r_{e16} + R /\!/ R_{i17}) = 3.36\text{M}\Omega$$

$$\therefore A_V = \frac{V_0}{V_i} = \frac{-V_0}{i_{c17}} \cdot \frac{i_{c17}}{V_i} = -G_{m2}R_0 = -172$$

---

10. A 741 – tye OP – AMP is shown in Fig. We want to compensate this OP – AMP by using Miller – effect compensation method. We know (1) if the time – constant method is used to find the s coefficient a_1 of the uncompensated amplifier, then $a_1 = \sum_{i=1}^{N} R_{ii}^0 C_i$, where R_{ii}^0 is the zero frequency resistance seen by C_i and N is the number of independent capactors containing in the uncompensated amplifier ($C_c = 0$), (2) if R_{cc}^0 is the equivalent open circuit resistance seen by C_c, then $R_{cc}^0 C_c \gg a_1$; and (3) we want to have the upper 3 – dB frequency f_H produced by the dominant – pole of the compensated OP – AMP equal to 5Hz. Then determine C_c under the following circuit conditions :

(a) the transistors are biased at $I_{c16} = 16\mu\text{A}$, and $I_{c17} = I_{c13B} = 550\mu\text{A}$,

(b) all transistors have $\beta_0 = 250$,   (c) the Early voltages are 100V and 50V for npn and pnp devices, respectively,   (d) $r_b = 0$ for all BJT, and   (e) $R_{01} = 6.09\text{M}\Omega$, $R_{i3} = \infty$, and $R_{02} = 71.8\text{k}\Omega$. Note : (1) Complete procedure of your manipulation is required, and (2) Reasonable approximation such as $180\text{k}\Omega \gg 30\text{k}\Omega$ is acceptable. （題型：OPN 741 內部電路分析）

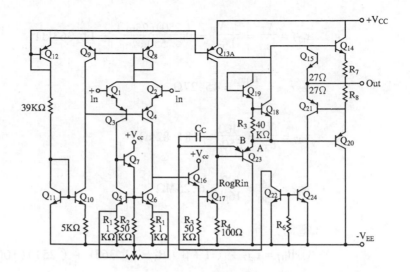

【 交大電信所 】

解☞ :

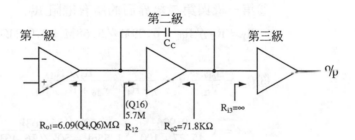

第一級　　　　　　第二級 C_C　　　　第三級

$R_{o1}=6.09(Q4,Q6)M\Omega$　　(Q16) 5.7M R_{12}　　$R_{o2}=71.8K\Omega$　　$R_{i3}=\infty$

1.求參數

$$\alpha = \frac{\beta}{1+\beta} = \frac{250}{251} = 0.996$$

$$r_{\pi16} = \frac{V_T}{I_{B16}} = \frac{\beta_{16}V_T}{I_{C16}} = \frac{(250)(25m)}{16\mu} = 390.625k\Omega$$

$$\Rightarrow r_{e16} = \frac{r_{\pi16}}{1+\beta} = 1.556k\Omega$$

$$r_{\pi17} = \frac{V_T}{I_{B17}} = \frac{\beta_{17}V_T}{I_{C17}} = \frac{(250)(25m)}{550\mu} = 11.363k\Omega$$

$$\Rightarrow r_{e17} = \frac{r_{\pi17}}{1+\beta} = 45.27\Omega$$

$$r_{017} = \frac{V_A}{I_{C17}} = \frac{100}{550\mu} = 181.82k\Omega$$

$$r_{016} = \frac{V_A}{I_{C16}} = \frac{100}{16\mu} = 6.25M\Omega$$

2.電路分析

① $R_{i17} = r_{\pi17} + (1+\beta)R_4 = 11.363k + (251)(100)$
   $= 36.463k\Omega$

$R_{i2} = r_{\pi16} + (1+\beta)(R_3 /\!/ R_{i17})$
   $= 390.625k + (251)(50k /\!/ 36.463k) = 5.68M\Omega$

②第一級與第二級界面的所有電阻 R_T

$R_T = R_{i2} /\!/ R_{01} = 6.09M /\!/ 5.68M = 2.94M\Omega$

③ $G_{m2} = \frac{i_{c17}}{V_{i2}} = (\frac{\alpha}{r_{e17}+R_4})(\frac{R_3 /\!/ R_{i17}}{r_{e16}+R_3 /\!/ R_{i17}})$

$= (\frac{0.996}{45.27+100})(\frac{50k /\!/ 36.463k}{1.556k+50k /\!/ 36.463k})$

$= 6.4mA / V$

④ $A_{V2} = \frac{V_{i3}}{V_{i2}} = -G_{m2}(R_{02} /\!/ R_{i3})$

$= (-6.4m)(71.8k /\!/ \infty) = -460$

⑤用 STC 法由 C_c 所看到的電阻為

$R_{cc}^0 = R_{02} + (1-A_{V2})R_T$

$= 71.8k + (461)(2.94M) = 1355M\Omega$

⑥ $\therefore f_H = \dfrac{\omega_H}{2\pi} = \dfrac{1}{2\pi C_c R_{cc}^0}$

即 $C_c = \dfrac{1}{2\pi f_H R_{cc}^0} = \dfrac{1}{(2\pi)(5)(1355M)} = 23.5PF$

⑦ 方法二

$f_H = \dfrac{1}{2\pi C_c (1 - A_{V2}) R_T}$

$\therefore C_c \simeq \dfrac{1}{2\pi f_H (1 - A_{V2}) R_T} = \dfrac{1}{(2\pi)(5)(461)(2.94M)} = 23.5PF$

---

11. Refer to the operational amplifier circuit given in the figure shown. answer the following :

   (1) Point out which transistors constitute current mirrors (or current repeaters).

   (2) Point out which transistors constitute cascode amplifier configuration and explain the purpose of using this configuration.

   (3) Assume $V^+ = +15V$ and $V^- = -15V$ are applied to this unit, find the current I_{R5} which flowing through the resistor R_5 Assume that $V_{BE} = 0.6V$ for any transistor in this circuit when it is operating in the active region.

   (4) How large (much larger ? approximately equal ? much less ?) is the current I_8 (which flows through the transistor Q_8) as compared to I_{R5} ? Why ?

   (5) What is the purpose of using transistor Q_{21} ? Find V_{CE} of Q_{21}.

   (6) Point out which transistors act for over – current protection and find the currents limited by them.

   (7) What is the purpose of using capacitance C_1 ? （題型：BJT OPA 內部電路分析)

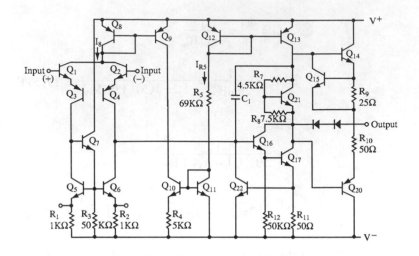

【 交大控制所 】

簡譯

(1)指出所有的電流鏡。

(2)指出串疊放大器的電晶體，並說明功用。

(3)假設 $V^+ = 15V$，$V^- = -15V$，設主動區的 $V_{BE} = 0.6V$，求 R_5 的電流 I_{R5}。

(4)試比較 I_8 與 I_{R5} 的電流。

(5)說明電晶體 Q_{21} 的功用，並求 Q_{21} 的 V_{CE} 值。

(6)指出擔任過電流保護作用的電晶體，並求所限制的電流值。

(7)電容 C_1 的作用為何？

解 ☞：

(1)擔任電流鏡為：（ Q_8，Q_9 ），（ Q_{12}，Q_{13} ），（ Q_{10}，Q_{11} ）為 widlar 電流鏡，（ Q_5，Q_6，Q_7 ）為具有溫度補償效應的電流鏡。

(2)（ Q_1，Q_2 ）+（ Q_3，Q_4 ）$\Rightarrow$ CC + CE（ Cascode ）
功用如下：
①形成單端輸出情形，可提升 CMRR 值

②由 CC 組態（Q_1，Q_2），提升輸入電阻。

③由 CB 組態（Q_3，Q_4），增加頻寬。

(3) $I_{R5} = \dfrac{V^+ - V_{EB12} - V_{BE11} - V^-}{R_5} = \dfrac{30 - 0.6 - 0.6}{69k} = 0.417\text{mA}$

(4) Q_{10}，Q_{11} 為 widlar 電流鏡

$\therefore I_{c10} = \dfrac{V_T}{R_4} \ln \left(\dfrac{I_{R5}}{I_{c10}} \right)$ ——①

Q_8，Q_9 為基本電流鏡

$\therefore I_8 \approx I_{c10}$ ——②

由 equ①，②可知

$I_{c10} \ll I_{R5}$

(5) Q_{21} 與 R_7，R_8 組成 V_{BE} 乘法器，可消除交叉失真。

$V_{CE21} = V_{BE21} \left(1 + \dfrac{R_7}{R_8} \right) = (0.6)\left(1 + \dfrac{4.5k}{7.5k}\right) = 0.96\text{V}$

(6) 正飽和過載保護：R_9 及 Q_{15}

$I_{max} = \dfrac{V_{BE15}}{R_9} = \dfrac{0.6}{25} = 24\text{mA}$

負飽和過載保護：R_{10} 及 Q_{22}

$I_{max} = \dfrac{V_D}{R_{10}} = \dfrac{0.6}{50} = 12\text{mA}$

(7) C_1：擔任頻率補償作用

---

12. Consider the circuit as shown on the below：

(1) Identify the function of each transistor.

(2) Find collector currents I_3 and I_4 when $V_i = 0$.

（Assume $V_{BE} = 0.7\text{V}$ for all transistors when they are operating in the active region）.

(3)Sketch the response curves of I_d vs. V_i and V_0 vs. V_i, respectively.

（題型：BJT OPA 內部電路）

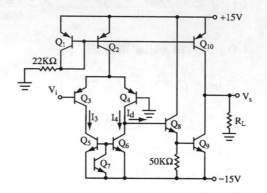

【交大控制所】

簡譯

已知 $V_{BE} = 0.7V$，

(1)說明每個電晶體功用。

(2)當 $V_i = 0$ 時，求 I_3，I_4 值。（設 $V_{BE} = 0.7V$）

(3)繪出 $I_d - V_i$ 和 $V_0 - V_i$ 曲線。

解☞：

　(1)Q_1，Q_2，Q_{10}：電流重複鏡，提供偏壓電流

　　Q_3，Q_4：差動放大器

　　Q_8：CC Amp 提供第二級高輸入阻抗

　　Q_9：CE Amp 以 Q_{10} 為主動性負載，提升電壓增益

　　Q_5，Q_6，Q_7：電流鏡，（此電路有誤，參考本章內容），

　　　　　　　　　提供高阻抗負載，且形成單端輸出

(2)

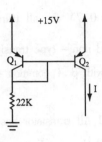

①$I = \dfrac{15 - V_{BE1}}{22k} = \dfrac{15 - 0.7}{22k} = 0.65mA$

②在 $V_i = 0$ 時

③$I_3 = I_4 = \dfrac{I}{2} = 0.325mA$

(3)$I_d = 2\alpha i_e = \dfrac{\alpha V_i}{r_e} = \dfrac{I_3}{V_T} V_i = \dfrac{0.325mA}{25mV} V_i = 13\dfrac{mA}{V} V_i$

$\dfrac{V_0}{V_i} = \dfrac{V_0}{V_{b9}} \dfrac{V_{b9}}{V_{b8}} \dfrac{V_{b8}}{V_i}$

$= \dfrac{-\alpha R_L}{r_{e9}} \cdot \dfrac{[50k /\!/ (1+\beta_9) r_{e9}]}{r_{e8} + [50k /\!/ (1+\beta_9) r_{e9}]}$

$\dfrac{\alpha(1+\beta_8) \{ r_{e8} + [50k /\!/ (1+\beta_9) r_{e9}] \}}{r_e} = -K$

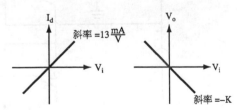

13. Consider the differential amplifer as shown. Assume that $V_T = 25\,mV$ and $\left| V_{BE} \right| = 0.7V$ for all transistors when they are in conduction, and both pnp – and npn – type transistors have identical characteristics (except polarity) with β (common – emitter forward short – circuit current gain) $= 98$.

Notes： 1. All transistor base currents must be included in all calculations.
2. For simplicity, use $2\diagup 98 = 0.02$ in calculations.
3. $r_e = V_T \diagup I_E$.

(1) Find quiescent (i.e., when $V_1 = V_2$) currents I_{C4} and I_{01}, with $I_{REF} = 39.6\mu A$.

(2) Express the small – signal transconductance gain

$G_{m1} = i_{01}\diagup(V_1 - V_2)$, in unit of $\mu A\diagup mV$, with $I_{REF} = 39.6\mu A$.

（ 題型：BJT OPA 內部電路 ）

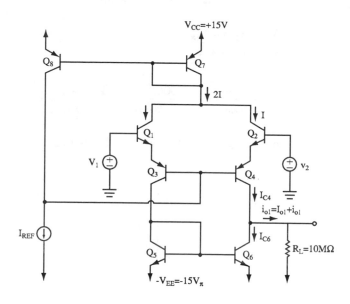

【 交大控制所 】

$V_T = 25\text{mV}$，$|V_{BE}| = 0.7\text{V}$，所有電晶體的 β 均為98

註：①需考慮電晶體的基極電流。

②簡化之故，可用 $\dfrac{2}{98} = 0.02$

③$r_e = \dfrac{V_T}{I_E}$

(1)當 $I_{REF} = 39.6\mu\text{A}$ 時，求 $V_{i1} = V_{i2}$ 時 I_{C4} 與 I_{01}

(2)當 $I_{REF} = 39.6\mu\text{A}$ 時，求 $G_{m1} = \dfrac{i_{01}}{V_{i1} - V_{i2}}$（$\dfrac{\mu A}{mV}$）

解☞：

(1) 1.電路分析

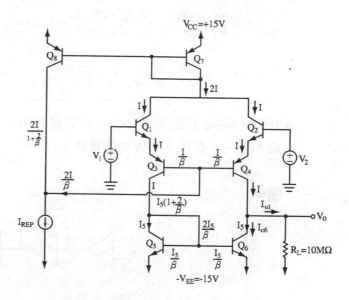

2.$I_{REF} = \dfrac{2I}{1 + \dfrac{2}{\beta}} + \dfrac{2I}{\beta} = 2I\left(\dfrac{\beta}{\beta + 2} + \dfrac{1}{\beta}\right)$

$\Rightarrow 39.6\mu = 2I\left(\dfrac{98}{100} + \dfrac{1}{98}\right)$

$$\therefore I = 20\mu A = I_{C4}$$

$$3. \frac{I_5}{I_{C3}} = \frac{I_{C6}}{I} = \frac{1}{1 + \frac{2}{\beta}}$$

$$\therefore I_{C6} = \frac{I}{1 + \frac{2}{\beta}} = \frac{20\mu A}{1 + \frac{2}{98}} = 19.6\mu A$$

$$4. I_{01} = I_{C4} - I_{C6} = I - I_{C6} = 20\mu - 19.6\mu = 0.4\mu A$$

$$(2)\alpha = \frac{\beta}{1 + \beta} = \frac{98}{99} = 0.99$$

$$r_e = \frac{V_T}{I_{E1}} = \frac{\alpha V_T}{I} = \frac{(0.99)(25m)}{20\mu} = 1.24k\Omega$$

$$\therefore G_{m1} = \frac{i_{01}}{V_1 - V_2} = \frac{-\alpha}{2r_e} = \frac{-0.99}{(2)(1.24k)} = -0.4mA / V$$

---

14. 針對一個3級類比 IC 之 OPA，請簡述各級之功能（可以以741為藍本）。（題型：OPA 內部電路）

【中央資電所】

解☞：

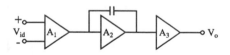

1. A_1：輸入級。為差動放大器
2. A_2：中間級。為電壓放大器
3. A_3：輸出級。為緩衝器

---

15. In the circuit diagram of an operational amplifier given in Fig., using V_{BE}

$= 0.7V$,

(1)Calculate I_{R4}, I_{R2}, V_9 and V_{10}.

(2)Explain the functions of Q_3 and Q_6.

Assume Q_1 and Q_2 are identical.

$V_{CC} = 6V$, $-V_{EE} = -6V$, $R_1 = R_3 = 7.75k\Omega$, $R_2 = 2.2k\Omega$, $R_4 = 1.5k\Omega$, $R_5 = 3.2k\Omega$, $R_7 = 3k\Omega$, $R_8 = 3.4k\Omega$, $R_9 = 6k\Omega$, $R_{10} = 30k\Omega$, $R_{11} = 5k\Omega$. (題型：BJT OPA 內部電路分析)

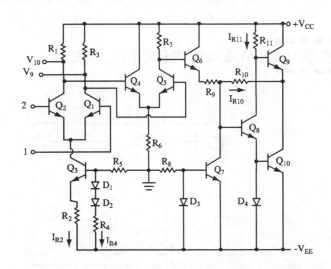

【 工技電機所 】

解☞ :

$$(1)I_{R4} = \frac{-(-V_{EE}) - V_{D1} - V_{D2}}{R_4 + R_5} = \frac{6 - 0.7 - 0.7}{1.5k + 3.2k} = 0.979mA$$

$$I_{R2} = \frac{V_{D1} + V_{D2} + I_{R4}R_4 - V_{BE3}}{R_2} = \frac{0.7 + 0.7 + (0.979m)(1.5k) - 0.7}{2.2k}$$

$$= 0.987mA$$

$$V_9 = V_{10} = V_{CC} - (\frac{I_{R2}}{2})R_1 = 6 - (\frac{0.987m}{2})(7.75k) = 2.18V$$

(2)Q_3 做為 Q_1，Q_2 的定電流源

　　Q_4，Q_5 藉 Q_6 形成單端高增益的輸入級

§10－2〔題型五十六〕：CMOS OPA 內部電路分析

 考型151　CMOS OPA 內部電路工作說明

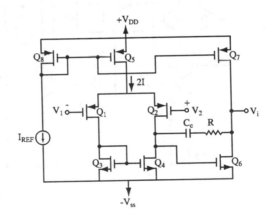

電路說明

1. Q_5，Q_8 組成電流鏡，當作偏壓電路。此電路可利用（$\frac{\omega}{L}$）比值，來決定輸入級及輸出級的偏壓電流。如 Q_5 可選擇流出2I。

2. Q_1，Q_2 為差動對，作為輸入級。

3. Q_3，Q_4 組成電流鏡，作為輸入級的主動性負載。

4. Q_6，Q_7 為輸出級。

5. C_C 與 R 作為頻率補償電路。

考型152 CMOS OPA 內部電路直流分析

一、直流分析

1. $I_{D5} = I_{D8} = I_{D7} = I_{D6} = I_{REF} = 2I$

2. $I_{D1} = I_{D3} = I_{D2} = I_{D4} = \dfrac{1}{2} I_{REF} = I$

3. $\because I_{D1} = K_1 \left[V_{GS1} - V_t \right]^2 = \dfrac{1}{2} \mu_p Cox \left[V_{GS1} - V_t \right]^2 = I$

   $I_{D2} = K_2 \left[V_{GS2} - V_t \right]^2 = \dfrac{1}{2} \mu_p Cox \left[V_{GS2} - V_t \right]^2 = I$

   又 $I_{D1} = I_{D2}$

   $\therefore |V_{GS1}| = |V_{GS2}| = \sqrt{\dfrac{I}{K_1}} + V_t$　（ 設 $K_1 = K_2$ ）

4. 同理

   $|V_{GS3}| = |V_{GS4}| = \sqrt{\dfrac{I}{K_3}} + V_t$　（ 設 $K_3 = K_4$ ）

5. 同理

   $|V_{GS5}| = |V_{GS7}| = |V_{GS8}| = \sqrt{\dfrac{2I}{K_5}} + V_t$　（ 設 $K_5 = K_7 = K_8$ ）

6. 若 $K_6 \neq K_5$，則

   $|V_{GS6}| = \sqrt{\dfrac{2I}{K_6}} + V_t$

二、共模輸入範圍

1. 共模輸入上限：條件：當 Q_5 離開夾止區，即 $|V_{GD5}| = |V_t|$

$$\therefore V_{CM(max)} = V_{DD} - |V_{GS5}| + |V_t| - |V_{GS1}|$$

2.共模輸入下限：條件：當 Q_1，Q_2離開夾止區，即 $|V_{GD1}| = |V_t|$

$$\therefore V_{CM(min)} = -|V_t| + |V_{GS3}| - V_{SS}$$

三、消除輸出偏移（offset）電壓

1.令 $V_1 = V_2 = 0$，且 $|V_{GS5}| = |V_{GS7}|$

$$\therefore I_{D5} = K_5 \left[|V_{GS5}| - |V_t| \right]^2 = 2I$$

$$I_{D7} = K_7 \left[|V_{GS7}| - |V_t| \right]^2$$

$$\therefore I_{D7} = 2I \left(\frac{K_7}{K_5} \right)$$

2.設 $Q_1 \equiv Q_2$，$Q_3 \equiv Q_4$，則

$$I_{D1} = I_{D2} = I_{D3} = I_{D4} = I，V_{D3} = V_{D4}$$

$$\therefore |V_{GS4}| = |V_{GS6}|，又$$

$$I_{D4} = K_4 \left[|V_{GS4}| - |V_t| \right]^2$$

$$I_{D6} = K_6 \left[|V_{GS6}| - |V_t| \right]^2$$

故

$$I_{D6} = I \left(\frac{K_6}{K_4} \right)$$

3.若 $I_{D6} = I_{D7}$，則 $V_{0S} = 0$

即

$$(2I) \left(\frac{K_7}{K_5} \right) = I \left(\frac{K_6}{K_4} \right)$$

故消除輸出偏移電壓的條件為：

$$\frac{k_4}{k_6} = \frac{1}{2} \frac{k_5}{k_7}$$

考型153 CMOS OPA 內部電路小訊號分析

一、求參數

1. $g_{m1} = g_{m2} = 2\sqrt{K_1 I}$

2. $g_{m3} = g_{m4} = 2\sqrt{K_3 I}$

3. $g_{m5} = g_{m7} = g_{m8} = 2\sqrt{K_5 (2I)}$

4. $g_{m6} = 2\sqrt{K_6 (2I)}$

5. $r_{01} = r_{02} = r_{03} = r_{04} = \dfrac{|V_A|}{I}$

6. $r_{05} = r_{06} = r_{07} = r_{08} = \dfrac{V_A}{2I}$

二、求電壓增益

1. 輸入級電壓增益（Q_1，Q_2，Q_3，Q_4）

$$A_{V1} = \frac{V_{01}}{V_{id}} = -g_{m1} (r_{02} /\!/ r_{04})$$

2. 輸出級電壓增益（Q_6，Q_7）

$$A_{V2} = \frac{V_0}{V_{01}} = -g_{m6} (r_{06} /\!/ r_{07})$$

3. 總電壓增益

$$A_V = \frac{V_0}{V_{id}} = \frac{V_0}{V_{01}} \cdot \frac{V_{01}}{V_{id}} = A_{V2} \cdot A_{V1} = g_{m1} g_{m6} (r_{02} /\!/ r_{04})(r_{06} /\!/ r_{07})$$

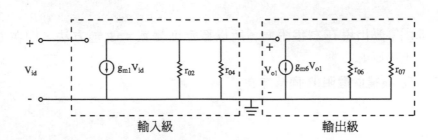

輸入級　　　　　　　　　　　　輸出級

考型154 CMOS OPA 的頻率響應及迴轉率

一、只有 C_c 存在，而無補償電阻 R

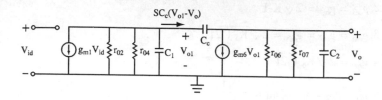

C_1：為 V_{01} 端的界面總電容。

C_2：為 V_0 端的總電容。

1. $\omega_{HP1} \approx \dfrac{1}{g_{m6} C_c \left(r_{02} /\!/ r_{04} \right) \left(r_{06} /\!/ r_{07} \right)}$

2. $\omega_{HP2} \approx \dfrac{g_{m6} C_c}{C_c \left(C_1 + C_2 \right) + C_1 C_2}$

3. 傳輸頻率

$$\because \omega_t = A_V \omega_{HP1} = \frac{g_{m1} g_{m6} \left(r_{02} /\!/ r_{04} \right) \left(r_{06} /\!/ r_{07} \right)}{g_{m6} C_c \left(r_{02} /\!/ r_{04} \right) \left(r_{06} /\!/ r_{07} \right)} = \frac{g_{m1}}{C_c}$$

4. 零點

$$\because S_z C_c V_{01} = g_{m6} V_{01}$$

$$\therefore S_z = \frac{g_{m6}}{C_c} \approx \omega_t$$

5. 因零點出現在右半平面，所以穩定度變差。改善方法，則在 C_c 上串聯 R

二、C_c 與補償電阻 R 同時存在

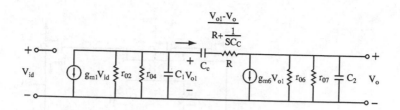

1. $\because g_{m6} V_{01} = \dfrac{V_{01}}{R + \dfrac{1}{S_z C_c}}$

$\therefore S_z = \dfrac{g_{m6}}{C_c\left(1 - g_{m6} R\right)}$

2. 討論

①若 $R = \dfrac{1}{g_{m6}}$ 時，則 $S_z \approx \infty$

②若 $R > \dfrac{1}{g_{m6}}$ 時，則 S_z 為負值，因而可增加穩定度。

③若 $C_c \gg C_2$，則 $\omega_{HP2} \gg \omega_t$，則穩定度增加。

三、迴轉率（SR）

1. $SR = \dfrac{2I}{C_c} = \left[\,|V_{GS1}| - |V_t|\,\right] \omega_t$

其中 $\omega_t = \dfrac{g_{m1}}{C_c}$

2. CMOS OPA 的 SR 比 BJT 的 OPA 741 來的大。

歷屆試題

16. 圖為二級 CMOS OPA，請說明那些參數可決定電壓增益？

(1)電壓增益

(2)輸入偏移（offset）電壓

(3)頻率響應

(4)迴轉率（題型：CMOS OPA 內部電路）

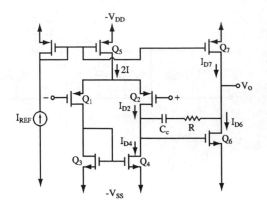

【 台大電機所 】

解☞：

$$(1)\,A_V = \frac{V_0}{V_{id}} = \frac{V_0}{V_{d4}} \cdot \frac{V_{d4}}{V_{id}} = [\,-g_{m6}(\,r_{06}\,//\,r_{07}\,)\,][\,-g_{m1}(\,r_{02}\,//\,r_{04}\,)\,]$$

$$= g_{m1}\,g_{m6}(\,r_{02}\,//\,r_{04}\,)(\,r_{06}\,//\,r_{07}\,)$$

$$(2)\,V_{0S} = |\,\frac{\triangle I}{A}\,| = \frac{I_{D6} - I_{D7}}{g_{m1}g_{m2}(\,r_{02}\,//\,r_{04}\,)} = \frac{I\,(\,\frac{K_6}{K_4} - \frac{2K_7}{K_5}\,)}{g_{m1}g_{m6}(\,r_{02}\,//\,r_{04}\,)}$$

$$= \frac{(\,I_{REF}\frac{K_5}{2K_8}\,)(\,\frac{K_6}{K_4} - \frac{2K_7}{K_5}\,)}{g_{m1}g_{m6}(\,r_{02}\,//\,r_{04}\,)}$$

$$(3)\,\omega_{P1} = \frac{1}{g_{m6}(\,r_{02}\,//\,r_{04}\,)(\,r_{06}\,//\,r_{07}\,)\,C_c}$$

$$\omega_{P2} = \frac{g_{m6}C_c}{C_1C_2 + C_c(\,C_1 + C_2\,)}$$

$$\omega_t = \frac{g_{m1}}{C_c}$$

$$S_z = \frac{g_{m6}}{C_c}$$

$$(4)\,SR = \frac{2I}{C_c} = (\,|V_{GS1}| - |V_t|\,)\,\omega_t$$

$$SR = (\frac{I_{REF}}{C_c})(\frac{K_5}{K_8})$$

---

17. In Figure, if all the threshold voltages of the FETs are equal $(\,= V_+\,)$, find the relations between I_1 / I_3, and K_1, K_2, K_3, and K_4. 〔題型：CMOS 分析〕

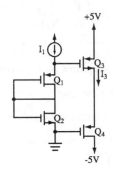

【清大電機所】

簡譯

圖中，所有 MOS 的 V_t 均相等，求 $\dfrac{I_1}{I_3}$ 與 K_1，K_2，K_3 和 K_4 的關係式。

解☞：

1. $\because I_1 = I_{D1} = I_{D2}$

    $\therefore K_1\,〔\,|V_{GS1}| - |V_t|\,〕^2 = K_2\,〔\,|V_{GS2}| - |V_t|\,〕^2 = I_1$

    又 $V_{GS1} = \sqrt{\dfrac{I_1}{K_1}} + V_t$，$V_{GS2} = \sqrt{\dfrac{I_1}{K_2}} + V_t$

2. 同理

    $$V_{GS3} = \sqrt{\frac{I_3}{K_3}} + V_t \text{，} V_{GS4} = \sqrt{\frac{I_4}{K_4}} + V_t$$

3. $\because V_{GS1} + V_{GS2} = V_{GS3} + V_{GS4}$

$$\therefore \sqrt{\frac{I_1}{K_1}} + \sqrt{\frac{I_1}{K_2}} = \sqrt{\frac{I_3}{K_3}} + \sqrt{\frac{I_3}{K_4}}$$

$$\Rightarrow \sqrt{I_1} \left(\frac{1}{\sqrt{K_1}} + \frac{1}{\sqrt{K_2}} \right) = \sqrt{I_3} \left(\frac{1}{\sqrt{K_3}} + \frac{1}{\sqrt{K_4}} \right)$$

$$故 \frac{I_1}{I_3} = \left[\frac{\sqrt{\frac{1}{K_3}} + \sqrt{\frac{1}{K_4}}}{\sqrt{\frac{1}{K_1}} + \sqrt{\frac{1}{K_2}}} \right]^2$$

---

18. An operational amplifier with current bias circuit is shown in Fig.

(1) Calculate its slew rate.

(2) What is the maximum frequency of an output sinusoid of 5 V peak – to – peak value before slew – rate distortion exists？（題型：CMOS OPA 的迴轉率）

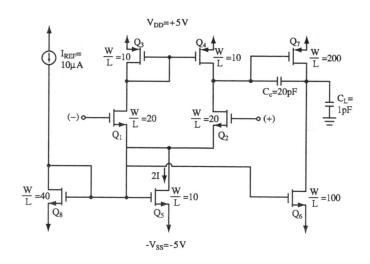

【成大電機所】

已知 OP 放大器具有偏壓電流如圖，求

(1)迴轉率（ SR ）

(2)輸出弦波峰──峰爲5V 時，求不失眞時的最大頻率。

解☞ ：

$(1) \mathrm{SR} = \dfrac{2I}{C_c}$

其中

$$\dfrac{2I}{I_{REF}} = \dfrac{\left(\dfrac{\omega}{L} \right)_5}{\left(\dfrac{\omega}{L} \right)_8} = \dfrac{10}{40} = \dfrac{1}{4} \Rightarrow 2I = \dfrac{1}{4} I_{REF} = 2.5\mu A$$

$$\therefore \mathrm{SR} = \dfrac{2I}{C_c} = \dfrac{2.5\mu}{20P} = 0.125V / \mu S = 0.125MV / S$$

$$(2) f_M \leq \dfrac{SR}{2\pi V_m} = \dfrac{0.125M}{(2\pi)(2.5)} = 7.96kHz$$

CH11　運算放大器（Operational Amplifier）之應用

§11−1〔題型五十七〕：
運算放大器的基本觀念及解題技巧

考型155　基本觀念及解題技巧

一、運算放大器的符號及等效圖

1. **電子符號**

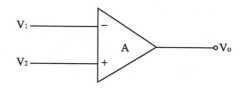

2. **等效電路**

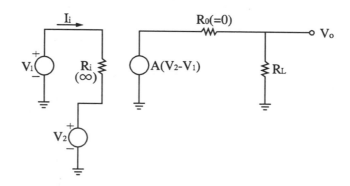

二、理想特性及對應效應

1. 輸入電阻 $R_i = \infty \Rightarrow$ 流入 OP 的電流 $I_i = 0$

2. 輸出電阻 $R_o = 0 \Rightarrow$ OP 輸出電壓與負載電壓 R_L 的大小無關。

3. 電壓增益 $A = \infty \Rightarrow$ 且負迴授連接時，OP 兩端電壓相等。

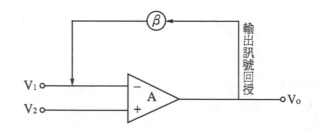

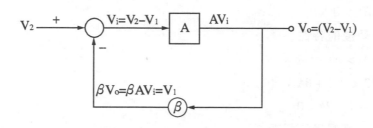

$$\because V_o = A\ (\ V_2 - V_1\ )$$

$$\therefore V_2 - V_1 = \frac{V_o}{A} = 0\ (\ 當\ A = \infty\ 時\ )$$

故造成「虛短路」或「虛接地」的特性，即 $V_2 = V_1$

4. 理想 OP 頻帶寬（BW）$= \infty \Rightarrow$在任何頻率下 OP 的增益均為定值。

5. CMRR $= \infty$，偏移電壓 $= 0 \Rightarrow$此時 OP 的輸出，$V_o = A\ (\ V_2 - V_1\ )$。

6. 無漂移現象（drift）：

漂移現象$\rightarrow$OP 的輸出特性，因溫度之變化所產生的改變現象。

三、負迴授及正迴授的判斷法

1. 負迴授的增益 A_f

如上圖

$$\because V_i = V_2 - V_1 = V_2 - \beta V_o$$

$$\therefore (\ \beta + \frac{1}{A}\ )\ V_o = V_2$$

故 $A_f = \dfrac{V_o}{V_2} = \dfrac{1}{\beta + \dfrac{1}{A}} = \dfrac{A}{1 + \beta A}$

2. **負迴授的特性**

(1)$A_f < A$

(2)$1 + \beta A > 1$

(3)$\beta A > 0$

3. **正迴授的特性**

(1)$A_f > A$

(2)$0 < (1 + \beta A) < 1$

(3)$-1 < \beta A < 0$

4. **正、負迴授的判斷法**

(1)迴授路徑只有單一路徑時：

　　a.接在 OP Amp 的 " − " 端，即為「負迴授」。

　　b.接在 OP Amp 的 " + " 端，即為「正迴授」。

　　例：

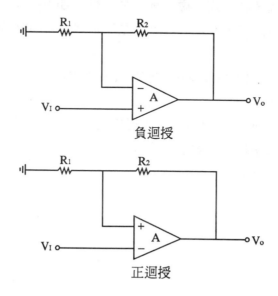

負迴授

正迴授

(2)迴授路徑有二條路徑時，需由輸入訊號及迴授訊號所產生的輸出訊號之正負來判斷。

設 $V_i \rightarrow V_{01}$ ， $V_f \rightarrow V_{02}$

a. V_{01} 及 V_{02} 同相，則為正迴授。

b. V_{01} 及 V_{02} 反相，則為負迴授。

例：

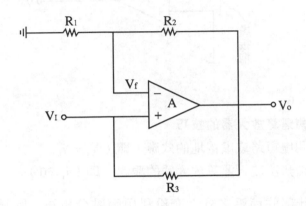

$V_I \rightarrow V_{01}$ 為正

$V_f \rightarrow V_{02}$ 為負

故為負迴授

四、虛短路（ Virtual short Circuit ）與虛接地（ Virtual ground ）

1.虛短路

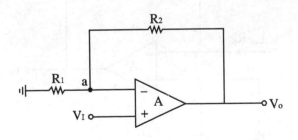

$V_a = V_I$

2.虛接地

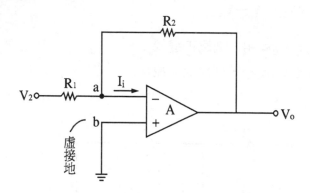

$V_a = V_b = 0$

五、分析理想運算放大器的技巧

1.充份運用虛短路或虛接地的效應，即（$V_a = V_b$）

2.把握電流無法流入運算放大器的觀念。即（$I_i = 0$）

3.扣除輸出部的節點之外，充份利用節點分析法，計算出 $\dfrac{V_o}{V_I}$ 的關係。

六、反相組態與非反相組態的基本運算放大器

1.基本反相組態：

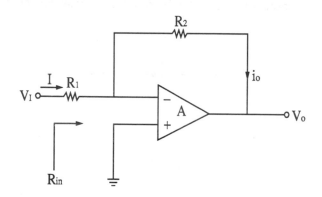

(1)電壓增益：

$$I = \frac{V_I}{R_1} = -\frac{V_o}{R_2} \Rightarrow \frac{V_o}{V_I} = -\frac{R_2}{R_1}$$

(2)負載電阻（R_L）與 OP 之輸出電壓（V_o）無關。

(3)負載電阻（R_L）與 OP 之輸出電流（i_o）有關。

(4)輸入電阻：$R_{in} = \dfrac{V_I}{I} = \dfrac{IR_1}{I} = R_1$

2. **基本非反相組態：**

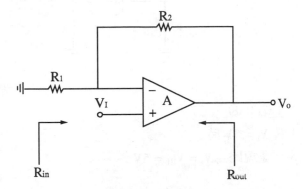

(1)電壓增益：$A_v = \dfrac{V_o}{V_I} = \dfrac{R_1 + R_2}{R_1} = 1 + \dfrac{R_2}{R_1}$

(2)輸入電阻：$R_{in} = \infty$

(3)輸出電阻：$R_{out} = 0 /\!/ R_2 = 0$

歷屆試題

1. An ideal op amp is connected as shown in Figure. The transistor has very high β and $R_1 = R_2 = R_3 = R$. $R_C = R / 3$. $V_{CC} = 15V$. Choose the correct V_0 from the following answers, if

(1) $V_i = 5V$, and (2) $V_i = -5V$.

① $-5V$，② $-8V$，③ $-10V$，④ $-15V$，⑤ $+5V$，⑥ $+8V$，⑦ $+10V$，⑧ $+15V$，⑨ $0V$，⑩ none of above．（題型：OPA 電路計算）

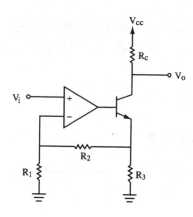

【 清大電機所 】

解 ☞：1.⑦ 2.⑧

(1) 1.當 $V_i = 5V$ 時

∵虛短路$\Rightarrow V_i = V_{R1} = 5V$

$\therefore V_{R3} = \dfrac{(R_2 + R_3) V_{R1}}{R_1} = \dfrac{(R + R)(5)}{R} = 10V$

2.∵ β 極大，$\therefore I_B$ 可忽略

$\therefore I_C = I_E = \dfrac{10V}{(R_1 + R_2) // R_3} = \dfrac{10V}{2R // R} = \dfrac{15V}{R}$

$V_0 = V_{CC} - I_C R_C = 15 - \left(\dfrac{15V}{R}\right)\left(\dfrac{R}{3}\right) = 10V$　選⑦

(2)當 $V_i = -5V$ 時，BJT：OFF

$\therefore V_0 = V_{CC} = 15V$　選⑧

2.試證轉移函數：

$$\frac{V_0}{V_S} = \frac{-Y_1 Y_3}{Y_3 Y_4 + Y_5 (Y_1 + Y_2 + Y_3 + Y_4)}$$ ，其中 $Y = \frac{1}{Z}$（題型：OPA 電路的計算）

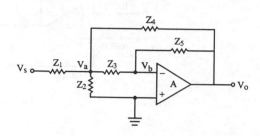

【清大電機所】

解☞：

節點分析法

1. $V_b = 0$

2. $(Y_1 + Y_2 + Y_3 + Y_4) V_a = Y_3 V_b + Y_4 V_0 + Y_1 V_S$

$$\Rightarrow V_0 = (\frac{Y_1}{Y_4} + \frac{Y_2}{Y_4} + \frac{Y_3}{Y_4} + 1) V_a - \frac{Y_1}{Y_S} V_S \text{——①}$$

3. $(Y_3 + Y_5) V_b = Y_3 V_a + Y_5 V_0$

$$\Rightarrow V_a = -\frac{Y_5}{Y_3} V_0 \text{——②}$$

4. 解 equ①，②得

$$\frac{V_0}{V_S} = \frac{-Y_1 Y_3}{Y_3 Y_4 + Y_5 (Y_1 + Y_2 + Y_3 + Y_4)}$$

3.已知 OP 為理想，求 (1) $V_{01} - V_{02}$　(2) I_{out} （ **題型：OPA 電路計算** ）

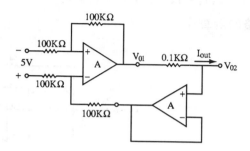

【 清大電機所 】

解☞ :

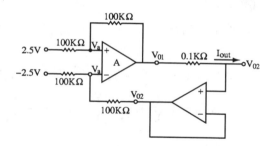

(1) $\left(\dfrac{1}{100k} + \dfrac{1}{100k} \right) V_a = \dfrac{V_{01}}{100k} + \dfrac{2.5}{100k} \Rightarrow V_{01} = 2V_a + 2.5$

$\left(\dfrac{1}{100k} + \dfrac{1}{100k} \right) V_a = \dfrac{V_{02}}{100k} - \dfrac{2.5}{100k} \Rightarrow V_{02} = 2V_a - 2.5$

$\therefore V_{01} - V_{02} = 5V$

(2) $I_{out} = \dfrac{V_{01} - V_{02}}{0.1k} = \dfrac{5}{0.1k} = 50mA$

4.一個理想的 OPA 三個最主要的基本條件為 A = ∞，①，及②。在正常工作（linear）之下，它的兩個輸入端可視為③。（題型：OPA 的基本觀念）

【中央資訊及電子所】

解☞：

①$R_i = \infty$

②$R_0 = 0$

③虛短路

5.(1)試求轉移函數。

(2)若輸入為定值 V，試證明輸出 V_0（t）由下式決定

$$C \frac{dV_0(t)}{dt} + \frac{V_0(t)}{R_3} + \frac{V}{R_1}\left(1 + \frac{R_2}{R_3}\right) = 0$$ （題型：OPA 電路的計算）

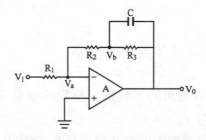

【高考】

解☞：

(1)$T(S) = \dfrac{V_0(S)}{V_I(S)} = -\dfrac{Z_2}{Z_1} = -\dfrac{1}{R_1}\left[R_2 + \dfrac{1}{SC}/\!/ R_3\right]$

$= -\dfrac{1}{R_1}\left[R_2 + \dfrac{R_3/SC}{R_3 + \dfrac{1}{SC}}\right]$

$$= -\frac{1}{R_1}\left[\, R_2 + \frac{R_3}{1 + SCR_3}\,\right] = -\frac{R_2}{R_1} - \frac{R_3 \diagup R_1}{1 + SCR_3}$$

(2) 1. $\mathcal{L}\left[\,V_i(t)\,\right] = \mathcal{L}\left[\,V\,\right] = \dfrac{V}{S}$

$$\therefore V_0(S) = \left[\, -\frac{R_2}{R_1} - \frac{R_3 \diagup R_1}{1 + SCR_3}\,\right]\frac{V}{S}$$

$$\Rightarrow (1 + SCR_3)V_0(S) = (1 + SCR_3)\left[\, -\frac{R_2}{R_1} - \frac{R_3 \diagup R_1}{1 + SCR_3}\,\right]\frac{V}{S}$$

$$= -\frac{R_2 V}{R_1 S} - \frac{R_2 R_3 V}{R_1} - \frac{R_3 V}{R_1 S}$$

2. 取拉氏逆轉換

$$V_0(t) + R_3 C\frac{dV_0(t)}{dt} = -\frac{R_2}{R_1}V - \frac{R_3}{R_1}V - \frac{R_2 R_3}{R_1}V\delta(t)$$

$$\Rightarrow C\frac{dV_0(t)}{dt} + \frac{V_0(t)}{R_3} + \frac{V}{R_1}\left(1 + \frac{R_2}{R_3}\right) = 0$$

（令 $\delta(t) = 0$ ）

---

6. OP 為理想的，曾納二極體的崩潰電壓為 V_Z，順向導通時的偏壓為 V_D，

⑴何者為正回授？何者為負回授？

⑵繪出圖⑴，圖⑵的 $V_0 \diagup V_I$ 關係曲線圖。（**題型：正負回授判斷法**）

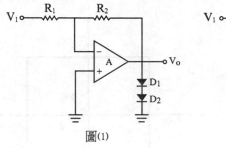

圖(1)

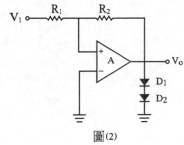

圖(2)

【高考】

解☞：

(1)圖(1)爲負回授，圖(2)爲正回授

(2)轉移曲線

圖(1)

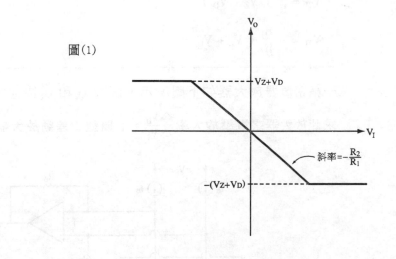

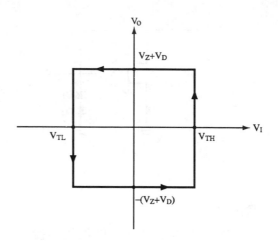

$$V_{Th} = \frac{R_1}{R_2} \left(V_Z + V_D \right)$$

$$V_{TL} = -\frac{R_1}{R_2} \left(V_Z + V_D \right)$$

7.一精密儀器放大器如下圖所示，假設 Q_1 和 Q_2 特性完全相同。

求此放大器之電壓放大率 $\dfrac{\triangle V_0}{\triangle V_I}$ 。（題型：差動放大器）

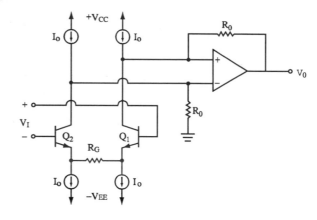

【技師】

解☞ :

Q_1 及 Q_2 構成差動放大器

$$\triangle V_+ = \triangle V_- = \alpha (\triangle i_E) R_0 = \alpha (\frac{\triangle V_I}{2r_e + R_G}) R_0$$

$$\triangle V_0 = 2\alpha (\triangle i_E) R_0 = 2\alpha R_0 \frac{\triangle V_I}{2r_e + R_G}$$

$$\therefore \frac{\triangle V_0}{\triangle V_I} = \frac{2\alpha R_0}{2r_e + R_G}$$

其中

$$r_e = \frac{V_T}{I_0}$$

---

8. 運算放大電路如圖，若輸入電壓爲 $V_i (t) = \cos 5 \times 10^3 t$，試問輸出電壓 $V_0 (t)$ 應爲何？**（題型：OPA 之計算）**

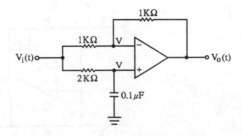

【高考】

解☞ :

$$\begin{cases} (\frac{1}{1K} + \frac{1}{1K}) V = \frac{V_i}{1K} + \frac{V_0}{1K} \\ (\frac{1}{2K} + 0.1\mu S) V = \frac{V_i}{2K} \end{cases} \Rightarrow \frac{1 - 200S}{1 + 200S} V_i = V_0$$

$$\therefore \frac{V_0}{V_i} = \frac{1 - 200S}{1 + 200S} = \frac{1 - j200\omega}{1 + j200\omega} = 1\angle -180°$$

$$\therefore V_0 (t) = (1\angle -180°) \cos 5 \times 10^3 t = \cos (5 \times 10^3 t - 180°)$$

---

9. 試求附圖電路中增益 V_2 / V_1 爲何？以 X 表示之，$0 \leq X < 1$。假設圖中之運算放大器爲理想。（**題型：OPA 的電路計算**）

(1)

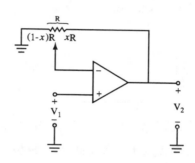

(2)

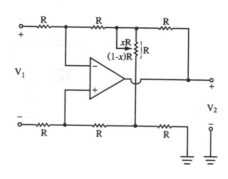

【技師檢覈】

解☞：

$(1)\dfrac{V_2}{V_1} = 1 + \dfrac{XR}{(1 - X) R} = 1 + \dfrac{X}{1 - X} = \dfrac{1}{1 - X}$

(2)

$$\begin{cases} \left(\dfrac{1}{R}+\dfrac{1}{R}\right)V_a = \dfrac{V_1}{2R}+\dfrac{V_b}{R} \\[2mm] \left(\dfrac{1}{R}+\dfrac{1}{R}\right)V_a = -\dfrac{V_1}{2R}+\dfrac{V_d}{R} \\[2mm] \left(\dfrac{1}{XR}+\dfrac{1}{R}+\dfrac{1}{R}\right)V_b = \dfrac{V_a}{R}+\dfrac{V_2}{R}+\dfrac{V_c}{XR} \\[2mm] \left(\dfrac{1}{XR}+\dfrac{1}{(1-X)R}\right)V_c = \dfrac{V_b}{XR}+\dfrac{V_d}{(1-X)R} \\[2mm] \left(\dfrac{1}{R}+\dfrac{1}{R}\right)V_d = \dfrac{V_a}{R} \end{cases}$$

$$\Rightarrow \begin{cases} V_a = -\dfrac{1}{3}V_1 \\[2mm] V_b = -\dfrac{7}{6}V_1 \\[2mm] V_c = -\dfrac{7}{6}V_1 + XV_1 \\[2mm] V_d = -\dfrac{1}{6}V_1 \\[2mm] V_2 = -3V_1 \end{cases}$$

$$\therefore \dfrac{V_2}{V_1} = -3$$

10.假設現有一光電池（其特性與一般二極體相似），若其受光照射，其漏電電流與照度 E_v 成正比（即 $I_{sh} = \alpha E_v$，α：常數），試求下圖之 V_o？（**題型：基本觀念**）

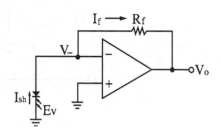

解☞：

1. ∵虛接地，∴ $V_- = 0$

2. $I_{sh} = I_f = \alpha E_v$

   ∴ $V_o = -I_f R_f = -\alpha E_v R_f$

§11-2〔題型五十八〕：
反相器、非反相器（正相器）及電壓隨耦器

考型156 反相器

一、基本反相放大器

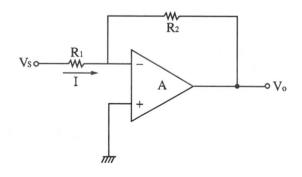

1. $A_v = \dfrac{V_o}{V_s} = \boxed{-\dfrac{R_2}{R_1}}\Leftarrow$ 牢記

2. $R_{in} = R_1$

二、高靈敏度反相器

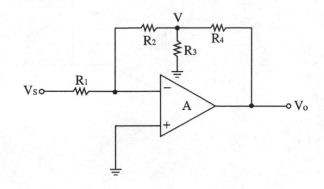

$$A_v = \dfrac{V_o}{V_s}$$

$$= \boxed{-\dfrac{R_2}{R_1}\left[\,1+\dfrac{R_4}{R_2}+\dfrac{R_4}{R_3}\,\right]}$$

$$= \boxed{-\dfrac{R_2}{R_1}\left[\,\dfrac{R_4}{R_2/\!/R_3/\!/R_4}\,\right]}\Leftarrow$$ 牢記

1. 反相器之定義，即為輸入與輸出為反相

2. **特色：**此基本反相器，具有

　(1)高的輸入電阻 R_{in}

　(2)高的電壓增益 A_v

考型157 非反相器（正相器）

一、基本非反相器

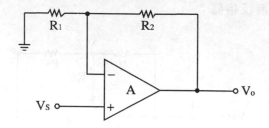

1. $\boxed{A_v = 1 + \dfrac{R_2}{R_1}}$ ⇐牢記

2. $R_{in} = \infty$

3. $R_o = 0$

二、高靈敏度非反相器

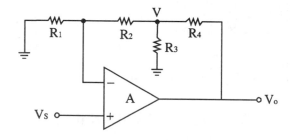

1. $\boxed{A_v = \left[1 + \dfrac{R_2}{R_1} \right] \left[1 + \dfrac{R_4}{R_2} + \dfrac{R_4}{R_3} \right]}$ ⇐牢記

2. **特色**：比基本非反相器的電壓增益高

考型158 電壓隨耦器

一、基本電壓隨耦器

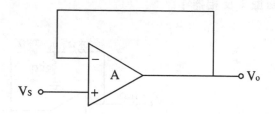

1. $A_v \cong 1$ ， $A_v \leq 1$
2. $R_{in} = \infty$
3. $R_o = 0$

二、交流電壓隨耦器

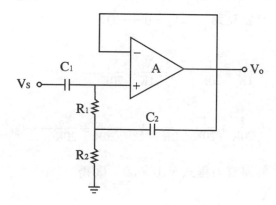

1. $A_v \leq 1$
2. $V_o \approx V_s$
3. C_2可提高輸入阻抗
4. R_1，R_2可使無輸入訊號時，OP 仍不會 off。

11. The following figure shows an op – amp related circuit. Assuming the op – amp is ideal, find out the transfer function of this circuit（ V_0 / V_I ）.
（題型：反相器）

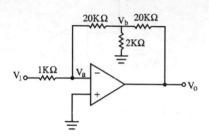

【台大電機所】

解☞ ：

1. 節點分析法：

∵ 虛短路　∴ $V_a = 0$——①

$(\dfrac{1}{1K} + \dfrac{1}{20K}) V_a = \dfrac{V_I}{1K} + \dfrac{V_b}{20K}$——②

$(\dfrac{1}{20K} + \dfrac{1}{20K} + \dfrac{1}{2K}) V_b - \dfrac{V_a}{20K} = \dfrac{V_0}{20K}$——③

2. 解聯立方程式，①、②、③得

$\dfrac{V_0}{V_I} = -240$

---

12. 下圖中，電流計有1mA 刻度，求

(1) $V_I = 2.5V$ 時，而電流計為滿額刻度時的 R 值。

(2) 電流計為一半刻度時的 V_0 值。（題型：正相器）

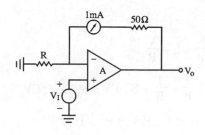

【清大電機所】

解☞：

(1) $I = \dfrac{V_I}{R} = \dfrac{2.5}{R} = 1\,mA$

$\therefore R = 2.5k\Omega$

(2) $V_0 = I\,(\,50 + R\,) = (\,0.5m\,)(50 + 2.5k\,) = 1.275V$

---

13. 試求圖中電路之等值輸入阻抗 $\overline{Z}i = \dfrac{\overline{V}i}{Ii} = R_{eq} + jX_{eq}$ ， $R_{eq} = ?$ X_{eq} = ？是電容性還是電感性 = ？（ 題型：電壓隨耦器 ）

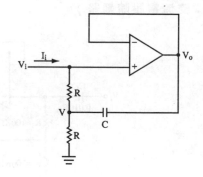

【清大核工所】

解☞：

$$\begin{cases} \dfrac{V_i}{R} = I_i + \dfrac{V}{R} \\[3mm] \left(\dfrac{1}{R} + \dfrac{1}{R} + SC \right) V = SCV_0 = SCV_i \end{cases}$$

$$\therefore V_i = \left(2R + SCR^2 \right) I_i$$

$$\text{故 } Z_{in} = \dfrac{V_i}{I_i} = 2R + SCR^2 = 2R + j\omega CR^2 = R_{eq} + jX_{eq}$$

$$\therefore R_{eq} = 2R \text{，} X_{eq} = \omega CR^2 \text{，呈電感性}$$

---

14. For OP AMP circuit shown below：

(1) Describe its circuit function.

(2) What are the purposes of C_1, C_2, R_1 and R_2？ The components C_2, R_1 and R_2 cannot be omitted. Why？

(3) Calculate the input resistance if the voltage gain $\dfrac{V_0}{V_i}$ is 0.995.（題型：交流電壓隨耦器）

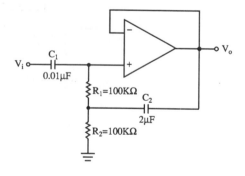

【交大電子所】

解☞：

(1) 交流電壓隨耦器

(2) C_1：耦合電容，用來隔離雜訊

C_2：bootstrapping 電容，可提高輸入阻抗

（ $\because R_{in} = \dfrac{R_1}{1 - A_V}$ ， $A_V \approx 1$ ）

R_1 ， R_2 ：可使無交流輸入訊號輸入時，OPA 仍不會 OFF

(3) $R_{in} = \dfrac{R_1}{1 - A_V} = \dfrac{100K}{1 - 0.995} = 20M\Omega$

---

15. The circuit shown can be used to implement a transresistance amplifier. The input resistance R_i and output resistance R_0 are (A) $R_i = 0$, $R_0 = 0$ (B) $R_i = 0$, $R_0 = 10k$ (C) $R_i = 10k$, $R_0 = 0$ (D) $R_i = \infty$, $R_0 = 10k$ (E) $R_i = 10k$, $R_0 = \infty$.（題型：反相器）

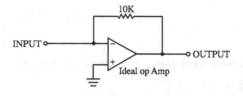

【交大電子、電信、材料所】

解☞：(A)

---

16. A photodiode is connected to an OP AMP as figure below. Find the output voltage V_0 at 400 LUX.

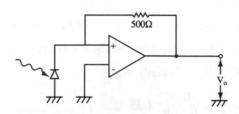

Bias of OP AMP

$V_{DD} = +15V$

$V_{SS} = -15V$

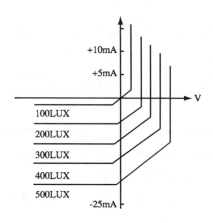

characteristics of photo diode

【 交大光電所 】

At what light level, will the output saturates？（題型：正相器）

解☞：

(1)由光電二極體特性曲線知，在 $V_D = 0$（∵虛短路）

$I = -15mA$

∴ $V_0 = -IR = -(-15m)(500) = 7.5V$

(2)欲使 OPA 飽和，則輸出為 ±15V，故依比例得，需 700LUX，才能使 OPA 飽和

---

17. In the system shown in Fig., OPA2 supplies current to the input of OPA1 and, hence, increases the input resistance R_i. Find(1)V_1 / V_i, (2)V_2 / V_i (3)Verify that

$R_i = \dfrac{V_i}{I_i} = \dfrac{R_1 R_3}{R_3 - R_1}$ （題型： ）

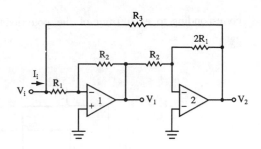

【中山電機所】

簡譯

求$(1)\dfrac{V_1}{V_2}$　　$(2)\dfrac{V_2}{V_i}$　　(3)證明 $R_i = \dfrac{V_i}{I_i} = \dfrac{R_1 R_3}{R_3 - R_1}$

解☞ ：

$(1)\dfrac{V_1}{V_i} = -\dfrac{R_2}{R_1}$ （反相器）

$(2)\dfrac{V_2}{V_i} = \left(\dfrac{V_2}{V_1}\right)\left(\dfrac{V_1}{V_i}\right) = \left(-\dfrac{2R_1}{R_2}\right)\left(-\dfrac{R_2}{R_1}\right) = 2$

$(3) \because I_{in} = \dfrac{V_i}{R_1} + \dfrac{V_i - V_2}{R_3}$

$\therefore \dfrac{I_{in}}{V_i} = \dfrac{1}{R_1} + \dfrac{1}{R_3} - \dfrac{1}{R_3}\dfrac{V_2}{V_i} = \dfrac{1}{R_1} + \dfrac{1}{R_3} - \dfrac{2}{R_3} = \dfrac{1}{R_1} - \dfrac{1}{R_3} = \dfrac{R_3 - R_1}{R_1 R_3}$

故 $R_i = \dfrac{V_i}{I_{in}} = \dfrac{R_1 R_3}{R_3 - R_1}$

---

18. The Op Amp circuit (shown as below) provides an output voltage V_0 whose value can be varied by turning the wiper of the $100k\Omega$ potentiometer. (deal Op Amp is assumed) .

(1) Find the range over which V_0 can be varied.

(2) If the potentiometer is a ″ 20 – turn ″ dvice, find the change in V_0

corresponding to each trum of the potertiomter. (題型：電壓隨耦器)

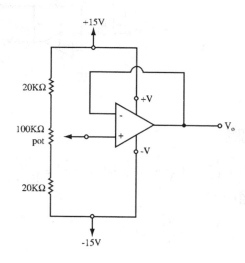

【台技電機所】

簡譯

OP 為理想，求

(1) V_0 的範圍

(2) 若100kΩ 的電位計共有20轉，求每一轉的 V_0 變化量。

解☞：

(1) 求 $V_{0,max}$ 時，potentiometer 調至最高點，則

$$V_{0,max} = (-15) + (100k + 20k)\left[\frac{15 - (-15)}{20k + 100k + 20k}\right] = 10.7V$$

求 $V_{0,min}$ 時，potentiometer，調至最低點，則

$$V_{0,min} = (-15) + (20k)\left[\frac{15 - (-15)}{20k + 100k + 20k}\right] = -10.7V$$

所以 V_0 範圍：$-10.7V \sim 10.7V$

$$(2) \triangle V_0 = [V_{0,max} - V_{0,min}](\frac{1}{20}) = [10.7 - (-10.7)](\frac{1}{20})$$

$$= 1.07V$$

19.為減低負載變化對使用曾納二極體（Zener diode）並聯調整器之影響，可加一個運算放大器緩衝器如下圖所示，圖中使用6.8V之曾納二極體及15V的電壓設計，以提供10V之輸出電壓。若曾納二極體之電流為1mA，而運算放大器電阻性網路之電流為0.1mA，試問 R_1，R_2 及 R 值應為若干歐姆？（**題型：正相器**）

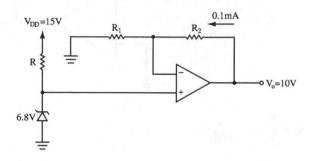

【技師檢覈】

解☞ :

$$R = \frac{V_{DD} - V_Z}{I_Z} = \frac{15 - 6.8}{1m} = 8.2k\Omega$$

$$(0.1m) R_1 = V_Z \Rightarrow R_1 = \frac{V_Z}{0.1m} = \frac{6.8}{0.1m} = 68k\Omega$$

$$A_V = \frac{V_0}{V_Z} = (1 + \frac{R_1}{R_2})$$

$$\therefore R_2 = \frac{R_1}{\frac{V_0}{V_Z} - 1} = \frac{68k}{\frac{10}{6.8} - 1} = 32k\Omega$$

§11–3〔題型五十九〕：積分器及微分器

考型159 積分器

一、基本積分器

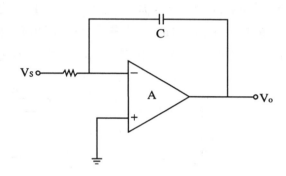

1. $A_v = \dfrac{V_o}{V_s} = -\dfrac{1}{SRC}$

2. $V_o(t) = -\dfrac{1}{RC} \int V_s(t) \, dt$

二、實用積分電路（改良型基本積分器）

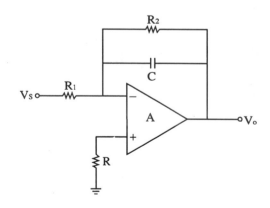

1. $A_v = \dfrac{V_o}{V_s} = -\dfrac{1}{SRC}$

2. $A_v = -\dfrac{R_2}{R_1}$

3. if $V_c(0) = 0$

   $V_o = -\dfrac{1}{RC} \int V_s(t)\,dt$

4. if $V_c(0) = V$

   $V_o = -\dfrac{1}{RC}$

5. $f_H = \dfrac{1}{2\pi R_2 C}$

6. R_2提供直流增益，$A_v = -\dfrac{R_2}{R_1}$，

7. 一般而言，$R_2 \geq 10R_1$

三、差動積分電路

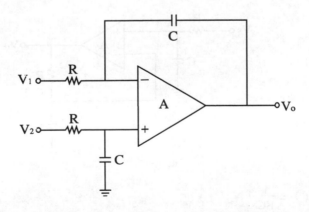

1. $V_o = \dfrac{1}{SRC} (V_2 - V_1)$

2. $V_o = \dfrac{1}{RC} \displaystyle\int (V_2 - V_1)\, dt$

註：積分器可視爲高通濾波器

四、非反相積分器之一

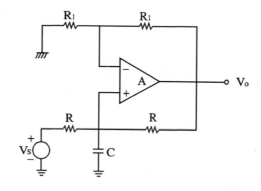

$$V_o (t) = \dfrac{2}{RC} \int V_s (t)\, dt$$

五、非反相積分器之二

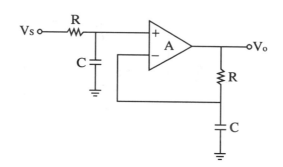

$$V_o (t) = \dfrac{1}{RC} \int V_s (t)\, dt$$

 考型160 微分器

一、基本微分器

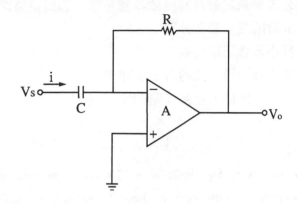

1. $A_V = -SRC$

2. $V_o = -RC \dfrac{dV_S}{dt}$

註:微分器可視為低通濾波器

二、改良型微分器

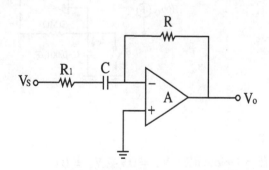

$$f_L = \frac{1}{2\pi R_1 C}$$

考型161 類比計算機

一、解題技巧

1. 將微分方程式之最高階提於等號左端，即為電路之輸入端。
2. 若有 n 階則需 n 個積分器
3. 利用反相器修正正負號
4. 利用加法器，將等式的各項加起來
5. 將電路的最後輸出拉至電路的輸入端

歷屆試題

20. The op amp in Fig. limits at ± 13V and is otherwise ideal, What is the voltage at V_0 with switch S closed？ Sketch the waveform at V_0 after S opens at time zero. How long after S opens does it take for V_0 to reach ＋ 11V？（題型：OPA 電路的計算）

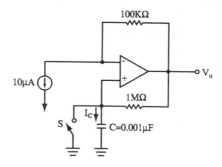

【台大電機所】

解☞：

1. 在 S：close 時，$V_+ = 0V \Rightarrow V_- = 0V$

   $\therefore V_0 = （10\mu A）（100K） = 1V$

2. 在 S：open 時，V_0由1MΩ 對 C 充電

$$I_C = \frac{V_0 - V_C}{1M} = \frac{1 - 0}{1M} = 1\mu A$$

3. $\because Q_C = I_C t = CV_C$

$\therefore (1\mu) t = (0.001\mu)(11 - 1)$

故 t = 10m sec 時，V_0即達到11V

---

21. OP – AMP A in the circuit shown in Fig. is ideal. Find the transfer function $V_0 \diagup V_S$.（題型：積分器）

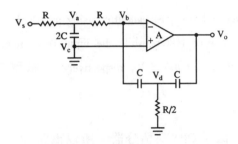

【台大電機所】

解☞：

用節點分析法

$$(\frac{1}{R} + \frac{1}{R} + 2SC) V_a = \frac{V_S}{R} + \frac{V_b}{R} + 2SCV_c$$

$$\Rightarrow (2 + 2SCR) V_a = V_S + V_b + 2SCRV_c \text{——①}$$

$V_b = V_c = 0V \text{——②代入①得}$

$$\Rightarrow V_a = \frac{V_S}{2 + 2SCR} \text{——③}$$

$$(\frac{1}{R} + SC) V_b = \frac{V_a}{R} + SCV_d \quad 代入③得$$

$$\Rightarrow V_a = -SCRV_d = \frac{V_S}{2 + 2SCR}$$

$$\therefore V_d = \frac{-V_S}{2SCR + 2S^2C^2R^2}$$

$$\left(SC + SC + \frac{2}{R} \right) V_d = SCV_b + SCV_0$$

$$\Rightarrow V_0 = \left(2 + \frac{2}{SCR}\right)V_d = \left(2 + \frac{2}{SCR}\right)\left(\frac{-V_S}{2SCR + 2S^2C^2R^2}\right) = \frac{-V_S}{S^2C^2R^2}$$

$$\therefore \frac{V_0}{V_S} = \frac{-1}{S^2C^2R^2}$$

---

22. Design a low – pass amplifier using an ideal op – amp to give the 3 – dB frequency of 10kHz while the input resistance and voltage gain at dc are 100kΩ and 100V／V, respectively. (題型：積分器)

【 清大電機所 】

解☞ :

(1)低通 OPA 為積分器，所以電路設計如下：

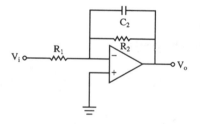

(2)參數

1. $R_{in} = R_1 = 100k\Omega$

2. $A_V = -\frac{R_2}{R_1} = -\frac{R_2}{100k} = -100$

$\therefore R_2 = 10M\Omega$

$$3.\ f_{3dB} = \frac{1}{2\pi R_2 C_2} = \frac{1}{2\pi\,(\,10M\,)\,C_2} = 10kHz$$

$$\therefore C_2 = 1.59PF$$

23.如圖1及2所示爲積分器及微分器，假設 OPA 均爲理想，但最大
　輸出電壓爲 ± 15V

(1)假設 V_i 爲一弦波，其值爲0.1V。當輸入頻率分別爲0.1Hz 及
　10MHz 時，試分別求出圖1及2中 V_0的大小。（共四個答案）

(2)從(1)所得之結果，試說明此兩種電路在應用上有何限制。

(3)加一個$1k\Omega$ 之電阻至此兩個電路中，可解決(2)中之問題。試
　分別繪出完整的改良電路，並重做(1)的計算。試說明你的改
　良可解決(2)中問題的理由。（**題型：微分器及積分器**）

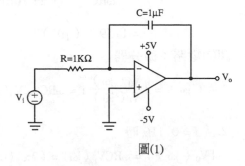

圖(1)

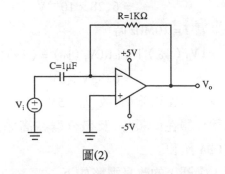

圖(2)

解☞：

(1)圖(1)電路：積分器

1.$A(j\omega) = |\dfrac{V_0(j\omega)}{V_i(j\omega)}| = \dfrac{1}{\omega RC} \Rightarrow V_0(j\omega) = \dfrac{V_i(j\omega)}{\omega RC}$

2.當 $f = 0.1\text{Hz}$ 時

$$|V_0(j\omega)| = \dfrac{V_i(j\omega)}{\omega RC} = \dfrac{0.1}{(2\pi)(0.1)(1\text{k})(1\mu)}$$

$$= 159\text{V} > 5\text{V}$$

$\therefore$ OPA 正飽和，故 $V_0 = 5\text{V}$

3.當 $f = 10\text{MHz}$ 時

$$|V_0(j\omega)| = \dfrac{V_i(j\omega)}{\omega RC} = \dfrac{0.1}{(2\pi)(10\text{M})(1\text{k})(1\mu)}$$

$$= 1.59 \quad (\mu\text{V})$$

圖(2)電路：微分器

1.$A(j\omega) = |\dfrac{V_0(j\omega)}{V_i(j\omega)}| = \omega RC \Rightarrow V_0(j\omega) = \omega RCV_i(j\omega)$

2.當 $f = 0.1\text{Hz}$ 時

$$|V_0(j\omega)| = \omega RCV_i(j\omega) = (2\pi)(0.1)(1\text{k})(1\mu)(0.1)$$

$$= 6.28 \times 10^{-5}\text{V}$$

3.當 $f = 10\text{MHz}$ 時

$$|V_0(j\omega)| = \omega RCV_i(j\omega) = (2\pi)(10\text{M})(1\text{k})(1\mu)(0.1)$$

$$= 6283\text{V} > 5\text{V}$$

$\therefore$ OPA 正飽和,故 $V_0 = 5\text{V}$

(2)積分器在低頻時,及微分器在高頻時,易受頻率影響,而使 OPA 飽和。

(3) 1.①圖 1 的改良電路如下：

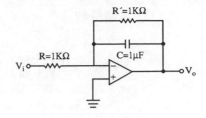

②電路分析

$$A(j\omega) = \left|\frac{V_0(j\omega)}{V_i(j\omega)}\right| = \left|\frac{-\dfrac{R'}{R}}{1+j\omega R'C}\right| = \frac{\dfrac{R'}{R}}{\sqrt{1+(\omega R'C)^2}}$$

③當 f = 0.1Hz 時

$$|V_0(j\omega)| = \frac{(\dfrac{R'}{R})V_i}{\sqrt{1+(\omega R'C)^2}} = \frac{0.1}{\sqrt{1+[(2\pi)(0.1)(1k)(1\mu)]^2}}$$

$$= 0.1V$$

④當 f = 10MHz 時

$$|V_0(j\omega)| - \frac{(\dfrac{R'}{R})V_i}{\sqrt{1+(\omega R'C)^2}} = \frac{0.1}{\sqrt{1+[(2\pi)(10M)(1k)(1\mu)]^2}}$$

$$= 1.59\mu V$$

2.①圖2的改良電路如下：

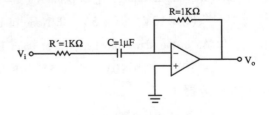

②電路分析

$$A(j\omega) = |\frac{V_0(j\omega)}{V_i(j\omega)}| = |\frac{\frac{-R}{R'}}{1 + \frac{1}{j\omega R'C}}| = \frac{\frac{R}{R'}}{\sqrt{1 + (\frac{1}{\omega R'C})^2}}$$

③當 $f = 0.1\text{Hz}$ 時

$$|V_0(j\omega)| = \frac{(\frac{R}{R'})V_i}{\sqrt{1 + (\frac{1}{\omega R'C})^2}} = \frac{0.1}{\sqrt{1 + [\frac{1}{(2\pi)(0.1)(1k)(1\mu)}]^2}}$$

$$= 6.25 \times 10^{-5}\text{V}$$

④當 $f = 10\text{MHz}$ 時

$$|V_0(j\omega)| = \frac{(\frac{R}{R'})V_i}{\sqrt{1 + (\frac{1}{\omega R'C})^2}} = \frac{1}{\sqrt{1 + [\frac{1}{(2\pi)(10M)(1k)(1\mu)}]^2}}$$

$$= 0.1\text{V}$$

⑤由以上結果可知，OPA 不再因頻率而飽和。

---

24. For the following integrator, $V_0(t = 0^-) = 0\text{V}$. The op amp is ideal.

(1) The output voltage V_0 at point A ($t = 200\text{sec}$) is(A) $- 5\text{V}$ (B) $- 10\text{V}$ (C) $+ 10\text{V}$ (D) $+ 5\text{V}$ (E) None of the above.

(2) As in the above problem, V_0 at point B ($t = 300\text{sec}$) is(A) $- 5\text{V}$ (B) $- 10\text{V}$ (C) $+ 10\text{V}$ (D) $+ 5\text{V}$ (E) None of the above. (題型：積分器)

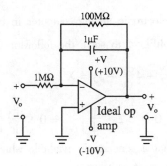

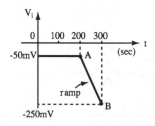

【 交大電子、電信、材料所 】

解☞ :

(1)：(D)

由圖知 $t = 200\sec \Rightarrow V_i = -50mV$

$\therefore V_0 = AV_i = (-\dfrac{R_f}{R_1})(-50mV) = (-\dfrac{100M}{1M})(-50mV) = 5V$

(2)：(C)

由圖知 $t = 300\sec \Rightarrow V_i = -250mV$

$V_0' = AV_i = (-\dfrac{R_f}{R_1})(-250mV) = 25V$

此值已超出正、負飽和值，故知 OPA 已正飽和

$\therefore V_0 \approx +10V$

25. Draw an electronic analog computer in block – diagram form, using operational amplifiers, to solve the following differential equation :

$$\frac{d^3y}{dt^3} - 5\frac{d^2y}{dt^2} + 4\frac{dy}{dt} + 3y = X(t)$$

where $y(0) = 2$, $\left.\frac{dy}{dt}\right|_{t=0} = 0$, $\left.\frac{d^2y}{dt^2}\right|_{t=0} = 3$

Assume that a generate is available which will provide the signal x (t).

（題型：類比計算機）

【交大電物所】

解☞ :

$$\frac{d^3y}{dt^3} = 5\frac{d^2y}{dt^2} - 4\frac{dy}{dt} - 3y + x(t)$$

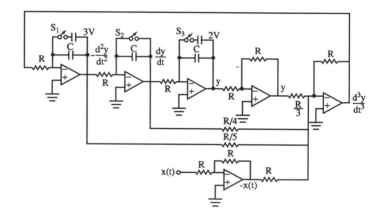

---

26. Please simulate the equation motion

$$m\frac{d^2x}{dt^2} + \beta\frac{dx}{dt} + kx = f(t)$$

by drawing an analog circuit with initial conditions. （題型：類比計算機）

【交大光電所】

解☞ :

1. $\dfrac{d^2x}{dt^2} = -\dfrac{\beta}{m}\dfrac{dx}{dt} - \dfrac{k}{m}x + \dfrac{f(t)}{m}$

2. 電路設計

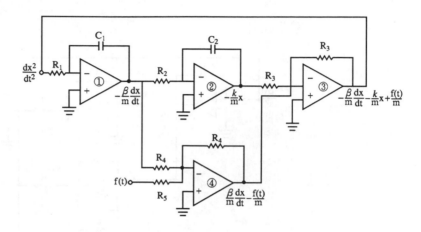

3. 參數設計

① OPA1 : $Av_1 = \dfrac{-1}{SR_1C_1} \Rightarrow \dfrac{1}{R_1C_1} = \dfrac{\beta}{m}$

② OPA2 : $Av_2 = \dfrac{-1}{SR_2C_2} \Rightarrow \dfrac{1}{R_2C_2} = \dfrac{k}{m}$

③ OPA4 : $Av_4 = -\dfrac{R_4}{R_5} \Rightarrow \dfrac{R_4}{R_5} = \dfrac{1}{m} \Rightarrow R_5 = mR_4$

$R_1 = \dfrac{m}{\beta C_1}$, $R_2 = \dfrac{m}{kC_2}$

───────────────────────────────

27. Design an analog computation circuit to solve the differential equation

$$\dfrac{d^2V}{dt^2} + K_1\dfrac{dV}{dt} + K_2V - V_1 = 0$$

where V_1 is a given function of time, K_1 and K_2 are positive real constant.

（題型：類比計算機）

【交大控制所】【中山電機所】

解☞：

1. $\dfrac{d^2V}{dt^2} = - K_1 \dfrac{dV}{dt} - K_2 V + V_1$

2. 電路設計

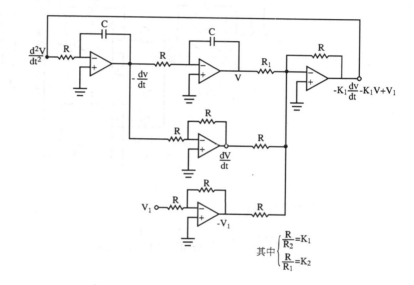

---

28. Draw the circuit of an OP Amp integrator and indicate how to apply the initial condition. Explain its operation.（題型：積分器）

【成大電機所】

解☞ ：

　1.電路如下：

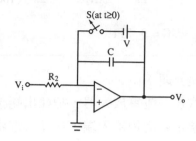

　2.說明

　　①t < 0時，$V_0 = V$

　　②t ≥ 0時，S：open，則

$$V_0 = -\frac{1}{RC} \int_0^t V_S(t)\,dt + V_0(0)$$

---

29. For the circuit shown in Fig. $R_2 = 100k\Omega$. Find the values of R_1 and C for a low – frequency voltage gain of – 100 and a 3 – dB frequency of 1MHz. （題型：積分器）

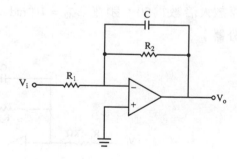

【成大電機所】

解☞ ：

　1.低頻增益 $A_V = -\frac{R_2}{R_1} = -\frac{100k}{R_1} = -100$

$$\therefore R_1 = 1 \, k\Omega$$

$$2. \, f_{3dB} = \frac{\omega_{3dB}}{2\pi} = \frac{1}{2\pi R_2 C} = \frac{1}{(2\pi)(100k) \, C} = 1 \, MHz$$

$$\therefore C = 3.2 \, PF$$

---

30. （是非題）

(1)取任一運算放大器，把輸出端接回反相輸入端再將輸入電壓接至非反相輸入端，如輸入電壓範圍合適，即可得一實用的電壓跟隨器。

(2)在利用運算放大器製作的反相積分器電路中，如把電路中的電容器並接一個適當的電阻器，則可減輕電路輸出電壓飽和的現象。（**題型：OPA 觀念題**）

【中央電機所】

解☞：

(1)是　(2)是

---

31. 設運算放大器有理想的特性，求 R_2 及 C 之值，使放大器之低頻電壓放大倍數為50，頻寬 $\omega_{3dB} = 10^4 \, rad／s$。（20分）（**題型：積分器**）

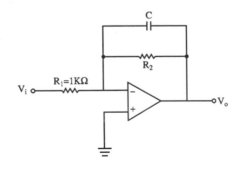

【高考】

解☞：

$$A_V = -\frac{Z_2}{Z_1} = -\frac{\frac{1}{SC} \mathbin{/\mkern-4mu/} R_2}{R_1} = \frac{-1}{R_1}\left(\frac{\frac{R_2}{SC}}{\frac{1}{SC} + R_2}\right) = \frac{-R_2}{R_1(1 + SCR_2)}$$

$$= \frac{\frac{-R_2}{R_1}}{1 + SCR_2} = \frac{-\frac{R_2}{R_1}}{1 + \frac{S}{\omega_{3dB}}}$$

(1) |低頻增益| = |A_V| = $\frac{R_2}{R_1}$ ⇒ R_2 = |A_V|R_1 = (50)(1K)

              = 50kΩ

(2) $\omega_{3dB} = \frac{1}{R_2 C} = \frac{1}{(50K)C} = 10^4 \Rightarrow C = 2nF$

---

32. OP 為理想，求輸入阻抗 $Z_{in} = \frac{V_I}{I_i}$。（題型：OPA 電路計算）

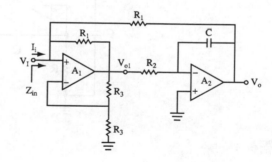

【高考】

解☞：

1. A_1 為正相器

    $V_{01} = \left(1 + \frac{R_3}{R_3}\right)V_I = 2V_I$

2. A_2爲積分器

$$V_0 = -\frac{1}{SR_2C}V_{01} = -\frac{2}{SR_2C}V_I$$

3. 節點分析

$$\left(\frac{1}{R_1} + \frac{1}{R_1}\right)V_I = I_i + \frac{V_{01}}{R_1} + \frac{V_0}{R_1} = I_i + \frac{1}{R_1}\left(2V_I - \frac{2}{SR_2C}V_I\right)$$

$$\Rightarrow I_i = \frac{2}{SR_1R_2C}V_I$$

4. $\therefore Z_{in} = \frac{V_I}{I_i} = \frac{SR_1R_2C}{2} = j\frac{\omega R_1R_2C}{2}$

---

33. 如下圖的正向積分器，試求 V_o 以 V_i 之表示式。（題型：非反相積分器）

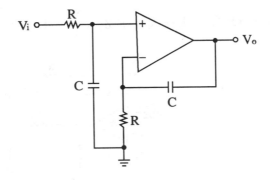

解☞：

方法一：節點分析法

方法二：利用非反相增益公式

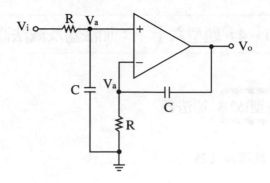

$$\therefore \frac{V_o}{V_a} = \left(1 + \frac{\frac{1}{SC}}{R} \right) = \left(1 + \frac{1}{SRC} \right)$$

$$\text{而 } V_a = V_I \left(\frac{\frac{1}{SC}}{R + \frac{1}{SC}} \right) = V_I \left(\frac{1}{1 + SRC} \right)$$

$$\therefore V_o = \left(1 + \frac{1}{SRC} \right) V_a = \left(1 + \frac{1}{SRC} \right) \left(\frac{1}{1 + SRC} \right) V_I$$

$$= \frac{V_I}{SRC}$$

§11-4〔題型六十〕：加法器及減法器（差動放大器）

考型162 加法器

一、反相加法器

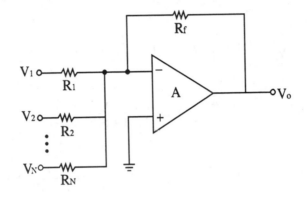

1. $V_o = -\left(\dfrac{R_f}{R_1}V_1 + \dfrac{R_f}{R_2}V_2 + \cdots\cdots + \dfrac{R_f}{R_N}V_N\right)$

2. $V_o = -\dfrac{R_f}{R}\left(V_1 + V_2 + \cdots\cdots + V_N\right)$

   （若 $R_1 = R_2 = \cdots\cdots = R_N = R$）

二、同相加法器

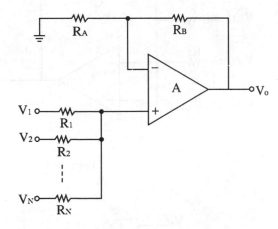

1. $V_o = \dfrac{R_A + R_B}{R_A} \Big[\dfrac{R_1}{R_1 + (R_2 /\!/ R_3 /\!/ \cdots /\!/ R_n)} V_1 + \dfrac{R_2}{R_2 + (R_1 /\!/ R_3 /\!/ \cdots /\!/ R_n)} V_2$

$+ \cdots + \dfrac{R_n}{R_n + (R_1 /\!/ R_2 /\!/ \cdots /\!/ R_{n-1})} V_n \Big]$

2. 當 $R_1 = R_2 = \cdots = R_n = R$ 時，則

$$V_o = \dfrac{R_A + R_B}{R_A} \Big[\dfrac{R}{R + \dfrac{R}{n-1}} V_1 + \dfrac{R}{R + \dfrac{R}{n-1}} V_2 + \cdots + \dfrac{R}{R + \dfrac{R}{n-1}} V_n \Big]$$

$$= \dfrac{R_A + R_B}{R_A} \Big(\dfrac{n-1}{n} \Big) \big[V_1 + V_2 + \cdots + V_n \big]$$

三、加法器與積分器的應用

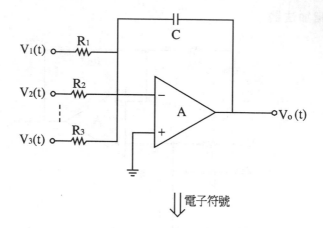

↓↓電子符號

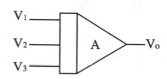

$$V_o(t) = -\left[\frac{1}{R_1C}\int V_1(t)\,dt + \frac{1}{R_2C}\int V_2(t)\,dt + \frac{1}{R_3C}\int V_3(t)\,dt\right]$$

考型163 減法器（差動放大器）

一、基本差動放大電路（減法器）

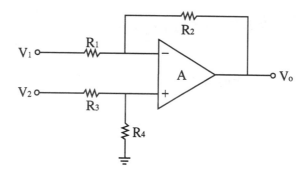

1. $V_o = -\dfrac{R_2}{R_1} V_1 + \dfrac{1 + \dfrac{R_2}{R_1}}{1 + \dfrac{R_3}{R_4}} V_2$

2. $\dfrac{R_1}{R_2} = \dfrac{R_3}{R_4}$ 時， $V_o = \dfrac{R_2}{R_1} (V_2 - V_1)$

3. $R_{id} = R_1 + R_3$

4. $R_{icm} = \dfrac{R_1 (R_3 + R_4)}{R_1 + R_2}$

二、精密差動放大器（儀表測量放大器）

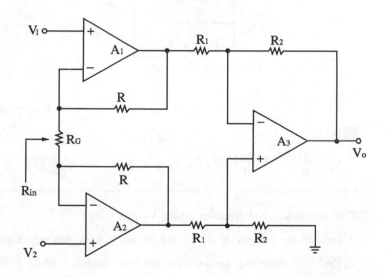

1. $V_o = \dfrac{R_2}{R_1} \left[1 + \dfrac{2R}{R_G} \right] [V_2 - V_1]$

2. $A_v = \dfrac{V_o}{V_2 - V_1} = \dfrac{R_2}{R_1} \left[1 + \dfrac{2R}{R_G} \right]$

3. $R_{in} = \infty$

4. R_G 可控制增益

5. 此種電路，可得到較高的 R_{id} 及 A_v

歷屆試題

34. 已知 OP 為理想，求 V_0 與 V_S 的關係式（題型：精密差動放大器）

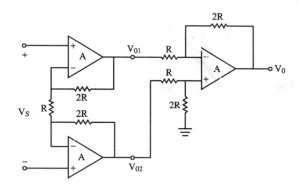

【台大電機所】

解☞：

$$V_0 = \frac{2R}{R}\left(\frac{R + 2R + 2R}{R}\right)(-V_S) = 10V_S \qquad 電路分析見題(5)$$

---

35. This is a differential amplifier, with $V_0 = A(V_1 - V_2)$

(1) Indicate the polarity of A_1 for the circuit to work properly Explain.

(2) Find (1). State any assumptions you have made. （題型：差動放大器）

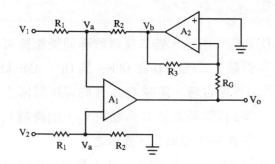

【台大電機所】

解 ☞ ：

(1) ∵ $V_b = -\dfrac{R_3}{R_G} V_0$

此 V_b 再經迴授接至 A_1 得 V_0，故知，此迴授應接在反相端，以形成負回授，方能得同相的 V_0

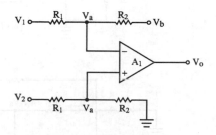

(2) 用節點分析法

$$\left(\frac{1}{R_1} + \frac{1}{R_2}\right) V_a = \frac{V_1}{R_1} + \frac{V_b}{R_2} = \frac{V_1}{R_1} - \frac{R_3}{R_2 R_G} V_0 \text{——①}$$

$$\left(\frac{1}{R_1} + \frac{1}{R_2}\right) V_a = \frac{V_2}{R_1} \text{——②}$$

① － ② 得

$$A = \frac{V_0}{V_1 - V_2} = \frac{R_G R_2}{R_1 R_3}$$

36.(1)如圖(1)所示，若二極體於導通後壓降可忽略，並且在任何負偏壓下二極體 D 會 OFF。其 OP – AMP 爲理想的，試問：

①S 閉合時，跨越 C_1 及 R 的電壓爲何？

②S 打開時並且 C 充電到 V_C，則跨越 C_1 及 R 的電壓又爲何？

③求 V_C（以時間 t 表示之）

(2)圖(2)電路，試求 V_0 = ？（**題型：OPA 電路計算**）

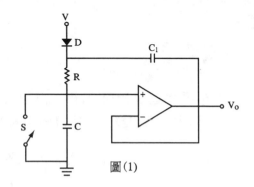

圖(1)

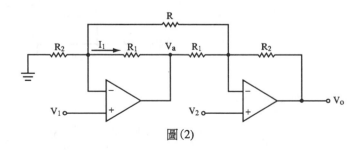

圖(2)

【台大電機所】

解 ☞ :

(1)①當 S：close 時

$$V_+ = 0 \Rightarrow V_- = 0 \Rightarrow V_0 = 0$$

$$\therefore V_R = V_{C1} = V$$

②③當 S：open 時 ⇒ C 充電

$$V_C = V (1 - e^{-t/RC})$$

$$\therefore V_R = V - V_C = Ve^{-t/RC}$$

故 $V_0 = V_C$

$$\therefore V_{C1} = V - V_0 = Ve^{-t/RC}$$

(2)用節點分析法

$$(\frac{1}{R_2} + \frac{1}{R_1} + \frac{1}{R}) V_1 = \frac{V_a}{R_1} + \frac{V_2}{R} \text{——①}$$

$$(\frac{1}{R_2} + \frac{1}{R_1} + \frac{1}{R}) V_2 = \frac{V_a}{R_1} + \frac{V_0}{R_2} \text{——②}$$

由② − ①得

$$V_0 = (1 + \frac{R_2}{R_1} + \frac{2R_2}{R})(V_2 - V_1)$$

---

37. Assume all the op amp are ideal.

(1) For the circuit shown in Fig.(a), assume $R_1 = R'_1$, $R_2 = R'_2$ and $R_3 = R'_3$, find the differential mode gain.

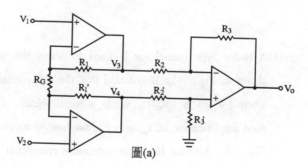

圖(a)

(2) If $R_1 \neq R'_1$, $R_2 \neq R'_2$ and $R_3 \neq R'_3$, but R_3 is adjustable. By deriving the equation of V_0, show how to achieve the excellent common mode rejection in Fig.(a).

(3) For the circuit shown in Fig.(b), find V_0.

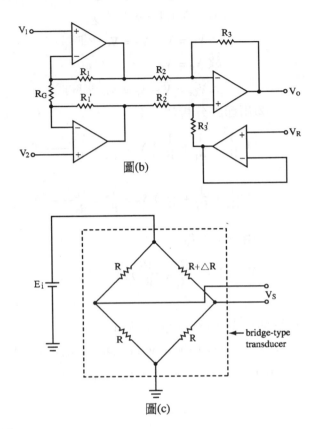

圖(b)

(4) A bridge type transducer is used to detect the sound wave in water as shown in Fig. (c). It is found that the differential signal $V_S = V_{DC} + v_{ac}$ where $|V_{DC}| \gg |v_{ac}|$, v_{ac} is a small signal. Our interest is to make good amplification of v_{ac} only. Show how to handle this problem by using Fig. (b). Assume R_C is an externally connected component. （ 題型 : 差動放大器 ）

【 交大電子所 】

解☞ :

(1) 1. $V_0 = V_3 \left(-\dfrac{R_3}{R_2} \right) + V_4 \left(\dfrac{R'_3}{R'_2 + R'_3} \right) \left(1 + \dfrac{R_3}{R_2} \right)$

2. $\left(\dfrac{1}{R_G} + \dfrac{1}{R_1} \right) V_1 = \dfrac{V_3}{R_1} + \dfrac{V_2}{R_G} \Rightarrow V_3 = \left(1 + \dfrac{R_1}{R_G} \right) V_1 - \dfrac{R_1}{R_G} V_2$

$\left(\dfrac{1}{R_G} + \dfrac{1}{R'_1} \right) V_2 = \dfrac{V_4}{R'_1} + \dfrac{V_1}{R_G} \Rightarrow V_4 = \left(1 + \dfrac{R'_1}{R_G} \right) V_2 - \dfrac{R'_1}{R_G} V_1$

3. 若 $R_1 = R'_1$ ， $R_2 = R'_2$ ， $R_3 = R'_3$ ，則

$V_0 = V_3 \left(-\dfrac{R_3}{R_2} \right) + V_4 \left(\dfrac{R'_3}{R'_2 + R'_3} \right) \left(1 + \dfrac{R_3}{R_2} \right)$

$= \dfrac{R_3}{R_2} \left(V_4 - V_3 \right) = \dfrac{R_3}{R_2} \left(1 + \dfrac{2R_1}{R_G} \right) \left(V_2 - V_1 \right)$

$= A_d \left(V_2 - V_1 \right)$

$\therefore A_d = \dfrac{R_3}{R_2} \left(1 + \dfrac{2R_1}{R_G} \right)$

(2) 1. 若 $R_1 \neq R'_1$ ， $R_2 \neq R'_2$ ， $R_3 \neq R'_3$ ，則

$V_0 = V_3 \left(-\dfrac{R_3}{R_2} \right) + V_4 \left(\dfrac{R'_3}{R'_2 + R'_3} \right) \left(1 + \dfrac{R_3}{R_2} \right)$

$= \left[\left(1 + \dfrac{R_1}{R_G} \right) V_1 - \dfrac{R_1}{R_G} V_2 \right] \left(-\dfrac{R_3}{R_2} \right) + \left[\left(1 + \dfrac{R'_1}{R_G} \right) V_2 - \dfrac{R'_1}{R_G} V_1 \right]$

$\left(\dfrac{R'_3}{R'_2 + R'_3} \right) \left(1 + \dfrac{R_3}{R_2} \right)$

$= -\dfrac{1}{R_2} \left[R_3 \left(1 + \dfrac{R_1}{R_G} \right) + \dfrac{R'_1 R'_3 (R_2 + R_3)}{R_G (R'_2 + R'_3)} \right] V_1$

$+ \dfrac{1}{R_2} \left[\dfrac{R_1 R_3}{R_G} + \dfrac{R'_3 (R_2 + R_3)}{R'_2 + R'_3} \left(1 + \dfrac{R'_1}{R_G} \right) \right] V_2$

$$= A_1 V_1 + A_2 V_2$$

2.欲使 CMRR = ∞ ,則 $A_{CM} = 0$,而

$$A_{CM} = A_1 + A_2 = 0 \Rightarrow A_1 = -A_2.$$

$$\therefore \frac{1}{R_2} \left[R_3 \left(1 + \frac{R_1}{R_G} \right) + \frac{R'_1 R'_3 (R_2 + R_3)}{R_G (R'_2 + R'_3)} \right]$$

$$= \frac{1}{R_2} \left[\frac{R_1 R_3}{R_G} + \frac{R'_3 (R_2 + R_3)}{R'_2 + R'_3} \left(1 + \frac{R'_1}{R_G} \right) \right]$$

$$\Rightarrow R_3 = \frac{R'_3 (R_2 + R_3)}{R'_2 + R'_3}$$

$$\therefore R_3 = \frac{R_2}{R'_2} R'_3$$

3.使用重疊法,故知

$$V_0 = \frac{R_3}{R_2} \left(1 + \frac{2R_1}{R_G} \right) (V_2 - V_1) + V_R$$

4.$V_S = \dfrac{E_i}{2} - \dfrac{R}{2R + \triangle R} E_i \approx \dfrac{\triangle R}{4R} E_i$

又 $V_S = V_{DC} + V_{ac}$
若

$$V_R = \frac{R_3}{R_2} \left(1 + \frac{2R_1}{R_G} \right) V_{DC} ,則$$

$$V_0 = -\frac{R_3}{R_2} \left(1 + \frac{2R_1}{R_G} \right) V_{ac}$$

38. In Fig. assume the operational amplifiers A_1, A_2, and A_3 are ideal.

(1) Find I in terms of V_1 and V_2.

(2) Find V_{03} in terms of V_1 and V_2. （題型：差動放大器）

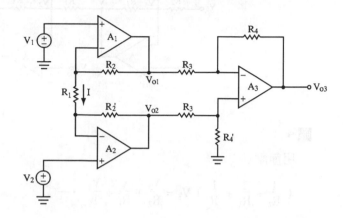

簡譯

OPA 全為理想的，(1)求 I，以 V_1，V_2表示。 (2)求 V_{03}，以 V_1，V_2表示。

解☞ ：

$$(1) I = \frac{V_1 - V_2}{R_1}$$

$$(2) V_{03} = \frac{R_4}{R_3} (V_{02} - V_{01}) = - \frac{R_4}{R_3} I (R_2 + R_1 + R'_2)$$

$$= \frac{R_4}{R_3} (\frac{R_1 + R_2 + R'_2}{R_1})(V_2 - V_1)$$

39. 理想 OPA

(1) 當 $V_3 = 0V$ 時求 V_0值。

(2) V_1，V_2接至二個 OPA「 + 」端的主要目的。

(3)V_3的主要用途。（**題型：差動放大器**）

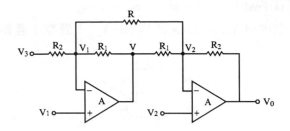

【交大控制所】

解☞：

用節點法

$$\left(\frac{1}{R_2} + \frac{1}{R_1} + \frac{1}{R}\right) V_1 = \frac{V_3}{R_2} + \frac{V}{R_1} + \frac{V_2}{R} \text{——①}$$

$$\left(\frac{1}{R_2} + \frac{1}{R_1} + \frac{1}{R}\right) V_2 = \frac{V_1}{R} + \frac{V}{R_1} + \frac{V_0}{R_2} \text{——②}$$

①－②得

$$V_0 = R_2 \left(\frac{2}{R} + \frac{1}{R_1} + \frac{1}{R_2}\right)(V_2 - V_1) + V_3$$

(1)當 $V_3 = 0V$ 時

$$V_0 = R_2 \left(\frac{2}{R} + \frac{1}{R_1} + \frac{1}{R_2}\right)(V_2 - V_1)$$

(2)V_1，V_2接至二個 OPA 的「＋」端，而形成差動放大器。

(3)調整 V_3 可消除補偏電壓（offset）效應。

---

40. Find the input impedance Z_{IN} for the circuit shown in Fig. under the following assumptions：

(1)A（S）＝ A ＝ constant，and A → ∞

$(2)A(S) = \dfrac{A}{S}$; A is a constant.

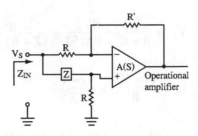

解 ☞ :

$(1)A(S) = A = $ 常數，且 $A \to \infty$（符合虛短路特性）

1. $V_- = V_+ = V$

2. $\left(\dfrac{1}{R} + \dfrac{1}{Z} \right) V_S = \dfrac{V}{R} + \dfrac{V}{Z} + I_{in} = \left(\dfrac{1}{R} + \dfrac{1}{Z} \right) V + I_{in}$ ——①

$\left(\dfrac{1}{Z} + \dfrac{1}{R} \right) V = \dfrac{V_S}{Z} \Rightarrow V = \dfrac{R}{R+Z} V_S$ ——②

由②代①得

$\dfrac{V_S}{R} = I_{in}$

$\therefore Z_{in} = \dfrac{V_S}{I_{in}} = R$

$(2)A(S) = \dfrac{A}{S}$ ，且 A 為常數，（不符合虛短路）

$V_+ = \dfrac{R}{Z+R} V_S$ ——①

$V_0 = A(S)(V_+ - V_-)$ ——②

$\left(\dfrac{1}{R} + \dfrac{1}{R'} \right) V_- = \dfrac{V_S}{R} + \dfrac{V_0}{R'}$

$$\Rightarrow V_- = \frac{R'V_S + RV_0}{R + R'} = \frac{R'}{R + R'}V_S + \frac{R(V_+ - V_-)A(S)}{R + R'}$$

$$\therefore V_- = \frac{R'V_S + RV_+}{R + R' + RA(S)} = \frac{R^2 + (Z+R)R'}{(Z+R)[R+R'+RA(S)]}V_S$$

$$\because I_{in} = \frac{V_S - V_-}{R} + \frac{V_S - V_+}{Z}$$

$$= \frac{V_S}{R} - \frac{[R^2+(Z+R)R']V_S}{R(Z+R)[R+R'+RA(S)]} + \frac{V_S}{Z} - \frac{RV_S}{Z(Z+R)}$$

$$= V_S \left\{ \frac{Z+2R}{R(Z+R)} - \frac{R^2+(Z+R)R'}{R(Z+R)[R+R'+RA(S)]} \right\}$$

$$= V_S \left\{ \frac{Z+R+R'+(2R+Z)A(S)}{(Z+R)[R+R'+RA(S)]} \right\}$$

$$\therefore Z_{in} = \frac{V_S}{I_{in}} = \frac{(Z+R)[R+R'+RA(S)]}{Z+R+R'+(2R+Z)A(S)}$$

$$\because A(S) = \frac{A}{S}$$

$$\therefore Z_{in} = \frac{V_S}{I_{in}} = \frac{(Z+R)[(R+R')S+RA(S)]}{(Z+R+R')S+(2R+Z)A(S)}$$

---

41. Refer to the circuit shown in Fig. where the operational amplifiers are ideal.

    (1) Find voltage V_3 and V_4 in terms of V_1 and V_2.

    (2) Based on the circuit of Fig. design a circuit to generate an output of $K(V_2 - V_1)$, where K is a constant that can be specified by user.

    （題型：精密差動放大器）

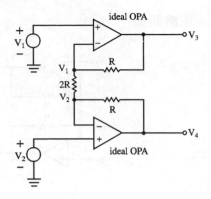

【 交大控制所 】

簡譯

OP 為理想，求

(1)V_3，V_4，用 V_1，V_2表示。

(2)依下圖電路，設計一個 $V_0 = K (V_2 - V_1)$ 之電路，而 K 值可自行決定。

解☞ :

(1)用節點分析法

1. $(\frac{1}{R} + \frac{1}{2R}) V_1 - \frac{V_2}{2R} = \frac{V_3}{R}$

$\Rightarrow V_3 = \frac{3}{2} V_1 - \frac{1}{2} V_2$

2. $- \frac{V_1}{2R} + (\frac{1}{2R} + \frac{1}{R}) V_2 = \frac{V_4}{R}$

$\Rightarrow V_4 = - \frac{1}{2} V_1 + \frac{3}{2} V_2$

(2) 1.電路設計

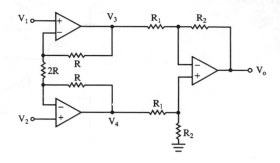

2.電路分析

$$V_0 = V_3 \left(-\frac{R_2}{R_1} \right) + V_4 \left(\frac{R_2}{R_1 + R_2} \right) \left(1 + \frac{R_2}{R_1} \right)$$

$$= \frac{R_2}{R_1} (V_4 - V_3) = \frac{2R_2}{R_1} (V_2 - V_1) = K (V_2 - V_1)$$

$$\therefore K = \frac{2R_2}{R_1}$$

42.已知

$$V_{i1} = V_{ic} + \frac{1}{2} V_{id} \,,\ V_{i2} = V_{ic} - \frac{1}{2} V_{id} \,,\ V_{01} = V_{0c} + \frac{1}{2} V_{0d} \,,$$

$$V_{02} = V_{0c} - \frac{1}{2} V_{0d}$$

$$\begin{bmatrix} V_{0d} \\ V_{0c} \end{bmatrix} = \begin{bmatrix} A_{11} & A_{12} \\ A_{21} & A_{22} \end{bmatrix} \begin{bmatrix} V_{id} \\ V_{ic} \end{bmatrix}$$

(1)求 A_{11} , A_{12} , A_{21} , A_{22}　(2)求 CMRR（OPA 爲理想的）。（**題型：差動放大器**）

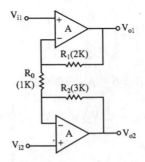

解☞：

(1) $1.\because \begin{cases} V_{0c} + \dfrac{1}{2}V_{0d} = V_{01} \\[2mm] V_{0c} - \dfrac{1}{2}V_{0d} = V_{02} \end{cases} \Rightarrow \begin{cases} V_{0c} = \dfrac{1}{2}V_{01} + \dfrac{1}{2}V_{02} \\[2mm] V_{0d} = V_{01} - V_{02} \end{cases}$

2.電路分析（用節點法）

$$\begin{cases} (\dfrac{1}{R_0} + \dfrac{1}{R_1})\,V_{i1} = \dfrac{V_{01}}{R_1} + \dfrac{V_{i2}}{R_0} & ① \\[3mm] (\dfrac{1}{R_0} + \dfrac{1}{R_2})\,V_{i2} = \dfrac{V_{i1}}{R_0} + \dfrac{V_{02}}{R_2} & ② \end{cases}$$

解聯立方程式①，②得

$$V_{01} = (\dfrac{R_1}{R_0} + 1)\,V_{i1} - \dfrac{R_1}{R_0}V_{i2} = 3V_{i1} - 2V_{i2}$$

$$V_{02} = (\dfrac{R_2}{R_0} + 1)\,V_{i2} - \dfrac{R_2}{R_0}V_{i1} = 4V_{i2} - 3V_{i1}$$

$3.\because V_{0c} = \dfrac{1}{2}(V_{01} + V_{02}) = V_{i2} = V_{ic} - \dfrac{1}{2}V_{id}$

$V_{0d} = V_{01} - V_{02} = 6(V_{i1} - V_{i2})$

$\qquad = 6(V_{ic} + \dfrac{1}{2}V_{id} - V_{ic} + \dfrac{1}{2}V_{id}) = 6V_{id}$

$$\begin{bmatrix} V_{0d} \\ V_{0c} \end{bmatrix} = \begin{bmatrix} 6 & 0 \\ -\dfrac{1}{2} & 1 \end{bmatrix} \begin{bmatrix} V_{id} \\ V_{ic} \end{bmatrix} = \begin{bmatrix} A_{11} & A_{12} \\ A_{21} & A_{22} \end{bmatrix} \begin{bmatrix} V_{id} \\ V_{ic} \end{bmatrix}$$

$$\therefore A_{11} = 6 \text{ , } A_{12} = 0 \text{ , } A_{21} = -\frac{1}{2} \text{ , } A_{22} = 1$$

(2) $V_{01} = V_{0c} + \dfrac{1}{2} V_{0d} = \left(V_{ic} - \dfrac{1}{2} V_{id} \right) + \left(3 V_{id} \right) = V_{ic} + \dfrac{5}{2} V_{id}$

$V_{02} = V_{0c} - \dfrac{1}{2} V_{0d} = \left(V_{ic} - \dfrac{1}{2} V_{id} \right) - \left(3 V_{id} \right) = V_{ic} - \dfrac{7}{2} V_{id}$

1. 單端輸出時

(a) 若 $V_0 = V_{01} = \dfrac{5}{2} V_{id} + V_{ic} = A_d V_{id} + A_c V_{ic}$

$\therefore \text{CMRR} = \left| \dfrac{A_d}{A_c} \right| = \left| \dfrac{5 \diagup 2}{1} \right| = \dfrac{5}{2}$

(b) 若 $V_0 = V_{02} = -\dfrac{7}{2} V_{id} + V_{ic} = A_d V_{id} + A_C V_{ic}$

$\therefore \text{CMRR} = \left| \dfrac{A_d}{A_c} \right| = \left| \dfrac{-7 \diagup 2}{1} \right| = \dfrac{7}{2}$

2. 雙端輸出時

若 $V_0 = V_{01} - V_{02} = \left(V_{ic} + \dfrac{5}{2} V_{id} \right) - \left(V_{ic} - \dfrac{7}{2} V_{id} \right) = 6 V_{id}$

$\qquad = A_d V_{id} + A_c V_{id}$

$\therefore \text{CMRR} = \left| \dfrac{A_d}{A_c} \right| = \left| \dfrac{6}{0} \right| = \infty$

---

43. For the operational amplifier circuit shown in Fig. Find the relation between the output and input voltages. (題型：差動放大器)

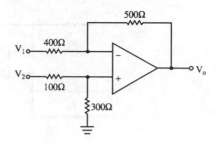

簡譯

求輸出（V_0）與輸入（V_1，V_2）的關係

解☞：

用重疊法

$$V_0 = (\frac{-500}{400})V_1 + (\frac{300}{100+300})V_2(1+\frac{500}{400}) = -\frac{5}{4}V_1 + \frac{27}{16}V_2$$

44. For the circuit in Fig. (1) and Fig. (2) determine the output V_0. (題型：OPA 電路計算)

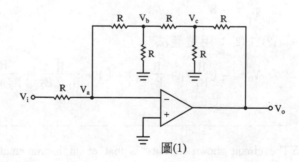

圖(1)

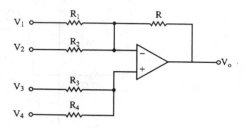

【 成大工科所 】

解 ☞ :

(1)Fig(1)：用節點分析法

$$
\begin{cases}
(\dfrac{1}{R} + \dfrac{1}{R}) V_a - (\dfrac{1}{R}) V_b = \dfrac{V_I}{R} \text{———①} \\[2mm]
- (\dfrac{1}{R}) V_a + (\dfrac{1}{R} + \dfrac{1}{R} + \dfrac{1}{R}) V_b - (\dfrac{1}{R}) V_c = 0 \text{———②} \\[2mm]
(- \dfrac{1}{R}) V_b + (\dfrac{1}{R} + \dfrac{1}{R} + \dfrac{1}{R}) V_c = \dfrac{V_0}{R} \text{———③}
\end{cases}
$$

解聯立方程式①、②、③

$$ \frac{V_0}{V_I} = -8 $$

(2)Fig(2)：用重疊法

$$ V_0 = - (\frac{R}{R_1} V_1 + \frac{R}{R_2} V_2) + [1 + \frac{R}{R_1 /\!/ R_2}][\frac{R_4}{R_3 + R_4} V_3 + \frac{R_3}{R_3 + R_4} V_4] $$

---

45. The circuit shown in Fig. is that of an instrumentation amplifier, having high impedance differential inputs and gain control by means of a single resistor R_4. Assuming the op amps to be ideal, express V_0 as a function of V_1 and V_2. (題型：**差動放大器**)

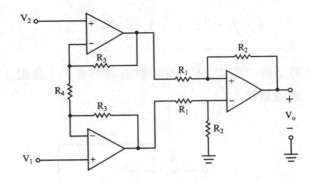

解☞：

$$V_0 = \left(\frac{R_2}{R_1}\right)\left(1 + \frac{2R_3}{R_4}\right)(V_1 - V_2)$$

---

46. 如下圖之加—減法電路，試求出 V_o 的表示式。（**題型：加減法器**）

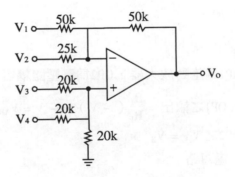

解☞：

用重疊法

$$V_o = -\frac{50K}{50K}V_1 - \frac{50K}{25K}V_2 + \frac{20K/\!/20K}{20K + 20K/\!/20K}(V_3 + V_4)\left(1 + \frac{50K}{50K/\!/25K}\right)$$

$$= -V_1 - 2V_2 + \frac{1}{3}(V_3 + V_4)(4)$$

$$= -V_1 - 2V_2 + \frac{4}{3}\left(V_3 + V_4\right)$$

---

47. 將下圖中的 I_o 以 V 的函數表示出來。（題型：差動放大器＋電
壓隨耦器）

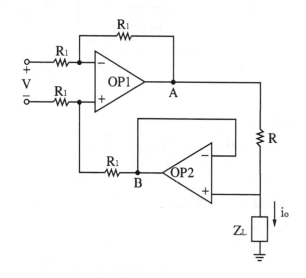

解 ☞ ：

OP1為差動放大器，OP2為電壓隨耦器

∴ OP1之輸出 $= \dfrac{R_1}{R_1}\left(-V\right) = -V = V_{AB}$

OP2之 $V_- = V_B$

∵ 虛短路

∴ $i_o = \dfrac{V_{AB}}{R} = -\dfrac{V}{R}$

---

48. 如下圖所示 OPA 電路，試求 X 與 Y 點之電壓。（題型：加法器
＋加法器）

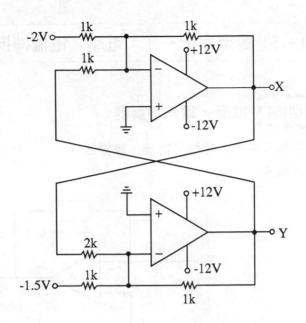

解☞ :

用重疊法知

1. $X = -\left(\dfrac{1k}{1k}\right)(-2) - \left(\dfrac{1k}{1k}\right)Y \Rightarrow X = 2 - Y$

2. $Y = -\left(\dfrac{1k}{1k}\right)(-1.5) - \left(\dfrac{1k}{2k}\right)X \Rightarrow Y = 1.5 - \dfrac{1}{2}X$

3. 解聯立方程式得

   $X = Y = 1V$

§11-5〔題型六十一〕：電壓／電流轉換器

考型164 電壓／電流轉換器

一、浮動負載式（電壓／電流）轉換器

1. 反相式

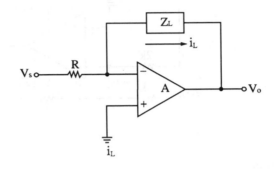

$$i_L = \frac{V_s}{R} \text{ 與 } Z_L \text{ 無關}$$

2. 非反相式

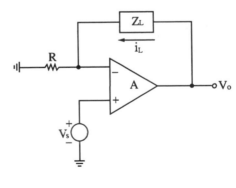

$$i_L = \frac{V_s}{R}$$

二、反相式接地負載式（電壓／電流）轉換器

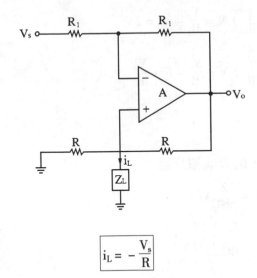

$$i_L = -\frac{V_s}{R}$$

三、非反相式接地負載式（電壓／電流）轉換器

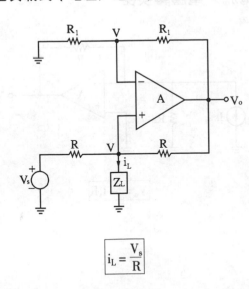

$$i_L = \frac{V_s}{R}$$

公式推導

1. $\because\left(\dfrac{1}{R_1}+\dfrac{1}{R_1}\right)V=\dfrac{V_o}{R_1}\Rightarrow V_o=2V$

2. 又 $\left(\dfrac{1}{R}+\dfrac{1}{R}\right)V=\dfrac{V_s}{R}-i_L+\dfrac{V_o}{R}$

3. $\therefore i_L=\dfrac{V_s}{R}$

4. 若 $Z_L=C$，則形成積分器

　(1) $V_o(S)=\dfrac{2}{SRC}V_I$

　(2) $V_o(t)=\dfrac{2}{RC}\int V_i(t)\,dt$

考型165 電流／電壓轉換器

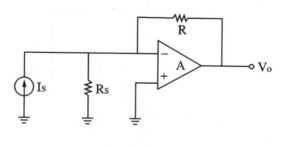

$$\boxed{V_o=-I_sR}$$

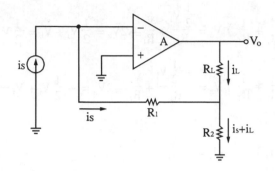

考型166 電流／電流轉換器

1. $i_L = - \left(1 + \dfrac{R_1}{R_2} \right) i_s$

2. $A_I = \dfrac{i_L}{i_s} = - \left(1 + \dfrac{R_1}{R_2} \right)$

歷屆試題

49. OP 為理想，求 i_0 與 V_i 之關係。（題型：電壓／電流轉換器）

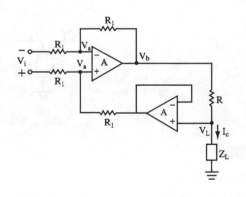

【清大電機所】

解☞：

$$\begin{cases} V_b - V_L = i_0 R \\ (\dfrac{1}{R_1} + \dfrac{1}{R_1}) V_a = \dfrac{\frac{1}{2}V_i}{R_1} + \dfrac{V_b}{R_1} \Rightarrow 2V_a = \dfrac{1}{2}V_i + V_b = \dfrac{1}{2}V_i + i_0 R + V_L \text{———①} \\ (\dfrac{1}{R_1} + \dfrac{1}{R_1}) V_a = \dfrac{-\frac{1}{2}V_i}{R_1} + \dfrac{V_L}{R_1} \Rightarrow 2V_a = -\dfrac{1}{2}V_i + V_L \text{———②} \end{cases}$$

① － ②

$$V_i + i_0 R = 0 \Rightarrow i_0 = -\dfrac{V_i}{R}$$

50. For the OP – Amp circuit shown in Fig. please answer the following questions. (1) Under what conditions can the circuit be used as a voltage to current converter？（R_L： load），(2) What is the relation between V_S and i_L？（題型：電壓／電流轉換器）

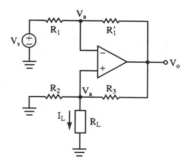

【交大電信所】

簡譯

OP 爲理想，

(1)問在何種情形下，此電路可當電壓 – 電流轉換器

(2)求 i_L 與 V_S 關係。

解☞：

(1)節點分析法

$$V_a = i_L R_L$$

$$\left(\frac{1}{R_1} + \frac{1}{R'_1}\right) V_a = \frac{V_S}{R_1} + \frac{V_0}{R'_1} \Rightarrow V_0 = \frac{(R_1 + R'_1) V_a - R'_1 V_S}{R_1}$$

$$\left(\frac{1}{R_2} + \frac{1}{R_3}\right) V_a + i_L = \frac{V_0}{R_3}$$

$$\therefore i_L = \frac{V_0}{R_3} - \left(\frac{1}{R_2} + \frac{1}{R_3}\right) V_a$$

$$= \frac{(R_1 + R'_1) V_a - R'_1 V_S}{R_1 R_3} - \frac{R_2 + R_3}{R_2 R_3} V_a$$

$$= \frac{R_2 R'_1 - R_1 R_3}{R_1 R_2 R_3} V_a - \frac{R'_1}{R_1 R_3} V_S$$

$$= \frac{(R_2 R'_1 - R_1 R_3) R_L}{R_1 R_2 R_3} i_L - \frac{R_1}{R_1 R_3} V_S$$

$$\Rightarrow i_L = \frac{R'_1 R_2 V_S}{R_L (R'_1 R_2 - R_1 R_3) - R_1 R_2 R_3}$$

故知，若 $R'_1 R_2 = R_1 R_3$，則 $i_L = -\dfrac{V_S}{R_2}$，可當電壓／電流轉換器

(2) $i_L = -\dfrac{V_S}{R_2}$

---

51. The operational amplifier in Fig. is an ideal operational amplifier. If $R_A / R_B = R_1 / R_2$, then show that $i_L = V_S / R_1$. （題型：非反相式（電壓／電流）轉換器）

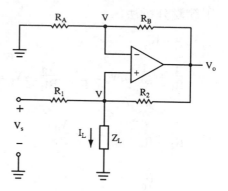

【 交大電信所 】

簡譯

理想 OPA，證明：$R_A / R_B = R_1 / R_2$時，$i_L = V_S / R_1$

解☞：

$$(\frac{1}{R_1} + \frac{1}{R_2}) V = \frac{V_S}{R_1} + \frac{V_0}{R_2} - i_L \quad\text{——①}$$

$$(\frac{1}{R_A} + \frac{1}{R_B}) V = \frac{V_0}{R_B} \Rightarrow V = \frac{R_A}{R_A + R_B} V_0 \quad\text{——②}$$

$$\frac{R_A}{R_B} = \frac{R_1}{R_2} \quad\text{——③}$$

將②及③代入①，得

$$(\frac{1}{R_1} + \frac{1}{R_2})(\frac{R_A}{R_A + R_B}) V_0 = \frac{V_S}{R_1} + \frac{V_0}{R_2} - i_L$$

$$\Rightarrow (\frac{R_1 + R_2}{R_1 R_2})(\frac{1}{1 + \frac{R_B}{R_A}}) V_0 = \frac{V_S}{R_1} + \frac{V_0}{R_2} - i_L$$

$$\Rightarrow \frac{V_0}{R_2} = \frac{V_S}{R_1} + \frac{V_0}{R_2} - i_L$$

$$\therefore i_L = \frac{V_S}{R_1}$$

---

52. Please design a voltage regulator of adjustable voltage from 10V to 20V based on the application of a three – terminal voltage regulator 7805. (題型：電壓調整器)

【 交大控制所 】

解☞ :

1.電路設計如下：

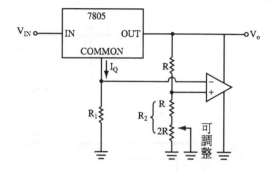

2.電路說明

①由7805資料知，V_{IN}：7V ~ 20V，V_0 與（ COMMON ）壓降輸出為 $V_{reg} = 5V$

②$\because V_0 = \left(1 + \dfrac{R_2}{R_1} \right) V_{reg}$

a.若 $R_2 = R$，則

$$V_0 = \left(1 + \frac{R}{R} \right) V_{reg} = 2V_{reg} = 10V$$

b.若 $R_2 = 2R$，則

$$V_0 = \left(1 + \frac{R + 2R}{R} \right) V_{reg} = 4V_{reg} = 20V$$

③OPA 可用來消除 I_Q 的影響

11−6〔題型六十二〕：阻抗轉換器及定電流電路

考型167 負阻抗轉換器（NIC）

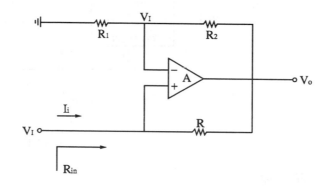

一、 $\boxed{R_{in} = -\dfrac{RR_1}{R_2}}$

二、NIC 二大用途

　　1.形成開路效應：

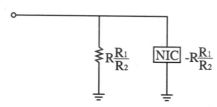

2. 形成短路效應：

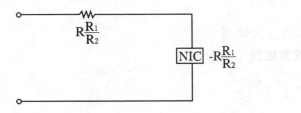

三、R_{in}公式推導

$$R_{in} = \frac{V_I}{I_i} = \frac{V_I}{\dfrac{V_I - V_o}{R}} = \frac{RV_I}{V_I - V_I\left(\dfrac{R_1 + R_2}{R_1}\right)} = \frac{RR_1}{R_1 - R_1 - R_2} = -\frac{RR_1}{R_2}$$

考型168 一般阻抗轉換器（GIC）– General Inpedance convertor

一、做適當的阻抗匹配，可替代電阻，電容或電感器。

二、GIC 電路

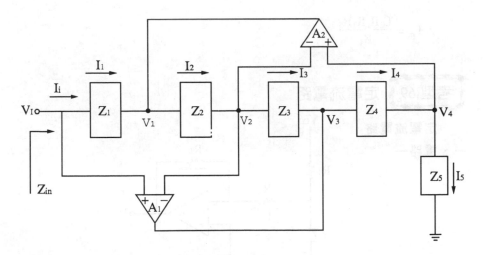

三、 $\boxed{Z_{in} = \dfrac{Z_1 Z_3 Z_5}{Z_2 Z_4}}$

四、GIC 之二大效用

1. 形成負阻抗：

$$Z_{in} = \frac{V_i}{I_i} = \frac{Z_1 Z_3 Z_5}{Z_2 Z_4}$$

$$Z_2 = \frac{1}{j\omega C_2} \text{ , } Z_4 = \frac{1}{j\omega C_4} \text{ , } Z_1 = R_1 \text{ , } R_3 = Z_3 \text{ , } Z_5 = R_5$$

$$Z_{in} = \frac{R_1 R_3 R_5}{\dfrac{1}{j\omega C_2} \cdot \dfrac{1}{j\omega C_4}} = -\omega^2 C_2 C_4 R_1 R_3 R_5$$

2. 形成電感效用：

$$Z_2 = \frac{1}{j\omega C_2} \text{ , } Z_1 = R_1 \text{ , } Z_3 = R_3 \text{ , } Z_4 = R_4 \text{ , } Z_5 = R_5$$

$$Z_{in} = \frac{R_1 R_3 R_5}{\dfrac{1}{j\omega C_2} R_4} = j\omega C_2 \frac{R_1 R_3 R_5}{R_4} = j\omega L_m$$

$$\therefore L_m = \frac{C_2 R_1 R_3 R_5}{R_4}$$

考型169 定電流電路

定電流電路

一、電路一

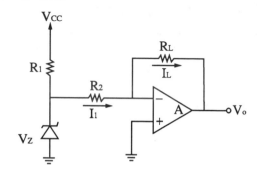

$$\therefore I_1 = \frac{V_Z}{R_2} = I_L \cdots\cdots 與 R_L 無關$$

二、電路二

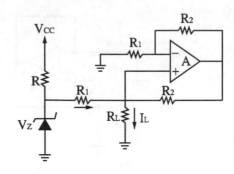

$$I_L = \frac{V_Z}{R_1} \cdots\cdots 與 R_L 無關$$

考型170 定電壓電路

定電壓電路

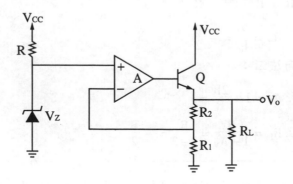

$$V_o = \left(1 + \frac{R_2}{R_1}\right) V_Z \cdots\cdots 與 R_L 無關$$

53. For the circuit diagram shown in Fig. find R_{in}. (題型：NIC)

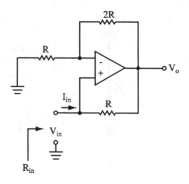

【台大電機所】

解☞ :

　1.方法一：

$$(\frac{1}{R} + \frac{1}{2R}) V_I = \frac{V_0}{2R} \Rightarrow V_0 = 3V_I$$

$$\frac{V_I}{R} = \frac{V_0}{R} + I_{in} = \frac{3V_I}{R} + I_{in}$$

$$\therefore R_{in} = \frac{V_I}{I_{in}} = - \frac{R}{2}$$

　2.方法二：

$$\because A_V = 1 + \frac{2R}{R} = 3$$

$$\therefore R_{in} = \frac{R}{1 - A_V} = \frac{R}{1 - 3} = - \frac{R}{2}$$

---

54. Assuming ideal OP AMPs, determine the input impedance in Fig. And then give an example which shows that circuit simulates, or behaves like, an inductor by appropriately assigning the Z_i's to be capacitors or resistors. (題型：GIC)

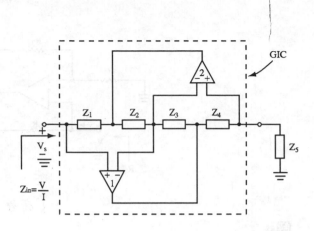

簡譯

(1)求 Z_{in}　(2)將 Z 用 R 或 C 替代後，以得到等效電感效應的實例。

解☞ :

(1)$Z_{in} = \dfrac{Z_1 Z_3 Z_5}{Z_2 Z_4}$（電路分析見第4題）

(2)若 $Z_1 = R_1$，$Z_2 = R_2$，$Z_3 = R_3$，$Z_5 = R_5$，$Z_4 = \dfrac{1}{SC_4}$

代入上式得

$$Z_{in} = S\,\dfrac{C_4 R_1 R_3 R_5}{R_2} = SL$$

$$\therefore L = \dfrac{C_4 R_1 R_3 R_5}{R_2}$$

---

55. Assuming that the op amp is ideal, find the input resistance R_{in} of the circuit.（題型：負阻抗轉換器）

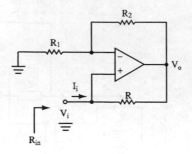

【高考】【清大電機所】

解 ☞ ：

節點分析法：

$$\begin{cases} (\frac{1}{R_1} + \frac{1}{R_2})V_i = \frac{V_0}{R_2} \Rightarrow V_0 = (1 + \frac{R_2}{R_1})V_i \\ \frac{V_i}{R} = I_i + \frac{V_0}{R} = I_i + (\frac{1}{R} + \frac{R_2}{R_1 R})V_i \end{cases}$$

$$\therefore R_{in} = \frac{V_i}{I_i} = -\frac{R_1 R}{R_2}$$

---

56. For the Circuit shown below, find $Z_{in} = $?

（Assume all op – amps are ideal）**（題型：GIC）**

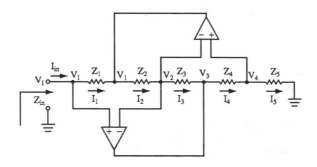

【交大光電所】

解☞ ：

1. ∵ 虛短路

∴ $V_I = V_2 = V_4$

且 $I_i = I_1$ ， $I_2 = I_3$ ， $I_4 = I_5$

2. $I_4 = I_5 = \dfrac{V_4}{Z_5} = \dfrac{V_I}{Z_5}$

3. $V_3 = V_4 + I_4 Z_4 = V_I + \dfrac{V_I}{Z_5} \cdot Z_4 = V_I \left(1 + \dfrac{Z_4}{Z_5} \right)$

4. $I_3 = \dfrac{V_2 - V_3}{Z_3} = \dfrac{V_I - V_3}{Z_3} = -\dfrac{Z_4}{Z_3 Z_5} = I_2$

5. $I_2 = \dfrac{V_1 - V_2}{Z_2} = \dfrac{V_1 - V_I}{Z_2} \Rightarrow I_2 Z_2 = V_1 - V_I$

6. ∴ $V_1 = V_I + I_2 Z_2 = V_I \left(1 - \dfrac{Z_2 Z_4}{Z_3 Z_5} \right)$

7. $I_1 = I_i = \dfrac{V_I - V_1}{Z_1} = \dfrac{Z_2 Z_4}{Z_1 Z_3 Z_5} V_I$

8. ∴ $Z_{in} = \dfrac{V_I}{I_i} = \dfrac{Z_1 Z_3 Z_5}{Z_2 Z_4}$

---

57. The gain A of the following op amp circuit is defined as $A = \dfrac{V_0}{V_i}$. Assume that the op amp is ideal and has a differential output.

$A =$ (A) $-\dfrac{R_2}{R_1}$ (B) $-\dfrac{R_4}{R_3}$ (C) $+\dfrac{R_2}{R_1 + R_3}$ (D) $-\dfrac{R_2 + R_4}{R_1 + R_3}$ (E) None of the above . （題型：電路分析）

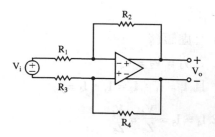

簡譯

求 $A = \dfrac{V_0}{V_i}$

解☞：(D)

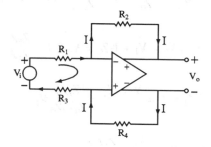

1. $V_i = IR_1 + IR_3$ ——①

$\therefore I = \dfrac{V_i}{R_1 + R_3}$

2. $V_i = IR_1 + IR_2 + V_0 + IR_4 + IR_3$ ——②

3. equ② － ①得

$0 = IR_2 + V_0 + IR_4$

$\therefore V_0 = -I\,(\,R_2 + R_4\,) = -\,(\,\dfrac{V_i}{R_1 + R_3}\,)(R_2 + R_4\,)$

4. 故 $A = \dfrac{V_0}{V_i} = -\dfrac{R_2 + R_4}{R_1 + R_3}$

58. Find the equivalent circuit between V_i and ground of the operational amplifier circuit as shown on the right, where the operational amplifier is assumed ideal.（題型：OPA 電路分析）

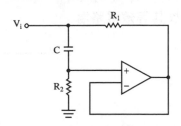

【交大控制所】

簡譯

理想 OPA，求 V_I 互接地端的等效電路

解☞ :

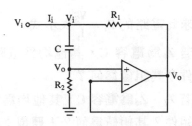

1. $Z_{in} = \dfrac{V_i}{I_i}$

2. 用節點分析法分析

$$\left(SC + \frac{1}{R_1} \right) V_i = SCV_0 + \frac{V_0}{R_1} + I_i = \left(SC + \frac{1}{R_1} \right) V_0 + I_i \quad ——①$$

$$SCV_i = \left(SC + \frac{1}{R_2} \right) V_0 \Rightarrow V_0 = \frac{1}{1 + \dfrac{1}{SCR_2}} \quad ——②$$

3. 解 equ①、②得

$$Z_{in} = \frac{V_i}{I_i} = \cfrac{1}{\cfrac{1}{R_2 + \cfrac{1}{SC}} + \cfrac{1}{R_1 + SCR_1R_2}} = \cfrac{1}{\cfrac{1}{R_2 + \cfrac{1}{SC}} + \cfrac{1}{R_1 + SL_{eq}}}$$

其中 $L_{eq} = CR_1R_2$

4.故其等效電路為

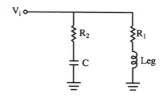

59.理想運算放大器的電路，如圖所示。

(1)求 V_{01}、V_{02}的式子（以 V_S 表示）

(2)求此電路的 $Z_i = \dfrac{V_S}{I_i}$表示式

(3)若 Z_4為電容 C，其他均為電阻 R，則此電路可模擬何種組件？其組值為何？

(4)若 Z_2、Z_4為電容 C，其他均為電阻 R，則此電路可模擬何種組件？其組值為何？（**題型：一般阻抗轉換器**）

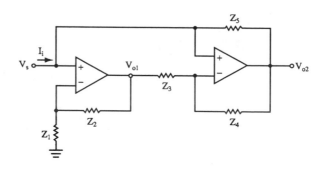

【技師】

解☞：

$(1) V_{01} = \left(1 + \dfrac{Z_2}{Z_1} \right) V_S$

$\left(\dfrac{1}{Z_3} + \dfrac{1}{Z_4} \right) V_S = \dfrac{V_{01}}{Z_3} + \dfrac{V_{02}}{Z_4}$

$\Rightarrow V_{02} = \dfrac{(Z_3 + Z_4)}{Z_3} V_S - \dfrac{Z_4}{Z_3} V_{01} = \left(1 + \dfrac{Z_4}{Z_3} \right) V_S - \dfrac{Z_4}{Z_3} \left(1 + \dfrac{Z_2}{Z_1} \right) V_S$

$= \left(1 - \dfrac{Z_2 Z_4}{Z_1 Z_3} \right) V_S$

$(2) I_i = \dfrac{V_S - V_{02}}{Z_5} = \dfrac{V_S}{Z_5} - \dfrac{1}{Z_5} \left(1 - \dfrac{Z_2 Z_4}{Z_1 Z_3} \right) V_S = \dfrac{Z_2 Z_4}{Z_1 Z_3 Z_5} V_S$

$\therefore Z_{in} = \dfrac{V_S}{I_i} = \dfrac{Z_1 Z_3 Z_5}{Z_2 Z_4}$

$(3) Z_1 \cdot Z_2 \cdot Z_3 \cdot Z_4$ 為 R，而 $Z_4 = \dfrac{1}{j\omega C}$

$\therefore Z_{in} = \dfrac{Z_1 Z_3 Z_5}{Z_2 Z_4} = \dfrac{R^3}{\dfrac{R}{j\omega C}} = j\omega C R^2 = j\omega C L_{eq}$

故此電路，可模擬電感（L_{eq}）

$L_{eq} = CR^2$

$(4) Z_1 \cdot Z_3 \cdot Z_5$ 為 R，而 $Z_2 \cdot Z_4$ 為 $\dfrac{1}{j\omega C}$

$\therefore Z_{in} = \dfrac{Z_1 Z_3 Z_5}{Z_2 Z_4} = \dfrac{R^3}{-\dfrac{1}{\omega^2 C^2}} = -\omega^2 C^2 R^3 = -R_{eq}$

故此電路，可模擬負電阻（R_{eq}）

$-R_{eq} = -\omega^2 C^2 R^3$

60.如下圖的正向積分電路，試求 V_o 值。（題型：非反相積分器）

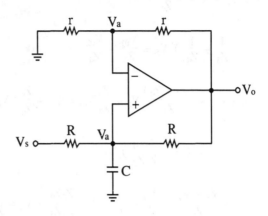

解☞：

1.方法一：節點分析法

(1) $(\frac{1}{R} + \frac{1}{R} + SC) V_a - \frac{V_s}{R} = \frac{V_o}{R}$

(2) $(\frac{1}{r} + \frac{1}{r}) V_a = \frac{V_o}{r}$

(3)解聯立方程式①，②得

$$V_o (S) = \frac{2}{SRC} V_s (S) ， 即$$

$$V_o (t) = \frac{2}{RC} \int V_s (t) \, dt$$

2.方法二：利用 NIC 等效電路，

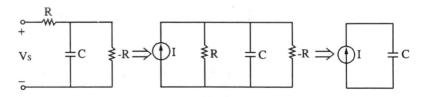

$$\because I(S) = \frac{V_s(S)}{R}$$

$$\therefore V_c(S) = I(S) \cdot \frac{1}{SC} = \frac{V_s(S)}{SRC} = V_a$$

又 $2V_a = V_o = 2V_c$

$$\therefore V_o(S) = \frac{2}{SRC}V_s(S)，即$$

$$V_o(t) = \frac{2}{RC}\int V_s(t)\,dt$$

§11-7〔題型六十三〕：橋式、對數及指數放大器

考型171 橋式放大器

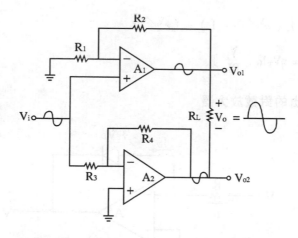

$$V_{01} = V_i\left[1 + \frac{R_2}{R_1}\right]$$

$$V_{02} = V_i \left[-\frac{R_4}{R_3} \right]$$

$$V_o = V_{01} - V_{02}$$

$$= \left[\frac{R_2 + R_3}{R_2} + \frac{R_4}{R_3} \right] V_i$$

考型172 對數放大器

一、同相輸出的對數放大器

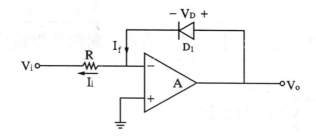

1. $I_f = \dfrac{V_i}{R} = I_s \left(e^{V_D / \eta V_T} - 1 \right) \approx I_s e^{V_D / \eta V_T}$

2. $V_o = V_D = \eta V_T \ln \left[\dfrac{V_i}{R I_s} \right]$

二、反相輸出的對數放大器

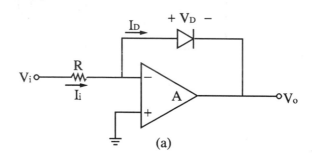

(a)

$$V_o = -\eta V_T \ln \frac{V_i}{RI_s}$$

三、電晶體對數放大器

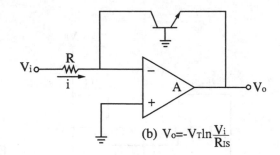

(b) $V_o = -V_T \ln \dfrac{V_i}{R_{IS}}$

特色：用 BJT 替代圖(a)的二極體可消除 η 的影響

四、具溫度補償的對數放大器

1.電路一：

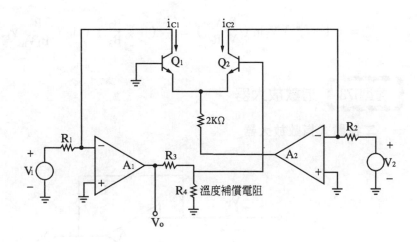

(1) $V_o = -\left[\dfrac{R_3 + R_4}{R_4} V_T\right] \ln \left[\dfrac{R_2}{R_1}\dfrac{V_1}{V_2}\right]$

(2)設計要求，

a. $R_3 \gg R_4$

b. $\dfrac{\triangle R_4}{\triangle T} \approx \dfrac{\triangle V_T}{\triangle T}$

2.電路二:

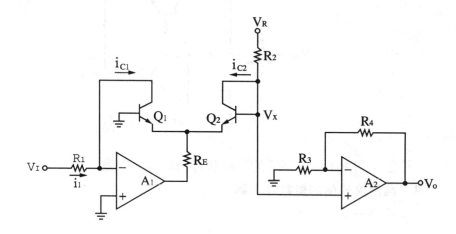

$$V_o = \left(1 + \frac{R_4}{R_3}\right) V_T \ln\left(\frac{R_1}{V_1}\frac{V_R}{R_2}\right) = -\left(1 + \frac{R_4}{R_3}\right) V_T \ln\left(\frac{R_2}{R_1 V_R}V_1\right)$$

考型173 指數放大器

一、二極體式指數放大器

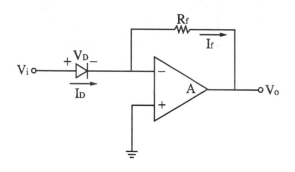

1. $I_f = I_D = I_s \left(e^{V_D / \eta V_T} - 1 \right) \approx I_s e^{V_D / \eta V_T} = \dfrac{-V_o}{R_f}$

2. $\therefore V_o = - I_s R_f e^{V_D / \eta V_T} = - I_s R_f e^{V_D / \eta V_T}$

二、BJT 式指數放大器

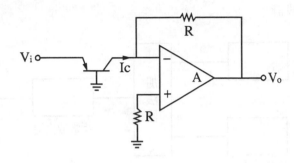

$$V_o = - RI_c = - RI_s e^{V_i / V_T}$$

三、具溫度補償式的指數放大器

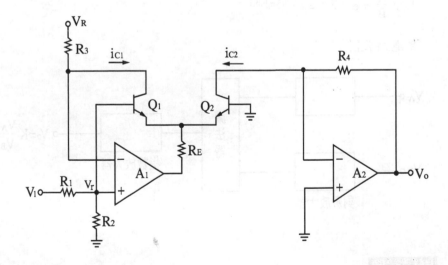

$$V_o = V_R \frac{R_4}{R_3} e^{- \left(\frac{R_2}{R_1 + R_2} \frac{V_I}{V_T} \right)}$$

考型174 乘法器與除法器

一、乘法器

1. $\because A \cdot B = e^{(\ln AB)} = e^{(\ln A + \ln B)}$

2. 電路設計

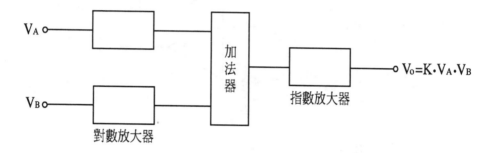

$$V_o = K \cdot V_A \cdot V_B$$

（對數放大器 / 加法器 / 指數放大器）

二、除法器

1. $\because \dfrac{A}{B} = e^{(\ln \frac{A}{B})} = e^{(\ln A - \ln B)}$

2. 電路設計

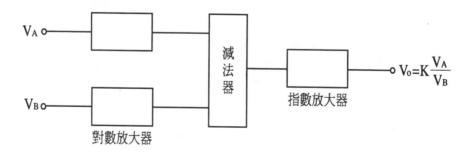

$$V_o = K \dfrac{V_A}{V_B}$$

（對數放大器 / 減法器 / 指數放大器）

歷屆試題

61. For the circuit diagram shown in Fig. the OP – AMP is ideal,

$V_{BEactive} = V_{BEsat} = 0.7V$, and $V_{CEsat} = 0.2V$.

(1) If $R_B = 20k\Omega$, find I_C, I_B, and V_0.

(2) If $R_B = 68k\Omega$, repeat(1). (題型：OPA 電路計算)

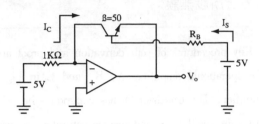

【台大電機所】

解☞：

(1) $R_B = 20k\Omega$，設 Q：Sat

$$I_C = \frac{5V}{1k} = 5mA$$

$$V_0 = 0 - V_{CE(sat)} = 0 - 0.2 = -0.2V$$

$$I_B = \frac{5 - V_{BE} - V_0}{R_B} = \frac{5 - 0.7 - 0.2}{20k} = 0.225mA$$

check：

$$\because \frac{I_C}{I_B} = \frac{5m}{0.225m} = 22 < \beta$$

∴所設無誤

(2) $R_B = 68k\Omega$，設 Q：Act

$$I_C = \frac{5V}{1k} = 5mA$$

$$I_B = \frac{I_C}{\beta} = \frac{5m}{50} = 0.1mA$$

$$V_0 = V_B - V_{BE(act)} = [5 - (0.1m)(68k)] - 0.7 = -2.5V$$

check :

$$\because V_{BC} = V_B - V_C = -2.5 - 0 = -2.5V < 0$$

∴所設無誤

---

62. (Key procedures of your derivation and proof are required)

The operational amplifiers A, B, and C in Fig. are all ideal operational amplifier. The transistor Q_1 has common – base forward short – circuit current gain equal to α_F and reverse saturation current of B – E junction equal to I_{ES}, If the base – emitter voltage $V_{BE1} \gg V_T$, then derive the transfer characteristic, i.e., V_0 vs. V_S, of the circuit shown in Fig. (題型：對數放大器)

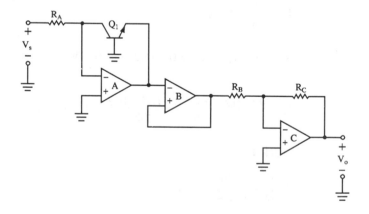

【 交大電信所 】

簡譯

OP 為理想，設電晶體的共基極順向短路電流增益為 α_F，而 B – E 接面的逆向飽和電流為 I_{ES}，求 V_0 與 V_S 關係式。

解☞ :

1. $\because I_{C1} = \alpha_F I_{ES} (e^{V_{BE1}/V_T} - 1) - I_{CS} (e^{V_{BC1}/V_T} - 1)$

$$= \alpha_F I_{ES} e V_{BE1} / V_T \Rightarrow V_{BE1} = V_T \ln \left[\frac{I_{C1}}{\alpha_F I_{ES}} \right] = V_T \ln \left[\frac{V_S}{\alpha_F I_{ES} R_A} \right]$$

（$\because V_{BC1} = 0$，且 $V_{BE1} \gg V_T$）

$$2. V_0 = -\frac{R_C}{R_B} V_{0B} = -\frac{R_C}{R_B} V_{0A} = \left(-\frac{R_C}{R_B} \right) \left(-V_{BE1} \right)$$

$$= \frac{R_C}{R_B} V_T \ln \left[\frac{V_S}{\alpha_F I_{ES} R_A} \right]$$

---

63. An temperature – compensated log – amp is shown in Figure. Suppose that $i_c = I_S e^{V_{BE} / V_T}$ and transistors Q_1 and Q_2 are identical and OP1 and OP2 are two ideal operational amplifiers.

(1) Prove that $V_{B2} = \dfrac{R_4}{R_3 + R_4} V_0$.

(2) Construct the formula of V_0 with respect to the ratio of $\dfrac{V_1}{V_2}$. （題型：具 溫度補償式的對數放大器）

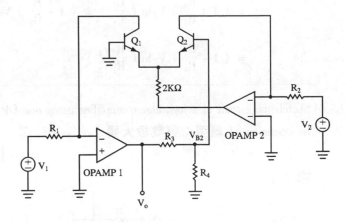

【交大控制所】

簡譯

(1)證明 $V_{B2} = \dfrac{R_4}{R_3 + R_4} V_0$

(2)推導 V_0 與 $\dfrac{V_1}{V_2}$ 間的關係式。

解☞：

(1)忽略 I_{B2}，則

$$V_{B2} = \frac{R_4}{R_3 + R_4} V_0$$

(2) $\because i_{c2} = e^{V_{BE2}\,/\,V_T}$，$i_{c1} = e^{V_{BE1}\,/\,V_T}$

$$\therefore \frac{i_{c2}}{i_{c1}} = e^{\frac{V_{BE2} - V_{BE1}}{V_T}}$$

$$\therefore V_{BE2} - V_{BE1} = V_T \ln \frac{i_{c2}}{i_{c1}}$$

$$\text{故 } V_0 = \left(1 + \frac{R_3}{R_4}\right) V_{B2} = \left(1 + \frac{R_3}{R_4}\right)(V_{BE2} - V_{BE1})$$

$$= \left(1 + \frac{R_3}{R_4}\right) V_T \ln\left(\frac{i_{c2}}{i_{c1}}\right) = \left(1 + \frac{R_3}{R_4}\right) V_T \ln\left[\frac{V_2\,/\,R_2}{V_1\,/\,R_1}\right]$$

$$= \left(1 + \frac{R_3}{R_4}\right) V_T \ln\left(\frac{R_2 V_1}{R_1 V_2}\right)$$

---

64. Sketch the circuit of a logarithmic amplifier using one OP AMP and explain its operation.（題型：對數放大器）

【成大電機所】

解☞：

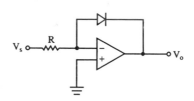

$$I_D = \frac{V_S}{R} = I_0 \left(e^{V_D / \eta V_T} - 1 \right) = I_0 \left[e^{-V_0 / \eta V_T} - 1 \right]$$

$$\therefore V_0 = \eta V_T \ln \left[\frac{I_0 R}{V_S} \right]$$

65.(1)Based on an operational amplifier, draw the circuit of a logarithmic amplifier for positive imput signal.

(2)Explain how this circuit works. （題型：對數放大器）

解☞：

(1)

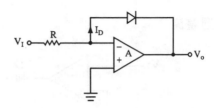

(2) $V_0 = -\eta V_T \ln \dfrac{V_I}{R I_S}$

---

§11-8〔題型六十四〕：精密二極體

 精密二極體（精密半波整流器）

一、正半週整流

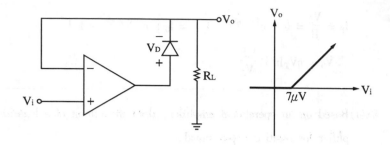

1. $A_v = 10^5$ 倍

2. $V_i < 7\mu V$ 以下 $\Rightarrow V_o = 0V$

3. $V_i \geq 7\mu V \Rightarrow V_o = V_i$

二、負半週整流

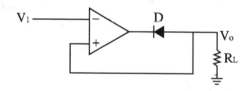

考型176 精密定位器

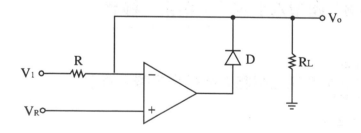

一、當 $V_1 < V_R$，D：ON，$V_o = V_R$

二、當 $V_1 > V_R$，D：OFF，$V_o = \dfrac{R_L}{R + R_L} V_1$

峰值檢測器

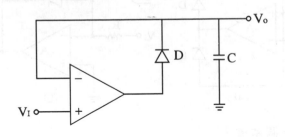

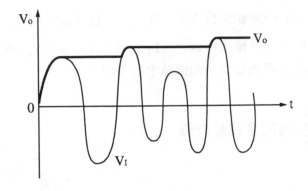

一、當 $V_I > V_o$ 時，D：ON，$V_o = V_I$。

二、在 $V_I < V_o$ 時，D：OFF，V_o 的值不變。

　　故可記錄 V_I 的最正峰值。

考型178 **精密半波整流器**

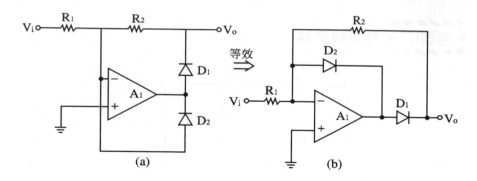

(a)   等效⇒   (b)

一、此爲正半週整流。

二、當 $V_i < 0$ 時，OP 輸出爲正，$\therefore D_1$：on，D_2：off，$V_o = -\dfrac{R_2}{R_1}V$。

三、當 $V_i > 0$ 時，OP 輸出爲負，$\therefore D_1$：off，D_2：on，$V_o = 0$

四、將圖(b)的二極體反向，則成負半週整流。

考型179 精密全波整流器

一、電路一

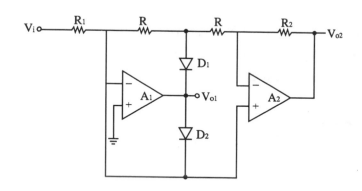

    1. V_i 正半週時 D_1：ON，D_2：OFF，$V_{01} = -\dfrac{R}{R_1}V_i$，

$$V_{02} = \left[-\dfrac{R_2}{R} \right] \left[-\dfrac{R}{R_1} \right] V_i = \dfrac{R_2}{R_1}V_i > 0$$

2.V_i 負半週時 D_1：OFF，D_2：ON，$V_{01} = \dfrac{2R}{3R_1} V_i$，

$V_{02} = -\left(\dfrac{R_2}{R_1}\right) V_i < 0$

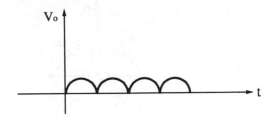

二、電路二

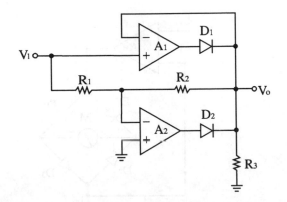

1.$V_I > 0$，D_1：ON，D_2：OFF　　$V_o = V_I$

2.$V_I < 0$，D_1：OFF，D_2：ON　　$V_o = -\dfrac{R_2}{R_1} V_I$

考型180　精密橋式全波整流器

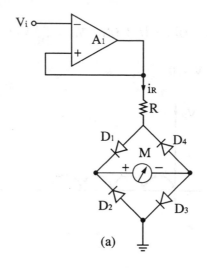

(a)

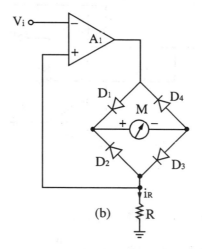

(b)

工作說明：

一、當 $V_i > 0$ 時，（ D_1，D_3 ）：ON，（ D_2，D_4 ）：OFF　$i_R = \dfrac{V_i}{R}$

二、當 $V_i < 0$ 時，（ D_2，D_4 ）：ON，（ D_1，D_3 ）：OFF　$i_R = \dfrac{V_i}{R}$

三、圖(a)中的電阻 R 可決定電壓表的靈敏度。

四、圖(b)是精密式的橋式整流器

考型181 取樣保持電路

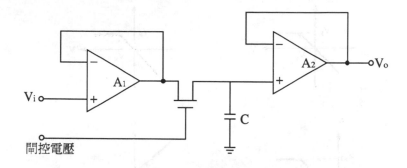

閘控電壓

一、功用：類比輸入信號經取樣後，可保持一段時間，直到下一個取
樣才會變化。

二、原理：正脈衝的閘控電壓，可使 FET 導通，而使 V_x 對電容充
電。當取樣週期過後，FET 變為不通，因電容被 OP_2 隔
離，所以能保持加上它上面的電壓。

歷屆試題

66.下列之二極體電路繪出其電壓轉移曲線（V_0 對 V_i 之圖形）。

假設二極體為理想，$V_R > 0$。（**題型：精密整流器**）

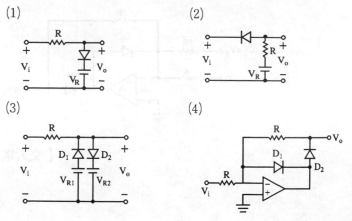

解☞：

(1)

(2)

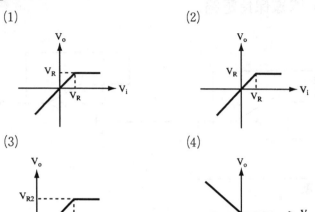

(3)

(4)

67.(1)For the circuit shown, assume the OP AMP is ideal and the diodes have V_D = 0.7V. Please discuss the operation of the circuit and plot the voltage transfer characteristic.

（V_0 as a function of V_I）

(2)If $V_I = 10 \sin \omega t$（volts），sketch V_0（ t ）for one period. Note that you should mark clearly the breakpoints.（題型：精密半波整流器）

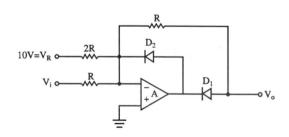

【交大電子所】

解☞：

(1)①若 $V_- = 0$ 時（用重疊法）

$$V_I \left(\frac{2R}{2R+R} \right) + V_R \left(\frac{R}{2R+R} \right) = 0$$

$$\therefore V_I = -\frac{V_R}{2} = -\frac{10}{2} = -5V$$

②若 $V_I > -5V$，則 $V_- > 0 \Rightarrow D_1 : ON，D_2 : OFF$
此時

$$V_0 = V_R \left(\frac{-R}{2R} \right) + V_I \left(\frac{-R}{R} \right) = -5 - V_I$$

③若 $V_I < -5V$，則 $V_- < 0$，$\Rightarrow D_1 : OFF，D_2 : ON$

$$\therefore V_0 = 0$$

④轉移曲線

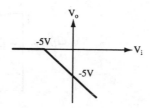

(2)輸出波形

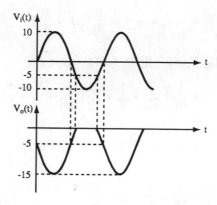

68. For the circuit shown, assume the op amp is ideal. Please discuss the operation of the circuit. （題型：精密全波整流器）

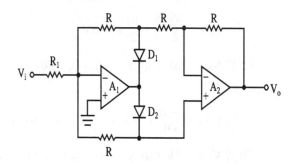

【交大電子所】

解☞ :

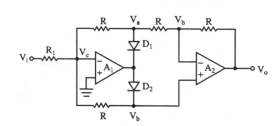

(1)當 $V_i > 0$ ，則 D_1：ON ， D_2：OFF

$$V_0 = -V_a = - \left(-\frac{R}{R_1} V_i \right) = \frac{R}{R_1} V_i$$

(2)當 $V_i < 0$ ，則 D_1：OFF ， D_2：ON

① $\left(\frac{1}{R_1} + \frac{1}{2R} + \frac{1}{R} \right) V_C = \frac{V_b}{2R} + \frac{V_b}{R} + \frac{V_i}{R_1}$

$\Rightarrow V_b = -\frac{2R}{3R_1} V_i \quad (\because V_C = 0)$

② $\left(\frac{1}{2R} + \frac{1}{R} \right) V_b = \frac{V_0}{R}$

$$\Rightarrow V_b = \frac{2}{3} V_0$$

$$③ \therefore V_0 = -\frac{R}{R_1} V_i$$

---

69. Consider the following circuit：

The OP – AMPs are assumed ideal. Determine the values of R_1 and R_2 so that the circuit will operate as full – wave rectifier with a gain of 10. （題型：精密全波整流器）

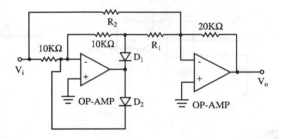

【 交大控制所 】

解☞：

(1) V_i 爲負半週時：

　　① 剛開始 D_1：OFF，D_2：ON，$\Rightarrow$ 輸出經由 OPA_2

　　　$\therefore A_V = \dfrac{V_0}{V_i} = -\dfrac{20k}{R_2} = -10 \Rightarrow R_2 = 2k\Omega$

　　② V_0 經由 R_2 迴授 $\Rightarrow D_1$：ON，D_2：OFF

(2) V_i 爲正半週時：

　　① 剛開始，D_1：ON，D_2：OFF

　　　$\therefore V_0 = \left(-\dfrac{20k}{R_2}\right) V_i + \left(-\dfrac{20k}{R_1}\right)(-V_i) = 10V_i$

　　　$\therefore R_1 = 1k\Omega$

70.畫出以下各圖的轉移函數（V_0 v.s. V_I）（題型：OPA 電路分析）

(1)

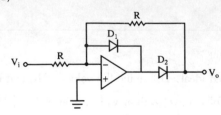

(2)

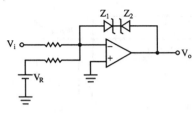

(3)

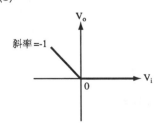

(4)

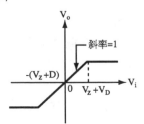

【中央資電所】

解☞：

(1)

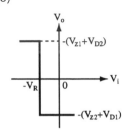

(2)

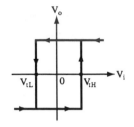

(3)

(4)

71.畫出下圖轉移函數。（題型：OPA 電路分析）

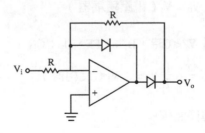

【中央資訊及電子所】

解☞：

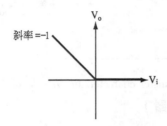

72.圖為一全波整流器，其中 ─▷─ 為理想二極體。繪出 $V_0 \diagup V_I$ 之轉移曲線。（題型：精密全波整流器）

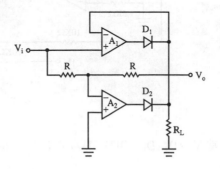

【中央電機所】

解☞：

1.當 $V_I > 0$時，D_1：ON，D_2：OFF

∴$V_0 = V_I$（電壓隨耦器）

2.當 $V_I < 0$時，D_1：OFF，D_2：ON

$V_0 = -\dfrac{R}{R}V_I = -V_I$（反相器）

3.轉移曲線

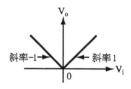

73.Plot the transfer characteristic $V_0 - V_I$ of the circuit in Figure.（**題型：精密全波整流器**）

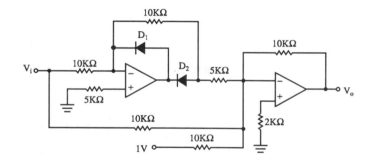

【雲技電機所】

解☞：

1.當 $V_I > 0 \Rightarrow D_1$：OFF，D_2：ON

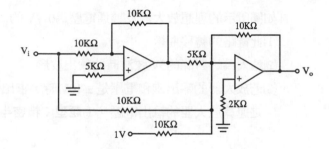

用重疊法

$$V_0 = (\frac{-10k}{10k})V_I(\frac{-10k}{5k}) + (\frac{-10k}{10k})V_I + (\frac{-10k}{10k})(1) = V_I - 1$$

2. 當 $V_I < 0 \Rightarrow D_1$：ON，D_2：OFF

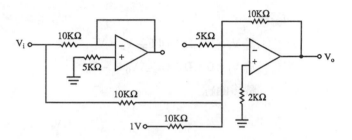

用重疊法

$$V_0 = (\frac{-10k}{10k})V_I + (\frac{-10k}{10k})(1) = -V_I - 1$$

3. 轉移曲線：

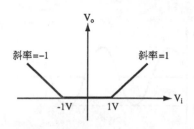

74.如圖所示的理想放大器及導通電壓為0.7V 的二極體電路，試求：

(1)此電路的轉移曲線。

(2)輸入為峰對峰的5V 弦波時的輸出波形。

(3)若放大器的輸出飽和電壓是 ±10V 時，求出 $V_I = +5V$ 和 $V_I = -5V$
之運算放大器的輸出電壓。（題型：精密半波整流器）

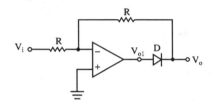

【高考】

解☞：

(1)當 $V_I > 0$，D：OFF $\Rightarrow V_0 = V_I$

　當 $V_I < 0$，D：ON $\Rightarrow V_0 = -V_I$

　轉移曲線

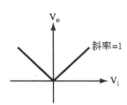

(2)

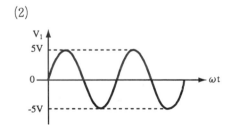

(3)$V_I = 5V$ 時，D：OFF，此時 OP 為比較器，∴ $V_{01} = -10V$

$V_I = -5V$ 時，D：ON，

$\therefore V_{01} = V_D + V_0 = 5 + 0.7 = 5.7V$

75.若 $V_1 = 10\sin\omega t\ mV$，$R_1 = R_2 = 10k\Omega$，請求出 V_o 的平均值。（題型：精密半波整流器）

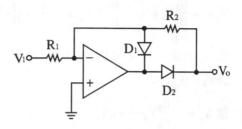

解☞：

1.半波整流：$V_{av} = \dfrac{V_m}{\pi}$

2.當 $V_I < 0$時，$V_o = -\dfrac{R_2}{R_1}V_I$

$\therefore V_o = \dfrac{R_2}{R_1}\dfrac{V_m}{\pi} = \left(\dfrac{10k}{10k}\right)\left(\dfrac{10m}{\pi}\right) = 3.18mV$

76.證明下圖之電路，如果 $R_2 = KR_1$時，電路能作全波整流。並求 K 值。（題型：精密全波整流器）

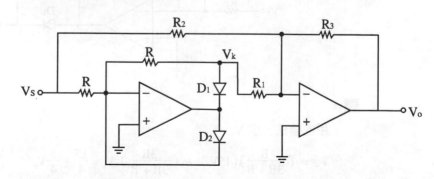

解☞ :

1.當 $V_s > 0$時，D_1：ON，D_2：OFF

$$\therefore V_k = -\frac{R}{R}V_s = -V_s$$

2.用重疊法，求 V_o

$$V_o = -\frac{R_3}{R_2}V_s + \left(-\frac{R_3}{R_1} \right)V_k = \left(\frac{1}{R_1} - \frac{1}{R_2} \right)R_3V_s \text{————①}$$

3.當 $V_s < 0$時，D_1：OFF，D_2：ON

$$\therefore V_k = 0$$

故 $V_o = -\frac{R_3}{R_2}V_s$ ————②

4.若欲全波整流，則需式① = ②

$$\therefore \frac{1}{R_1} - \frac{1}{R_2} = \frac{1}{R_2} \Rightarrow R_2 = 2R_1 = KR_1$$

故 $K = 2$

77.試求下圖中理想 OPA 電路之轉換特性。（**題型：精密全波整流器**）

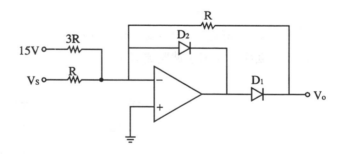

解☞ :

1.用重疊法，求 V_-

$$V_- = \left(\frac{R}{3R + R} \right)(15V) + \left(\frac{3R}{3R + R} \right)V_s = \frac{15}{4} + \frac{3}{4}V_s$$

2.分析電路

(1)當 $V_- > 0$ 時，D_2：ON，D_1：OFF $\Rightarrow V_o$：0V

(2)當 $V_- < 0$ 時，D_2：OFF，D_1：ON（即 $V_s < -5V$）

$$\therefore V_o = -\frac{R}{3R /\!/ R}\ (\ V_- \ ) = \frac{-4}{3}\ (\ \frac{15}{4} + \frac{3}{4}V_s\ ) = -5 - V_s$$

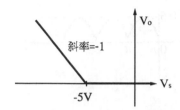

78.如下圖中，若電路之 $V_i = 0.5\sin(\ t\ )$ 伏特，試繪出 $V_o(\ t\ )$ 波形，並簡述此電路優點及工作原理。（**題型：精密全波整流器**）

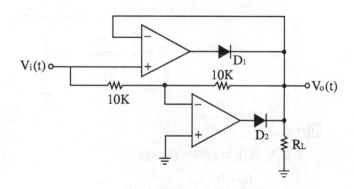

解☞：

1.當 $V_i(\ t\ ) > 0$，D_1：ON，D_2：OFF，$V_o = V_I$

2.當 $V_i(\ t\ ) < 0$，D_1：OFF，D_2：ON，$V_o = -\frac{10k}{10k}V_i = -V_i$

　∴為全波整流

3.優點：

⑴因以二極體爲精密整流，所以切入電壓（$\dfrac{V_r}{A} \approx 0$）極小，

⑵操作速度快，且穩定。

4.輸出波形及轉移特性曲線

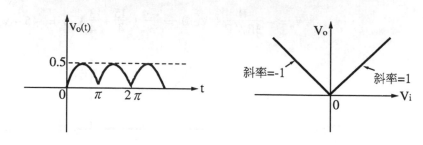

79.若 $V_i = 10\sin\omega t$ mV，$R_1 = R_2 = R_3 = 10k\Omega$，請求出 V_o 的平均值。（題型：精密半波整流器）

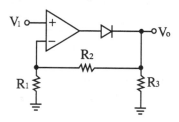

解☞：

1.當 V_i 爲正半週時，D：ON，

$$\therefore V_o = \frac{R_1 + R_2}{R_1} V_i = 20\sin\omega t \text{ mV}$$

2.當 V_i 爲負半週時，D：OFF，

$$\therefore V_o = 0$$

3.$V_{0\text{,av}} = \dfrac{V_m}{\pi} = \dfrac{20}{\pi} = 6.36V$

80.下圖中，$R_1 = R_2 = R_3 = R_4 = 10k\Omega$，$V_s = 10V$，輸入波形如下圖(b)所示，則輸出電壓的平均值及有效值為何？（**題型：精密全波整流器**）

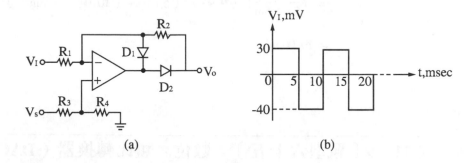

(a)   (b)

解 ☞ :

1. ∵ $V_+ = V_s \left(\dfrac{R_4}{R_3 + R_4} \right) = (10)\left(\dfrac{10k}{10k + 10k} \right) = 5V$

2. 當 $V_I = 30mV$，D_1：OFF，D_2：ON

∴ $V_{01} = \left(-\dfrac{R_2}{R_1} \right)(V_I) + \left(1 + \dfrac{R_2}{R_1} \right)(V_+)$

$= -30mV + (2)(5) = 9.97V$

3. 當 $V_I = -40mV$，D_1：OFF，D_2：ON

∴ $V_{02} = \left(-\dfrac{R_2}{R_1} \right) V_I + \left(1 + \dfrac{R_2}{R_1} \right)(V_+)$

$= (-1)(-40mV) + (2)(5) = 10.04V$

4. ∴ $V_{0,\,av} = \dfrac{V_{01}t_1 + V_{02}t_2}{t_1 + t_2} = \dfrac{(9.97)(5m) + (10.04)(5m)}{5m + 5m}$

$$= 10.005V$$

$$5. V_{0,rms} = \sqrt{\frac{1}{T}\left[V_{01}^2 t_1 + V_{02}^2 t_2\right]}$$

$$= \sqrt{\frac{1}{5m + 5m}\left[(9.97)^2(5m) + (10.04)^2(5m)\right]}$$

$$= 10.0051V$$

§11–9〔題型六十五〕：數位／類比轉換器（DAC）及類比／數位轉換器（ADC）

考型182 基本觀念

一、名詞定義

1.**A／D 轉換器**：將類比（ANALOG）信號轉換成數位信號（DIGITAL）。

2.**D／A 轉換器**：將數位（DIGITAL）信號轉換成類比信號（ANALOG）。

3.**解析度**（Resolution）：解析度即「LSB 最小位元對應之電壓值」，或「電壓梯度（增量）」，其公式如下：

$$解析度（Res）= \frac{1}{2^N - 1} \approx \frac{1}{2^N}$$

〔例〕：

位元數與解析度對照表

位元數	解析度
4	1／16
6	1／64
8	1／256
10	1／1024
12	1／4096
14	1／16384
16	1／65536

①n 位元數越大，解析度越小。

②解析度越小，效果越佳。

4. **滿格輸出電壓**（ full – scale output ）〔 V_{OFS} 〕：

所有輸入位元皆為1時的輸出電壓（即最大輸出電壓）。其與解析度電壓關係公式如下：

$$V_{res} = \frac{V_{OFS}}{2^N - 1} \approx \frac{V_{OFS}}{2^N}$$

二、以數位類比轉換之觀點求 V_o 之步驟

1. 求解析度電壓 $V_{res} = \dfrac{V_{OFS}}{2^N - 1}$

2. 將數位輸入信號轉成十進制。

3. 解析度電壓 × 數位輸入值（十進制）＝類比輸出電壓。

考型183 加權電阻式 D／A 轉換器

一、四位元加權式 D／A 轉換器

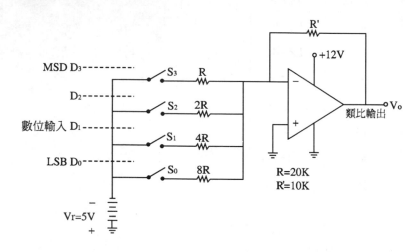

1. $D_3 D_2 D_1 D_0$ 為數位輸入信號。

2. $S_3 S_2 S_1 S_0$ 為數位控制之電子開關。

3. N：位元數

二、類比輸出電壓的公式（以二種公式，表示）

1. $V_o = -V_r \dfrac{R'}{(2^{N-1})R} \left[(2^{N-1}) D_{N-1} + (2^{N-2}) D_{N-2} + \cdots\cdots + 2^0 D_0 \right]$

2. $V_o = -V_r \dfrac{R'}{R} \left[\dfrac{D_{N-1}}{2^0} + \dfrac{D_{N-2}}{2^1} + \cdots\cdots + \dfrac{D_0}{2^{N-1}} \right]$

3. 若設計 $\dfrac{R'}{R} = 2^{N-1}$ ，則

   $V_o = -V_r \left[(2^{N-1}) D_{N-1} + (2^{N-2}) D_{N-2} + \cdots\cdots + 2^0 D_0 \right]$

〔**例**〕:

將數位位元代入公式,則得以下結果

1.四位元

數	位	輸	入	類比輸出(單位:伏特)
D_3	D_2	D_1	D_0	
0	0	0	0	0
0	0	0	1	0.3125
0	0	1	0	0.625
		⋮		
1	1	0	1	4.0625
1	1	1	1	4.375
1	1	1	1	4.6875

←最小輸出電壓值
←解析度電壓值
←最大輸出電壓值
(滿格輸出電壓值)

四位元數位與類比轉換表

2.八位元:

數	位			輸			入	類比輸出(單位:伏特)
D_7	D_6	D_5	D_4	D_3	D_2	D_1	D_0	
0	0	0	0	0	0	0	0	0
0	0	0	0	0	0	0	1	0.0195
0	0	0	0	0	0	1	0	0.039
				⋮				
1	1	1	1	1	1	0	1	4.9335
1	1	1	1	1	1	1	0	4.953
1	1	1	1	1	1	1	1	4.9725

八位元數位與類比轉換表

3.準確度 $= \pm \dfrac{1}{2} \text{LSB} \left(\dfrac{1}{2} \dfrac{V_{OFS}}{2^N} \right)$

三、加權式 D／A 轉換器之缺點

為求轉換精確，每個電阻誤差需於1%以下，而這些電阻又需成倍數關係，因電阻難求故不實際。

考型184 R－2R 階梯式 D／A 轉換器

一、四位元 R－2R 階梯式 D／A 轉換器：〔反相端輸入〕

1.電路

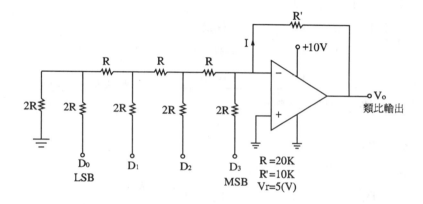

2.類比輸出電壓的公式

(1)$V_o = V_r \dfrac{R'}{(2^N)R} \left[(2^{N-1}) D_{N-1} + (2^{N-2}) D_{N-2} + \cdots\cdots + 2^0 D_0 \right]$

(2)$V_o = V_r \dfrac{R'}{R} \left[\dfrac{D_{N-1}}{2^1} + \dfrac{D_{N-2}}{2^2} + \cdots\cdots \dfrac{D_0}{2^N} \right]$

(3)若設計 R′ = R，則

$V_o = V_r \left[\dfrac{D_{N-1}}{2^1} + \dfrac{D_{N-2}}{2^2} + \cdots\cdots \dfrac{D_0}{2^N} \right]$

(4)$I = \dfrac{-V_0}{R'}$

二、N 位元 R–2R 階梯式 D／A 轉換器〔非反相端輸入〕

1.電路

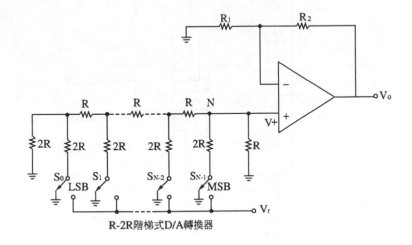

R-2R階梯式D/A轉換器

2.類比輸出電壓的公式

(1)$V_0 = (\dfrac{V_r}{3})(1 + \dfrac{R_2}{R_1})(\dfrac{1}{2^1} D_{N-1} + \dfrac{1}{2^2} D_{N-2} + \cdots\cdots + \dfrac{1}{2^N} D_0)$

(2)若設計 $(1 + \dfrac{R_2}{R_1}) = 3$，則

$V_0 = (\dfrac{1}{2^1} D_{N-1} + \dfrac{1}{2^2} D_{N-2} + \cdots\cdots + \dfrac{1}{2^N} D_0) V_r$

(3)第 k 位元的輸出電壓值

$V_k = \dfrac{1}{2^{N-K}} V_r$

考型185 並聯比較型 A／D 轉換器

一、三位元式並聯比較型 A／D 轉換器

1.電路

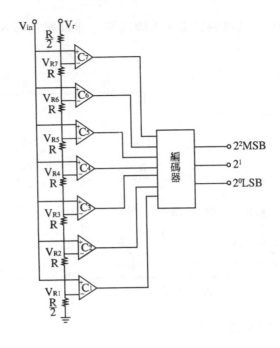

2. 工作說明

(1)總電阻：$R_T = \dfrac{R}{2} + R + R + R + R + R + \dfrac{R}{2} = 7R$

(2)分壓法：

$$V_{R1} = \frac{R\diagup 2}{7R} \times V_r = \frac{1}{14} V_r$$

$$V_{R2} = \frac{R\diagup 2 + R}{7R} \times V_r = \frac{3}{14} V_r$$

$$V_{R3} = \frac{R\diagup 2 + R + R}{7R} \times V_r = \frac{5}{14} V_r$$

$$\vdots$$

$$V_{R6} = \frac{R\diagup 2 + R + R + R + R + R}{7R} \times V_r = \frac{11}{14} V_r$$

$$V_{R7} = \frac{R\diagup 2 + R + R + R + R + R + R}{7R} \times V_r = \frac{13}{14} V_r$$

因此當類比輸入 V_a 之電壓：

①$V_{in} <$（1／14）V_r 時，數位輸出為000。

②（1／14）$V_r \leq V_{in} <$（3／14）V_r 時，數位輸出為001。

③（3／14）$V_r \leq V_{in} <$（5／14）V_r 時，數位輸出為010。

④（11／14）$V_r \leq V_{in} <$（13／14）V_r 時，數位輸出為110。

⑤$V_{in} \geq$（13／14）V_r 時，數位輸出為111。

結論：

(i)使用2^N 一個比較器與輸入訊號 V 比較。

(ii)比較器之輸出進入編碼邏輯器處理

(iii)再輸出 N 位元的數位訊號。

二、N 位元並聯比較型 A／D 轉換器

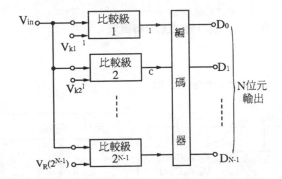

三、特色

優點：

1.速度最快，約$10\mu sec \sim 150\mu sec$

2.解析度高。

缺點：

1.成本高。

2.需（N－1）個比較器

3.需2^N 個精密電阻

考型186 計數型 A／D 轉換器

一、方塊圖電路

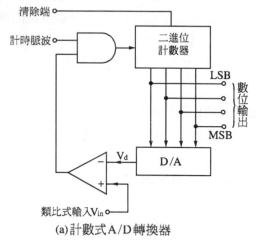

(a)計數式A／D轉換器

二、內部電路

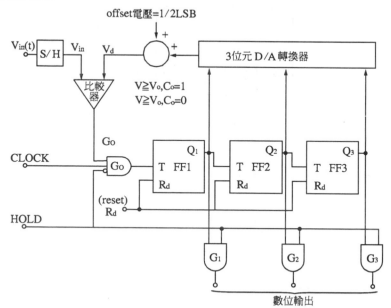

三、工作說明

1. 取樣保持電路（SAMPLING／HOLD）：由類比輸入信號中取得固定的轉換電壓 V_{in}。

2. 比較器（COMPAPATOR）：將 V_{in} 與 D／A 轉換器後的 V_d 作比較，當：

   $V_{in} > V_d$ 時，$C_0 = 1$

   $V_{in} \leq V_d$ 時 $C_0 = 0$

3. FF_1、FF_2、FF_3 所組成的是 Ripple 計數器：是將其輸出接到 D／A 轉換器進行轉換。

4. **步驟：**

   ⑴：①計數器置為（RESET）0。

   　　②保持信號 H = 1，故 $G_0 = 0$。

   ⑵：①保持信號 H = 0，此時 S／H 從類比輸入端取樣並保持一個固定的電壓值。

   　　②因為 $V_{in} > V_d$ 時，因此 $C_0 = 1$。

   　　③計數器不斷循環計數（$C_0 = 1$，H = 0），而 D／A 轉換器亦持續轉換，因此 V_d 不斷的上升。

   　　④當 V_d 上升到 $V_{in} \leq V_d$ 時，$C_0 = 0$，因此 $G_0 = 0$。

   ⑶：①H = 1，由 G_1、G_2、G_3 的輸出端可取得轉換後的數位信號。

   　　②主控電路將轉換後的數位信號取回，並清除計數器的輸出值以便下一次轉換。

   　　③H = 0再次取得一固定的類比電壓進行轉換。

四、特性

1. 優點：硬體較簡單。

2. 缺點：速度慢。

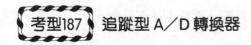 **考型187　追蹤型 A／D 轉換器**

一、方塊圖電路

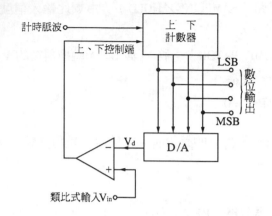

二、內部電路

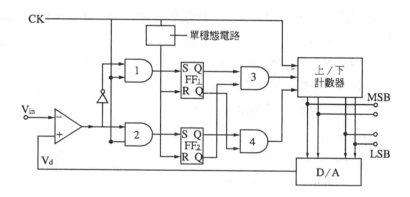

三、工作說明

1. 追蹤型是改良計數型 A／D 轉換器，每次轉換時都需歸零的動作。

2. 若 $V_{in} > V_d$，則比較器輸出為0，而 AND gate₁送出脈波，FF_1之 Q 輸出為 1，此時計數器則往上計數。

3. 單穩態電路將脈波延遲一段時間後，送至 FF_1 與 FF_2 的 R，使正反器 Reset Q 為0，以準備下一次的比較。

4. 若 $V_{in} < V_d$，則比較器輸出為1。此時計數器則往下計數。

一、方塊圖電路

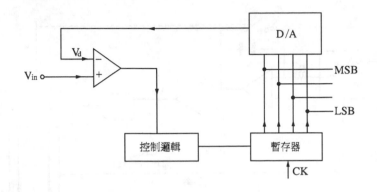

二、工作說明

1.先將計數器的最高位元 MSB 設定為1。

2.若 $V_{in} > V_d$，則電路會將下一位元，設定為“ 1 ”，而使 V_d 提高。

3.若 $V_{in} < V_d$，則電路會將此位元，重設為“ 0 ”，而使 V_d 降低。

4.如此循環操作

〔例〕

類比“ 6 ”＝數位“ 110 ”

1.首先電路設為$100 \Rightarrow V_d = 6$

2.$V_{in} > V_d$，（ $V_d = 4$ ）$\Rightarrow 110 \Rightarrow V_d = 6$

3.$V_{in} = V_d$，（ $V_d = 6$ ）$\Rightarrow 111 \Rightarrow V_d = 7$

4.$V_{in} < V_d$，（ $V_d = 7$ ）$\Rightarrow 110$（ 完成 ）

三、特色：改善計數型速度過慢的缺點

1.連續漸近型 A／D 轉換器，N 位元只需 N 個 clock 即可完成工作。

2.轉換速度中等（ 比並聯比較型慢，但比計數型快 ）。

3.硬體複雜度中等（ 比並聯比較型簡單，但比計數型複雜 ）。

考型189 雙斜率型 A／D 轉換器

一、方塊圖電路

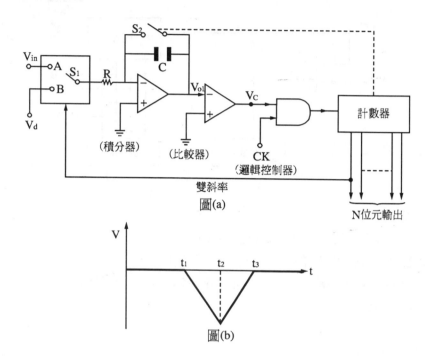

圖(a)

圖(b)

二、電路說明

雙斜率型 A／D 轉換器是目前最常用的，其中：

1. N 位元的計數器是由正反器 $FF_{(0)} \sim FF_{(N-1)}$ 所組成的

2. 比較器的輸出 V_c 當：$V_d \le 0$時，$V_c = 1$，故 $G_1 = CLOCK$

   $V_d > 0$時，$V_c = 0$，故 $G_1 = 0$

3. 正反器 $FF_{(N)}$ 的輸出當：$Q_n = 0$時 S_1 與 A 點接通。

   $Q_n = 1$時 S_1 與 B 點接通。

三、工作說明

1. 設 $V_{in} > 0$，$V_d < 0$，且在 $t < 0$時，S_2閉合，此時

$$V_{01}\ (\ t=0^+\ )\ =0V$$

2.在固定期間（T_1），即在 $t=0^+$ 時，S_2打開，S_1接至 A 點。

此時（$t>0^+$），因積分器爲反相，所以 V_{01}線性下降。

其比例關係爲：

$$\frac{I}{C}=\frac{-V_{in}}{RC}$$

3.當 $t=T_1=n_1T=2^NT$，此代表計數次數 $=n_1=2^N$

4.在變動期間（T_2），即在 $t=T_1^+$，此時 S_2：打開，S_1接至 B 點。

即 $t>T_1^+$ 時，V_{01}線性上升。其關係式爲

$$\frac{I}{C}=\frac{V_d}{RC}$$

如此上升，直到 $V_{01}=0$，停止計數。此時計數次數 $=n_2$

5.所以在

$$\begin{cases} T_1時\Rightarrow \dfrac{V_{min}}{T_1}=\dfrac{V_{in}}{RC}\text{←充電期間} \\[3mm] T_2時\Rightarrow \dfrac{V_{min}}{T_2}=\dfrac{|V_d|}{RC}\text{←放電期間} \end{cases}$$

故 $V_{in}T_1=|V_d|T_2$，即

$V_{in}\ (\ n_1T\ )\ =|V_d|\ (\ n_2T\ )$，T爲計數週期

所以

$$n_2=n_1\frac{V_{in}}{|V_d|}=2^N\frac{V_{in}}{|V_d|}$$

四、雙斜率型 A／D 轉換器之特點

1.具有良好的雜訊免疫能力。

2.精確度和穩定性較佳。

3.轉換時間最長。

4.使用較廣泛（尤其簡單型的儀表上）。

歷屆試題

81.繪出雙斜率 A／D 轉換器之電路方塊圖，並詳述其工作原理。

【台大電機所】

解☞：

參考〔考型191〕內容。

82.設計一個2位元瞬時型 ADC。 【成大電機所】

解☞：

參考〔考型188〕內容。

繪出3位元之 R－2R D／A 轉換器電路。 【成大電機所】

解☞：

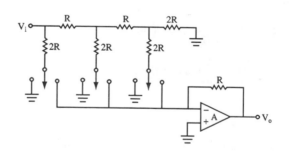

83.繪出 N 位元 D／A 轉換器(1)用2進位加權電阻 (2)用 R－2R 階梯網路
電阻，並說明工作原理。 【成大醫工所】

解☞：

參考〔考型185、186〕內容。

84.下圖電路中 R＝1kΩ，＋5V 代表邏輯1，0V 代表邏輯0，當 ABCD＝

1000時，V_0爲多少伏特？（題型：R－2R 階梯式 D／A 轉換器）

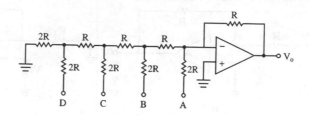

解☞：

公式：

$$V_0 = V_r \left[\frac{D_{N-1}}{2^1} + \frac{D_{N-2}}{2^2} + \cdots\cdots + \frac{V_0}{2^N} \right]$$

$$= (5) \left[\frac{A}{2} + \frac{B}{4} + \frac{C}{8} + \frac{D}{16} \right]$$

$$= (5) \left[\frac{1}{2} + \frac{0}{4} + \frac{0}{8} + \frac{0}{16} \right] = 2.5V$$

§11－10〔題型六十六〕：非理想運算放大器

考型190 電壓增益 $A_v \neq \infty$

考型191 頻寬 $BW \neq \infty$

考型192 輸入阻抗 $R_i \neq \infty$

考型193 輸出阻抗 $R_o \neq 0$

	基本反相組態	基本非反相組態
考型 190	$A_v = \dfrac{V_o}{V_I} = \dfrac{-\dfrac{R_2}{R_1}}{1 + \dfrac{1 + \dfrac{R_2}{R_1}}{A}}$	$A_v = \dfrac{V_o}{V_I} = \dfrac{1 + \dfrac{R_2}{R_1}}{1 + \dfrac{1 + \dfrac{R_2}{R_1}}{A}}$
考型 191	$A(S) = \dfrac{A_o}{1 + \dfrac{S}{\omega_b}}$ $A_o = -\dfrac{R_2}{R_1}$, $\omega_b = \beta\omega_t$ $\omega_b = \omega_{3dB} = \dfrac{\omega_t}{1 + \dfrac{R_2}{R_1}}$ $f_b = f_{3dB} = \dfrac{f_t}{1 + \dfrac{R_2}{R_1}}$	$A(S) = \dfrac{A_o}{1 + \dfrac{S}{\omega_b}}$ $A_o = 1 + \dfrac{R_2}{R_1}$, $\omega_b = \beta\omega_t$ $\omega_b = \omega_{3dB} = \dfrac{\omega_t}{1 + \dfrac{R_2}{R_1}}$ $f_b = f_{3dB} = \dfrac{f_t}{1 + \dfrac{R_2}{R_1}}$
考型 192	$R_i \cong R_1$（若 A 極大）	$R_i = \left[2R_{icm} /\!/ \dfrac{AR_{id}}{1 + \dfrac{R_2}{R_1}} \right]$
考型 193	R_o（反，非反相均同） $R_{out} = R_o /\!/ \dfrac{R_o}{\beta A}$ 其中 $\dfrac{R_o}{\beta A} = \dfrac{R_o}{\beta A_o} + j\omega Lout$ 即 $L_{out} = \dfrac{R_o}{\beta\omega_t}$, $\beta = \dfrac{R_1}{R_1 + R_2}$	

考型194 迴轉率（SR）及全功率頻帶寬（f_M）

一、迴轉率（slew rate，SR）——又稱延遲率

定義：OP 的輸出電壓隨時間之最大變化率

$$SR = \frac{dV_o}{dt}\bigg|_{max}$$

例：方波輸入電壓隨耦器所造成之延遲失真已知 OP 之

$$SR = 0.8V \big/ 1\mu sec \text{ 則} \frac{0.8V}{1\mu sec} = \frac{10V}{t} \Rightarrow t = 12.5\mu sec$$

輸出波形必然有失真

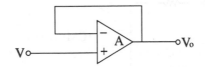

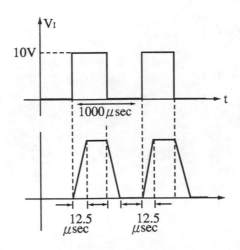

二、全功率頻帶寬（Full – power bandwidth），f_M

1. $V_o = V_I = V_m \sin\omega t$

2. $\left.\dfrac{dV_o}{dt}\right|_{max} = \omega_m V_m = SR \Rightarrow f_m \leq \dfrac{SR}{2\pi V_m}$

3. $f_m = $ 使輸出不失眞時的最大工作頻率

考型195 共模拒斥比 CMRR ≠ ∞

一、差動放大器

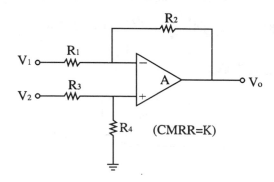

(CMRR=K)

二、$V_o = A_1 V_1 + A_2 V_2$

1. $A_d = \dfrac{1}{2}\ (\ A_2 - A_1\ )$

2. $A_{cm} = A_1 + A_2$

3. $V_{cm} = \dfrac{V_1 + V_2}{2}$

4. $V_{id} = V_1 - V_2$

5. $CMRR = |\dfrac{A_d}{A_{CM}}|$

三、共模誤差電壓 V_{cr}

定義：$V_{cr} = \dfrac{V_{CM}}{CMRR} = \dfrac{V_{CM}}{\dfrac{A_d}{A_{CM}}} = \dfrac{A_{CM}V_{CM}}{A_d}$

$\therefore A_{CM}V_{CM} = A_d V_{cr}$

故 $V_o = A_d V_{id} + A_{CM}V_{CM} = A_d V_{id} + A_d V_{cr}$

即 $V_o = A_d\,(\,V_{id} + V_{cr}\,)$

註： 1.有限 CMRR 對非反相式 OP 影響較大

2.頻率增加$\Rightarrow$CMRR 值降低

考型196 改善漂移特性的方法

一、觀念：引起漂移特性的主要原因，是因爲 BJT 存有

1.輸出偏補電壓（ output offset voltage ），（ V_{off} ）

2.輸入偏補電壓（ input offset voltage ）

3.輸入偏壓電流（ input bias current ），（ I_B ）

4.輸入偏補電流（ input offset current ），（ I_{off} ）

二、改善 V_{off} 在閉迴路效應之方法

1.在 OP 之反相端電阻 R_1 上串聯一電容 C：

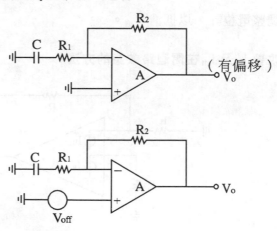

(1)改善前：$V_o = V_{off} \left(1 + \dfrac{R_2}{R_1} \right)$ ←V_{off}被放大

(2)改善後：$V_o = V_{off} \left(1 + \dfrac{R_2}{\infty} \right) = V_{off}$←$V_{off}$沒被放大

(3)$V_{off} = \dfrac{V_o}{A}$

(4)條件：使用此法，需在操作頻率極高時，如此才成忽略電容效應。

2.消除 V_{off}在閉迴路效應之方法：

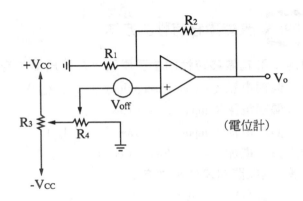

（電位計）

調整電位計，以抵消 V_{off}。

三、改善 I_B 及 I_{off}在閉迴路效應的方法

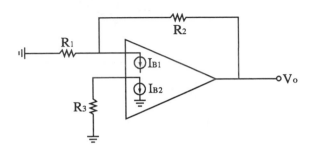

1.**方法**：加上 R_3；在 $R_3 = R_1 /\!/ R_2$ 時，可得最佳改善（即 V_o 此時為最小值）

2.**改善前**：$V_o = I_{B1} R_2 = I_B R_2 + \dfrac{1}{2} I_{off} R_2$

3.**改善後**：（在 $R_3 = R_1 /\!/ R_2$ 時）

$$V_o = I_{off} R_2$$

四、改善 I_B，I_{off}，V_{off} 在閉迴路之效應

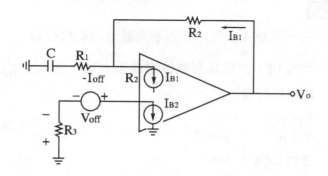

1.方法：綜合上述方法

2.改善前：$V_o = V_{off}\left(1 + \dfrac{R_2}{R_1}\right) + I_B R_2 + \dfrac{1}{2} I_{off} R_2$

3.改善後：（在 $R_3 = R_2$ 時）

$$V_o = V_{off} + I_{off} R_2$$

註：不同方式的表示法：

1.$V_{off} = V_{os}$

2.$I_{off} = I_{os}$

五、實用上密勒積分器的問題及改善

改善方法：在電容 C 上並聯一電阻 R_f

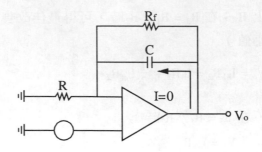

85.(1)用一個 OPA 及電阻和電容來設計密勒積分器。

(2)已知 OPA 內部具有單位增益頻率 ω_t，且 $\omega_t \gg \dfrac{1}{RC}$，證明轉移函數近似為

$\dfrac{V_0(j\omega)}{V_I(j\omega)} = -\dfrac{1}{j\omega RC}F(j\omega)$，並求 $F(j\omega)$。（**題型：有限頻寬的 OPA**）

【台大電機所】

解☞：

(1)

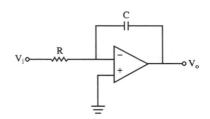

(2)$\dfrac{V_0(j\omega)}{V_I(j\omega)} = \dfrac{A_0}{1 + j\dfrac{\omega}{\omega_{3dB}}} = \dfrac{-\dfrac{1}{j\omega RC}}{1 + j\dfrac{\omega}{\omega_{3dB}}} = -\dfrac{1}{j\omega RC}F(j\omega)$

$$\therefore F(j\omega) = \frac{1}{1 + j\dfrac{\omega}{\omega_{3dB}}} = \frac{1}{1 + j\omega\left(\dfrac{1 + \dfrac{1}{j\omega RC}}{\omega_t}\right)}$$

$$= \frac{1}{1 + j\dfrac{\omega}{\omega_t} + \dfrac{1}{\omega_t RC}} \approx \frac{1}{1 + j\dfrac{\omega}{\omega_t}}$$

---

86. If $A_0 = 10^4$, $R_{id} = 1M\Omega$, $R_{icm} = 50M\Omega$, $R_0 = 200\Omega$, $f_t = 1MHz$ ($A_0 f_b$), $R_f = 100k\Omega$, Show that Z_{in} (Y_{in}^{-1}) can be expressed as the equivalent circuit shown. Find R_A, R_B and L. (**題型：非理想 OPA**)

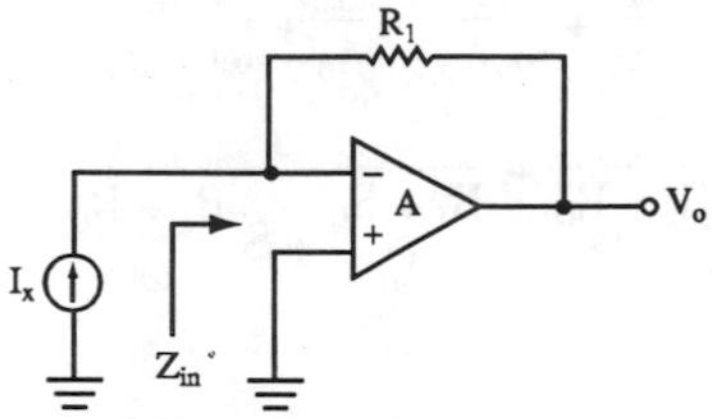

圖(1)

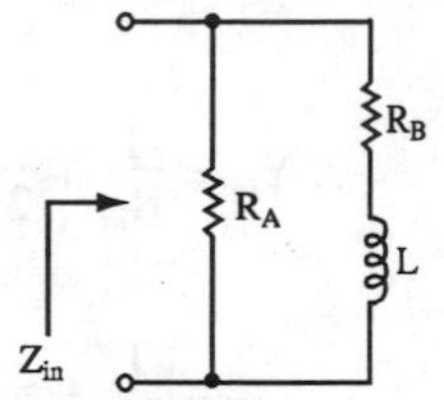

圖(2)：equivalent Circuit

【台大電機所】

解☞：

1.非理想 OPA 的等效圖

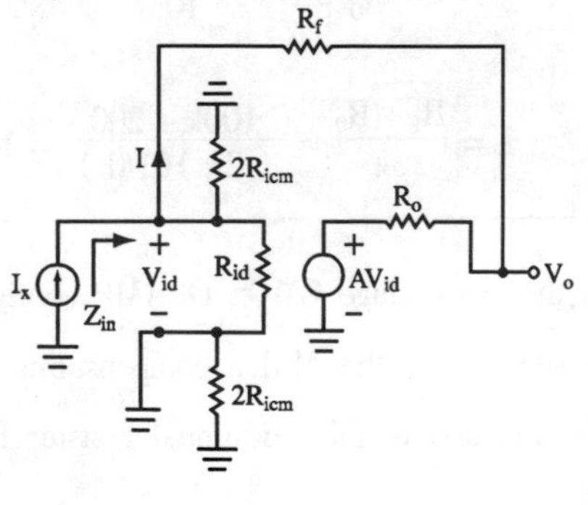

2.電路分析

$$I = \frac{-V_{id} - AV_{id}}{R_f + R_0} = \frac{-V_{id}(A+1)}{R_f + R_0}$$

$$\therefore \frac{-V_{id}}{I} = \frac{R_f + R_0}{A+1}$$

$$Y_{in} = Z_{in}^{-1} = R_{id} /\!/ 2R_{icm} /\!/ \left(\frac{-V_{id}}{I}\right)$$

$$= \frac{1}{R_{id}} + \frac{1}{2R_{icm}} + \frac{1}{R_f + R_0} + \frac{A}{R_f + R_0}$$

其中

$$A = A(S) = \frac{A_0}{1 + \frac{S}{\omega_b}} = \frac{1}{\frac{1}{A_0} + \frac{S}{\omega_b A_0}} = \frac{1}{\frac{1}{A_0} + \frac{S}{\omega t}}$$

$$\therefore Y_{in} = \frac{1}{R_{id}} + \frac{1}{2R_{icm}} + \frac{1}{R_f + R_0} + \frac{1}{\frac{R_f + R_0}{A_0} + S\frac{R_f + R_0}{\omega t}}$$

$$= \frac{1}{R_A} + \frac{1}{R_B + SL}$$

$$\therefore R_A = R_{id} /\!/ 2R_{icm} /\!/ (R_f + R_0)$$
$$= 1M /\!/ (2 \times 50M) /\!/ (100k + 200) = 91k\Omega$$

$$R_B = \frac{R_f + R_0}{A_0} = \frac{100k + 200}{10^4} = 10.2\Omega$$

$$L = \frac{R_f + R_0}{\omega t} = \frac{100k + 200}{(2\pi)(1M)} = 15.95\mu H$$

---

87. In the two-stage CMOS OPAMP configuration, a resistor R is often added in series with the Miller compensating capacitor C across the 2nd stage. The function of this additional resistor R is. (題型：OPA 漂移特性補償)

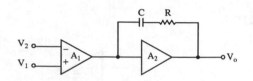

【台大電機所】

解☞：

R 的作用是改變零點以增加相位邊限。

88. 若 OPA 的輸出波形為正弦波、頻率20KHz、振幅10V 的條件下仍沒有失真，求此 OP Amp 所應有的 SR？（題型：OPA 的迴轉率）

【台大電機所】

解☞：

$\because$ SR $= 2\pi fV_M = (2\pi)(20k)(10) = 1.26V/\mu S$

$\therefore$ OPA 的 SR 值需大於$1.26V/\mu S$

89. Draw the equivalent circuit of a non–ideal OP AMP, including the following：

(1) differential mode input resistance R_{id}.

(2) common mode input resistance R_{icm}.

(3) finite differential voltage gain A (jf) $= \dfrac{A_0}{1 + jf/f_B}$

(4) output resistance R_0. （題型：非理想 OPA）

【台大電機所】

解 ☞ :

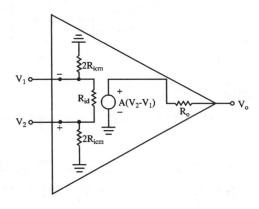

$$A\ (\ jf\ )\ =\ \frac{A_0}{1 + j\dfrac{f}{f_B}}$$

___

90. The FET – input OP AMP A gives an output of $0.5V$ when connected as shown. ($R_1 = 100\Omega$, $R_2 = 33k\Omega$)

(1) What is the input offset voltage, V_{0S} ?

(2) Now, R_1 is changed to $50k\Omega$, R_2 is replaced by a $1nF$ capacitor, find V_0 as a function of t.

　($V_0\ (\ t = 0\ )\ = 0$, and $V_{0(\,sat\,)} = \pm\,13V$) 。 (題型：OPA 的直流特性)

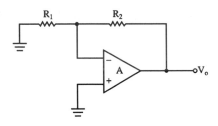

【台大電機所】

簡譯

若 OPA 在輸入爲零時之 V_0爲0.5V，$R_1 = 100\Omega$，$R_2 = 33k\Omega$

(1)求 V_{0S}

(2)將 R_1變爲50kΩ，而 R_2以1nF 的電容 C 取代，求 $V_0 (t)$，已知 $V_0 (0) = 0$，$V_{0 (sat)} = \pm 13V$。

解☞：

(1)

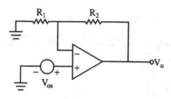

$$\because V_0 = (1 + \frac{R_2}{R_1}) V_{0S} = (1 + \frac{33k}{100}) V_{0S} = 0.5V$$

$$\therefore V_{0S} = 1.51mV$$

(2)

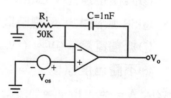

$$V_0 (t) = V_C + V_0 (0)$$

$$= \frac{1}{RC} \int_0^t V_{0S} dt + 0$$

$$= \frac{(1.51m)}{(50k)(1n)} (t) = 30.2t$$

①若 $V_0 (t) > 13V$，則 OP 進入正飽和，代入上式知

t > 0.43sec   OP 進入飽和

②所以

$$V_0 (t) = \begin{cases} 13V & \{ t > 0.43\sec \\ 30.2t & \{ t \leq 0.43\sec \end{cases}$$

91.(1)State the characteristics of ideal OP Amp.

(2)With feedback theory, sketch the input terminals of voltage and current for ideal OP Amp.

(3)We have given an ideal OP Amp, having slew rate is $0.8V / \mu S$. find the output waveform, with $V_{p-p} = 10$ Volts, $f = 1kHz$, square waveform input. (題型：OPA 之特性)

【清大電機所】

解☞ :

(1)①輸入阻抗無窮大。($R_i = \infty$)

②輸出阻抗為零。($R_0 = 0$)

③開迴路增益無窮大。($A = \infty$)

④頻寬 (Bandwidth) 無窮大。($BW = \infty$)

⑤共模拒斥比 (CMRR) 無窮大。($CMRR = \infty$)

⑥SR 無限大，反應時間 = 0。($SR = \infty$)

⑦抵補電壓 = 0V。($V_{0S} = 0$)

⑧不隨溫度漂移。

(2)∵ $A = \infty$, $R_i = \infty$

∴ $V_{id} = \dfrac{V_0}{A} = 0 \Rightarrow$ 對 OPA 輸入端，對電壓而言為短路

$I_{in} = \dfrac{V_{id}}{R_{id}} = 0 \Rightarrow$ 對 OPA 輸入端，對電流而言為斷路

(3)① $T_1 = \dfrac{V_{0max}}{SR} = \dfrac{10V}{0.8V / \mu S} = 12.5\mu S$

② $T = \dfrac{1}{f} = \dfrac{1}{1kHz} = 1ms = 1000\mu S$

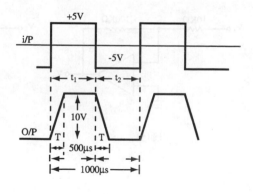

92.下列共有六個電路，(1)與(2)使用理想 OP Amp，其餘為非理想 OP Amp，請解釋

(1)請解釋(1)和(2)二電路之差異。

(2)解釋(3)和(4)二電路之差異。

(3)解釋(5)和(6)二電路之差異。（題型：非理想 OPA）

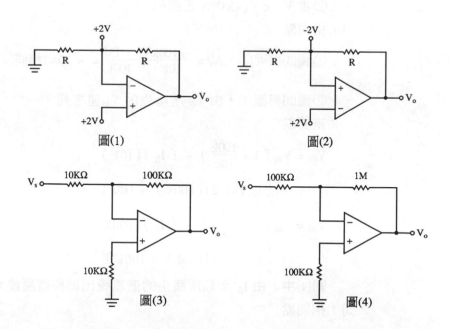

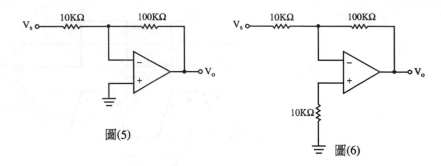

圖(5)

圖(6)

【清大核工所】

解☞：

(1) 1.圖(1)為正相器，負回授

$$V_0 = V_i \left(1 + \frac{R}{R} \right) = 2V_i = 4V$$

2.圖(2)為樞密特電路，正回授

①當 $V_- > V_+ \Rightarrow$ OPA 負飽和

②當 $V_- < V_+ \Rightarrow$ OPA 正飽和

(2) 1.相同點

①圖(3)與圖(4)，$A_V = \dfrac{-100k}{10k} = \dfrac{-1M}{100k} = -10$ 均相同。

②圖(3)與圖(4)，由 V_{CC} 所產生的 V_{0S} 值亦同。

2.差異點

$$V_{03} = V_{0S} \left(1 + \frac{100k}{10k} \right) - (I_B)(10k)$$

$$+ \frac{1}{2} I_{0S} \left[(2)(100k) + 10k \right]$$

$$V_{04} = V_{0S} \left(1 + \frac{1M}{100k} \right) - (I_B)(100k)$$

$$+ \frac{1}{2} I_{0S} \left[(2)(1M) + 100k \right]$$

圖(4)中，由 I_B 及 I_{0S} 所產生的直流輸出偏移電壓較大

(3) 1.相同點

圖(5)與圖(6)，由 V_S 所產生的 V_0 值均相同

$$V_0 = (-\frac{100k}{10k}) V_S$$

2.差異點：由 $\pm V_{CC}$ 所產生的輸出不同

圖(5)：$V_0 = V_{OS} (1 + \frac{100k}{10k}) + (I_B + \frac{1}{2} I_{OS})(100k)$

圖(6)：$V_0 = V_{OS} (1 + \frac{100k}{10k}) + \frac{1}{2} I_{OS} [2 (100k) + 10k]$
$$- I_B (10k)$$

故知

圖(5)的 I_B 及 I_{OS} 所產生的輸出偏移電壓較大。

---

93. Find the output voltage due to the offset voltage source $V_{OS} = + 5mV$. for
the following three circuits. (題型：非理想 OPA)

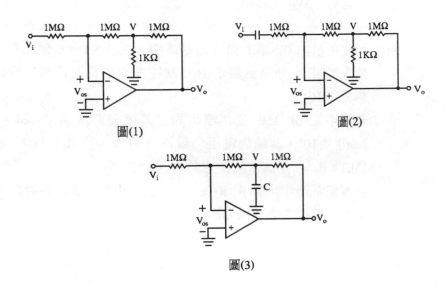

圖(1)

圖(2)

圖(3)

解☞：

1.圖(1)：$V_i = 0$，

$$\begin{cases} (\dfrac{1}{1M} + \dfrac{1}{1M}) V_{0S} = \dfrac{V}{1M} \Rightarrow V = 2V_{0S} = 10mV \\ (\dfrac{1}{1M} + \dfrac{1}{1M} + \dfrac{1}{1K}) V = \dfrac{V_{0S}}{1M} + \dfrac{V_0}{1M} \Rightarrow V_0 = 1002V - V_{0S} = 10.015V \end{cases}$$

2.圖(2)：C 視為斷路，$V_i = 0$

$$\dfrac{V_{0S}}{1M} = \dfrac{V}{1M} \Rightarrow V = V_{0S} = 5mV$$

$$(\dfrac{1}{1M} + \dfrac{1}{1M} + \dfrac{1}{1K}) V = \dfrac{V_{0S}}{1M} + \dfrac{V_0}{1M} \Rightarrow V_0 = 1002V - V_{0S} = 5.005V$$

3.圖(3)：$V_i = 0$，C 視為斷路

$$(\dfrac{1}{1M} + \dfrac{1}{2M}) V_{0S} = \dfrac{V_0}{2M}$$

$$\Rightarrow V_0 = 3V_{0S} = 15mV$$

94.(1)如圖所示由 OP AMP 構成的電路中，由 A、B、C 點向右看的
輸入電阻 R_{in} 分別為何？由 C 點往左看的電阻為何？設為理
想 OP AMP。

(2)若圖中之 OP AMP 並非理想的，其開迴路增益（open－loop
gain）為 10^4，其輸入電阻仍設為無窮大。若 $R_1 = 1k\Omega$，$R_2 =$
$1M\Omega$，$R_3 = 0$，試求 A 點處的 R_{in} 值。

(3)在實際電路中，常接 R_3 電阻，其作用是什麼？其值由何決
定？（題型：非理想 OPA）

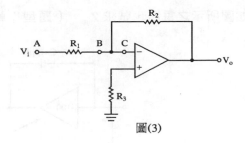

圖(3)

【交大電子所】

解☞：

(1) 1. A、B、C 點向右看

$R_{in}（A）= R_1 = 1k\Omega$

$R_{in}（B）= 0$

$R_{in}（C）= \infty$

2. C 點向左看

$R_{in} = R_1 /\!/ R_2 = 1K /\!/ 1M \approx 1k\Omega$

(2) $V_0 = -AV_- = -10^4 V_-$ ——①

$(\dfrac{1}{R_1} + \dfrac{1}{R_2}) V_- = \dfrac{V_I}{R_1} + \dfrac{V_0}{R_2}$

$\Rightarrow (\dfrac{1}{1K} + \dfrac{1}{1M}) V_- = \dfrac{V_I}{1K} - \dfrac{10^{-4}V_-}{1M}$ ——②

解 equ①、②得

$V_- = \dfrac{V_I}{11}$

$\therefore R_{in} = \dfrac{V_I}{I_{in}} = \dfrac{V_I}{\dfrac{V_I - V_-}{R_1}} = \dfrac{R_1 V_I}{V_I(1 - \dfrac{1}{11})} = \dfrac{1K}{\dfrac{10}{11}} = 1.1k\Omega$

(3) 為消除輸入偏壓電流（I_B），R_3 可設計為

$R_3 = R_1 /\!/ R_2$

運算放大器之應用 477

95. 如圖所示之電路，試求 Z_{in}。（題型：輸入阻抗）

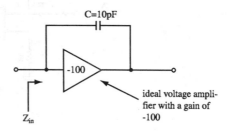

C=10pF

-100

ideal voltage amplifier with a gain of -100

Z_{in}

【交大電子所】

解☞：

使用米勒效應

$C_{in} = (1 - K) C = (101)(10P) = 1010PF$

$\therefore Z_{in} = \dfrac{1}{SC} = \dfrac{1}{j\omega (1010P)}$ （ Ω ）

---

96. Assume all OP Amps in the following circuits behave ideally excepts that it has finite Common Mode Rejection Ratio (CMRR). Find the expressions of V_0 in terms of CMRR, input voltage, and R_1, R_2, for the following three circuits. （題型：有限值 CMRR ）

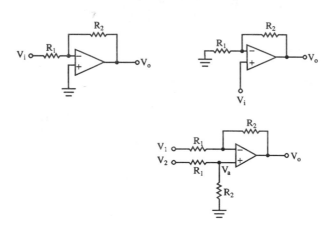

解☞ :

(1) $\because V_{CM} = 0$

$\therefore V_0 = -\dfrac{R_2}{R_1} V_I$

(2) $V_{Cr} = \dfrac{V_I}{CMRR}$

$V_0 = V_I \left(1 + \dfrac{R_2}{R_1} \right) + V_{Cr} \left(1 + \dfrac{R_2}{R_1} \right) = \left(1 + \dfrac{R_2}{R_1} \right)(V_I + V_{Cr})$

$= \left(1 + \dfrac{R_2}{R_1} \right)\left(1 + \dfrac{1}{CMRR} \right) V_I$

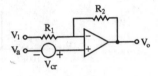

(3)用重疊法知

$V_a = \dfrac{R_2 V_2}{R_1 + R_2}$, $V_{Cr} = \dfrac{V_a}{CMRR}$

$\therefore V_0 = -\dfrac{R_2}{R_1} V_1 + \left(1 + \dfrac{R_2}{R_1} \right) V_a + \left(1 + \dfrac{R_2}{R_1} \right) V_{Cr}$

$= -\dfrac{R_2}{R_1} V_1 + \left(1 + \dfrac{R_2}{R_1} \right)(V_a + V_{Cr})$

$= -\dfrac{R_2}{R_1} V_1 + \left(1 + \dfrac{R_2}{R_1} \right)\left(1 + \dfrac{1}{CMRR} \right)\left(\dfrac{R_2 V_2}{R_1 + R_2} \right)$

$= -\dfrac{R_2}{R_1} V_1 + \dfrac{R_2}{R_1} \left(1 + \dfrac{1}{CMRR} \right) V_2$

97. Assume an OP AMP has the following characteristics :

Input offset voltage : 2mV   CMRR : 80dB

Input offset current：3nA   Slew rate：1V／μS

Input bias current：20nA   Unity – gain bandwidth：1MHz

Open – loop gain：100dB   Rated output voltage：10V

(1)The full – power bandwidth is

(A)1MHz   (B)15.9kHz   (C)159kHz   (D)62.8kHz   (E)can not be calculated from the given specifications.

(2)If the OP AMP is connected as an inverting amplifier as shown, what is the small – signal unity – gain bandwidth of the amplifier？

(A)1MHz   (B)100kHz   (C)10MHz   (D)90.9kHz   (E)11MHz

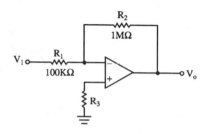

(3)What is the value of R_3 to obtain minimum output dc offset voltage？

(A)90.9kΩ (B)1.1MΩ (C)0.9MΩ (D)150kΩ (E)666.7kΩ

(4)What is the worst – case output offset voltage if R_3 is chosen as in the above problem？

(A)19mV   (B)20mV   (C)22mV   (D)23mV   (E)25mV。

【交大電子所】

簡譯

已知 OP 之 I_{OS} = 3nA，CMRR = 80dB，I_B = 20nA，A_0 = 100dB，SR = 1V／μsec，f_t = 1MHz，最大額定輸出電壓 = 10V，V_{OS} = 2mV，

(1)全功率頻帶寬。

(2)若 OP 連接如圖，則整個放大器之單位增益頻帶寬爲多少？

(3)在產生最小輸出偏移電壓時，R_3值？

(4)若 R_3 爲在(3)式中所選擇之大小時,輸出偏移電壓爲何?

解 ☞ : 1.(B), 2.(A), 3.(A), 4.(E)

(1) $f_M = \dfrac{SR}{2\pi V_M} = \dfrac{1}{(2\pi)(10)(10^{-6})} = 15.9\text{kHz}$

(2) $\because A_0 = \dfrac{V_0}{V_I} = -\dfrac{R_2}{R_1} = -\dfrac{1M}{100K} = -10$

$f_{3dB} = \dfrac{f_t}{1 + \dfrac{R_2}{R_1}} = \dfrac{1M}{1 + \dfrac{1M}{100K}} = 90.9\text{kHz}$

$\therefore |A| = |\dfrac{V_0}{V_i}| = |\dfrac{A_0}{1 + j\dfrac{f_t}{f_{3dB}}}| = 1$,即

$1 = \dfrac{10}{\sqrt{1 + (\dfrac{f_t}{90.9k})^2}} \Rightarrow \therefore f_t = 0.904\text{MHz} \approx 1\text{MHz}$

(3) $R_3 = R_1 /\!/ R_2$

(4) $V_{0(os)} = V_{i(os)}(1 + \dfrac{R_2}{R_1}) + I_{0s}R_2$

$\qquad = (2mV)(11) + (3n)(1M) = 25mV$

98.以 BJT 741 OP AMP 接成如下之電路,所有組件都是好的,卻無法正常工作,可能的原因爲何?**(題型:非理想 OPA)**

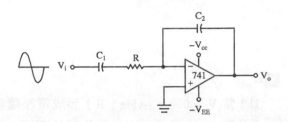

解☞ :

在反相端，因無偏壓電流 I_B 的路徑，$I_B = 0$，電晶體處於截
止狀態，所以無法正常工作。

---

99. 假設有一元件，其電流 – 電壓特性如圖(A)所示。利用此元件及
OP AMP 設計一電路如圖(B)所示。

(1)假設 OP AMP 為理想，試繪 V_0 與 V_i 的關係圖。

(2)假設 OP AMP 的 slew rate = $1V／\mu S$，V_1 為一週期性三角波如圖
(C)所示，試繪 V_0（t）之圖形。（題型：迴轉率）

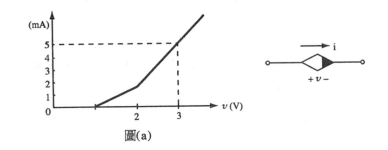

圖(a)

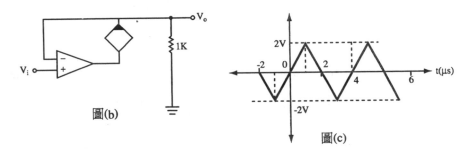

圖(b)

圖(c)

解☞ :

(1) 1.當 $V_i > 0$ 時，$\Rightarrow$ Fig（B）形成電壓隨耦器 $\Rightarrow \therefore V_0 = V_I$

2.當 $V_i < 0$ 時 $\Rightarrow$ Fig（A）的元件不通 $\Rightarrow \therefore V_0 = 0$

3. $V_0 - V_I$ 轉移曲線

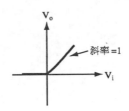

(2)電路分析

1. $0 < t < 1\mu sec$ 時 $\Rightarrow V_0 = 0V$

2. $1 < t < 2\mu sec$ 時 $\Rightarrow V_0 = 0V \to 1V$

3. $2 < t < 3\mu sec$ 時 $\Rightarrow V_0 = 1V \to 0V$

4. $3 < t < 4\mu sec$ 時 $\Rightarrow V_0 = 0$

5. V_0 波形：

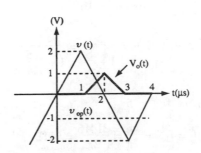

---

100. OPA 的 $R_i = \infty$，$R_0 = 0$，直流增益 $A_{V0} = 5000$，單一極點頻率

為 5Hz，求下圖非反相組態(1)$A_f\,(\,S\,) = \dfrac{V_0\,(\,S\,)}{V_I\,(\,S\,)}$　(2)直流增益

(3)頻帶寬。（題型：非理想 OPA）

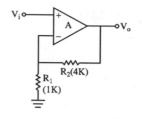

【交大控制所】

解☞ :

(1)$A_f(S) = \dfrac{V_0(S)}{V_I(S)} = \dfrac{1 + \dfrac{R_2}{R_1}}{1 + \dfrac{S}{\omega_\beta}} = \dfrac{1 + \dfrac{4k}{1k}}{1 + \dfrac{S}{\omega_\beta}} = \dfrac{5}{1 + \dfrac{S}{\omega_\beta}}$

$\omega_\beta = \dfrac{\omega t}{1 + \dfrac{R_2}{R_1}} = \dfrac{2\pi f_p A_{V0}}{1 + \dfrac{R_2}{R_1}} = \dfrac{(2\pi)(5)(5000)}{1 + 4} = 31416$

$\therefore A_f(S) = \dfrac{5}{1 + \dfrac{S}{\omega_p}} = \dfrac{5}{1 + \dfrac{S}{31416}}$

(2)$A_f(0) = 5$

(3)$f_\beta = f_{3dB} = \dfrac{\omega_\beta}{2\pi} = \dfrac{31416}{2\pi} = 5\,kHz$

101.OPA 的直流增益爲 10^5，而主極點爲 10Hz，且 $R_{in} = \infty$，$R_0 = 0$，輸入爲步級函數 $u(t)(V)$ ⑴繪出 $V_0(t)$ 波形 ⑵求 $V_0(t)$ 的上升時間。**（ 題型：有限增益 ）**

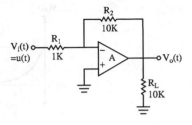

解☞ :

(1) 1. $\because f_t = A_0 f_\beta = (10^5)(10) = 1MHz$

$\therefore f_{3dB} = \dfrac{f_t}{1 + \dfrac{R_2}{R_1}} = \dfrac{1M}{1 + \dfrac{10k}{1k}} = 90.9kHz$

$\omega_{3dB} = 2\pi f_{3dB} = (2\pi)(90.9k) = 571141\,rad/S$

2. $\because A(S) = \dfrac{V_0(S)}{V_i(S)} = \dfrac{-\dfrac{R_2}{R_1}}{1 + \dfrac{S}{\omega_{3dB}}}$

$\therefore V_0(S) = -\dfrac{\dfrac{R_2}{R_1}V_i(S)}{1 + \dfrac{S}{\omega_{3dB}}} = \dfrac{(-10)(\dfrac{1}{S})}{1 + \dfrac{S}{571141}}$

$= \dfrac{-10}{S} - \dfrac{10}{S + 571141}$

$\therefore V_0(t) = -10\left[1 - e^{-571141t}\right]\;(V)$

3. 輸出波形

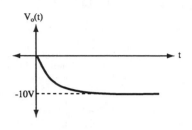

(2)上升時間

$$t_r = \frac{0.35}{f_{3dB}} = \frac{0.35}{90.9k} = 3.85 \mu sec$$

102.(1)設 OPA 為理想，即 A→∞，求 V_0 / V_i = ？

(2)若 OPA 非為理想，即 A 為有限值之函數時，求 V_0 / V_i = ？

(3)圖(b)表示 A 為頻率之函數，是一個單極點之函數，請根據
該函數圖以及(b)之結果求出 V_0（S）／V_i（S）。

(4)若 R_2 / R_1 = 99，求本電路之 dc 增益 = ？並求3dB 之頻率 f_{3dB}
= ？

(5)繪出本電路之頻率響應 | V_0 / V_i | dB 圖。（題型：非理想
OPA）

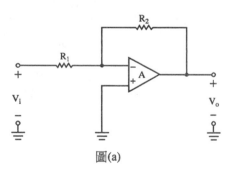

圖(a)

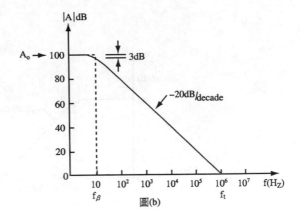

圖(b)

【 交大光電所 】

解☞：

$(1)\dfrac{V_0}{V_i} = -\dfrac{R_2}{R_1}$

$(2)\dfrac{V_0}{V_i} = \dfrac{-\dfrac{R_2}{R_1}}{1 + \dfrac{1 + \dfrac{R_2}{R_1}}{A}}$

$(3)\dfrac{V_0}{V_i} = \dfrac{-\dfrac{R_2}{R_1}}{1 + \dfrac{S}{\omega_\beta}} = \dfrac{-\dfrac{R_2}{R_1}}{1 + \dfrac{S}{\dfrac{\omega_t}{1 + \dfrac{R_2}{R_1}}}} = \dfrac{-\dfrac{R_2}{R_1}}{1 + \dfrac{S}{\dfrac{A_0\omega_\beta}{1 + \dfrac{R_2}{R_1}}}}$

(4)直流增益

$A(0) = -\dfrac{R_2}{R_1} = -99$

$f_{3dB} = f_\beta = \dfrac{f_t}{1 + \dfrac{R_2}{R_1}} = \dfrac{10^6}{1 + 99} = 10kHz$

運算放大器之應用　487

(5)

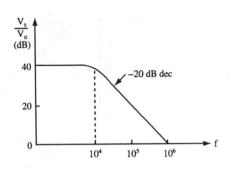

103. (1) Give the order of magnitude of the following OP AMP parameters： V_{io} , I_B, I_{io}, A_0, and CMRR.

(2) Show the model of an OP AMP taking into account I_{B1}, I_{B2}, V_{io}, R_i, R_0 and A_V.

(3) Derive the expression for the output V_0 of an inverting OP AMP due to a bias current I_B.（題型：OPA 直流特性）

【中山電機所】

解☞：

(1) V_{io}：2 ~ 5mV

I_B：100nA

I_{io}：10nA

A_V：100dB

CMRR：80 ~ 100dB

(2)

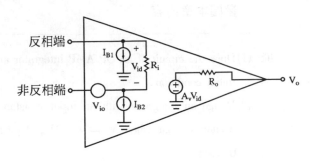

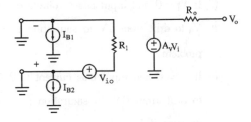

$$V_0 = A_V \left[V_{i0} + (I_{B1} - I_{B2}) R_i \right] = A_V \cdot (V_{i0} + I_{i0} \cdot R_i)$$

$(3) V_0 = I_{B1} R_2 \neq 0$

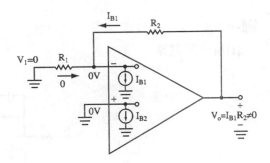

104．Explain the following terms：slew－rate．　　　【中山電機所】

簡譯

何謂 slew－rate？

105.(1)Draw the circuit of an OP AMP integrator and indicate how to apply the initial condition.

(2)Design an integrator with an input resistance of $1M\Omega$. Select the capacitor so that when $V_i = +10V$, V_0 travels from 0 to $-10V$ in 0.1 sec.

(3)If $V_I = 0$ and input offset voltage equals $5mV$, how long will it take for V_0 to drift from $0V$ to saturation？ Explain how to eliminate this drift problem.

(4)If $V_I = 0$ and input bias current is $0.2\mu A$, how long will it take for V_0 to drift from $0V$ to saturation？ Explain how to eliminate this drift problem if $I_{B1} = I_{B2}$.

(5)If $I_{B1} \neq I_{B2}$, give the expression for V_0 with the circuit modified as in part（d）.（題型：積分器（含直流特性）)

【成大電機所】

解☞：

(1)積分器電路

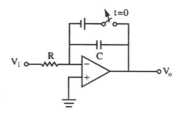

$$V_0 = V（0） - \frac{1}{R} \int_0^t V_I（t） \, dt$$

(2)電路設計如下

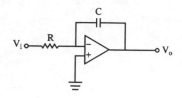

① $R = R_{in} = 1M\Omega$

② $-10V - 0V = -\dfrac{t}{RC} (V_0) = -\dfrac{0.1sec}{(1M) C} \cdot (10V)$

∴ $C = 0.1\mu F$

(3) 1.

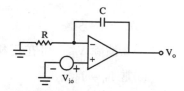

節點分析法：（取拉氏轉換及逆轉換）

$(\dfrac{1}{R} + SC) \dfrac{V_{i0}}{S} = SCV_0$

∴ $V_0 (S) = (\dfrac{1}{S} + \dfrac{1}{S^2CR}) V_{i0}$

⇒ $V_0 (t) = V_{i0} + \dfrac{V_{i0}}{RC} t$

⇒ $10 = 5mV + \dfrac{5mV}{(1M)(0.1\mu)} t$

∴ $t = 199.9 sec$

2.消除 V_{0s}，可在正相端外加5mV

(4) 1.

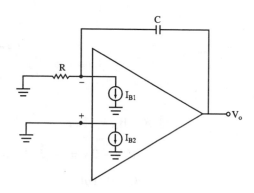

$$\because V_{0S}(t) = \frac{I_{B1}}{C}t = \frac{0.2\mu}{0.1\mu}t = 10$$

$$\therefore t = 5\sec$$

2.消除 V_{0S}，可在正相端接一電阻 $R_1 = R = 1M\Omega$

(5)當 $I_{B1} \neq I_{B2}$

$$I_B = \frac{I_{B1} + I_{B2}}{2} \neq I_{B1}$$

而 $V_{0S} = \frac{I_{B1}}{C}t$，

此時欲消除 V_{0S}，則需在正相端接上 R_1，而

$$\frac{R_1 I_{B2}}{R} = I_{B1} \Rightarrow R_1 = R \frac{I_{B1}}{I_B} = (1M\Omega) \frac{I_{B1}}{I_{B2}}$$

---

106. For the practical integrator shown in Fig.

(1) verify that the bias current through C is the input offset current I_{i0}.

(2) if the initial energy of C is zero, find $V_0(t)$. (題型：OPA 的直流特性)

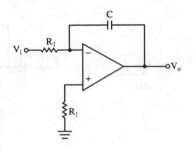

解☞ :

(1)

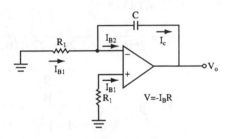

$$\therefore I_C = I_{B1} - I_{B2} = I_{i0}$$

$$(2) V_0\ (\ t\ )\ =\ -\ I_{B1} R_1 - \frac{1}{C}\ (\ I_{B1} - I_{B2}\ )\ t$$

$$=\ -\ I_{B1} R_1 - \frac{I_{i0}}{C} t$$

---

107. If the waveform of V_i is given, with $V_{ip-p} = 2.5V$ and $f = 1kHz$. Calculate and draw the output voltages at V_{01} and V_{02}. (題型:積分器 (有限頻寬)

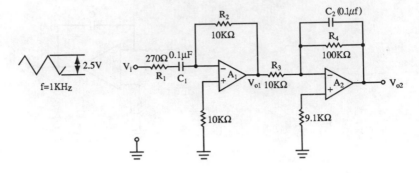

解☞：

1. 對 A_1 而言

$$f_{L1} = \frac{1}{2\pi R_1 C_1} = \frac{1}{(2\pi)(270)(0.1\mu)} = 5.89\text{kHz}$$

$$A_1(jf) = \frac{V_{01}}{V_i} = \frac{-\dfrac{R_2}{R_1}}{1 - j\dfrac{f_{L1}}{f}} = \frac{-\dfrac{10k}{270}}{1 - j\dfrac{f_{L1}}{f}} = -\frac{37}{1 - j\dfrac{f_{L1}}{f}}$$

2. 對 A_2 而言

$$f_{H2} = \frac{1}{2\pi R_4 C_2} = \frac{1}{(2\pi)(100k)(0.1\mu)} = 15.9\text{Hz}$$

$$A_2(jf) = \frac{V_{02}}{V_{01}} = \frac{-\dfrac{R_4}{R_3}}{1 + j\dfrac{f}{f_H}} = \frac{-\dfrac{100k}{10k}}{1 + j\dfrac{f}{f_H}} = \frac{-10}{1 + j\dfrac{f}{f_H}}$$

3. 在 $f = 1\text{kHz}$ 時

① $|A_1(jf)| = 6.19$

∴ $V_{01(p-p)} = V_{i(p-p)} |A_1| = (2.5)(6.19) = 15.48\text{V}$

且 $\theta_1 = 180° + \tan^{-1}\dfrac{f_L}{f} = 260° = -100°$

② $|A_2(jf)| = 0.16$

$\therefore V_{02(p-p)} = V_{01(p-p)}|A_2| = (15.48)(0.16) = 2.46V$

而 $\varnothing_2 = 90°$

4. $\triangle t_1 = (\frac{100°}{360°})(1ms) = 0.278 msec$

$\triangle t_2 = (\frac{90°}{360°})(1ms) = 0.25 msec$

其中

$T = \frac{1}{f} = \frac{1}{1kHz} = 1 msec$

5. V_{01}，V_{02}之輸出波形如下：

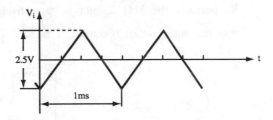

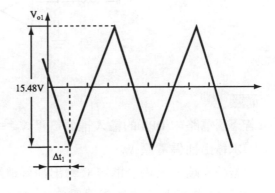

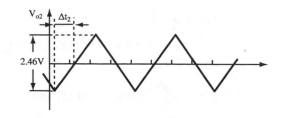

108. The circuit shown in Fig. uses an op amp having a ± 5mV offset.

(1) What is its output offset voltage ?

(2) What does the output offset become with the input ac coupled through a capacitor C ?

(3) If, instead, the 1kΩ resistor is capacitively coupled to ground, what does the output offset become ? (題型：OPA 直流特性)

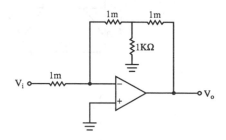

【成大工科所】

簡譯

若下圖電路中 OPA 的輸入補偏電壓 $V_{0S} = \pm 5mV$

(1)求輸出補偏電壓 V_0。

(2)若輸入端加入耦合電容 C 輸出補偏電壓 $V_0 = ?$

(3)若1kΩ 電阻加入串聯耦合電容，求輸出補偏電壓。

解☞：

(1)

①節點分析：

$$\begin{cases} (\frac{1}{1M} + \frac{1}{1M}) \, V_{0s} = \frac{V_a}{1M} \quad\text{——①} \\[2mm] (\frac{1}{1M} + \frac{1}{1M} + \frac{1}{1k}) \, V_a - \frac{V_{0s}}{1M} = \frac{V_0}{1M} \quad\text{——②} \end{cases}$$

②解聯立方程式①②得

$$V_0 = 2003\,V_{0s} = （2003）（\pm 5mV） = \pm 10.015V$$

(2)若在輸入端接上電容，則在直流分析視為斷路，故電路形成如下：

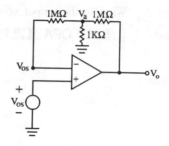

①節點分析：

$$\begin{cases} \dfrac{V_{0s}}{1M} = \dfrac{V_a}{1M} \quad\text{——③} \\[2mm] (\frac{1}{1M} + \frac{1}{1M} + \frac{1}{1k}) \, V_a = \frac{V_{0s}}{1M} + \frac{V_0}{1M} \quad\text{——④} \end{cases}$$

②解聯立方程式③④，得

$$V_0 = 1001\,V_{0s} = （1001）（\pm 5mV） = \pm 5.005V$$

(3)依題意，則電路在直流分析時，如下

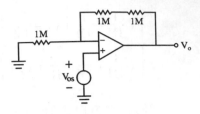

$$\therefore V_0 = \left(1 + \frac{1M + 1M}{1M} \right) V_{OS} = 3V_{OS} = 3\left(\pm 5mV \right) = \pm 15mV$$

---

109. Show the model of an OP AMP taking into account I_{B1}, I_{B2}, V_{i0}, R_i, R_0 and A_v. What is the output offset voltage in terms of parameters of this model ? (題型：OPA 直流特性)

解 ☞ :

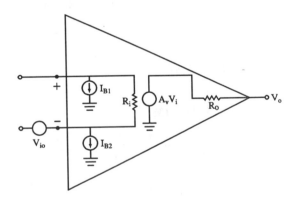

$$V_0 = A_v \left[V_{i0} + \left(I_{B1} - I_{B2} \right) R_i \right]$$

---

110. The high – frequency response of OP – AMP can be characterized by a single dominant pole, The gain A_v of the OP – AMP is

$$A_v(S) = \frac{A_{v0}}{1 + \dfrac{S}{\omega_h}}$$

A_{V0} is the dc gain, ω_h is the angular frequency of the dominant pole. Models of noninverting stage and inverting stage are depicted in Fig.(1) and Fig.(2), respectively, in which the controlled source displays the frequency variation. Show these two stages have different gain – bandwidth product.（題型：BW = ∞ 及 A ≠ ∞）

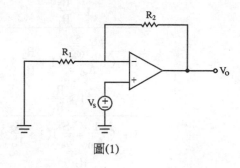

圖(1)

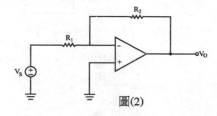

圖(2)

【淡江資訊所】

解☞：

圖(1)

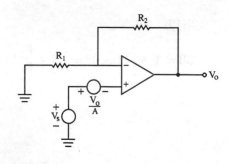

1. $V_0 = (V_s - \dfrac{V_0}{A})(1 + \dfrac{R_2}{R_1})$

$\therefore A(S) = \dfrac{V_0(S)}{V_s(S)} = \dfrac{1 + \dfrac{R_2}{R_1}}{1 + \dfrac{1}{A_v}(1 + \dfrac{R_2}{R_1})}$

$= \dfrac{1 + \dfrac{R_2}{R_1}}{1 + (\dfrac{1 + \dfrac{s}{\omega_h}}{A_{v0}})(1 + \dfrac{R_2}{R_1})}$

$= \dfrac{1 + \dfrac{R_2}{R_1}}{1 + (\dfrac{1}{A_{v0}} + \dfrac{S}{\omega_t})(1 + \dfrac{R_2}{R_1})}$

$\cong \dfrac{1 + \dfrac{R_2}{R_1}}{1 + \dfrac{S}{\omega_t}(1 + \dfrac{R_2}{R_1})}$

$= \dfrac{1 + \dfrac{R_2}{R_1}}{1 + \dfrac{S}{\omega_h}}$

2. 故知

$\omega_h = \dfrac{\omega_t}{1 + \dfrac{R_2}{R_1}}$

3. 所以

$GB = (A_{v0})(\omega_h) = (1 + \dfrac{R_2}{R_1})(\dfrac{\omega_t}{1 + \dfrac{R_2}{R_1}}) = \omega_t$

圖(2)

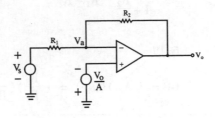

$$1.\begin{cases} V_a = -\dfrac{V_0}{A} \\[2mm] \left(\dfrac{1}{R_1} + \dfrac{1}{R_2}\right) V_a = \dfrac{V_s}{R_1} + \dfrac{V_0}{R_2} \end{cases}$$

$$\Rightarrow V_0 = -\left(1 + \frac{R_2}{R_1}\right)\frac{V_0}{A_v} - \frac{R_2}{R_1}V_s$$

$$\Rightarrow A(S) = \frac{V_0(S)}{V_I(S)} = \frac{-\dfrac{R_2}{R_1}}{1 + \dfrac{1}{A_v}\left(1 + \dfrac{R_2}{R_1}\right)}$$

$$= \frac{-\dfrac{R_2}{R_1}}{1 + \left(\dfrac{1 + \dfrac{S}{\omega_h}}{A_{v0}}\right)\left(1 + \dfrac{R_2}{R_1}\right)}$$

$$= \frac{-\dfrac{R_1}{R_2}}{1 + \left(\dfrac{1}{A_{v0}} + \dfrac{S}{\omega_t}\right)\left(1 + \dfrac{R_2}{R_1}\right)}$$

$$\approx \frac{-\dfrac{R_1}{R_2}}{1 + \dfrac{S}{\omega_t}\left(1 + \dfrac{R_2}{R_1}\right)} = \frac{-\dfrac{R_1}{R_2}}{1 + \dfrac{S}{\omega_h}}$$

2.故知

$$\omega_h = \frac{\omega_t}{1 + \dfrac{R_2}{R_1}} = \frac{\omega_t R_1}{R_1 + R_2}$$

3.所以

$$GB = (A_{v0})(\omega_h) = (\frac{R_2}{R_1})(\frac{\omega_t R_1}{R_1 + R_2}) = \frac{\omega_t R_2}{R_1 + R_2}$$

111.計算下圖之共模增益，設 Op Amp 之 CMRR = 80dB，

$R_2 / R_1 = R_4 / R_3 = 1000$。（題型：非理想 OP 的 CMRR $\neq \infty$）

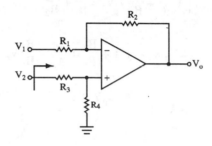

解☞：

$$V_{cr} = \frac{V_{CM}}{CMRR} = \frac{V_+}{CMRR} = V_I (\frac{R_4}{R_3 + R_4})(\frac{1}{CMRR})$$

$$\therefore V_0 = V_{cr} (1 + \frac{R_2}{R_1}) = V_I (\frac{R_4}{R_3 + R_4})(\frac{1}{CMRR})(1 + \frac{R_2}{R_1})$$

$$= V_I \frac{1 + R_2/R_1}{1 + R_4/R_3}(\frac{R_4}{R_3})(\frac{1}{CMRR})$$

$$= V_I (\frac{R_4}{R_3})(\frac{1}{CMRR}) = V_I (1000)(\frac{1}{10^4}) = 0.1 V_I$$

$$\therefore A_C = \frac{V_0}{V_I} = 0.1$$

其中：

CMRR $= 80\text{dB} = 20\log|\text{CMRR}|$

$\therefore \text{CMRR} = 10^4$

112.(1)如下圖所示 OPA 為理想 $V_1 = V_2 = 1V$，$V_3 = 5V$，求 V_o 之值。（$R = \infty$）

(2)若 OPA 之 $I_+ = I_- = I_B \neq 0$，當 V_1，V_2 與 V_3 均為零時，卻使 V_o 亦為零，則 R 為何？（**題型：非理想 OP 的偏壓電流**）

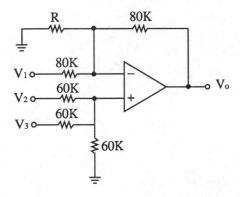

解☞：

(1)用重疊法

$$V_o = -\frac{80\text{k}}{80\text{k}}V_1 + \frac{60\text{k}/\!/60\text{k}}{60\text{k} + 60\text{k}/\!/60\text{k}}(V_2 + V_3)(1 + \frac{80\text{k}}{80\text{k}})$$

$$= (-1)(1) + \frac{1}{3}(1+5)(2) = 3V$$

(2)觀念：消除偏壓電流的改善法：$R_+ = R_-$

$\therefore 80\text{k}/\!/80\text{k}/\!/R = 60\text{k}/\!/60\text{k}/\!/60\text{k}$

$\Rightarrow 40\text{k}/\!/R = 20\text{k}$

$\therefore R = 40\text{k}\Omega$

CH12 回授放大器
（Feedback Amplifier）

§12-1〔題型六十七〕：回授放大器的基本概念

考型197 回授放大器的基本觀念

一、基本負回授的方塊圖

1.方塊圖

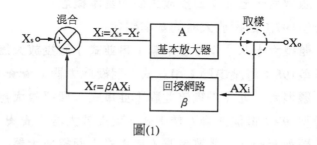

圖(1)

X_s：輸入訊號

X_i：放大器輸入訊號

X_f：回授訊號

X_o：回授放大器輸出訊號

2.名詞定義

(1)開回路增益 $A = \dfrac{X_o}{X_i}$

(2)閉回路增益 $A_f = \dfrac{X_o}{X_s}$

(3)回授因數 $\beta = \dfrac{X_f}{X_o}$

(4)回路增益 $L = \beta A$

(5)回授量（反靈敏度） $D = 1 + \beta A$

二、回授的四個基本假設

1. 輸入訊號 X_i 只經由放大器 A 輸入至輸出端，而不會流入回授網路。

2. 輸出訊號 X_o 只經由回授網路 β 輸入至系統輸入端，而不會倒流至放大器 A。

3. β 與電源電阻 R_s，負載電阻 R_L 無關。

4. A 必須與 β，R_s，R_L 無關。

三、閉回路增益的計算（負回授）

1. $X_f = \beta X_o = \beta A X_i = \beta A\,(\,X_o - X_f\,)$

2. $(\,1 + \beta A\,)\,X_f = \beta A X_s$，$X_s = \dfrac{1 + \beta A}{\beta A} X_f$

3. $A_f = \dfrac{X_o}{X_s} = \dfrac{\dfrac{1}{\beta} X_f}{\dfrac{(\,1 + \beta A\,)}{\beta A} X_f} = \dfrac{A}{1 + \beta A}$

4. 當 $A\beta$ 當 $\gg 1$，$A_f \simeq \dfrac{1}{\beta}$

四、負回授的特性

1. 靈敏度降低 $(\,1 + \beta A\,)$ 倍

   (1) 此為優點。代表電路不易受外在因素影響（例如：溫度漂移），而致不穩定。

   (2) 公式證明：

   ① $A_f = \dfrac{A}{1 + \beta A}$

   ② $dA_f = \dfrac{(\,1 + \beta A\,)\cdot dA - \beta A dA}{(\,1 + \beta A\,)^2} = \dfrac{dA}{(\,1 + \beta A\,)^2}$

$$③ \frac{dA_f}{A_f} = \frac{dA}{(1+\beta A)^2 \cdot \frac{A}{1+\beta A}} = \frac{1}{1+\beta A}\frac{dA}{A}$$

(3)靈敏度變動率：若欲求 X 的變動對 Y 所造成的程度，則以下式計算：

$$S_X^Y = \frac{\frac{dY}{Y}}{\frac{dX}{X}} = \frac{dY}{dX} \cdot \frac{X}{Y}$$

2. 頻寬增加（1 + βA）倍

(1)此爲優點。頻寬增加，代表高頻響應佳

(2)公式證明

$$① A(S) = \frac{A}{1+\frac{S}{\omega_{HO}}} \quad \omega_{HO}：開回路時的主極點$$

$$② A_f(S) = \frac{A(S)}{1+\beta A(S)} = \frac{\frac{A}{1+\frac{S}{\omega_{HO}}}}{1+\beta(\frac{A}{1+\frac{S}{\omega_{HO}}})} = \frac{\frac{A}{\frac{\omega_{HO}+S}{\omega_{HO}}}}{1+\frac{\beta A}{\frac{\omega_{HO}+S}{\omega_{HO}}}}$$

$$= \frac{A}{\frac{\omega_{HO}+S}{\omega_{HO}}+\beta A} = \frac{A}{1+\beta A+\frac{S}{\omega_{HO}}} = \frac{\frac{A}{1+\beta A}}{1+\frac{S}{\omega_{HO}(1+\beta A)}} = \frac{A_f}{1+\frac{S}{\omega_{Hf}}}$$

∴ 負回授的頻寬

$$BW_f = \omega_{Hf} = (1+\beta A)\omega_{HO}$$

3. 非線性失眞降低（1 + βA）倍（優點）

4. 雜訊輸入降低（1 + βA）倍

(1)此爲優點

(2)公式證明

①未經回授時，雜訊 V_n 亦放大。雜訊比 $\dfrac{S}{N} = \dfrac{V_s}{V_n}$

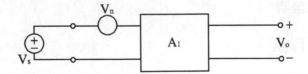

②經負回授時的電路

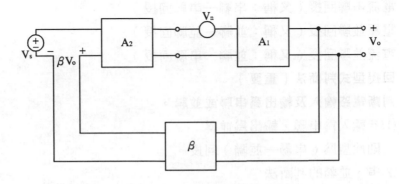

$$\because V_0 = V_s \frac{A_1 A_2}{1 + A_1 A_2 \beta} + V_n \frac{A}{1 + A_1 A_2 \beta}$$

$$\therefore S \diagup N = \frac{V_s}{V_n} \cdot A_2$$

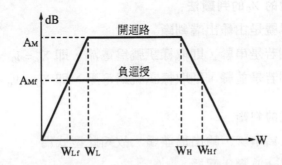

5. 增益降低（ $1+\beta A$ ）倍

　　(1)此爲缺點

　　(2)公式證明

$$A_f = \frac{A}{1 + \beta A}$$

五、回授的型式

　1.電壓串聯回授（又稱：串聯—並聯回授）

　2.電流串聯回授（又稱：串聯—串聯回授）

　3.電壓並聯回授（又稱：並聯—並聯回授）

　4.電流並聯回授（又稱：並聯—串聯回授）

六、回授型式判斷法（重要）

　1.**判斷電路輸入及輸出爲串聯或並聯。**

　　(1)若輸入爲串聯，輸出爲並聯

　　　則此型爲（串聯—並聯）回授。

　　(2)串、並聯的判斷法

　　　①若回授網路，是由訊號源 X_s 拉出，則輸入部爲並聯。否則
　　　　爲串聯。

　　　②若回授網路，是接至訊號輸出端 X_o ，則輸出部爲並聯。否則
　　　　爲串聯。

　2.**取樣訊號的 X_0 的判斷法**

　　(1)取樣訊號是由輸出端判斷

　　(2)輸出端若是串聯，則取樣訊號爲電流，即 $X_0 = I_0$

　　(3)輸出端若是並聯，則取樣訊號爲電壓，即 $X_0 = V_0$

　3.**回授型式的判斷**

　　(1)若輸入爲串聯，輸出爲並聯。故知此型式爲

　　　（串聯—並聯）回授

　　(2)但又因輸出端爲並聯時，取樣訊號爲電壓，所以又稱（電壓串

聯）回授

　其中"電壓"，指的是取樣訊號，"串聯"指的是輸入端形式。

七、開回路輸入端的等效畫法

1. 若輸入端為串聯，則開回路等效電路在輸入端，須以戴維寧模型表示。即（V_{th}，R_{th}）故知 $X_s = V_s$。

2. 若輸入端為並聯，則開回路等效電路在輸入端，須以諾頓模型表示。即（I_N，R_N）故知 $X_s = I_s$。

八、公式推論方法及開路放大器型式的判斷

1. 由圖(1)知，$X_i = X_s - X_f$，所以 X_f 的型式必與 X_s 型式一樣。

　例如：$X_s = V_s \Rightarrow X_f = V_f$

2. 設已知電路為（串聯—並聯）回授

　(1)因輸入端為串聯，故知

　　$X_s = V_s \Rightarrow X_f = V_f$

　(2)因輸出端為並聯，故知

　　$X_o = V_o$

3. 回授因數 β 和開路放大器型式的定義

　(1)回授因數 $\beta = \dfrac{X_f}{X_o}$

　　例：（串聯—並聯）回授，$\beta = \dfrac{X_f}{X_o} = \dfrac{V_f}{V_o}$

　(2)開路放大器的型式

　　$\because A = \dfrac{X_o}{X_s}$

　　故知**開路放大器有四種型式：**

　　①**電壓放大器：**$A_{vf} = \dfrac{V_o}{V_s}$

②互阻放大器：$R_{mf} = \dfrac{V_o}{I_s}$

③互導放大器：$G_{mf} = \dfrac{I_o}{V_s}$

④電流放大器：$A_{If} = \dfrac{I_o}{I_s}$

九、回授電路的輸入電阻 R_{if} 和輸出電阻 R_{of}

1.串聯時，R_{if}和 R_{of}均增加（$1 + \beta A$）倍。即

(1)$R_{if} = R_i$（$1 + \beta A$）

(2)$R_{of} = R_o$（$1 + \beta A$）

2.並聯時，R_{if}和 R_{of}均減少（$1 + \beta A$）倍，即

(1)$R_{if} = \dfrac{R_i}{1 + \beta A}$

(2)$R_{of} = \dfrac{R_o}{1 + \beta A}$

〔例〕（串聯—並聯）回授

(1)$R_{if} = R_i$（$1 + \beta A$）

(2)$R_{of} = \dfrac{R_o}{1 + \beta A}$

十、綜論

回授型式	X_o	X_s	X_f	開路增益 A	回路增益 A_f	β	R_{if}	R_{of}
串一並 （電壓串聯）	V_o	V_s	V_f	$A_v = \dfrac{V_o'}{V_s'}$ （電壓放大器） $R_i \to \infty$，$R_o \to 0$	$A_{vf} = \dfrac{A_v}{1 + \beta A_v}$	$\beta = \dfrac{V_f'}{V_o'}$	$R_{if} =$ $R_i\,(\,1 +$ $\beta A_v\,)$	$R_{of} =$ $\dfrac{R_o}{1 + \beta A_v}$
串一串 （電流串聯）	I_o	V_s	V_f	$G_M = \dfrac{I_o'}{V_s'}$ （互導放大器） $R_i \to \infty$，$R_o \to \infty$	$G_{Mf} = \dfrac{G_M}{1 + \beta G_M}$	$\beta = \dfrac{V_f'}{I_o'}$	$R_{if} =$ $R_i\,(\,1 +$ $R_o\,(\,1 +$ $\beta G_M\,)$	$R_{of} =$ $R_o\,(\,1 +$ $\beta G_M\,)$
並一並 （電壓並聯）	V_o	I_s	I_f	$R_M = \dfrac{V_o'}{I_s'}$ （互阻放大器） $R_i = 0$，$R_o = 0$	$R_{mf} = \dfrac{R_M}{1 + \beta R_M}$	$\beta = \dfrac{I_f'}{V_o'}$	$R_{if} =$ $\dfrac{R_i}{1 + \beta R_M}$	$R_{of} =$ $\dfrac{R_o}{1 + \beta R_M}$
並一串 （電流並聯）	I_o	I_s	I_f	$A_I = \dfrac{I_o'}{I_s'}$ （電流放大器） $R_i = 0$，$R_o \to \infty$	$A_{If} = \dfrac{A_I}{1 + \beta A_I}$	$\beta = \dfrac{I_f'}{I_o'}$	$R_{if} =$ $\dfrac{R_i}{1 + \beta A_I}$	$R_{of} =$ $R_o\,(\,1 +$ $\beta A_I\,)$

十一、回授放大器的解題步驟

1. 判斷迴授的型式（例：串聯—並聯回授）

2. 定義 X_o，X_s，X_f〔例：$X_s = V_s$，$X_f = V_f$，$X_o = V_o$〕

3. 將回授電路，繪成等效的開回路 A 及 β 網路

4. 定義 β 計算方法〔例：$\beta = \dfrac{V_f'}{V_o'}$〕

5. 計算開路增益 A〔例：$A_v = \dfrac{V_o'}{V_s'}$〕

6. 計算輸入及輸出電阻（R_i，R_o）

7. 計算迴路增益 A_f〔例：$A_{vf} = \dfrac{A_v}{1 + \beta A_v}$〕

8. 計算 R_{if} 和 R_{Of}〔例：$R_{if} = R_i\,(\,1 + \beta A_v\,)$，$R_{of} = \dfrac{R_o}{(\,1 + \beta A_v\,)}$〕

十二、開路 A 及 β 網路等效圖繪法

1. A 網路：

(1)輸入迴路：

①輸入側連接方式為串式，則電源須表成戴維寧型式。

②輸入側連接方式為並式，則電源須表成諾頓型式。

③若輸出側連接方式為並式，則令 $V_o = 0$。（即短路）

④若輸出側連接方式為串式，則令 $I_o = 0$。（即斷路）

(2)輸出迴路：

①若輸入側連接方式為串式，則令輸入側串聯迴路電流 = 0。（即斷路）

②若輸入側連接方式為並式，則令輸入側並聯迴路電壓 = 0。（即短路）

2. β 網路：從 A 網路之輸出迴路上取出包含回授信號（X_f）和輸出信號 X_o 的元件。

十三、計算 β 值的技巧

1. 若 $X_f = V_f$，則在開路等效圖中，由 β 網路接地端的電阻上之電壓值，即為 V_f。

2. 若 $X_f = I_f$，則在開路等效圖中，流經 β 網路之回授電阻上的電流值，即為 I_f。

3. β 值正負號的判斷法：因回授為負回授，所以需滿足 $\beta A > 0$（即 A 若為正值，則 β 亦為正值）

十四、舉例說明

假設 Q 完全相同，$h_{fe} = 50$，$h_{ie} = 1.1k\Omega$，試求① $R_{if} = \dfrac{V_s}{I_1}$　② $A_{If} = -\dfrac{1}{I_1}$

③ $A'_{vf} = \dfrac{V_o}{V_I}$　④ $A_{vf} = \dfrac{V_o}{V_s}$　⑤ R'_{of}

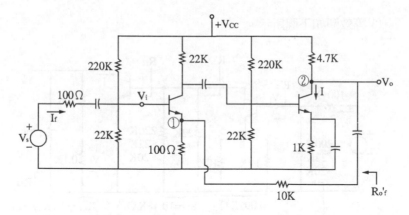

解☞：

1. 判斷回授的型式

(1)電阻10kΩ 的迴路，即回授路徑。

(2)此電阻10kΩ，在輸入端，未接在 V_i 端，故為串聯。

(3)此電阻10kΩ，在輸出端接在 V_o 處，故為並聯。

(4)故此回授為（串聯—並聯）回授，或稱電壓串聯回授。

2. 定義 X_o，X_s，X_f

(1)因為輸出端為並聯，所以取樣訊號 $X_o = V_o$

(2)因為輸入端為串聯，所以 $X_s = V_s$

(3)因為 $V_i = V_s - X_f$　∴$X_f = V_f$（即∵$X_s = V_s \Rightarrow X_f = V_f$）

3. 繪等效開路 A 和 β 電路

(1)繪輸入端時，因為輸入為串聯，所以繪出戴維寧型式。又輸出端為並聯，所以在上圖②點上短路接地。依此繪出輸入部等效。

(2)繪輸出端時，因為輸入為串聯，所以在上圖①點上斷路。依此繪出輸出部等效。

(3)等效圖如下圖所示。

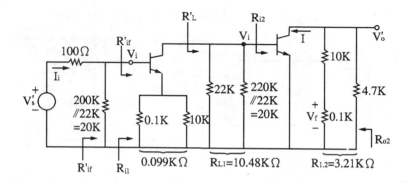

4. 求 β 值

因 $X_f = V_f$，所以 V_f 在接地電阻上的電壓。故

$$\beta = \frac{V_f{}'}{V_o{}'} = \frac{0.1K}{10K + 0.1K} = 0.0099$$

5. 計算開路增益 A

(1) $A = \dfrac{V_o{}'}{V_I{}'} = A_v$（即電壓放大器）

(2) $A_v = \dfrac{V_o{}'}{V_I{}'} = \dfrac{V_o{}'}{V_1{}'} \cdot \dfrac{V_1{}'}{V_I{}'} = \left(\dfrac{-h_{fe}R_{L2}}{h_{ie}}\right)\left(-h_{fe}\dfrac{R_{L1} /\!/ R_{i2}}{R_{i1}}\right)$

$$= \frac{(-50)(3.21k)}{1.1k} \cdot \frac{(-50)(10.48k /\!/ 1.1k)}{6.2k} = 1167.2$$

其中

$R_{i2} = h_{ie} = 1.1k\Omega$

$R_{i1} = h_{ie} + (1 + h_{fe})R_{E1} = 1.1K + (51)(0.099K) = 6.2k\Omega$

6. 求 R_i，R_o

(1) $R_i = R_{i1} = 6.2k\Omega$

(2) $R_o = R_{L2} = 3.21k\Omega$

7. 求 A_{vf}'〔問題③〕

(1) $D = 1 + \beta A_v = 1 + (0.0099)(1167.2) = 12.6$

(2) $A_{vf}' = \dfrac{V_o}{V_I} = \dfrac{A_v}{1 + \beta A} = \dfrac{A_v}{D} = \dfrac{1167.2}{12.6} = 92.6$

8. 求 R_{if} 和 R_{of}'〔問題①和問題⑤〕

(1) $R_{if}' = R_i(1 + \beta A) = R_i D = (6.2K)(12.6) = 78.12k\Omega$

$\therefore R_{if} = \dfrac{V_s}{I_i} = 100 + 20k // R_{if}' = 16k\Omega$（參閱第十五項）

(2) $R_{of}' = \dfrac{R_o}{1 + \beta A_v} = \dfrac{R_o}{D} = \dfrac{3.21K}{12.6} = 254.8\Omega$

9. 求 A_{vf}〔問題④〕

$A_{vf} = \dfrac{V_o}{V_s} = \dfrac{V_o}{V_I} \cdot \dfrac{V_I}{V_s} = A_{vf}' \cdot \dfrac{R_{if}' // 20k}{100 + (R_{if}' // 20k)}$

$= (92.6) \cdot \dfrac{(78.12k // 20k)}{100 + (78.12k // 20k)} = 92$

10. 求 A_{If}〔問題②〕

$A_{If} = \dfrac{-I}{I_i} = \dfrac{V_o / R_{L2}}{V_I / (R_{if}' // 20K)} = \dfrac{V_o}{V_I} \cdot \dfrac{R_{if}' // 20K}{R_{L2}}$

$= (92.6)\left[\dfrac{78.12k // 20k}{3.21k} \right] = 460.8$

十五、求回授時的輸入及輸出電阻的技巧

1.考法一：（輸入端：串聯）

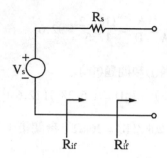

$$\Rightarrow R'_{if} = R_{if} - R_s \text{ 或 } R_{if} = R_s + R'_{if}$$

註：上例即此考法

2.考法二：（輸入端：並聯）

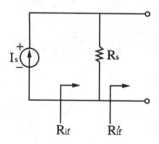

$$\Rightarrow \because R_{if} = R_s /\!/ R'_{if}$$

$$\therefore R'_{if} = \frac{R_s R_{if}}{R_s - R_{if}}$$

3.考法三：（輸出端：串聯）

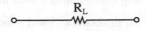

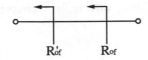

$$\Rightarrow R_{of}' = R_{of} - R_L \text{ 或 } R_{of} = R_L + R_{of}'$$

4.考法四：（輸出端：並聯）

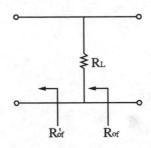

$$\Rightarrow R_{of}' = \frac{R_{of}R_L}{R_L - R_{of}} \text{ 或 } R_{of} = R_L /\!/ R_{of}'$$

十六、運算放大器（OPA）的負回授型式

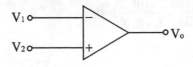

1.OPA 只有一個輸出端，所以輸出部必為並聯型式。

2.理想的 OPA，不用考慮內部的 R_i 及 R_o。

3.非理想的 OPA，則需考慮內部的 R_i 及 R_o。

1. The noninverting op – amp configuration shown in the following figure.

(1)If $A = 10^4$ find R_2 / R_1 to obtain a closed – loop gain A_f of 10.

(2)What is the amount of feedback in decibels ?

(3)If $V_s = 1V$, find V_0, V_f, and V_i.

(4)If A decreases by 20%, what is the corresponding decrease in A_f ?（題型：基本觀念）

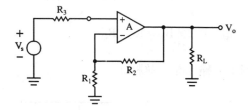

【台大電機所】

簡譯

反相式 OPA，$A = 10^4$

(1)若 $A_f = 10$，求 $\dfrac{R_2}{R_1}$ 值。

(2)求回授量的 dB 值。

(3)若 $V_s = 1V$ 時求 V_0，V_f，V_i 值。

(4)已知 A 減少20%，求相對 A_f 的減少百分比。

解☞：

(1)∵ $A_f = \dfrac{A}{1 + \beta A} = \dfrac{10^4}{1 + \beta 10^4} = 10$

∴ $\beta = 0.0999$

又此為串—並式回授（V_s，V_f，V_0）

∴ $\beta = \dfrac{V'_f}{V'_0} = \dfrac{R_1}{R_1 + R_2} \Rightarrow \dfrac{1}{\beta} = 1 + \dfrac{R_2}{R_1} = \dfrac{1}{0.0999}$

$$\therefore \frac{R_2}{R_1} = 9.01$$

(2)回授量 $D_{dB} = 20\log(1 + \beta A) = 20\log 10^3 = 60dB$

(3)① $\because A_f = \dfrac{V_0}{V_s} = \dfrac{V_0}{1} = 10$

        $\therefore V_0 = 10V$

② $V_f = \beta V_0 = (0.0999)(10) = 0.999V$

③ $V_i = V_s - V_f = 1 - 0.999 = 0.0001V$

(4) $\dfrac{dA_f}{A_f} = \dfrac{1}{1 + \beta A} \dfrac{dA}{A} = \left(\dfrac{1}{10^3}\right)(20\%) = 0.02\%$

---

2. For a voltage amplifier, the feedback topology should be (A) series – shunt (B) shunt – series, (C) series – series, (D) shunt – shunt. (**題型：基本觀念**)

解☞：(A)

---

3. An amplifier without feedback has a fundamental output of 30V with – 10 percent second harmonic distortion when the input is 0.025V.

(1) If 1.5 percent of the output is feedback into the input in a negative voltage – series feedback circuit. What's the output voltage？

(2) If the fundamental output is maintained at 30V but the second harmonic distortion is reduced to 1 percent, what's the input voltage？ (**題型：基本觀念**)

簡譯

有一放大器在無回授時，如果輸入0.025，則會有30V 的基頻輸出和

10%的二次諧波失真，

(1)若有輸出的1.5%負回授至輸入端，試求輸出的電壓值。

(2)若基頻輸出維持在30V，而二次諧波失真降至1%，問輸入電壓為何？

解☞：

(1)$A_v = \dfrac{V_0'}{V_i'} = \dfrac{30}{0.025} = 1200$

回授量 $\beta = 0.015$

$\therefore A_{V_f} = \dfrac{A_v}{1 + \beta A_v} = \dfrac{1200}{1 + (0.015)(1200)} = 63.16$

故知 $V_0 = A_{V_f} V_i = (63.16)(0.025) = 1.58V$

(2)$\because$ 失真量由10%降為1%

$\therefore D = 1 + \beta A = 10$

$\therefore A_{V_f} = \dfrac{A_v}{1 + \beta A_v} = \dfrac{A_v}{D} = \dfrac{1200}{10} = 120$

故知 $V_i = \dfrac{V_0}{A_{V_f}} = \dfrac{30}{120} = 0.25V$

---

4. A capacitively coupled amplifier has a midband gain of 100 and two poles at 10kHz and 100Hz, respectively. To improve the immunity of the amplifier to the gain variation due to environmental parameter change, negative feedback is used to obtain a desensitivity factor of 20dB. What are the midband gain, the upper 3 – dB frequency and the lower 3 – dB frequency of the feedback amplifier？（題型：基本觀念）

【清大電機所】

解☞：

$\because D_{dB} = 1 + \beta A_M = 20dB = 20\log|D|$

$$\therefore D = 10$$

$$(1)A_f = \frac{A_M}{1 + \beta A_M} = \frac{A_M}{D} = \frac{100}{10} = 10$$

$$(2)f_{Hf} = f_H(1 + \beta A_M) = f_H D = (10^4)(10) = 100kHz$$

$$f_{Lf} = \frac{f_L}{1 + \beta A_M} = \frac{f_L}{D} = \frac{100}{10} = 10Hz$$

---

5. 你要設計一個 dc 放大器,使具有500的低頻增益及500kHz 的3 – dB 頻率。你手邊正好有特性相同的放大器級(gain stage)若干個,其開迴路增益(open – loop gain)為 $A = \dfrac{A_0}{1 + jf/f_h}$,在此 $A_0 = 1000$,$f_h = 10kHz$。你準備將若干個此種放大器級分別加以適度的負回授後,再行串接成多級放大器,以達成所要設計的 dc 放大器。

(1)如果僅使用「 兩級 」串接,有沒有可能設計出所要的 dc 放大器? 說明你的理由。

(2)若採用「 三級 」串接,並設定第一級經負回授的3dB 頻率 $f_{hf1} = 500kHz$,則此級的回授因數 β_1 之值為何?另並設定第二級及第三級具有相同的回授因素,$\beta_2 = \beta_3$,則其值應多少方能使設計出的三級放大器具有500的低頻增益?又第二級及第三級的3dB 頻率 $f_{hf2} = f_{hf3} = $?依據此值是否遠大於 f_{hf1} 來說明此一三級串接方式是否為理想的設計。(題型:基本觀念)

【交大電子所】

解☞:

(1)不行。理由如下:

題意要求 $f_{hf} = 500kHz$,$A_{0f} = 500$

每一級負回授分析

$$A_{f1} = \frac{A_{01}}{1 + \beta A_{01}} \approx \frac{1}{\beta} = \sqrt{500} \qquad (\because A_f = A_{f1} \cdot A_{f2})$$

$$\therefore \beta = \frac{1}{\sqrt{500}} = 0.0446$$

故 $f_{hf1} = f_h (1 + \beta A_0) = (10k) [1 + (0.0446)(1000)]$

$= 456kHz$

因此同樣的兩級串接必 f_{hf} 必小於456kHz，無法達到 $f_{hf} = 500kHz$ 的要求。

(2) 1.以 GB 值觀念分析

$A_{0f1} f_{hf1} = A_{01} f_{h1}$

$$\therefore A_{0f1} = \frac{A_{01} f_{h1}}{f_{hf1}} = \frac{(1000)(10k)}{500k} = 20$$

$$\Rightarrow A_{0f1} = \frac{A_0}{1 + \beta A_0} = \frac{1000}{1 + \beta (1000)} = 20$$

$$\therefore \beta_1 = 0.049$$

2.三級串接後

$$\because A_{0f} = (A_{0f1})(A_{0f2})(A_{0f3}) = (20)(A_{0f2})(A_{0f3}) = 500$$

$$\therefore A_{0f2} = A_{0f3} = 5$$

3.故知

$$f_{hf2} = \frac{A_{02} f_{h2}}{A_{0f2}} = \frac{(1000)(10k)}{5} = 2MHz = f_{hf3}$$

用近似主極點知

$$f_{hf} = [\frac{1}{f_{hf1}^2} + \frac{1}{f_{hf2}^2} + \frac{1}{f_{hf3}^2}]^{-\frac{1}{2}} \approx 500kHz$$

所以可符合要求。

---

6. The inverting op amp configuration shown below isalso known as(A) shunt – series（current – shunt） feedback　(B) series – series（current – series） feedback　(C) shunt – shunt（voltage – shunt） feedback　(D) series – shunt（voltage – series） feedback　(E) no feedback.（**題型：基本觀念**）

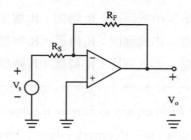

【交大電子所】

解☞：(C)

---

7. Which of the following feedback configuration is best suitable for power amplification from a low input impedance source to a high output impedance load.
(A) shunt – shunt （ voltage – shunt ）　(B) shunt – series （ current – shunt ）
(C) series – series （ current – series ）　(D) series – shunt （ voltage – series ）　(E) local shunt. (題型：基本觀念)

【交大電子所】

解☞：(D)

---

8. List the four basic single – loop feedback amplifier topologies. For each of the four topologies, indicate whether the (1) input impedance and (2) output impedance increases or decreases as a result of feedback. (題型：回授放大器的基本觀念)

【交大控制所】

簡譯

說明四種基本回授組態的型式，並解釋其輸入阻抗與輸出阻抗的增加與減少情況。

解☞：

(1)詳見內文

(2)①串 – 並式回授：R_i 增加，R_0 降低

②串 – 串式回授：R_i 增加，R_0 增加

③並 – 串式回授：R_i 降低，R_0 增加

④並 – 並式回授：R_i 降低，R_0 降低

9. The best feedback way to increase the input impedance and decrease the output impedance is：(A)current – shunt (B)current – series (C)voltage – shunt (D)voltage – series. (題型：基本觀念)

【 交大控制所 】

解 ☞ : (D)

10. Answer the following questions for the amplifier shown in Fig.

(1)Draw the AC equivalent amplifier without feedback

(2)Point out the types of both DC and AC feedbacks（current – shunt, current – series, voltage – shunt, voltage – series）

(3)Derive brefly the approximate transfer function of the voltage gain (題型：基本觀念)

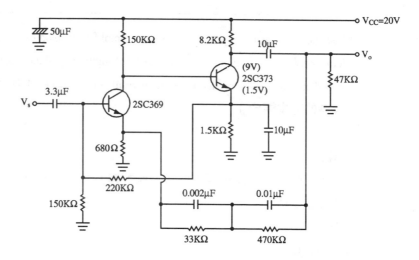

【 交大控制所 】

簡譯

(1)畫出 AC 時無回授 A 的網路。

(2)說明 DC 與 AC 工作時的回授型式。

(3)寫出電壓增益的近似轉移函數。

解☞：

(1)開路 A 及 β 網路：

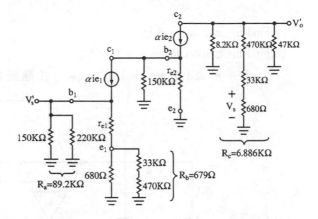

(2)①DC 分析時，因電容視為開路，所以回授經由220kΩ，故為串
　　－串式，即電流串聯式。

　②AC 分析時，電容視為短路，但0.002μF 及0.01μF 值較小，故
　　視為串－並式回授，即電壓串聯式。

$$(3)\beta = \frac{V'_f}{V'_0} = \frac{680}{470k + 33k + 680} = 0.00135$$

$$A = A_v = \frac{V'_0}{V'_s} = \frac{V'_0}{V'_{b2}} \cdot \frac{V'_{b2}}{V'_i}$$

$$= \left(\frac{-\alpha R_c}{r_{e2}}\right)\left\{\frac{-\alpha\left[150k /\!/ (1+\beta)r_{e2}\right]}{r_{e1} + R_b}\right\}$$

$$\therefore A_f = \frac{A_v}{1 + \beta A_v}$$

---

11. Fig. shows a filter using an Antoniou inductance – simulation circuit.

(1) The transfer function of V_0 / V_i is

$$T(s) = \frac{n_1 s + n_0}{s^2 + \frac{\omega_0}{Q}s + \omega_0^2}$$

Find n_1, n_0, ω_0, and Q.

(2) Find the transfer function of V_o / V_i.

(where A_1 and A_2 are ideal OP amps.) (**題型：GIC 濾波器**)

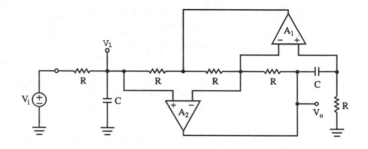

【工技電機所】

---

12. 有一放大器其輸入電阻 $R_i = \infty$，輸出電阻 $R_0 = 0$。開迴路電壓增益 μ $= 2 \times 10^3$，如圖連接，求其高3dB 截止頻率 ω_H 及低3dB 截止頻率 ω_L 及中頻電壓增益。（**題型：主動性 RC 濾波器**）

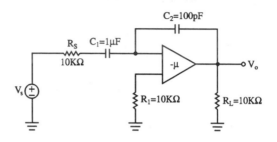

13. 射極隨耦器為(A)並串（電流並聯）回授　(B)串串（電流串聯）回授
　　(C)並並（電壓並聯）回授　(D)串並（電壓串聯）回授（**題型：負回授的判斷**）

解☞：(D)

①射極隨耦器

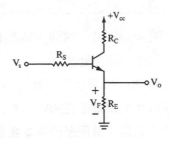

②由圖知，此為串－並型負回授

---

14. 放大器 $A_v = 200$，經電壓串聯回授處理後 $A_{vf} = 20$，因溫度變化（升高）$A_v = 250$，求此時之 A_{vf}為若干？（**題型：負回授靈敏度**）

解☞：

$$\because \frac{dA}{A} = \frac{A_{v2} - A_{v1}}{A_{v1}} = \frac{250 - 200}{200} = \frac{1}{40}$$

又 $A_{vf1} = \dfrac{A_{v1}}{1 + \beta A_{v1}}$

$$\therefore 1 + \beta A_{v1} = \frac{A_{v1}}{A_{vf1}} = \frac{200}{20} = 10$$

$$\therefore \frac{dA_{vf1}}{A_{vf1}} = \frac{dA}{A} = \frac{1}{40} = \frac{dA_{vf1}}{20}$$

故 $dA_{vf1} = \dfrac{1}{2}$

$$\therefore A_f = A_{vf1} + dA_{vf1} = 20 + \frac{1}{2} = 20.5$$

15.一放大器若加入負回授，會使增益

(A)增加$1 + \beta A$ 倍　　(B)減少$1 + \beta A$ 倍

(C)增加$1 - \beta A$ 倍　　(D)減少$1 - \beta A$ 倍（**題型：負回授特性**）

解☞：(B)

16.一放大器在無回授時，當輸入電壓為0.025V，基頻輸出電壓為30伏
特與10%二次諧波失真量

(1)若輸出量的1.5%負回授到輸入端，求輸出電壓值？

(2)若基頻輸出電壓維持在30V，但二次諧波失真量降為1%試求輸入
電壓值？（**題型：負回授的基本觀念**）

解☞：

$(1)A_v = \dfrac{V_o}{V_i} = \dfrac{30}{0.025} = 1200$

$D = 10\%$

$A_{vf} = \dfrac{A_v}{1 + \beta A_v} = \dfrac{1200}{1 + (0.015)(1200)} = 63.16 = \dfrac{V_o}{V_s}$

$\therefore V_o = 63.16 V_s = (63.16)(0.025) = 1.58V$

$(2)D_f = \dfrac{D}{1 + \beta A_v} = \dfrac{10\%}{1 + \beta A_v} = 1\%$

$\therefore 1 + \beta A_v = 10$

$\because A_{vf} = \dfrac{A_v}{1 + \beta A_v} = \dfrac{1200}{10} = 120 = \dfrac{V_o}{V_s}$

$\therefore V_s = \dfrac{V_o}{120} = \dfrac{30}{120} = 0.25V$

17.若 $\left|\dfrac{A}{1+\beta A}\right| > \left|A\right|$ ，則回授爲

(A)負回授　(B)再生回授

(C)迴路回授　(D)穩定回授（**題型：正、負回授的特性**）

解☞：(B)

───────────────────────────────

18.(1)一放大器增益爲 $A_v = 40$，頻寬 $BW = 100KHz$，若加上負回授之後增益降爲20，求頻寬成爲多少？

(2)一放大器增益 $A_v = 40$，頻寬 $BW = 2KHz$，若加上20%的回授因素（負回授），求 A_{vf} 及 BW_f。

(3)一放大器 $A_v = 40$，總諧失眞 $D_T = 10\%$，若加上負回授因素1%求諧波失眞 D_{Tf}。（**題型：負回授的特性**）

解☞：

(1)利用 GB 值

$$A_{v1}BW_1 = A_{v2}BW_2$$

$$\therefore BW_2 = \frac{A_{v1}BW_1}{A_{v2}} = \frac{(40)(100k)}{20} = 200KHz$$

(2) $A_{vf} = \dfrac{A_v}{1+\beta A_v} = \dfrac{40}{1+(0.2)(40)} = 4.4$

$$\therefore BW_f = (1+\beta A_v)BW = [1+(0.2)(40)](2k)$$

$$= 18KHz$$

(3) $D_{Tf} = \dfrac{D_T}{1+\beta A_v} = \dfrac{10\%}{[1+(0.01)(40)]} = 7\%$

───────────────────────────────

19.如圖所示，若 $A = 10^4$ 倍，且 $R_{in} = \infty$ 大，$R_0 = 0\Omega$，求

(1) β

(2)若 $A_{vf} = 10$ 倍，則 $R_2／R_1 = ?$

(3)D，並以分貝表示。

(4)若 $V_s = 1V$，則 V_0，V_f，V_i。

(5)若 $A = 10^4 \pm 20\%$ 之變動，則 A_f 為若干？

(6)若 A 降低20%，則 A_f 降低多少？（**題型：OPA 的串－並型負回授**）

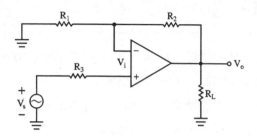

解☞：

1.此爲串－並型負回授

∴ $x_s = V_s$，$x_f = V_f$，$x_0 = V_0$

2.繪開回路等效圖

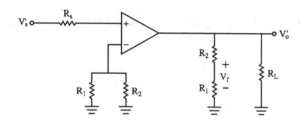

3.分析電路

① $\beta = \dfrac{x_f}{x_0} = \dfrac{V_f'}{V_0'} = \dfrac{R_1}{R_1 + R_2}$

② $A_{vf} = \dfrac{A}{1 + \beta A} = \dfrac{10^4}{1 + \beta\,(10^4)} = 10$

∴ $\beta = \dfrac{R_1}{R_1 + R_2} = 0.0999$

$$\Rightarrow \frac{R_1 + R_2}{R_1} = 1 + \frac{R_2}{R_1} = \frac{1}{0.0999}$$

$$\therefore \frac{R_2}{R_1} = 9.01$$

③$D = 1 + \beta A = 1 + (0.0999)(10^4) \cong 10^3$

$\quad \therefore D_{dB} = 20\log D = 60dB$

④$\because A_{vf} = \frac{V_0}{V_s}$

$\quad \therefore V_0 = V_s A_{vf} = (1)(10) = 10$

$\quad \because \beta = \frac{V_f}{V_0}$

$\quad \therefore V_f = \beta V_0 = (0.0999)(10) = 0.999V$

$\quad V_i = V_s - V_f = 1 - 0.999 = 0.001V$

⑤$|\frac{dA_{vf}}{A_{vf}}| = \frac{1}{1 + \beta A_v}|\frac{dA_v}{A_v}| = \frac{1}{10^3}(\pm 20\%) = \pm 0.02\%$

$\quad \therefore A_{vf} = 10 \pm 0.02\%$

⑥方法一：利用靈敏度變動率計算：

$$S_A^{Avf} = \frac{dA_{vf}}{dA} \cdot \frac{A}{A_{vf}} = \left[\frac{d}{dA}\left(\frac{A}{1 + \beta A}\right)\right] \cdot \left[\frac{A}{\frac{A}{1 + \beta A}}\right] = \frac{1}{1 + \beta A}$$

$$= \frac{1}{1 + (0.0999)(0.8 \times 10^4)} = 0.125\%$$

方法二：直接計算法：

$$A_{vf} = \frac{A}{1 + \beta A} = \frac{0.8 \times 10^4}{1 + (0.0999)(0.8 \times 10^4)} = 9.9975$$

$$A_{vf}降低比率 = \frac{9.9975}{0.8 \times 10^4} \times 100\% = 0.125\%$$

§12-2〔題型六十八〕：
電壓串聯（串並式）回授放大器

考型198 電壓串聯（串並式）回授放大器

一、電壓串聯回授放大器

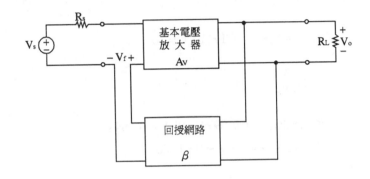

二、電壓放大器

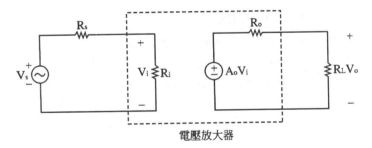

電壓放大器

理想情形：$R_i \gg R_s$，$R_o \ll R_L$

三、理想負回授的分析（不考慮 R_s 及 R_L）

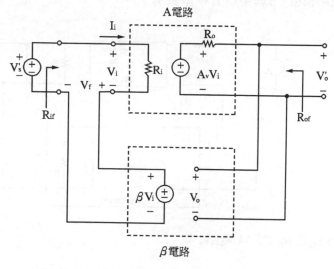

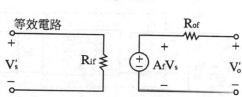

1. $A_v = \dfrac{V_o'}{V_i'}$

2. $A_{vf} = \dfrac{A_v}{1 + \beta A_v}$

3. $R_{if} = \left(1 + \beta A_v \right) R_i$

4. $R_{of} = \dfrac{R_o}{1 + \beta A_v}$

四、非理想負回授的分析（R_s 及 R_L 均需考慮）

1.電路模型（β網路以 H 模型表示）

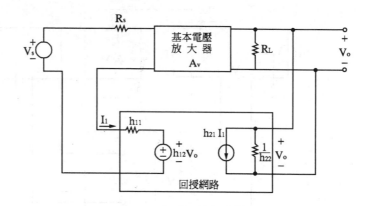

2.將 h_{11} 及 h_{22} 併入 A 電路

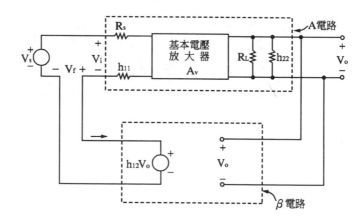

3.其 A_{vf}，R_{if}，R_{of}分析方式與上述一樣，只是需將 R_s 及 R_L 併入計算

五、OP 的電壓串聯回授

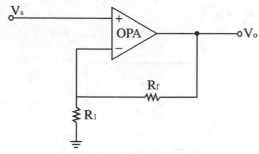

串並回授（電壓串聯回授）

六、求回授時的輸入電阻及輸出電阻技巧

1. $\because A_f = A_{vf} = \dfrac{V_o}{V_s}$

   (1) V_o 含有 R_L 效應

   (2) V_s 含有 R_s 效應

2. 所以求 R_{if} 時，① 先求含有 R_s 的輸入電阻 R_{if}

   ② 再求不含 R_s 的輸入電阻 R'_{if}

   $R'_{if} = R_{if} - R_s$

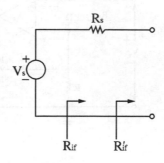

3. 同理

   ① 先求含有 R_L 的輸出電阻 R_{of}

   ② 再求不含 R_L 的輸出電阻 R'_{of}

$$\because R_{of} = R'_{of} /\!/ R_L$$

$$\therefore R'_{of} = \frac{(R_{of})(R_L)}{R_L - R_{of}}$$

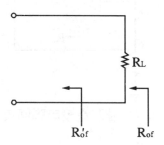

歷屆試題

20. A typical non – inverting OP amp is shown in the below figure, with a open – loop voltage gain of $A_v = 10^4$. Using the negative voltage – series feedback theory, find the voltage gain $A_{vf} = V_0 / V_s$ of the amplifier. （題型：串－並式回授）

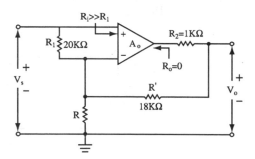

【台大電機所】

解☞ :

1. 此為串－並式回授（ V'_s , V'_f , V'_0 ）

2. 開路 A 及 β 網路：

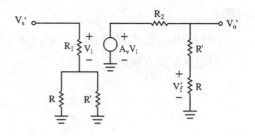

$$\beta = \frac{V'_f}{V'_0} = \frac{R}{R + R'} = \frac{2k}{2k + 18k} = 0.1$$

$$A = A'_V = \frac{V'_0}{V'_s} = \frac{V'_0}{V'_i} \cdot \frac{V'_i}{V'_s} = A_v \left(\frac{R' + R}{R_2 + R' + R} \right) \left(\frac{R_1}{R_1 + R /\!/ R'} \right)$$

$$= 8737$$

$$\therefore A_{vf} = \frac{V_0}{V_s} = \frac{A'_V}{1 + \beta A'_V} = \frac{8737}{1 + (0.1)(8737)} = 9.99$$

---

21. The FETs shown in the following figure are identical and $\mu = 30$, $r_d = 10k\Omega$. Assume $R_d = 50k\Omega$, $R_s = 0.3k\Omega$, $R = 10k\Omega$, and $R_g = 1M\Omega$. Neglect the reactances of all capacitors. Evaluate A_{vf}, R_{if} and R_{of}. （題型：串－並式回授）

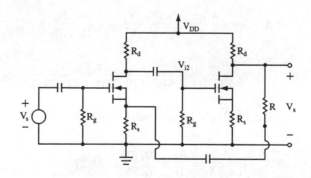

【台大電機所】【大同電機所】【成大電機所】

解☞：

1.此爲串－並式回授（V'_s，V'_f，V'_0）

2.開路 A 及 β 網路

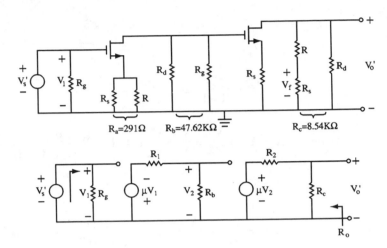

$$\begin{cases} R_1 = r_a + （1+\mu）R_a = 10k + （31)(291） = 19.021k\Omega \\ R_2 = r_d + （1+\mu）R_s = 10k + （31)(0.3k） = 19.3k\Omega \end{cases}$$

$$\beta = \frac{V'_f}{V'_0} = \frac{R_s}{R_s + R} = \frac{0.3k}{0.3k + 10k} = 0.0291$$

$$A = A_V = \frac{V'_0}{V'_s} = \frac{V'_0}{V_2} \cdot \frac{V_2}{V_1} \cdot \frac{V_1}{V'_s} = （\frac{-\mu R_c}{R_2 + R_c}） \cdot （\frac{-\mu R_b}{R_1 + R_b}） \cdot （1）$$

$$= \frac{（30）^2（8.54k）(47.62k）}{（19.3k + 8.54k)(19.021k + 47.62k）} = 197.28$$

$$D = 1 + \beta A_V = 1 + （0.0291)(197.28） = 6.74$$

3.$A_{vf} = \dfrac{A_V}{1 + \beta A_V} = \dfrac{A_V}{D} = \dfrac{197.28}{6.74} = 29.27$

4.$R_i = R_g = 1M\Omega$

$$R_{if} = R_g (1 + \beta A_V) = R_g D = (1M)(6.74) = 6.74 M\Omega$$

$$5. R_0 = R_c /\!/ R_2 = 8.54k /\!/ 19.3k = 5.92 k\Omega$$

$$\therefore R_{0f} = \frac{R_0}{D} = \frac{5.92k}{6.74} = 878\Omega$$

---

22. For the feedback amplifier shown in Fig. all the transistor are biased in active region, and $V_0 = 0V$ for $V_i = 0V$. $\beta_{npn} = 100$, $r_b = 0$, $V_A = \infty$. What feedback topology is employed? Estimate the overall gain V_0 / V_i at low frequencies. If $V_{CC} = 6.5V$, a capacitor of 1nF is connected to the collectors of Q_1 and Q_2, calculate the $-3dB$ bandwidth. Neglect all the parasitic capacitances. (題型：串－並式回授)

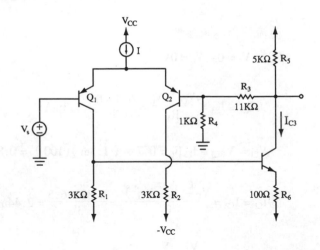

【交大電信所】

簡譯

已知 $\beta_{npn} = 100$，$r_b = 0$，$V_A = \infty$，而電晶體均在主動區，當 $V_i = 0V$ 時，$V_0 = 0V$，求回授型式及計算低頻電壓增益 $\dfrac{V_0}{V_i}$，並求若 $V_{CC} = 6.5V$，且在 Q_1 與 Q_2 的集極端接一個 $C = 1nF$，求三分貝頻率。

解☞ :

(1)此爲串－並式回授（V'_s，V'_f，V'_0）

(2)A 開回路的網路

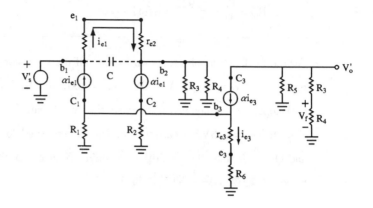

直流分析⇒求參數

①當 $V_I = 0 \Rightarrow V_0 = 0V$

$$\therefore I_{C3} \approx I_{E3} = \frac{V_{CC} - V_0}{R_5} = \frac{6.5 - 0}{5k} = 1.3mA$$

$$V_{C1} = V_{BE3} + I_{E3}R_6 = 0.7 + （1.3m）（100） = 0.83V$$

$$②I_{C1} = I_{C2} = \frac{V_C - （-V_{CC}）}{R_1} = \frac{0.83 + 6.5}{3k} = 2.44mA$$

$$\therefore r_{e1} = r_{e2} = \frac{V_T}{I_{E1}} \approx \frac{V_T}{I_{C1}} = \frac{25m}{2.44m} = 10.23\Omega$$

$$r_{e3} = \frac{V_T}{I_{E3}} = \frac{25m}{1.3m} = 19.23\Omega$$

$$③A = \frac{V'_0}{V'_s} = \frac{V'_0}{V_{C1}} \cdot \frac{V_{C1}}{V'_s}$$

$$= \frac{-\alpha \left[R_5 \, / \! / \, (R_3 + R_4) \right]}{r_{e3} + R_6} \cdot \frac{-\alpha \left[R_1 \, / \! / \, (1 + \beta)(r_{e3} + R_6) \right]}{\dfrac{R_3 \, / \! / \, R_4}{1 + \beta} + r_{e2} + r_{e1}}$$

$$= 2.4 \times 10^3$$

$$\beta = \frac{V'_f}{V'_0} = \frac{R_4}{R_3 + R_4} = 0.083$$

$$\therefore A_f = \frac{A}{1 + \beta A} = \frac{2.4 \times 10^3}{1 + (0.083)(2.4 \times 10^3)} \approx 12$$

(3)利用 STC 法知

$$\omega_H = \frac{1}{C R_{eq}}$$

$$\Rightarrow f_H = \frac{\omega_H}{2\pi} = \frac{1}{(2\pi) \, C \left[R_1 \, / \! / \, (1 + \beta)(r_{e3} + R_6) + R_2 \right]} = 29.5 \text{kHz}$$

$$\therefore \omega_{Hf} = \omega_H (1 + \beta A) = (29.5k) \left[1 + (0.083)(12) \right]$$
$$= 58.882 \text{kHz}$$

---

23. Fig. shows a feedback amplifier with the biasing arrangement omitted. Suppose that both transistors are biased at $I_{CQ} = 1.0 \text{mA}$ and operated in midband, find the input and output resistances as shown in the figure. Assume that Q_1 and Q_2 have incremental CE forward short circuit current gain $\beta = 150$, Early volage $V_A = \infty$, $r_b = 0$ and $V_T = 25 \text{mV}$. （題型：串－並式回授）

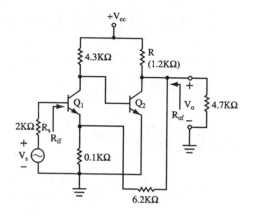

【交大電信所】

解☞：

(1)此為串－並式回授（ V'_s ，V'_f ，V'_0 ）

1.開路 A 及 β 網路

2.求參數

$$g_{m1} = g_{m2} = \frac{I_C}{V_T} = \frac{1mA}{25mV} = 40m\mho$$

$$r_{\pi 1} = r_{\pi 2} = \frac{\beta}{g_{m1}} = \frac{150}{40m} = 3.75k\Omega$$

3.$\beta' = \frac{V'_f}{V'_0} = \frac{0.1k}{0.1k + 6.2k} = 0.0159$

4.$A = A_V = \frac{V'_0}{V'_s} = \frac{V'_0}{V_{\pi 2}} \cdot \frac{V_{\pi 2}}{V_{\pi 1}} \cdot \frac{V_{\pi 1}}{V'_s}$

$$= (-g_{m2})(R /\!/(6.2k + 0.1k) /\!/ 4.7k)(-g_{m1})(4.3k /\!/ r_{\pi2}) \cdot$$

$$[\frac{r_{\pi1}}{R_s + r_{\pi1} + (1+\beta)(0.1k /\!/ 6.2k)}]$$

$$= 484$$

5. $D = 1 + \beta'A_V = 1 + (0.0159)(484) = 8.696$

6. $R'_i = R_s + r_{\pi1} + (1+\beta)(0.1k /\!/ 6.2k) = 20.61k\Omega$

$\therefore R'_{if} = R'_i(1 + \beta A_V) = R'_{iD}$

$\qquad = (20.61k)(8.696) = 179.2k\Omega$

故 $R_{if} = R'_{if} - R_s = 179.2k - 2k = 177.2k\Omega$

(2) $R'_0 = R /\!/ (0.1k + 6.2k) /\!/ 4.7k = 830\Omega$

$$\therefore R'_{Of} = \frac{R'_0}{1 + \beta A_V} = \frac{R'_0}{D} = \frac{830}{8.696} = 95.45\Omega$$

$$\because R'_{Of} = R_{Of} /\!/ 4.7k$$

$$\therefore R_{Of} = \frac{(R'_{Of})(4.7k)}{4.7k - R'_{Of}} = \frac{(95.45)(4.7k)}{4.7k - 95.45} = 97.43\Omega$$

---

24. Consider an OP amplifier with feedback. It can be configured as a basic am-
pliier with a feedback network.

(1) Without R_B, evaluate the voltage gain $A_0 = \dfrac{V_0}{V_s}$

(2) What feedback topology is used?

(3) What is the feedback gain β?

(4) Evaluate the input resistance R'_{in} and the output resistance R_{out} of the am-
plifier.

(5) Compute the gain of the basic amplifier.

(6)Calculate the feedback gain A_{vf} as $\mu \rightarrow \infty$. (題型：串－並迴授)

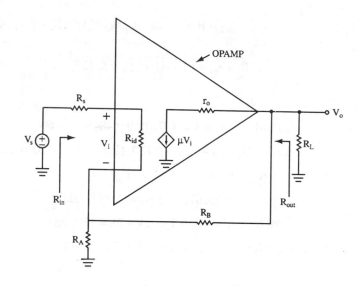

【 交大控制所 】

簡譯

考慮 OPA 回授放大器，求

(1)求無 R_B 時的電壓增益 $A_0 = \dfrac{V_0}{V_s}$

(2)開回授型式

(3)回授增益 β ?

(4)R'_{in} 及 R_{out}

(5)$\dfrac{V_0}{V_s}$

(6)$\mu = \infty$ 時的 A_{vf}

解☞ :

(1)$A_0 = \dfrac{V_0}{V_s} = \dfrac{V_0}{V_i} \cdot \dfrac{V_i}{V_s} = \dfrac{\mu R_L}{R_L + r_0} \cdot \dfrac{R_{id}}{R_s + R_{id} + R_A}$

(2)此爲串－並式回授

$(3)\beta = \dfrac{R_A}{R_A + R_B}$

(4)開路 A 電路

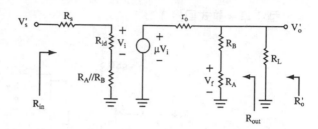

$$A_V = \dfrac{V'_0}{V'_s} = \dfrac{V'_0}{V_i} \cdot \dfrac{V_i}{V'_s}$$

$$= \mu \dfrac{[(R_B + R_A) // R_L]}{r_0 + [(R_B + R_A) // R_L]} \cdot \dfrac{R_{id}}{R_s + R_{id} + (R_A // R_B)}$$

$R_i = R_s + R_{id} + (R_A // R_B)$

$R_{in} = R_{if} = R_i (1 + \beta A_V)$

$R'_0 = r_0 // (R_A + R_B) // R_L$

$$\therefore R'_{0f} = \dfrac{R'_0}{1 + \beta A_V} = R_{out} // R_L$$

$$\therefore R_{out} = \dfrac{R'_{0f} R_L}{R_L - R'_{0f}}$$

$(5)A_{vf} = \dfrac{V_0}{V_s} = \dfrac{A_V}{1 + \beta A_V}$

(6)當 $\mu \to \infty$ 時 $\Rightarrow A_V = \infty$

$$\therefore A_{vf} = \dfrac{A_V}{1 + \beta A_V} \approx \dfrac{A_V}{\beta A_V} = \dfrac{1}{\beta} = \dfrac{R_A + R_B}{R_A} = 1 + \dfrac{R_B}{R_A}$$

25. 試求低頻電壓增益 $A_F = \dfrac{V_0}{V_s}$，圖中電晶體 Q 的 $\beta_0 = 200$，$r_\pi = 4k\Omega$，反相放大器的電壓增益 $A_V = 4000$。回授網路的回授 $\beta = 1 / 300$。（題型：串 – 並式回授）

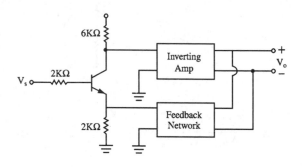

【清大核工所】

解☞：

1. 此爲串 – 並式回授（V'_s，V'_f，V'_0）

2.

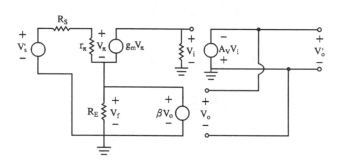

3. $\because V_0 = -A_V V_i = -A_V (-g_m V_\pi R_C)$

$= A_V g_m R_C \left[(V_s - V_f) \dfrac{r_\pi}{R_s + r_\pi} \right]$

$$\therefore A_F = \frac{V_0}{V_s} = \frac{A_V g_m R_C \dfrac{r_\pi}{R_s + r_\pi}}{1 + \beta A_V g_m R_C \dfrac{r_\pi}{R_S + r_\pi}}$$

$$= \frac{(4000)(200)\left(\dfrac{6k}{2k+4k}\right)}{1 + \left(\dfrac{1}{300}\right)(4000)(200)\left(\dfrac{6k}{2k+4k}\right)} \approx 300$$

---

26. For MOSFET Q_1 and Q_2, $g_m = 1mA／V$ and $r_0 = 20k\Omega$, determine open－loop gain A, loop gain Aβ, and closed－loop gain A_f. (題型：串－並式回授)

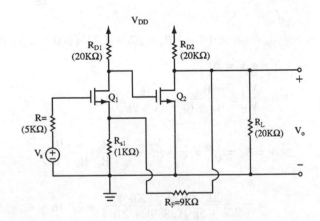

【成大醫工所】【清大核工所】

解☞：

　此為串－並式回授（V'_s，V'_f，V'_0）

　1.開路 A 及 β 網路：

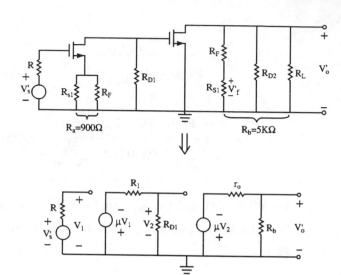

$$R_1 = r_0 + (1 + \mu) R_a = 20k + (21)(900) = 38.9k\Omega$$

$$\mu = g_m r_0 = 20$$

$$2.\beta = \frac{V'_f}{V'_0} = \frac{R_{s1}}{R_{s1} + R_F} = \frac{1k}{1k + 9k} = 0.1$$

$$A = A_V = \frac{V'_0}{V'_s} = \frac{V'_0}{V_2} \cdot \frac{V_2}{V'_s} = \frac{-\mu R_b}{r_0 + R_b} \cdot \frac{-\mu R_{D1}}{R_1 + R_{D1}}$$

$$= \frac{(20)^2 (5k)(20k)}{(20k + 5k)(38.9k + 20k)} = 27.16$$

$$3.\beta A = (0.1)(27.16) = 2.716$$

$$4.A_f = \frac{A_V}{1 + \beta A_V} = \frac{27.16}{1 + 2.716} = 7.31$$

27.For the circuit in Fig. $|V_t| = 1V$, $K = 0.5mA/V^2$, $h_{fe} = 100$, and the Early voltage magnitude for all devices (including those that implement the current sources) is 100V. The signal source V_s has a zero dc component.

(1)Find the dc voltage at the output.

(2)Find the dc voltage at the base of Q_3.

(3)Find the voltage gain, V_0 / V_s.

(4)Find R'_{if}

(5)Find R'_{of}（題型：串－並式回授）

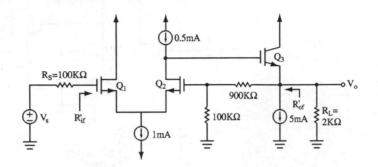

【成大工科所】【清大核工所】

解☞：

(1)直流分析

　　∵ $I_{D2} = 0.5mA = I_{S2} \Rightarrow I_{S1} = I_{D1} = 0.5mA$

　　∴ $V_{GS1} = V_{GS2} \Rightarrow V_{G1} = V_{G2} = 0V$

　　∴ $V_0 = 0V$

(2)$V_{B3} = V_{BE3} + V_0 = 0.7 + 0 = 0.7V$

(3)此電路為串－並式回授（V'_s , V'_f , V'_0）

　　1.求參數

　　　　$g_{m1} = g_{m2} = 2\sqrt{kI_{D1}} = 2\sqrt{(0.5m)(0.5m)} = 1mA / V$

　　　　$r_{e3} = \dfrac{V_T}{I_{E3}} = \dfrac{25m}{5m} = 5\Omega$

　　　　$r_{01} = r_{02} = \dfrac{V_A}{I_{D1}} = \dfrac{100V}{0.5mA} = 200k\Omega$

$$r_{03} = \frac{V_A}{I_{C3}} = \frac{100V}{5mA} = 20k\Omega$$

2.開路 A 及 β 網路

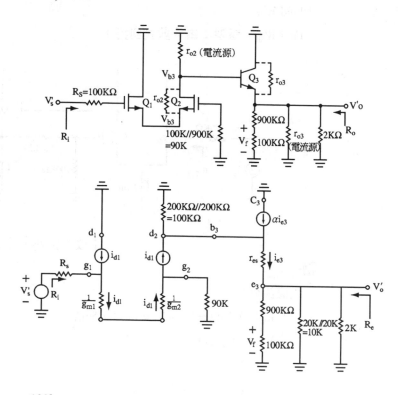

$$3. \beta = \frac{100k}{100k + 900k} = 0.1$$

$$A = A_V = \frac{V'_0}{V'_s} = \frac{V'_0}{V'_{h3}} \cdot \frac{V'_{h3}}{V'_s}$$

$$= [\frac{(900k + 100k) /\!/ 10k /\!/ 2k}{r_{e3} + (900k + 100k) /\!/ 10k /\!/ 2k}](2g_m)\{100k /\!/ (1 + h_{fe}) \cdot$$

$$[r_{e3} + (900k + 100k) /\!/ 10k /\!/ 2k]\}$$

$$= 31.4$$

$$D = 1 + \beta A = 1 + (\,0.1\,)(31.4\,) = 4.14$$

$$A_{vf} = \frac{V_0}{V_s} = \frac{A_V}{1 + \beta A_V} = \frac{A_V}{D} = \frac{31.4}{4.14} = 7.585$$

(4) $R_i = \infty$

$\therefore R_{if} = \infty$

(5) $R_0 = \left(\, r_{e3} + \dfrac{100k}{1 + h_{fe}}\,\right) /\!/ \,(\,900k + 100k\,) /\!/ 10k /\!/ 2k = 0.62k\Omega$

$\therefore R_{0f} = \dfrac{R_0}{1 + \beta A_V} = \dfrac{R_0}{D} = \dfrac{0.62k}{4.14} = 0.15k\Omega$

---

28. 下圖電路，$R_1 = 20k\Omega$，$R_2 = 80k\Omega$，$R_D = 10k\Omega$，$R_L = 10k\Omega$，$g_{in} = 4mS$，試求 A_{vf}值。（**題型：串－並式回授**）

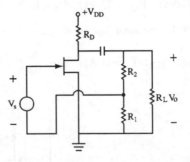

解☞：

1. 此爲串－並式回授（V'_s，V'_f，V'_0）
2. 開路 A 及 β 網路

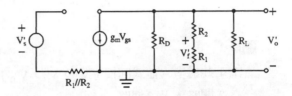

$$\beta = \frac{V'_f}{V'_0} = \frac{-R_1}{R_1 + R_2} = \frac{-20k}{20k + 80k} = -0.2$$

$$A = A_V = \frac{V'_0}{V'_s} = -g_m \left[R_D /\!/ (R_1 + R_2) /\!/ R_L \right]$$

$$= -(4m) \left[10k /\!/ (20k + 80k) /\!/ 10k \right] = -19$$

$$\therefore A_{vf} = \frac{A_V}{1 + \beta A_V} = \frac{-19}{1 + (-0.2)(-19)} = -3.96$$

---

29. The feedback amplifier shown in Fig. is designed by using transistors having the following parameters : $r_{\pi 1} = 5.0k\Omega$, $\beta_{01} = 125$ (for Q_1) ; $r_{\pi 2} = 2.50k\Omega$, $\beta_{02} = 125$ (for Q_2). The circuit elements used are as follows : $R_{C1} = 9.0k\Omega$, $R_{C2} = 3.0k\Omega$, $R_1 = 0.20k\Omega$, and $R_2 = 6.0k\Omega$. The amplifier is driven by a source having an internal resistance $R_s = 2.5k\Omega$.

Determine A_{OL}, T, and A_F, $A_F = \dfrac{A_{OL}}{1 + T}$ (題型：串－並式回授)

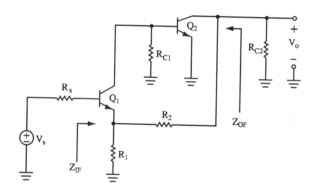

【 中山電機所 】

解☞ ：

(1) 1.此為串－並式回授（ V'_s ，V'_f ，V'_0 ）

    2.開路 A 及 β 網路

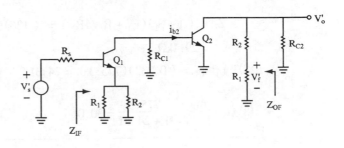

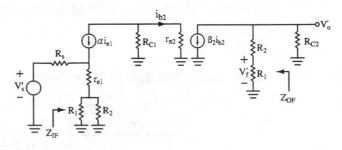

$$\beta = \frac{V'_f}{V'_0} = \frac{R_1}{R_1 + R_2} = \frac{0.2k}{0.2k + 6k} = 0.032$$

$$A_{OL} = A_V = \frac{V'_0}{V'_s} = \frac{V'_0}{i_{b2}} \cdot \frac{i_{b2}}{V_b} \cdot \frac{V_b}{V'_s}$$

$$= -\beta_2 [(R_1 + R_2) // R_{C2}] [\frac{-\alpha_1 R_{C1}}{(R_{C1} + r_{\pi2})(r_{e1} + R_1 // R_2)}] [\frac{Z_I}{R_S + Z_I}]$$

$$= \frac{(-125)[(0.2k + 6k) // 3k](-0.992)(9k)(29.4k)}{(9k + 2.5k)(39.68 + 0.2k // 6k)(2.5k + 29.4k)}$$

$$= 775.3$$

其中

$$\alpha_1 = \frac{\beta_1}{1 + \beta_1} = \frac{125}{126} = 0.992$$

$$r_{e1} = \frac{r_{\pi1}}{1 + \beta_1} = \frac{5k}{126} = 39.68\Omega$$

$$Z_I = (1 + \beta_1)(r_{e1} + R_1 /\!/ R_2) = (126)(39.68 + 0.2k /\!/ 6k)$$
$$= 29.4k\Omega$$

(2)$T = \beta A_{OL} = (0.032)(775.3) = 24.81$

(3)$A_F = \dfrac{A_{OL}}{1 + T} = \dfrac{775.3}{1 + 24.81} = 30.04$

30.如圖所示之負回授電路之頻率特性,是由 R_1,R_2,C 回授電路的特性而定:

(1)試指出其原因。

(2)說明此放大電路之輸出電阻受負回授之影響。(**題型:串－並式回授**)

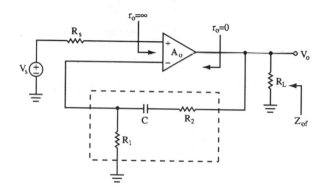

【高考】

解☞:

(1) 1.此為串－並式回授(V'_s,V'_f,V'_0)

    2.

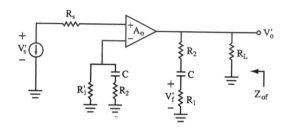

$$\beta(S) = \frac{V'_f}{V'_0} = \frac{R_1}{R_1 + R_2 + \frac{1}{SC}} = \frac{\frac{R_1}{R_1 + R_2}}{1 + \frac{1}{S(R_1 + R_2)}} = \frac{\beta_0}{1 + \frac{\omega_p}{S}} \quad —①$$

而 $A_f = \dfrac{A_0}{1 + \beta(S) A_0}$

故知此系統的頻率特性是由 $\beta(S)$ 決定的。

(2)由①式知

$$\omega_p = \frac{1}{C(R_1 + R_2)} \quad , \quad \beta = \frac{R_1}{R_1 + R_2}$$

$$\therefore Z_0 = R_L // (R_1 + R_2 + \frac{1}{SC}) = R_L // [(R_1 + R_2)(1 + \frac{\omega_p}{S})]$$

$$= \frac{R_L(R_1 + R_2)(1 + \frac{\omega_p}{S})}{R_L + (R_1 + R_2)(1 + \frac{\omega_p}{S})} = \frac{R_0(1 + \frac{\omega_p}{S})}{R_L + (R_1 + R_2)(1 + \frac{\omega_p}{S})}$$

其中

$$R_0 = R_L // (R_1 + R_2)$$

經負回授後

$$Z_{0f} = \frac{Z_0}{1 + \beta(S)A_0} = [\frac{1}{1 + \frac{\beta_0 A_0}{1 + \frac{\omega_p}{S}}}][\frac{R_0(1 + \frac{\omega_p}{S})}{R_L + (R_1 + R_2)(1 + \frac{\omega_p}{S})}]$$

$$= R_{0f}[\frac{(1 + \frac{\omega_p}{S})^2}{(1 + \frac{\omega_l}{S})(1 + \frac{\omega_2}{S})}] \quad —②$$

其中 $R_{0f} = \dfrac{R_0}{1 + A_0\beta_0}$

$$\omega_l = \frac{\omega_p}{1 + A_0\beta_0}$$

$$\omega_2 = \frac{(R_1 + R_2)\,\omega_p}{R_1 + R_2 + R_L}$$

故由②式知 Z_{0f} 會受負回授影響。

---

31. 如圖回授電路，若 $R_E = 50\Omega$，設計適當的 R_F 值使得 V_0 / V_s 約為 25。（當 $R_F = \infty$ 時，$V_0 / V_s \gg 25$）**（題型：串－並式回授）**

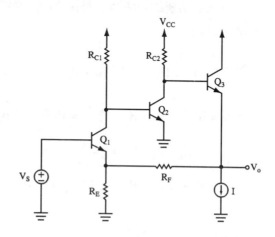

【高考】

解☞：

1. 此為串－並式回授（V'_s，V'_f，V'_0）

　因為此電路為多級放大器，故 $\beta A \gg 1$

　又 $\beta = \dfrac{V'_f}{V'_0} = \dfrac{R_E}{R_E + R_F}$

　$\therefore A_f = \dfrac{V_0}{V_s} = \dfrac{A}{1 + \beta A} \approx \dfrac{A}{\beta A} = \dfrac{1}{\beta} = 1 + \dfrac{R_F}{R_E} = 1 + \dfrac{R_F}{50} = 25$

　$\therefore R_F = 1.2k\Omega$

---

32. 已知 OPA 參數，輸入電阻 r_i，輸出電阻 r_0，電壓增益 μ，推導回授

電路 R_{if}、R_{of}、R_{of}' 及 A_{vf}。（題型：OPA 的串—並聯型負回授）

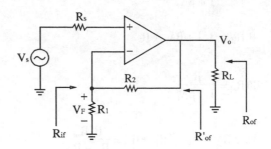

解☞：

1. 此為串—並型負回授

   $\therefore X_s = V_s$，$X_f = V_f$，$X_o = V_o$

2. 開回路等效電路

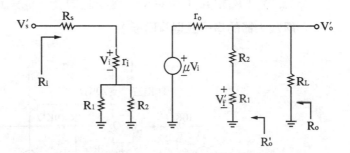

3. $A_v = \dfrac{V'_o}{V'_s} = \dfrac{V'_o}{V_i} \cdot \dfrac{V_i}{V'_s} = \dfrac{\mu\left[\,(R_2+R_1)\,/\!/\,R_L\,\right]}{r_0 + (R_2+R_1)\,/\!/\,R_L} \cdot \dfrac{r_i}{R_s + r_i + R_1\,/\!/\,R_2}$

4. $\beta = \dfrac{V'_f}{V'_o} = \dfrac{R_1}{R_1 + R_2}$

5. $R_i = R_s + r_i + R_1\,/\!/\,R_2$

6. $R_o' = r_o\,/\!/\,(R_1 + R_2)$

7. $R_o = R_o'\,/\!/\,R_L = r_o\,/\!/\,(R_1 + R_2)\,/\!/\,R_L$

8. $A_{vf} = \dfrac{A_v}{1 + \beta A_v}$

9. $R_{if} = (1 + \beta A_v) R_i$

10. $R_{of} = \dfrac{R_o}{1 + \beta A_v}$

11. $\because R_{of} = R'_{of} /\!/ R_L \rightarrow R'_{of} = \dfrac{R_L R_{of}}{R_L - R_{of}}$

33.圖示電路是由差動對（differential pair）、射極追隨器和串並回授
（R_1，R_2）所組成。假定 V_s 直流分量為零，試求每個電晶體的直流
操作電流，並證明輸出端的直流電壓幾為零，然後再求 A，$A_f =$
$V_o／V_s$，R'_{if} 和 R'_{of}（假定每一電晶體的 $\beta_o = h_{fe} = 100$）。（題型：多
級放大器的串一並型負回授）

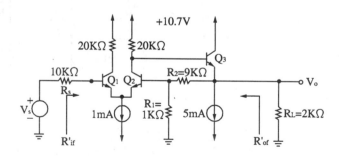

解☞：

分析：Q_1 及 Q_2 為差動對，經 R_2 作負回授

一、直流分析

$I_{E1} = I_{E2} = \dfrac{I_E}{2} = 0.5mA \approx I_{C2}$

$\therefore V_{C2} = V_{CC} - I_{C2} R_C = 10.7 - (0.5m)(20k) = 0.7V$

故 $V_o = V_{C2} - V_{BE3} = 0.7 - 0.7 = 0V$

$I_{E3} = 5mA$

二、求參數

$$r_{e1} = r_{e2} = \frac{V_T}{I_{E1}} = \frac{25mV}{0.5mA} = 50\Omega$$

$$g_{m1} = g_{m2} \cong \frac{1}{r_{e1}} = \frac{1}{50} = 0.02\mho$$

$$r_{e3} = \frac{V_T}{I_{E3}} = \frac{25mV}{5mA} = 5\Omega$$

三、回授分析

1.此為串—並型負回授

$\therefore X_s = V_s$，$X_f = V_f$，$X_o = V_o$

2.繪出開回路等效電路

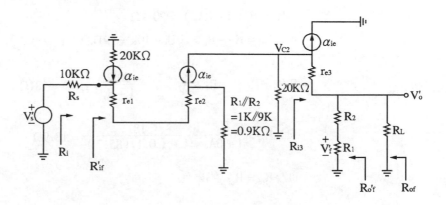

3.求 A_v

$$A_v = \frac{V_o{'}}{V_s{'}} = \frac{V_o{'}}{V_{C2}} \cdot \frac{V_{C2}}{V_s{'}}$$

$$= \frac{(R_1 + R_2) \mathbin{/\mkern-5mu/} R_L}{r_{e3} + (R_1 + R_2) \mathbin{/\mkern-5mu/} R_L} \cdot \frac{\alpha R_C{'}}{r_{e1} + r_{e2} + \dfrac{R_s + R_1 \mathbin{/\mkern-5mu/} R_2}{1 + \beta_o}}$$

$$= \frac{10K/\!\!/2K}{5 + 10K/\!\!/2K} \cdot \frac{17.88K}{(50 + 50) + \frac{10K + 0.9K}{101}} = 85.7$$

其中

$$R_{i3} = (1 + \beta_o) [r_{e3} + (R_1 + R_2)/\!\!/R_L] = 168.9k\Omega$$

$$R_C{}' = R_C/\!\!/R_{i3} = 20K/\!\!/168.9K = 17.88k\Omega$$

$$\alpha \approx 1$$

$$4. \beta = \frac{V_f{}'}{V_o{}'} = \frac{R_1}{R_1 + R_2} = \frac{1K}{1K + 9K} = 0.1$$

$$5. R_i = R_s + (1 + \beta_o)(r_{e1} + r_{e2}) + R_1/\!\!/R_2$$
$$= 10K + (101)(100) + 0.9K = 21K$$

$$6. A_{vf} = \frac{A_v}{1 + \beta A_v} = \frac{85.7}{1 + (0.1)(85.7)} = 8.96$$

$$7. R_{if} = R_i (1 + \beta A_v) = 201k\Omega$$

$$8. \therefore R_{if}' = R_{if} - R_s = 201k - 10k = 191k\Omega$$

$$9. R_o = R_L/\!\!/ (R_1 + R_2)/\!\!/ (\frac{20K}{1 + \beta_o} + r_{e3}) = 181\Omega$$

$$\therefore R_{of} = \frac{R_o}{1 + \beta A_v} = \frac{181}{1 + (0.1)(85.7)} = 18.9\Omega$$

$$10. \because R_{of} = R_{of}' /\!\!/ R_L$$

$$\therefore R_{of}' = \frac{R_L R_{of}}{R_L - R_{of}} = 19.1\Omega$$

§12-3〔題型六十九〕：
電流並聯（並串式）回授放大器

考型199 電流並聯（並串式）回授放大器

一、電流並聯回授放大器

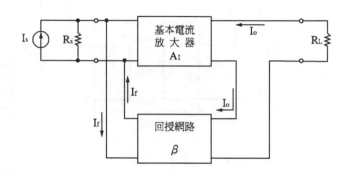

二、電流放大器

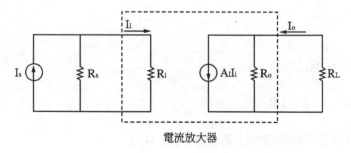

電流放大器

理想情形：$R_i << R_s, R_o >> R_L$

三、理想負回授的分析（不考慮 R_s 及 R_L）

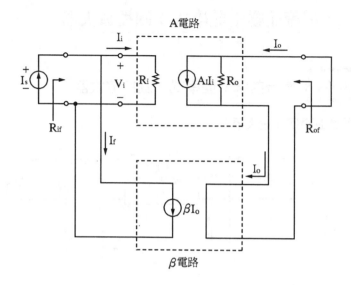

1. $A_I = \dfrac{I_o}{I_i}$

2. $A_{If} = \dfrac{A_I}{1 + \beta A_I}$

3. $R_{if} = \dfrac{R_i}{1 + \beta A_I}$

4. $R_{of} = （1 + \beta A_I）R_o$

四、非理想負回授的分析（需考慮 R_s 及 R_L）

電路模型（β 網路以 G 模型表示）

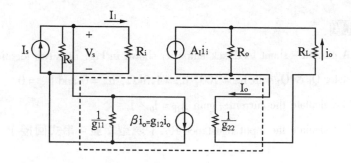

五、求回授時的輸入電阻及輸出電阻的技巧

1. $\because A_{If} = \dfrac{I_o}{I_s}$

$\therefore I_s$ 含有 R_s 效應，I_o 不含 R_L 效應，故：

(1)求回授輸入電阻，先求含 R_s 的 R_{if}，再求 R'_{if}

(2)求回授輸出電阻，先求不含 R_L 的 R'_{of}，再求 R_{of}

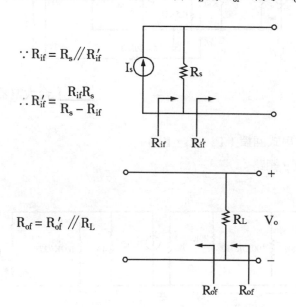

$\because R_{if} = R_s \mathbin{/\!/} R'_{if}$

$\therefore R'_{if} = \dfrac{R_{if}R_s}{R_s - R_{if}}$

$R_{of} = R'_{of} \mathbin{/\!/} R_L$

34. A current – shunt feedback amplifier shown in Fig. uses two identical Si transistor Q_1 & Q_2 with $h_{fe} = 100$, $h_{ie} = 1.3k\Omega$, $h_{re} = 0$ and $h_{oe} = 0$.

(1) Calculate the current – gain $A_{IF} = I_0 / I_s$.

(2) Calculate the input resistance R_{if}. （題型：並 – 串式回授）

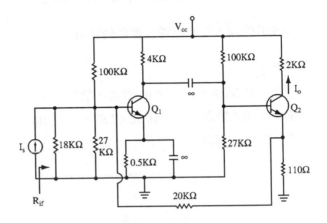

【台大電機所】

解☞：

(1) 此爲並 – 串式回授（ I'_s ，I'_f ，I'_0 ）

開路 A 及 β 網路：

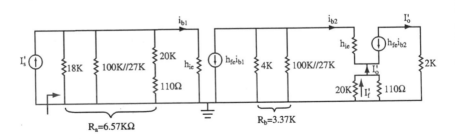

$$\beta = \frac{I'_f}{I'_0} = \frac{110}{20k + 110} = 0.00547$$

$$A = A_I = \frac{I'_0}{I'_s} = \frac{I'_0}{i_{b2}} \cdot \frac{i_{b2}}{i_{b1}} \cdot \frac{i_{b1}}{I'_s}$$

$$= (-h_{fe}) \cdot \left[\frac{-h_{fe}R_b}{R_b + h_{ie} + (1+h_{fe})(20k//110)} \right] \cdot \left[\frac{R_a}{R_a + h_{ie}} \right]$$

$$= \left[\frac{(100)^2(3.37k)}{3.37k + 1.3k + (101)(20k//110)} \right] \cdot \left[\frac{6.57k}{6.57k + 1.3k} \right]$$

$$= 1789.74$$

$$D = 1 + \beta A_I = 1 + (0.00547)(1789.74) = 10.79$$

$$\therefore A_{IF} = \frac{I_0}{I_S} = \frac{A_I}{1 + \beta A_I} = \frac{A_I}{D} = \frac{1789.74}{10.79} = 165.87$$

$$(2) R_i = R_a // h_{ie} = 6.57k // 1.3k = 1.09k\Omega$$

$$\therefore R_{if} = \frac{R_i}{1 + \beta A_I} = \frac{R_i}{D} = \frac{1.09k}{10.79} = 101\Omega$$

---

35. A current – shunt feedback low – frequency amplifier, shown in the following figure, uses two identical silicon transistors, Q_1 & Q_2. Assume that both Q_1 and Q_2 are operating in the active region, and have the following h – parameter：$h_{ie} = 3k\Omega$, $h_{fe} = 200$, $h_{re} = 0$, and $h_{oe} = 0$. Neglecting the reactances of all capacitors, and applying h – parameter model, calculate the voltage gain $A_{vf} = V_0 / V_s$ of the amplifier. (題型：並 – 串式回授)

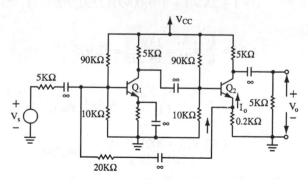

解☞：

1. 此為並－串式回授（I'_s，I'_f，I'_0）

2. 開路 A 及 β 網路

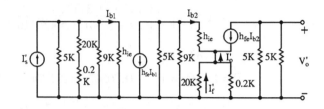

$$\beta = \frac{I'_f}{I'_0} = \frac{0.2k}{20k + 0.2k} = 0.0099$$

$$A = A_I = \frac{I'_0}{I'_s} = \frac{I'_0}{I_{b2}} \cdot \frac{I_{b2}}{I_{b1}} \cdot \frac{I_{b1}}{I'_s}$$

$$= -(1 + h_{fe}) = \left\{ \frac{-h_{fe}(9k/\!/5k)}{(9k/\!/5k) + \left[h_{ie} + (1 + h_{fe})(20k/\!/0.2k) \right]} \right\} \cdot$$

$$\left[\frac{5k/\!/(20k + 0.2k)/\!/9k}{h_{ie} + 5k/\!/(20k + 0.2k)/\!/9k} \right]$$

$$= 1350.7$$

$$D = 1 + \beta A = 1 + (0.0099)(1350.7) = 14.373$$

$$\therefore A_{If} = \frac{I_0}{I_s} = \frac{A_I}{D} = \frac{1350.7}{14.373} = 93.975$$

$$A_{vf} = \frac{V_0}{V_s} = \frac{\alpha I_0 (5k/\!/5k)}{I_s R_s} = A_{If} \left(\frac{h_{fe}}{1 + h_{fe}} \right) \left(\frac{5k/\!/5k}{5k} \right)$$

$$= \frac{(93.975)(200)(2.5k)}{(201)(5k)} = 46.754$$

36.試求

(1)$A_{If} = \dfrac{I_0}{I_s}$ (2)R_{0f}（題型：並 – 串式回授）

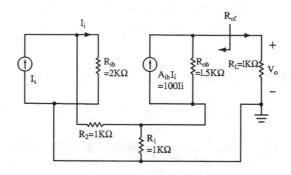

解☞：

(1) 1.此為並 – 串式回授（I'_s，I'_f，I'_0）

　　2.A 開回路網路

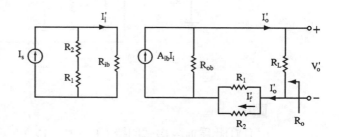

$$\beta = \frac{I'_f}{I'_0} = \frac{R_1}{R_1 + R_2} = \frac{1}{2}$$

$$3.A_I = \frac{I'_0}{I'_s} = \frac{I'_0}{I_i} \cdot \frac{I_i}{I'_s} = \frac{A_{ib}R_{0b}}{R_{0b} + （R_1 /\!/ R_2） + R_L} \cdot \frac{R_1 + R_2}{R_1 + R_2 + R_{ib}}$$

$$= \frac{（100）（1.5k）}{1.5k + （1k /\!/ 1k） + 1k} \cdot \frac{1k + 1k}{1k + 1k + 2k} = 25$$

$$\therefore A_{If} = \frac{I_0}{I_s} = \frac{A_I}{1 + \beta A_I} = \frac{25}{1 + (0.5)(25)} = 1.852$$

(2) $R'_0 = R_1 /\!/ R_2 + R_{0b} + R_L = (1k /\!/ 1k) + 1.5k + 1k = 3k\Omega$

$\quad\quad \therefore R'_{0f} = R'_0 (1 + \beta A_I) = (3k)[1 + (0.5)(25)] = 40.5k\Omega$

$\quad\quad \therefore R_{0f} = R'_{0f} - R_L = 40.5k - 1k = 39.5k\Omega$

---

37. 已知 Q_1，Q_2完全相同且均在作用區，$I_{C1} = I_{C2} = I_C$，$\beta_F = \beta_0$，$V_{A1} = V_{A2}$ $= V_A$，已知$\dfrac{V_A}{|I_C|} \gg (R_{E2} + R_{C2})$，求近似的(1)$R_{in}$　(2)$A_I = \dfrac{I_{out}}{I_{in}}$　(3)A_V $= \dfrac{V_0}{V_s}$　(4)R_{fc}　(5)R_{out}。（**題型：並－串式回授**）

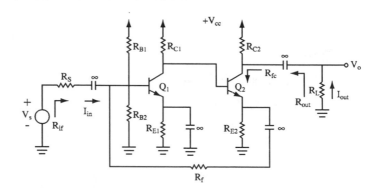

【交大電信所】

解☞：

(1)① 此為並－串式回授（I'_s，I'_f，I'_0）

　② A 開回路的網路

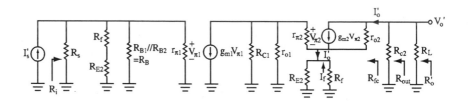

③$\beta = \dfrac{I'_f}{I'_0} = -\dfrac{R_{E2}}{R_{E2} + R_f}$

④$A = A_I = \dfrac{I'_0}{I'_s} = \dfrac{I'_0}{V_{\pi2}} \cdot \dfrac{V_{\pi2}}{V_{b2}} \cdot \dfrac{V_{b2}}{V_{\pi1}} \cdot \dfrac{V_{\pi1}}{I'_s}$

$= (-g_{m2})\left[\dfrac{r_{\pi2}}{r_{\pi2} + (1+\beta)(R_{E2}//R_f)}\right] \cdot \{g_{m1}(r_{01}//R_{C1}//$

$[r_{\pi2} + (1+\beta)(R_{E2}//R_f)])\} \cdot [R_s//(R_f + R_{E2})//R_B//r_{\pi1}]$

$= \dfrac{-g_{m1}g_{m2}r_{\pi2}\{r_{01}//R_{C1}//[r_{\pi2}+(1+\beta)(R_{E2}//R_f)]\}[R_s//(R_f+R_{E2})//R_B//r_{\pi1}]}{r_{\pi2}+(1+\beta)(R_{E2}//R_f)}$

其中

$r_{\pi1} = r_{\pi2} = \dfrac{V_T}{I_B}$ ，$r_{01} = r_{02} = \dfrac{V_A}{I_C}$ 及 $g_{m1} = g_{m2} = \dfrac{I_C}{V_T}$

⑤$R_i = R_s // (R_f + R_{E2}) // R_B // r_{\pi1}$

⑥$R_{if} = \dfrac{R_i}{1 + \beta A}$

(2)$A_{If} = \dfrac{A}{1 + \beta A}$

(3)$A_{vf} = \dfrac{V_0}{V_s} = \dfrac{-I_0(R_{C2}//R_L)}{I_s R_s} = -A_{If}\dfrac{R_{C2}//R_L}{R_s}$

(4)$R'_0 = R_{C2}//R_L + r_{02}\left[1 + \dfrac{g_{m2}r_{\pi2}(R_{E2}//R_f)}{r_{\pi2} + (R_{E2}//R_f) + (r_{01}//R_{C1})}\right]$

$\therefore R'_{0f} = R'_0(1 + \beta A)$

故 $R_{fc} = R'_{0f} - (R_{C2}//R_L)$

(5)$\therefore R_{out} = R_{fc}//R_{C2}$

38.如圖，$Q_1 = Q_2$，$h_{fe} = 100$，$h_{ie} = 1k\Omega$，$h_{oe} = h_{re} = 0$，求

(1)電路之回授方式，

(2)回授電壓增益 $A_{vf} \triangleq V_0 / V_s = ?$

(3)由 V_s 電源往內看的輸入阻抗 $R_{if} = ?$

(4) $R'_{of} = ?$（題型：並－串式回授）

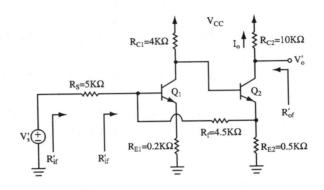

解☞：

　　(1)此為並－串式回授（ I'_s , I'_f , I'_0 ）

　　(2)開路 A 及 β 之網路

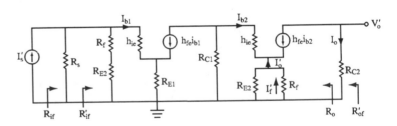

$$\beta = \frac{I'_f}{I'_0} = \frac{R_{E2}}{R_f + R_{E2}} = \frac{0.5k}{4.5k + 0.5k} = 0.1$$

$$A = A_I = \frac{I'_0}{I'_s} = \frac{I'_0}{i_{b2}} \cdot \frac{i_{b2}}{i_{b1}} \cdot \frac{i_{b1}}{I'_s}$$

$$= (-h_{fe})(-h_{fe}) \left[\frac{R_{C1}}{R_{C1} + h_{ie} + (1 + h_{fe})(R_f // R_{E2})} \right]$$

$$\left[\frac{R_s /\!/ (R_f + R_{E2})}{R_s /\!/ (R_f + R_{e2}) + h_{ie} + (1 + h_{fe}) R_{E1}}\right]$$

$$= \frac{(100)(100)(4k)(5k/\!/5k)}{[4k + 1k + (101)(4.5k/\!/0.5k)] \cdot [5k/\!/5k + 1k + (101)(0.2k)]}$$

$$= 83.6$$

$$D = 1 + \beta A_I = 1 + (0.1)(83.6) = 9.36$$

$$\therefore A_{If} = \frac{A_I}{1 + \beta A_I} = \frac{A_I}{D} = \frac{83.6}{9.36} = 8.93$$

故 $A_{vf} = \dfrac{V_0}{V_s} = \dfrac{I_0 R_{C2}}{I_s R_s} = \dfrac{A_{If} R_{C2}}{R_s} = \dfrac{(8.93)(10k)}{5k} = 17.86$

(3) $R_i = R_s /\!/ (R_f + R_{E2}) /\!/ [h_{ie} + (1 + h_{fe}) R_{E1}]$

$\quad = 5k /\!/ (4.5k + 0.5k) /\!/ [1k + (101)(0.2k)] = 2.24k\Omega$

$$\therefore R_{if} = \frac{R_i}{1 + \beta A_I} = \frac{R_i}{D} = \frac{2.24k}{9.36} = 239\Omega$$

上式為由 I'_s 電流源所看到的輸入電阻 R_{if}

$\because R_{if} = R'_{if} /\!/ R_s$

$$\therefore R'_{if} = \frac{R_s R_{if}}{R_s - R_{if}} = \frac{(5k)(239)}{5k - 239} = 251\Omega$$

故由 V_s 電壓源所看入之輸入電阻 R''_{if} 為

$R''_{if} = R_s + R'_{if} = 5k + 251 = 5.251k\Omega$

(4) $\because R_0 = \infty$

$\quad \therefore R_{0f} = R_0 (1 + \beta A) = \infty$

$\quad$ 故 $R'_{0f} = R_0 /\!/ R_{C2} = R_{C2} = 10k\Omega$

---

39. 下圖所示之電流並聯低頻負回授放大電路，使用二個相等之矽電晶體 Q_1，Q_2，假設 Q_1，Q_2 均工作於主動區，且有下列之參數：$h_{ie} =$

$3k\Omega$，$h_{fe} = 200$，$h_{re} = 0$，$h_{oe} = 0$。忽略所有電容之電抗值，使用 h—參數模型，求出總電壓增益$\dfrac{V_o}{V_s}$。（題型：多級放大器的並—串型負回授）

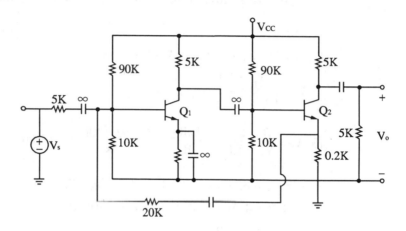

解☞：

1. 此為並—串型負回授

∴ $X_s = I'_s$，$X_f = I'_f$，$X_o = I'_o$

2. 繪開回路等效圖

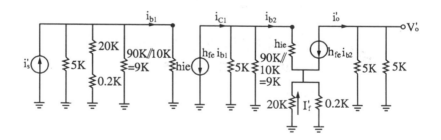

3. ∵ $A = \dfrac{X_o}{X_s} = \dfrac{i_o'}{i_s'} = A_I$

$$\therefore A_I = \frac{i_o'}{i_s'} = \frac{i_o'}{i_{b2}} \cdot \frac{i_{b2}}{i_{c1}} \cdot \frac{i_{c1}}{i_{b1}} \cdot \frac{i_{b1}}{i_s'}$$

$$= (-h_{fe}) \cdot \left(\frac{(5k/\!/9k)}{5k/\!/9k + [\,(1+h_{fe})(20k/\!/0.2k) + h_{ie}\,]} \right) \cdot$$

$$(-h_{fe}) \cdot \frac{5k/\!/20.2k/\!/9k}{h_{ie} + 5k/\!/20.2k/\!/9k} = 1341$$

$$4. \beta = \frac{X_f}{X_o} = \frac{I_f'}{I_o'} \approx \frac{0.2k}{20K + 0.2K} = 0.01$$

$$5. A_{If} = \frac{A_I}{1 + \beta A_I} = \frac{1341}{1 + (0.01)(1341)} = 93.06$$

$$6. A_{vf} = \frac{V_o}{V_s} = \frac{I_o R_o}{I_s R_s} = A_{If} \cdot \frac{(5K/\!/5K)}{5K} = 46.53$$

---

40. 下圖中，V_s 的直流成分爲零，Q_1，Q_2的參數爲 $h_{fe1} = h_{fe2} = 100$，求出 $V_o \diagup V_s$ 及 R_{if}。**（題型：多級放大器的並一串型負回授）**

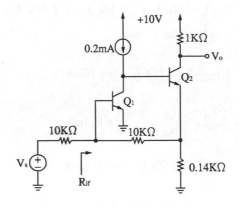

解☞ ：

一、直流分析求參數

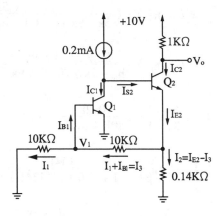

1. $V_1 = V_{BE1} = 0.7V$

2. $\because I_1 \cong I_3 = \dfrac{V_1}{10K} = \dfrac{0.7}{10k} = 70\mu A$

3. $I_2\ (\ 0.14k\ )\ = I_1\ (\ 10k\ )\ + I_3\ (\ 10k\ )\ = \ (\ 70\mu A\ )(20k)$

   $\therefore I_2 = 10mA$

4. $I_{E2} \cong I_{C2} = I_3 + I_2 \approx I_2 = 10mA$

   $\therefore I_{B2} = \dfrac{I_{C2}}{h_{fe2}} = \dfrac{10mA}{100} = 0.1mA$

   $\therefore I_{C1} = 0.2mA - I_{B2} = 0.1mA$

5. $\therefore g_{m1} = \dfrac{I_{C1}}{V_T} = \dfrac{0.1mA}{25mV} = 0.004A \diagup V$

   $g_{m2} = \dfrac{I_{C2}}{V_T} = \dfrac{10mA}{25mV} = 0.4A \diagup V$

$$r_{\pi 1} = \frac{h_{fe}}{g_{m1}} = \frac{100}{0.004} = 25k\Omega$$

$$r_{\pi 2} = \frac{h_{fe}}{g_{m2}} = \frac{100}{0.4} = 0.25k\Omega$$

二、1.此為並一串型負回授

$$\therefore X_s = I_s \text{,} X_f = I_f \text{,} X_o = I_o$$

2.繪開路等效圖

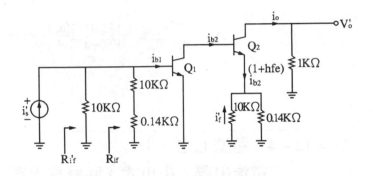

3. $A = \dfrac{X_o}{X_s} = \dfrac{i_o{}'}{i_s{}'} = A_I$

$$\therefore A_I = \frac{i_o{}'}{i_s{}'} = \frac{i_o{}'}{i_{b2}} \cdot \frac{i_{b2}}{i_{b1}} \cdot \frac{i_{b1}}{i_s{}'}$$

$$= (-h_{fe2})(-h_{fe1}) \left[\frac{10k /\!/ (10k + 0.14k)}{r_{\pi 1} + 10k /\!/ (10k + 0.14k)} \right]$$

$$= 1676$$

4. $\beta = \dfrac{I_f{}'}{I_o{}'} = \dfrac{1 + h_{fe}}{h_{fe}} \cdot \dfrac{0.14k}{10k + 0.14k} = 0.0139$

$$\therefore D = 1 + \beta A_I = 1 + (0.0139)(1676) = 24.3$$

5.$A_{If} = \dfrac{A_I}{1 + \beta A_I} = \dfrac{A_I}{D} = \dfrac{1676}{24.3} = 68.97$

6.$\therefore A_{vf} = \dfrac{V_o}{V_s} = \dfrac{I_o R_C}{I_s R_s} = A_{If} \cdot \dfrac{R_C}{R_s} = (68.97)\dfrac{1k}{10k} = 6.897$—Ans①

7.$R_i{}' = 10k // (10k + 0.14k) // r_{\pi 1} = 4.19k\Omega$

$\therefore R_{if}' = \dfrac{R_i{}'}{1 + \beta A_I} = \dfrac{R_i{}'}{D} = \dfrac{4.19k}{24.3} = 172.4\Omega$

8.$\because R_{if}' = R_{if} // R_s$

$\therefore R_{if} = \dfrac{R_{if}' R_s}{R_s - R_{if}'} = \dfrac{(172.4)(10k)}{10k - 172.4} = 175\Omega$

§12-4〔題型七十〕：
電流串聯（串串式）回授放大器

考型200 電流串聯（串串式）回授放大器

一、電流串聯回授放大器

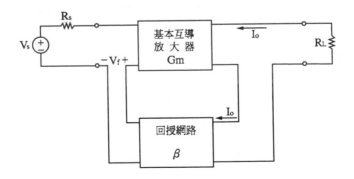

二、互導放大器

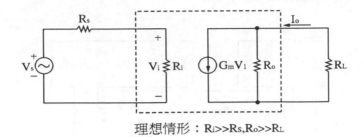

理想情形：$R_i \gg R_s, R_o \gg R_L$

三、理想負回授的分析（不考慮 R_s 及 R_L）

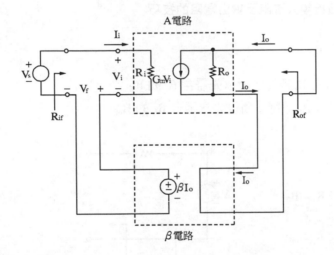

1. $G_m = \dfrac{I_o}{I_i}$

2. $G_{mf} = \dfrac{G_m}{1 + \beta G_m}$

3. $R_{if} = (1 + \beta G_m) R_i$

4. $R_{of} = (1 + \beta G_m) R_o$

四、非理想負回授的分析（需考慮 R_s 及 R_L）

電路模型（β 網路以 Z 模型表示）

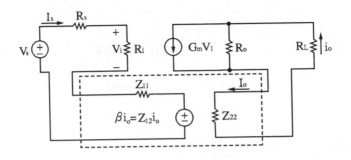

五、求回授輸入電阻及輸出電阻的技巧

$$\because G_m = \frac{I_o}{V_s}$$

1. V_s 含有 R_s 效應，所以先需含 R_s 的 R_{if}

2. i_o 不含 R_L 效應，所以先求不含 R_L 的 R'_{of}

$$R'_{if} = R_s - R_{if}$$

$$R_{of} = R'_{of} \,/\!/\, R_L$$

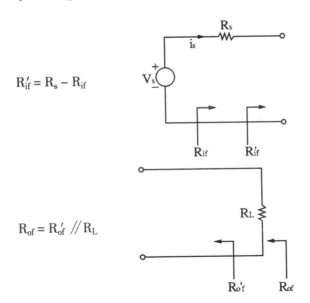

歷屆試題

41. For the circuit shown below

(1) Using the feedback concept

ⓐWhat topology is used？　ⓑβ = ？　ⓒDetermine $\dfrac{V_0}{V_s}$

(2) Using nodal analysis, find $\dfrac{V_0}{V_s}$.

(3) Are the answers obtained in (1) and (2) identical？

If yes, states why？ If no, states why？（題型：串－串式回授）

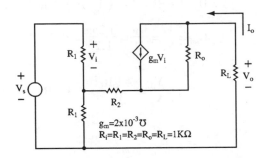

【交大電子所】

簡譯

(1)用回授觀念求ⓐ回授式，ⓑβ，ⓒ$\dfrac{V_0}{V_s}$。

(2)用節點分析法求$\dfrac{V_0}{V_s}$。

(3)比較(1)，(2)的結果。並述理由

解☞：

(1)ⓐ 1.此為串－串式回授（V'_s，V'_f，I'_0）

2.開路 A 及 β 網路：

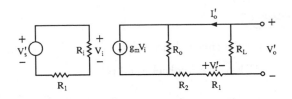

ⓑ$\beta = \dfrac{V'_f}{I'_0} = R_1 = 1k\Omega$

ⓒ $1.A = G_M = \dfrac{I'_0}{V'_s} = \dfrac{I'_0}{V_i} \cdot \dfrac{V_i}{V'_s} = \dfrac{g_m R_0}{R_0 + R_2 + R_1 + R_L} \cdot \dfrac{R_i}{R_1 + R_i} = 0.25m\mho$

$2.D = 1 + \beta A = 1 + (1k)(0.25m) = 1.25$

$G_{mf} = \dfrac{I_0}{V_s} = \dfrac{G_M}{D} = \dfrac{0.25m}{1.25} = 0.2m\mho$

$\therefore A_{vf} = \dfrac{V_0}{V_s} = \dfrac{-I_0 R_L}{V_s} = -G_{mf}R_L = -(0.2m)(1k) = -0.2$

(2)

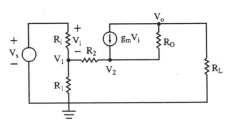

$1.V_i = V_s - V_1 \quad\text{——}①$

$(\dfrac{1}{R_i} + \dfrac{1}{R_1} + \dfrac{1}{R_2})V_1 - \dfrac{V_2}{R_2} = \dfrac{V_s}{R_i}$

$\Rightarrow (\dfrac{1}{1k} + \dfrac{1}{1k} + \dfrac{1}{1k})V_1 - \dfrac{V_2}{1k} = \dfrac{V_s}{1k} \Rightarrow 3V_1 - V_2 = V_s \quad\text{——}②$

$-\dfrac{V_1}{R_2} + (\dfrac{1}{R_2} + \dfrac{1}{R_0})V_2 = g_m V_i + \dfrac{V_0}{R_0}$

$$\Rightarrow -\frac{V_1}{1k} + \left(\frac{1}{1k} + \frac{1}{1k}\right) V_2 = (2m) V_i + \frac{V_0}{1k} \Rightarrow -V_1 + 2V_2$$
$$= 2V_i + V_0 \text{———③}$$

$$-\frac{V_2}{R_0} + \left(\frac{1}{R_0} + \frac{1}{R_L}\right) V_0 = -g_m V_i$$

$$\Rightarrow -\frac{V_2}{1k} + \left(\frac{1}{1k} + \frac{1}{1k}\right) V_0 = -(2m) V_i$$

$$\Rightarrow -V_2 + 2V_0 = -2V_i \text{———④}$$

2.解聯立方程式①、②、③、④得

$$A_V = \frac{V_0}{V_s} = -\frac{1}{9} = -0.11$$

(3)(1)及(2)的答案不一樣。以(2)的節點分析法為精確解。因為(1)的答案是用回授法分析。而回授分析是建立在回授的四大假設，故有誤差。

42.The FET in the circuit shown in Fig. has $g_m = 1mA / V$, $r_d = 20k\Omega$.

(1)Identify the feedback topology.

(2)Find the input and output circuits without feedback, but taking the loading into account.

(3)Find $G_{MF} = I_0 / V_s$.

(4)Find $A_{VF} = V_0 / V_s$. (題型：串－串式回授)

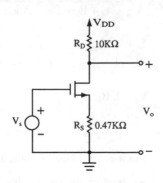

【成大電機所】

簡譯

FET 的 $g_m = 1\dfrac{mA}{V}$，$r_d = 20k\Omega$，求：

(1)回授型式

(2)繪出無回授時之 A&β 網路

(3)$G_{MF} = \dfrac{I_0}{V_s}$

(4)$A_{VF} = \dfrac{V_0}{V_s}$。

解☞：

    (1)此為串－串式回授（ V'_s，V'_f，i'_0 ）

    (2)開路 A 及 β 的網路

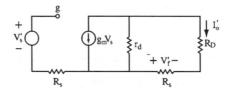

(3)$\because \beta = \dfrac{V'_f}{I'_0} = -R_s = -0.47k\Omega$

$$A = G_M = \dfrac{I'_0}{V'_s} = \dfrac{-g_m r_d}{r_d + R_s + R_D} = \dfrac{-(1m)(20k)}{20k + 0.47k + 10k} = -0.656m\mho$$

$$\therefore G_{mF} = \dfrac{I_0}{V_s} = \dfrac{G_M}{1 + \beta G_M} = \dfrac{-0.656m}{1 + (-0.47k)(-0.656m)} = -0.5m\mho$$

(4)$A_{VF} = \dfrac{V_0}{V_s} = \dfrac{I_0 R_D}{V_s} = G_{mF} R_D = (-0.5m)(10k) = -5$

---

43. Fig. shows a circuit for a voltage－controlled current source employing series
－series feedback through the resistor R_E. （ The bias circuit is not shown ）

(1) If the loop gain is very large, find the value of R_E to obtain a circuit transconductance ($I_0／V_s$) of 1 mA／V. If the voltage amplifier has a differential resistance of 100kΩ, a voltage gain of 100, and an output resistance of 1kΩ, and if the transistor is biased at a current of 1mA and has h_{fe} of 100, and r_0 of 100kΩ, $R_s = 10$kΩ.

(2) Find the actual value of transconductance ($I_0／V_s$) realized.

(3) Find the input resistance R_{in}. (題型：串 – 串式回授)

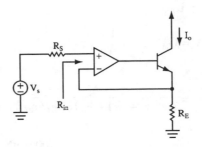

【 成大工科所 】

解☞ :

(1) 1. 此爲串 – 串式回授 (V'_s，V'_f，I'_0)

2. $\beta = \dfrac{V'_f}{I'_0} = R_E$

$\because A_f = \dfrac{A}{1 + \beta A} \approx \dfrac{A}{\beta A} = \dfrac{1}{\beta} = 1\text{mA／V}$

$\therefore R_E = \beta = \dfrac{1}{1\text{m}} = 1\text{k}\Omega$

(2)開路 A 及 β 網路

1. $\beta = R_E$

2. $A = G_M = \dfrac{I'_0}{V'_s} = \dfrac{I'_0}{V_i} \cdot \dfrac{V_i}{V'_s}$

$$= \dfrac{A_1}{r_{01} + r_\pi + (1 + h_{fe})(R_E /\!/ r_{02})} \cdot \dfrac{R_{id}}{R_s + R_{id} + R_E}$$

$$= \dfrac{(100)(100k)}{[1k + 25 + (101)(1k /\!/ 100k)] [10k + 100k + 1k]}$$

$$= 0.89m\mho$$

其中

$$r_\pi = \dfrac{V_T}{I_B} = \dfrac{25mV}{1mA} = 25\Omega$$

(3) $R_{in} = R_s + R_{id} + R_E = 10k + 100k + 1k = 111k\Omega$

$\therefore R_{if} = R_{in}(1 + \beta A) = (111k)[1 + (1k)(0.89m)]$

$= 209.79k\Omega$

44.附圖所示為一回授放大器，假設 Q_1，Q_2 和 Q_3 之偏壓電流分別為 I_{C1}
   $= 0.5mA$，$I_{C2} = 1mA$，$I_{C3} = 5mA$ 且 $\beta_0 = 100$ 和 $r_0 = \infty$。試計算

(1) $A_{vf} \triangleq V_0 / V_s$

(2) R_{if}（題型：串–串式回授）

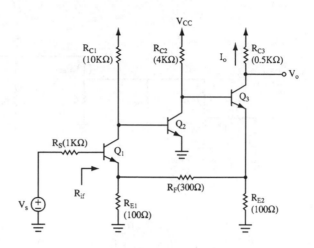

【高考】

解 ☞ :

(1) 1.直流分析⇒求參數

$$\alpha = \frac{\beta_0}{1 + \beta_0} = \frac{100}{101} = 0.99$$

$$r_{e1} = \frac{V_T}{I_{E1}} = \frac{\alpha V_T}{I_{C1}} = \frac{(0.99)(25m)}{0.5m} = 49.5\Omega$$

$$r_{\pi2} = \frac{V_T}{I_{C2}} = \frac{25m}{1m} = 25\Omega$$

$$r_{e3} = \frac{V_T}{I_{E3}} = \frac{\alpha V_T}{I_{C3}} = \frac{(0.99)(25m)}{5m} = 4.95\Omega$$

2.此為串－串式回授（V'_s，V'_f，I'_0）

開路 A 及 β 網路

$$\beta = \frac{V'_f}{I'_0} = \frac{-R_{E2}R_{E1}}{\alpha(R_F + R_{E1} + R_{E2})} = \frac{-(100)(100)}{(0.99)(300 + 100 + 100)}$$

$$= -20.2\Omega$$

$$A = G_M = \frac{I'_0}{V'_s} = \frac{I'_0}{V_{b3}} \cdot \frac{V_{b3}}{V_{b2}} \cdot \frac{V_{b2}}{V_{b1}} \cdot \frac{V_{b1}}{V'_s}$$

$$= \left[\frac{-\alpha}{r_{e3} + (R_{E1} + R_F)//R_{E2}}\right] \cdot$$

$$\left[\frac{-\alpha[R_{C2}//(1+\beta)[r_{e3} + (R_{E1} + R_F)//R_{E2}]}{r_{e2}}\right] \cdot$$

$$\left[\frac{-\alpha(R_{C1}//r_{\pi2})}{r_{e1} + R_E//(R_F + R_{E2})}\right] \cdot$$

$$\left[\frac{(1+\beta)[r_{e1} + (R_F + R_{E2}))//R_{E1}]}{R_s + (1+\beta)[r_{e1} + (R_F + R_{E2})//R_{E1}]}\right]$$

$$= -17.999\mho$$

$$\therefore D = 1 + \beta G_m = 1 + (-2.02)(-17999m) = 364.6$$

故 $G_{mf} = \frac{I_0}{V_s} = \frac{G_m}{1 + \beta G_m} = \frac{-17.999}{364.6} = -49.4m\mho$

$$A_{vf} = \frac{V_0}{V_s} = \frac{I_0 R_{C3}}{V_s} = G_{mf}R_{C3} = (-49.4m)(0.5k) = -24.7$$

$(2) \because R_i = R_s + (1+\beta) \left[r_{e1} + (R_F + R_{E2}) /\!/ R_{E1} \right] = 14.13k\Omega$

$\quad \therefore R_{if} = R_i (1 + \beta G_m) = R_i D = (14.13k)(364.6) = 5.15M\Omega$

故 $R'_{if} = R_{if} - R_s = 5.15M - 1k = 5.149M\Omega$

45.Please define a transconductance amplifier and draw the equivalent circuits for both the ideal and the practical cases.（**題型：串－串式回授**）

【**交大控制所**】

解☞：

詳見內文。

46.試分析電路：

(1)判別何類負回授　(2)　繪 NFC 圖　(3)求 β。（**題型：多級放大器的串－串型負回授**）

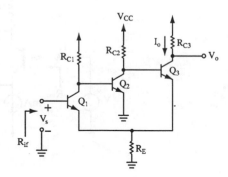

解☞：

1.此為串－串型負回授（即電流串聯回授）

2.繪開回路等效圖

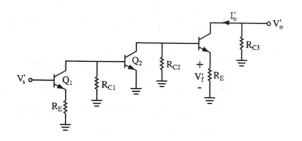

$3. \beta = \dfrac{x_f}{x_0} = \dfrac{V_f}{I_0} \approx R_E$

（註：此題 β 值不爲負值，是因爲題目 I_0 方向的定義）

47.下圖電路中，$h_{fe} = 100$，試以(1)回授技巧(2)直接分析，求 $\dfrac{V_o}{V_s}$、R_{in} 和 R_{out}。其中 $R_s = 10k\Omega$，$R_o = 5k\Omega$，$R_E = 0.1k$（**題型：BJT 的串—串型負回授**）

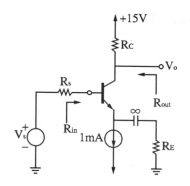

解☞：

　　1.此爲串—串型負回授

　　　∴ $X_s = V'_s$，$X_f = V'_f$，$X_o = I'_o$

　　　此題不易看出 R_E 爲迴授電阻，故先繪出小訊號，即可得知

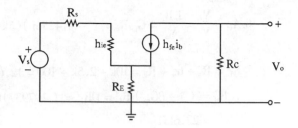

2.繪開路等效圖

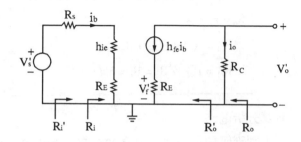

$3. \beta = \dfrac{X_f}{X_o} = \dfrac{V_f{}'}{I_o{}'} = -R_E = -100\Omega$

$4. A = \dfrac{X_o}{X_s} = \dfrac{I_o{}'}{V_s{}'} = G_m$

$$\therefore G_m = \dfrac{I_o{}'}{V_s{}'} = \dfrac{-h_{fe}}{(R_s + h_{ie} + R_E)} = \dfrac{-100}{10k + 2.5k + 100} = -7.937m\mho$$

其中

$$h_{ie} = \dfrac{V_T}{I_B} = \dfrac{(1 + h_{fe})V_T}{I_E} = \dfrac{(101)(25mV)}{1mA} \approx 2.5k\Omega$$

故 $D = 1 + \beta G_m = 1 + (-100)(-7.937m) = 1.7937$

$$5. \therefore G_{mf} = \dfrac{G_m}{1 + \beta G_m} = \dfrac{G_m}{D} = \dfrac{-7.937m}{1.7937} = -4.425m\mho$$

6. $A_{vf} = \dfrac{V_o}{V_s} = \dfrac{I_o R_c}{V_s} = G_{mf} R_c = (-4.425m)(5k) = -22.125$

7. $R_i' = R_s + h_{ie} + R_E = 10k + 2.5k + 100 = 12.6k\Omega$

 $\therefore R_{if}' = (1 + \beta G_m) R_i' = DR_i' = (1.7937)(12.6k)$

   $= 22.6k\Omega$

 $\because R_{if}' = R_s + R_{if}$

 $\therefore R_{if} = R_{if}' - R_s = 22.6k - 10k = 12.6k\Omega$

8. $R_o = r_o = \infty$

 $\therefore R_{of}' = (1 + \beta G_m) R_o = \infty$

 $\because R_{of}' = R_{of}' \mathbin{/\!/} R_c = R_c = 5k\Omega$

48.試分析電路：

 (1)判別何類負回授 (2)繪 NFC 圖 (3)求 β。**（題型：多級放大器的串—串型負回授）**

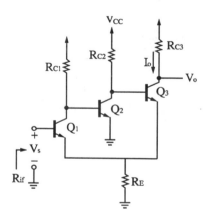

解☞：

 1.此為串—串型負回授（即電流串聯回授）

 2.繪開回路等效圖

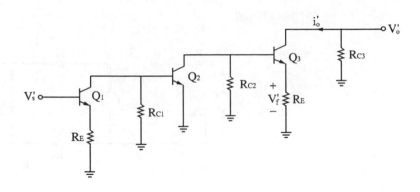

$$3.\beta = \frac{X_f}{X_o} = \frac{V_f}{I_o} \cong R_E$$

（註：此題 β 值不爲負值，是因爲題目 I_o 方向的定義）

49.試分析 FET 電路，並求出

(1)β (2)A (3)D (4)A_f (5)A_{vf} (6)R_{in} (7)R_{inf} (8)R_o (9)R_{of}(10)R_{of}'

（題型：FET 的串—串型負回授）

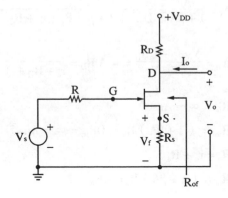

解☞ ：

1.此爲串—串型負回授

$$\therefore X_s = V'_s，X_f = V'_f，X_o = I'_o$$

2.繪開路等效圖

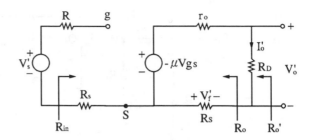

3.$A = G_m = \dfrac{X_o}{X_s} = \dfrac{I_o{}'}{V_s{}'} = \dfrac{I_o{}'}{V_{gs}} = \dfrac{\mu}{r_o + R_D + R_s}$—Ans②

4.$\beta = \dfrac{X_f}{X_o} = \dfrac{V_f{}'}{I_o{}'} = R_s$—Ans①

$D = 1 + \beta G_m = 1 + \dfrac{\mu R_s}{r_o + R_D + R_s} = \dfrac{(1+\mu)R_s + r_o + R_D}{r_o + R_D + R_s}$—Ans③

5.$A_f = \dfrac{A}{1+\beta A} = \dfrac{A}{D} = \dfrac{\mu}{(1+\mu)R_s + r_o + R_D}$—Ans④

6.$A_{vf} = \dfrac{V_o}{V_s} = \dfrac{-I_o R_D}{V_s} = -A_f R_D = \dfrac{-\mu R_D}{r_o + R_D + (1+\mu)R_s}$—Ans⑤

7.$R_{in} = \infty$—Ans⑥

8.$R_{inf} = (1+\beta A)R_{in} = DR_{in} = \infty$—Ans⑦

9.$R_o = r_o + R_s$

10.$R_{of} = (1+\beta A)R_o = DR_o$

$= \dfrac{[(1+\mu)R_s + r_o + R_D][r_o + R_s]}{r_o + R_D + R_s}$

11.$R_{of}' = R_{of} /\!/ R_D$

50.下圖所示回授電路：

(1)何種回授組態

(2)$\beta = ?$

(3)$\dfrac{V_o}{V_s} = ?$（題型：串—串型負回授）

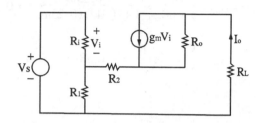

$$g_m = 2 \times 10^{-3}，R_i = R_1 = R_2 = R_s = R_L = 1k\Omega$$

解☞：

(1)此為串—串型負回授

$\therefore X_s = V_s，X_f = V_f，X_o = I_o$

(2)①繪開路等效圖

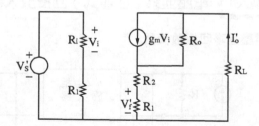

②$A = \dfrac{X_o}{X_s} = \dfrac{I_o{}'}{V_s{}'} = G_m$

$(I_o - g_m V_i) R_o + I_o (R_2 + R_1 + R_L) = 0$

$\therefore I_o (R_1 + R_2 + R_L + R_o) = g_m V_i R_o \Rightarrow \dfrac{I_o{}'}{V_i} = \dfrac{g_m R_o}{R_1 + R_2 + R_L + R_o}$

$$\therefore G_m = \frac{I_o'}{V_s'} = \frac{I_o'}{V_i} \cdot \frac{V_i}{V_s'} = \frac{g_m R_o}{R_1 + R_2 + R_L + R_o} \cdot \frac{R_i}{R_i + R_s} = \frac{1}{4} m \mho$$

③$\beta = \dfrac{X_f}{X_o} = \dfrac{V_f'}{I_o'} = R_1 = 1k\Omega$

(3)①$G_{mf} = \dfrac{G_m}{1 + \beta G_m} = \dfrac{0.25m}{1 + (1k)(0.25m)} = 0.2m\mho$

$$A_{vf} = \frac{V_o}{V_s} = \frac{-I_o R_L}{V_s} = -G_{mf} R_L = -0.2$$

§12-5〔題型七十一〕：
電壓並聯（並並式）回授放大器

考型201 電壓並聯·（並並式）回授放大器

一、電壓並聯回授放大器

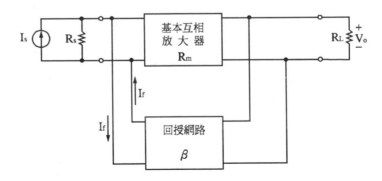

二、互阻放大器

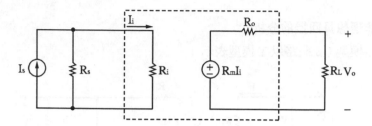

理想情形：$R_i \gg R_s, R_o \ll R_L$

三、理想負回授的分析

A電路

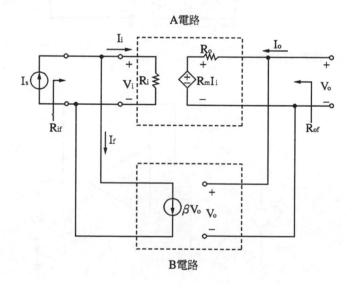

B電路

1. $R_m = \dfrac{V_o}{I_i}$

2. $R_{mf} = \dfrac{R_m}{1 + \beta R_m}$

3. $R_{if} = \dfrac{R_i}{1 + \beta R_m}$

$$4.\,R_{of} = \frac{R_o}{1 + \beta R_m}$$

四、非理想負回授的分析

電路模型（β 網路以 Y 模型表示）

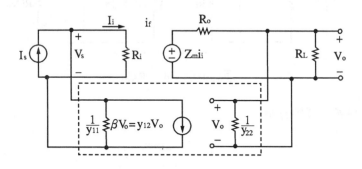

五、OPA 電壓並聯回授

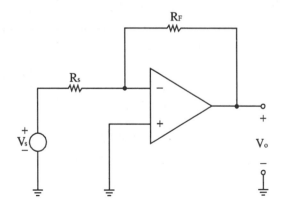

六、求回授輸入電阻及輸出電阻的技巧

$$\because R_M = \frac{V_o}{I_s}$$

1. I_s 含有 R_s 效應，所以先求含有 R_s 的 R_{if}，再求不含 R_s 的 R'_{if}

2. V_o 含有 R_L 效應，所以先求含有 R_L 的 R_{of}，再求不含 R_L 的 R'_{of}

$$\because R_{if} = R_s /\!/ R'_{if}$$

$$\therefore R'_{if} = \frac{(R_{if})(R_s)}{R_s - R_{if}}$$

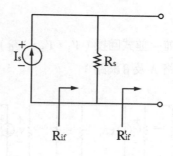

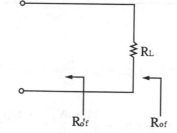

$$\because R_{of} = R_L /\!/ R'_{of}$$

$$\therefore R'_{of} = \frac{(R_{of})(R_L)}{R_L - R_{of}}$$

歷屆試題

51. The ac schematic of a shunt – shunt feedback amplifier is shown. All collector currents are 1mA and $\beta = 100$, $r_{bb} = 0$ and Early voltage = 100V. Calculate the overall gain V_0 / I_i, the loop gain, the input impedance and output impedance. (assume $V_T = 25$mV) (題型：並－並式回授)

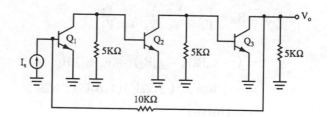

【清大電機所】

簡譯

已知所有 I_C 均爲1mA，$\beta = 100$，$r_{bb} = 0$，$V_A = 100$V，求$\dfrac{V_0}{I_i}$及迴路增益及輸入阻抗和輸出阻抗。

此爲並－並式回授（ I'_i ， I'_f ， V'_0 ）

1.開路 A 及 β 網路：

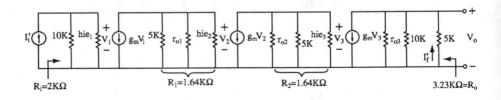

2.$g_{m1} = g_{m2} = g_{m3} = g_m = \dfrac{I_C}{V_T} = 40\text{mA}/\text{V}$

$$h_{ie1} = h_{ie2} = h_{ie3} = \dfrac{V_T}{I_B} = \dfrac{\beta V_T}{I_C} = \dfrac{(100)(25m)}{1m} = 2.5\text{k}\Omega$$

$$r_{01} = r_{02} = r_{03} = \dfrac{V_A}{I_C} = \dfrac{100}{1m} = 100\text{k}\Omega$$

$$\beta = \dfrac{I'_f}{V'_0} = -\dfrac{1}{10k} = -0.1\text{m}\mho$$

3.$A = R_M = \dfrac{V'_0}{I'_i} = \dfrac{V'_0}{V_3} \cdot \dfrac{V_3}{V_2} \cdot \dfrac{V_2}{V_1} \cdot \dfrac{V_1}{I'_i}$

$\quad = (-g_m R_0)(-g_m R_2)(-g_m R_1) R_i$

$\quad = -(40m)^3(3.22k)(1.64k)^2(2k)$

$\quad = -1108\text{M}\Omega$

4.$D = 1 + \beta A = 1 + (-0.1m)(-1108M) = 110801$

$\quad \therefore A_f = R_{Mf} = \dfrac{V_0}{I_i} = \dfrac{R_M}{D} = \dfrac{-1108M}{110801} = -10\text{k}\Omega$

5.回路增益 $= \beta A = 110800$

$$6. R_{if} = \frac{R_i}{D} = \frac{2k}{110801} = 0.018\Omega$$

$$7. R_{0f} = \frac{R_0}{D} = \frac{3.23k}{110801} = 0.029\Omega$$

52.For the following feedback amplifier, let $h_{fe} = 100$, $h_{ie} = 1k\Omega$, and $h_{oe} = h_{re} = 0$. Find R_{mf}, A_{vf}, R_{if}, and R_{of}, where $R_{mf} \triangleq V_0 / I_s$, and $A_{vf} \triangleq V_0 / V_s$.

（題型：並 – 並式回授）

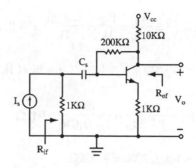

【清大電機所】

解☞：

(1) 1.此為並 – 並式回授（I'_s，I'_f，V'_0）

    2.開路 A 及 β 網路

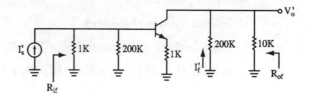

$$\therefore \beta = \frac{I'_f}{V'_0} = -\frac{1}{200k} = -5\mu\mho$$

$$A = R_M = \frac{V'_0}{I'_s} = \frac{V'_0}{V_b} \cdot \frac{V_b}{I'_s} = \frac{- h_{fe} \ (\ 200k // 10k\ )}{h_{ie} + \ (\ 1 + h_{fe}\ )(1k\ )} \cdot \{\ 1k // 200k //$$

$$[\ h_{ie} + \ (\ 1 + h_{fe}\ )(1k\ )\ ]\ \}$$

$$= -9.2k\Omega$$

$$\beta R_M = (\ -5\mu\ )(\ -9.2k\ ) = 0.046$$

$$\therefore R_{Mf} = \frac{R_M}{1 + \beta R_M} = \frac{-9.2k}{1 + 0.046} = -8.8k\Omega$$

(2)$A_{vf} = \dfrac{V_0}{V_s} = \dfrac{V_0}{I_s R_s} = \dfrac{R_{mf}}{1k} = \dfrac{-8.8k}{1k} = -8.8$

(3)$R_i = 1k // 200k // [\ h_{ie} + \ (\ 1 + h_{fe}\ )(1k\ )\ ] = 985\Omega$

$$\therefore R_{if} = \frac{R_i}{1 + \beta R_M} = \frac{985}{1 + 0.046} = 942\Omega$$

(4)$R_0 = 10k // 200k = 9.52k\Omega$

$$\therefore R_{0f} = \frac{R_0}{1 + \beta R_M} = \frac{9.52k}{1 + 0.046} = 9.1k\Omega$$

---

53. For the circuit in Figure, let Q_1 and Q_2 have $g_{m1} = 100mA / V$, $g_{m2} = 40mA / V$, and $\beta = 100$.

(1)Indicate the type of feedback.

(2)Using feedback technique find V_0 / V_s, R_{in}, and R_{out}. (negelect r_0, $R_s = 8k\Omega$, $R_i = 10k\Omega$, $R_2 = 8k\Omega$, $R_f = 8k\Omega$) （題型：並－並式回授）

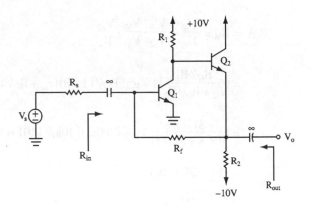

【清大電機所】

解☞：

　　(1)此為並 – 並式回授（I'_s，I'_f，V'_0）

　　(2)開回路 A 及 β 網路：

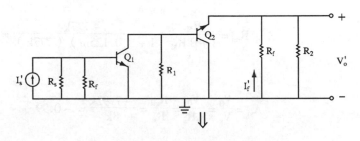

⇓

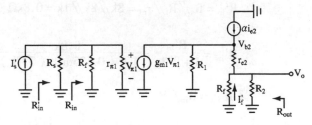

(3) 1. $\beta' = \dfrac{I'_f}{V'_0} = -\dfrac{1}{R_f} = -\dfrac{1}{8k} = -0.125m\mho$

$2.\mathrm{A} = R_M = \dfrac{V'_0}{I'_s} = \dfrac{V'_0}{V_{b2}} \cdot \dfrac{V_{b2}}{V_{\pi 1}} \cdot \dfrac{V_{\pi 1}}{I'_s}$

$= (\dfrac{R_f /\!/ R_2}{r_{e2} + R_f /\!/ R_2})\{-g_{m1}[R_1 /\!/ (1+\beta)(r_{e2} + R_f /\!/ R_2)]\}(R_s /\!/ R_f /\!/ r_{\pi 1})$

$= (\dfrac{8k /\!/ 8k}{19.8 + 8k /\!/ 8k})\{-(100m)[10k /\!/ (101)(19.8 + 8k /\!/ 8k)]\}\cdot$

$(8k /\!/ 8k /\!/ 1k)$

$\approx -777k\Omega$

3.其中

$r_{\pi 1} = \dfrac{\beta}{g_{m1}} = \dfrac{100}{100m} = 1k\Omega$

$r_{e2} = \dfrac{\alpha}{g_{m2}} = \dfrac{\beta}{g_m(1+\beta)} = \dfrac{100}{(50m)(101)} = 19.8\Omega$

$4. \therefore R_{mf} = \dfrac{R_M}{1+\beta' R_M} = \dfrac{-777k}{1+(0.125m)(777k)} = -7.92k\Omega$

5.故

$A_{vf} = \dfrac{V_0}{V_s} = \dfrac{V_0}{I_s R_s} = \dfrac{R_{mf}}{R_s} = \dfrac{-7.92k}{8k} = -0.99$

$(4) \because R'_{in} = R_s /\!/ R_f /\!/ r_{\pi 1} = 8k /\!/ 8k /\!/ 1k = 0.8k\Omega$

$\therefore R'_{inf} = \dfrac{R'_{in}}{1+\beta' R_M} = \dfrac{0.8k}{1+(0.125m)(777k)} = 8.15\Omega$

又 $R'_{inf} = R_{in} /\!/ R_s$

$\therefore R_{inf} = \dfrac{R'_{inf} R_s}{R_s - R'_{inf}} = \dfrac{(8.15)(8k)}{8k-8.15} = 8.16\Omega$

$(5) R_{out} = [(\dfrac{R_1}{1+\beta}) + r_{e2}] /\!/ R_f /\!/ R_2 = [\dfrac{10k}{101} + 19.8] /\!/ 8k /\!/ 8k$

$$= 116\Omega$$

$$\therefore R_{outf} = \frac{R_{out}}{1 + \beta' R_M} = \frac{116}{1 + (0.125m)(777k)} = 1.18\Omega$$

54.有一運算放大器，設其輸入電阻為 R_i，其開迴路電壓增益為 A。

(1)當此運算放大器接上一回授電阻 R_f 而構成互阻式放大器時，求此
放大器增益 V_0 / I_s 的式子，以 A，R_i，R_f 表示之，（設此運算放
大器之輸出電阻可略去不計）。

(2)若 $AR_i \gg R_f$，則(1)之增益近似值為何？ **（題型：並－並式回授）**

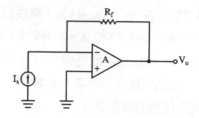

【交大電子所】

解☞：

(1)開回路 A 的網路

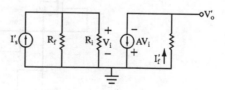

$$A = R_M = \frac{V'_0}{I'_s} = \frac{V'_0}{V_i} \cdot \frac{V_i}{I'_s} = -A(R_f /\!/ R_i)$$

$$\beta = \frac{I'_f}{V'_0} = -\frac{1}{R_f}$$

$$\therefore A_f = \frac{V_0}{I_s} = \frac{A}{1 + \beta A} = \frac{-A(R_f /\!/ R_i)}{1 + \dfrac{A(R_f /\!/ R_i)}{R_f}} = \frac{-AR_f(R_f /\!/ R_i)}{R_f + A(R_f /\!/ R_i)}$$

(2)若 $AR_i \gg R_f$，則

$$A_f = \frac{-AR_f(R_f /\!/ R_i)}{R_f + A(R_f /\!/ R_i)} = \frac{-AR_iR_f}{R_f + (1+A)R_i} \approx \frac{-AR_iR_f}{AR_i} \approx -R_f$$

55.如圖所示為一回授放大器，其中 V_{GG}可用來控制回授量。設所有 MOSFET 均具相同之特性，其 I – V 關係如下：

$$I_D \begin{cases} = K(V_{GS} - V_T)^2(1 + \lambda V_{DS}) \text{ 飽和區} \\ = K[2(V_{GS} - V_T)V_{DS} - V_{DS}^2] \text{ 線性區} \end{cases}$$

$V_T = -1V$，$K = 1mA / V^2$，$\lambda = 0.04 V^{-1}$；$R = 50k\Omega$

(1)下圖中，C_B，R_G 之功能為何？

(2)A，B 二點之間為何不需要一電容？

(3)此電路為何種回授型式？

(4)若欲有最大電壓增益，V_{GG}值有何限制？此時回授量 β 為何？

(5)若 $V_{GG} = 0V$，此時之 β 值為何？（**題型：並 – 並回授**）

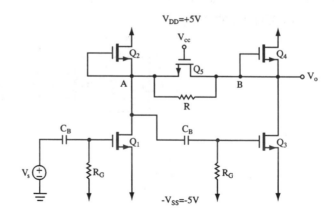

【 交大電子所 】

解☞：

(1) C_B 為耦合電容，用來隔離直流成份。R_G 用來作直流偏壓。

(2) 以 Q_5 為中心，左右對稱，故知 $V_A = V_B$，所以 A，B 點間並無電流流過。所以不需耦合電容隔離直流成份。

(3) 並 – 並回授

(4) 1. 直流分析 $\Rightarrow$ 求參數

   $\because V_{GG} = 0$，又 A，B 點間無電流

   $\therefore V_{DS1} = V_{DS2} = V_{DS3} = V_{DS4} = \dfrac{V_{DD} - (-V_{SS})}{2} = \dfrac{5 - (-5)}{2}$

   $= 5V$

   故 $I_{D1} = I_{D2} = I_{D3} = I_{D4} = I_D = K [V_{GS} - V_t]^2 (1 + \lambda V_{DS})$

   $= (1m) [0 + 1]^2 [1 + (0.04)(5)] = 1.2mA$

2. 求參數

   $g_{m1} = 2k(V_{GS} - V_t)(1 + \lambda V_{DS}) = (2)(1m)(1)[1 + (0.04)(5)]$

   $= 2.4mA \diagup V = g_{m2} = g_{m3} = g_{m4}$

   $r_{01} = \dfrac{V_A}{I_D} = \dfrac{1}{\lambda I_D} = \dfrac{1}{(0.04)(1.2m)} = 20.83k\Omega = r_{02} = r_{03} = r_{04}$

   $\because V_{DS5} = 0V$，故 Q_5 在線性區

   $\therefore r_{ds5} = \left[\dfrac{\partial i_D}{\partial V_D} \right]^{-1}_{V_{GS}, V_{DS} = 0} = \dfrac{1}{2k(V_{GS5} - V_t)}$

   $= \dfrac{1}{(2)(1m)(1)} = 500\Omega$

   故 $R' = R \diagup\!\!\diagup r_{ds5} = 50k \diagup\!\!\diagup 500 = 495\Omega$

3. 開路 A 網路為

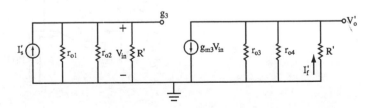

$$4. A = R_M = \frac{V'_0}{I'_s} = \frac{V'_0}{V_{in}} \cdot \frac{V_{in}}{I'_s}$$

$$= -g_m \left(r_{03} /\!/ r_{04} /\!/ R' \right) \cdot \left(r_{01} /\!/ r_{02} /\!/ R' \right)$$

$$= -g_m \left(\frac{r_0}{2} /\!/ R' \right)^2$$

$$\therefore A_{vf} = \frac{V_0}{V_s} = \frac{V_0}{I_s r_{01}} = \frac{R_M}{r_{01}} = -\frac{g_m}{r_{01}} \left(\frac{r_0}{2} /\!/ R' \right)^2$$

$$= -\frac{g_m}{r_{01}} \left(\frac{r_0}{2} /\!/ R /\!/ r_{ds5} \right)^2$$

故知若欲得最大電壓增益，需 R'值最大，即 $r_{ds5} = \infty$。

此時 $V_{GS5} = V_t$。

①因此知欲得最大電壓增益，可令 $V_{GG} = -1V$

②此時 $V_{GS5} = -1V \Rightarrow r_{ds5} = \infty \Rightarrow R' = 50k\Omega$

$$\therefore \beta = \frac{I'_f}{V'_0} = -\frac{1}{R'} = -\frac{1}{50k} = -20\mu \mho$$

(5)當 $V_{GG} = 0V$ 時，由(4)可知

$r_{ds5} = 500\Omega$

$$\beta = -\frac{1}{R'} = -\frac{1}{495} = -2.02m\mho$$

---

56. OPA：$\mu = 10^4$，$R_{id} = 100k\Omega$，$R_{icm} = 10M\Omega$，$r_0 = 1k\Omega$，用回授方法求(1)

β　(2)$\frac{V_0}{V_s}$　(3)R_{if}　(4)R_{0f}（**題型：並－並式回授**）

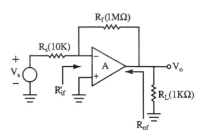

解☞：

(1)此爲並－並式回授（I'_s，I'_f，V'_0）

A 開回路網爲

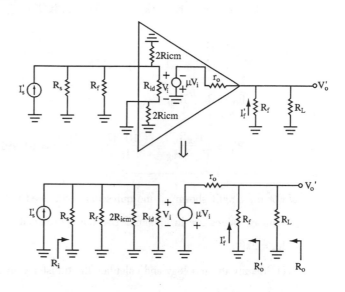

$$\beta = \frac{I'_f}{V'_0} = -\frac{1}{R_f} = \frac{-1}{1_M} = -1\mu\mho$$

(2)$A = R_M = \frac{V'_0}{I'_s} = \frac{V'_0}{V_i} \cdot \frac{V_i}{I'_s}$

$= -\frac{\mu(R_f /\!/ R_L)}{r_0 + (R_f /\!/ R_L)} \cdot (R_s /\!/ R_f /\!/ 2R_{icm} /\!/ R_{id})$

$= \frac{-(10^4)(1M/\!/1k)(10k/\!/1M+/\!/20M/\!/100k)}{1k+(1M/\!/1k)} = -45M\Omega$

$\therefore R_{mf} = \frac{A}{1+\beta A} = \frac{-45M}{1+(1\mu)(45M)} = -0.98M\Omega$

故 $A_{vf} = \frac{V_0}{V_s} = \frac{V_0}{I_sR_s} = \frac{R_{mf}}{R_s} = \frac{-0.98M}{10k} = -98$

$(3) R_i = R_s /\!/ R_f /\!/ 2R_{icm} /\!/ R_{id} = 10k /\!/ 1M /\!/ 20M /\!/ 100k = 9k\Omega$

$$\therefore R_{if} = \frac{R_i}{1 + \beta R_{mf}} = \frac{9k}{1 + (1\mu)(45M)} = 196\Omega$$

$(4) R_0 = r_0 /\!/ R_f /\!/ R_L = 1k /\!/ 1M /\!/ 1k = 0.5k\Omega$

$$R_{0f} = \frac{R_0}{1 + \beta R_{mf}} = \frac{0.5k}{1 + (1\mu)(45M)} = 10.87\Omega$$

$$\because R_{0f} = R_L /\!/ R'_{0f}$$

$$\therefore R'_{0f} = \frac{R_{0f}R_L}{R_L - R_{0f}} = \frac{(10.87)(1k)}{1k - 10.87} = 10.99\Omega$$

---

57. For the circuit shown, if the quiescent point need not to worry about. All resistance values are in kilohms. Use the approximate model with $h_{fe} = 100$ and $h_{ie} = 2k\Omega$.

(1) Identify the topology and calculate the transfer gain A_f which is stabilized by this amplifier.

(2) calculate A_{vf}.

(3) calculate R_{if} and resistance seen by V_s.

(4) calculate R_{0f}. (題型：並－並式回授)

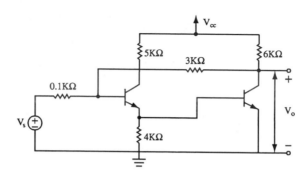

解☞：

(1) 1.此爲並－並式回授（I'_s，I'_f，V'_0）

2.開路 A 及 β 網路

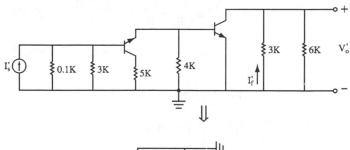

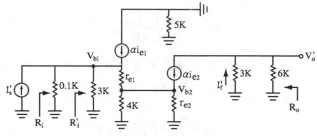

$$r_{e1} = r_{e2} = \frac{h_{ie}}{1 + h_{fe}} = \frac{2k}{101} = 19.8\Omega \text{ , } \alpha = \frac{h_{fe}}{1 + h_{fe}} = \frac{100}{101} = 0.99$$

$$\beta = \frac{I'_f}{V'_0} = -\frac{1}{3k} = -0.333m\mho$$

$$A = R_M = \frac{V'_0}{I'_s} = \frac{V'_0}{V_{e2}} \cdot \frac{V_{e2}}{V_{b1}} \cdot \frac{V_{b1}}{I'_s}$$

$$= \frac{-\alpha\,(\,3k /\!/ 6k\,)}{r_{e2}} \cdot \frac{4k /\!/ (\,1 + h_{fe}\,)\,r_{e2}}{r_{e1} + 4k /\!/ (\,1 + h_{fe}\,)\,r_{e2}} \cdot (\,0.1k /\!/ 3k\,)$$

$$= \frac{(-0.99)(3k /\!/ 6k)[4k /\!/ (101)(19.8)][0.1k /\!/ 3k]}{(19.8)[19.8 + 4k /\!/ (101)(19.8)]}$$

$$= -9.54\text{k}\Omega$$

$$D = 1 + \beta R_M = 1 + (-0.333\text{m})(-9.54\text{k}) = 4.17682$$

$$A_f = R_{mf} = \frac{R_M}{1 + \beta R_M} = \frac{R_M}{D} = \frac{-9.54\text{k}}{4.17682} = -2.284\text{k}\Omega$$

$(2) A_{vf} = \dfrac{V_0}{V_s} = \dfrac{V_0}{I_s R_s} = \dfrac{R_{mf}}{R_s} = \dfrac{-2.284\text{k}}{0.1\text{k}} = -22.84$

$(3) R_i = [\,4\text{k}/\!/(1 + h_{fe})\,r_{e2} + r_{e1}\,](1 + h_{fe})/\!/3\text{k}/\!/0.1\text{k} = 97\Omega$

$\therefore R_{if} = \dfrac{R_i}{D} = \dfrac{97}{4.17682} = 23.2\Omega$

又 $R_{if} = 0.1\text{k}/\!/R'_{if}$

$\therefore R'_{if} = \dfrac{(0.1\text{k})R_{if}}{0.1\text{k} - R_{if}} = \dfrac{(0.1\text{k})(23.2)}{0.1\text{k} - 23.2} = 30.2\Omega$

故由 V_s 看入的 $R''_i = 0.1\text{k} + R'_i = 100 + 30.2 = 130.2\Omega$

$(4) \because R_0 = 3\text{k}/\!/6\text{k} = 2\text{k}\Omega$

$\therefore R_{0f} = \dfrac{R_0}{D} = \dfrac{2\text{k}}{4.17682} = 479\Omega$

---

58. For the circuit shown in Fig, determine the closed – loop gain

A_{vf} ($= V_0/V_s$) . The transistor has $\beta = 100$. （題型：並－並式回授）

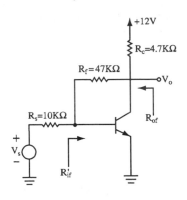

解☞ :

1.此為並 – 並式回授（ I'_s , I'_f , V'_0 ）

2.直流分析⇒求參數

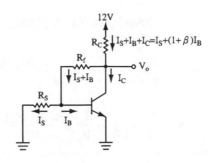

$$I_s = \frac{V_{BE}}{R_s} = \frac{0.7}{10k} = 70\mu A$$

$$V_0 = （ I_s + I_B ） R_f + V_{BE} = （ 70\mu + I_B ）(47k) + 0.7$$

$$= 3.99 + （ 47k ） I_B \text{——①}$$

$$V_0 = V_{CC} - 〔 I_s + （ 1 + \beta ） I_B 〕 R_C$$

$$= 12 - 〔70\mu + (101)I_B〕(4.7k) = 11.671 - (474.7k)I_B \text{——②}$$

由② – ①得7.681 = （ 521.7k ） I_B

∴ $I_B = 14.7\mu A \Rightarrow I_C = \beta I_B = 1.47mA$

故 $r_\pi = \frac{V_T}{I_B} = \frac{25mV}{14.7\mu A} = 1.7k\Omega$, $g_m = \frac{I_C}{V_T} = \frac{1.47mA}{25mV} = 0.0588\mho$

3.開路 A 及 β 網路

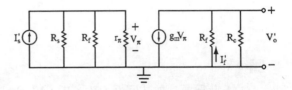

$$\because \beta = \frac{I'_f}{V'_0} = -\frac{1}{R_f} = -\frac{1}{47k} = -21.3\mu\mho$$

$$A = R_M = \frac{V'_0}{I'_s} = \frac{V'_0}{V_\pi} \cdot \frac{V_\pi}{I'_s} = -g_m(R_f /\!/ R_C) \cdot (R_s /\!/ R_f /\!/ r_\pi)$$

$$= (0.0588)(47k /\!/ 4.7k)(10k /\!/ 47k /\!/ 1.7k) = -354.1k\Omega$$

$$4. R_{mf} = \frac{R_M}{1 + \beta R_M} = \frac{-354.1k}{1 + (-21.3\mu)(-354.1k)} = -41.452k\Omega$$

$$\therefore A_{vf} = \frac{V_0}{V_s} = \frac{V_0}{I_s R_s} = \frac{R_{mf}}{R_s} = \frac{-41.452k}{10k} = -4.1452$$

59.圖中 Q 相同且 $g_m = 1mA／V$ 和 $r_0 = 20k\Omega$，電路參數為 $R_C = 1M\Omega$，R
= $1k\Omega$，$R_F = 10k\Omega$，$R_D = R_L = 10k\Omega$。計算

(1)開迴路增益 A

(2)電壓增益 $A_{vf} \triangleq V_0／V_s$

(3)輸出電阻 R_{0f}（題型：並－並式回授）

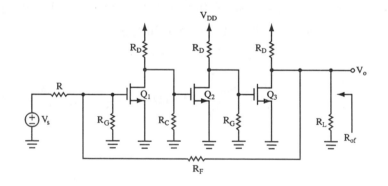

【成大醫工所】

解☞：

(1) 1.此為並－並式回授（I'_s，I'_f，V'_0）

2.開路 A 及 β 網路

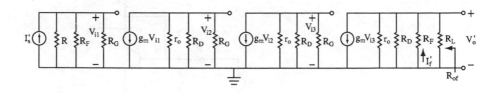

$$\beta = \frac{I'_f}{V'_0} = -\frac{1}{R_F} = -0.1m\mho$$

$$A = R_M = \frac{V'_0}{I'_s} = \frac{V'_0}{V_{g3}} \cdot \frac{V_{g3}}{V_{g2}} \cdot \frac{V_{g2}}{V_{g1}} \cdot \frac{V_{g1}}{I'_s}$$

$$= [-g_m (r_0 /\!/ R_D /\!/ R_F /\!/ R_L)] [-g_m (r_0 /\!/ R_D /\!/ R_G)]^2 \cdot$$
$$[R /\!/ R_F /\!/ R_G] = -113.9k\Omega$$

$(2) D = 1 + \beta A = 1 + (-0.1m)(-113.9k) = 12.39$

$$R_{mf} = \frac{V_D}{I_s} = \frac{R_M}{D} = \frac{-113.9k}{12.39} = -9.19k\Omega$$

$$A_{vf} = \frac{V_0}{V_s} = \frac{V_0}{I_s R} = \frac{R_{mf}}{R} = \frac{-9.19k}{1k} = -9.19$$

$(3) R_0 = R_L /\!/ R_F /\!/ R_D /\!/ r_0 = 2.86k\Omega$

$$\therefore R'_{0f} = \frac{R_0}{D} = \frac{2.86k}{12.39} = 231\Omega$$

---

60. For the circuit shown in Fig, determine the expression of A_{OL}, β, T and A_F.

（題型：並－並式回授）

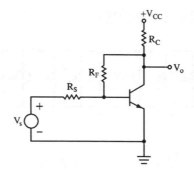

【中山電機所】

解☞：

1.此為並－並式回授（I'_s，I'_f，V'_0）

2.開路 A 及 β 網路

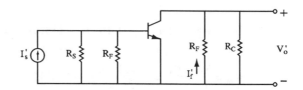

$$\beta = \frac{I'_f}{V'_0} = -\frac{1}{R_F}$$

$$A_{OL} = R_M = \frac{V'_0}{I'_s} = \frac{V'_0}{V_\pi} \cdot \frac{V_\pi}{I'_s} = (-g_m)(R_F /\!/ R_C)\ (R_s /\!/ R_F /\!/ r_\pi)$$

$$T = \beta A_{OL} = \frac{g_m R_C\ (R_s /\!/ R_F /\!/ r_\pi)}{R_C + R_F}$$

$$A_F = \frac{A_{OL}}{1 + \beta A_{OL}} = \frac{A_{OL}}{1 + T} = \frac{-g_m\ (R_C /\!/ R_F)(R_s /\!/ R_F /\!/ r_\pi)}{1 + \dfrac{g_m R_C\ (R_s /\!/ R_F /\!/ r_\pi)}{R_C + R_F}}$$

61.For the feedback－amplifier shown in Fig. $h_{fe} = 150$, $h_{ie} = 2k\Omega$, while h_{re} and h$_{oe}$ are negligible. All resistance values are in kilohms. Determine

(1)R$_{mf}$ = V$_0$／I$_S$,　(2)A$_{vf}$ = V$_0$／V$_S$ where I$_S$ = V$_S$／R$_S$,　(3)R$_{if}$,　(4)R$_{0f}$.

（題型：並－並式回授）

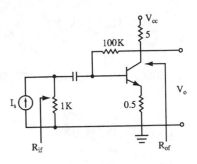

【 中山電機所 】

解☞ ：

(1) 1.此為並－並式回授（ I'$_s$，I'$_f$，V'$_0$ ）

　　2.開路 A 及 β 網路

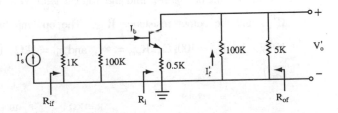

$$3.\beta = \frac{I_f}{V_0} = -\frac{1}{100k} = -10\mu \mho$$

$$A = R_M = \frac{V'_0}{I'_s} = \frac{V'_0}{I_b} \cdot \frac{I_b}{V_b} \cdot \frac{V_b}{I'_s}$$

$$= \left[\frac{(-h_{fe})(100k // 5k)}{R_i} \right] \left[1k // 100k // R'_i \right] = -9.01k\Omega$$

其中

$$R'_i = h_{ie} + (1 + h_{fe})(0.5k) = 2k + (151)(0.5k) = 77.5k$$

$$D = 1 + \beta A = 1 + (-10\mu)(-9.01k) = 1.0901$$

$$\therefore R_{mf} = \frac{V_0}{I_s} = \frac{R_M}{1 + \beta R_M} = \frac{R_M}{D} = \frac{-9.01k}{1.0901} = -8.27k\Omega$$

$$(2) A_{vf} = \frac{V_0}{V_s} = \frac{V_0}{I_0 R_s} = \frac{R_{mf}}{R_s} = \frac{-8.27k}{1k} = -8.27$$

$$(3) R_i = 1k /\!/ 100k /\!/ R'_i = 1k /\!/ 100k /\!/ 77.5k = 978\Omega$$

$$\therefore R_{if} = \frac{R_i}{1 + \beta R_M} = \frac{R_i}{D} = \frac{978}{1.0901} = 897\Omega$$

$$(4) R_0 = 5k /\!/ 100k = 4.762k\Omega$$

$$\therefore R_{0f} = \frac{R_0}{1 + \beta R_M} = \frac{4.762k}{1.0901} = 4.368k\Omega$$

---

62. For the circuit of Figure, find the voltage gain V_0 / V_s, the input resistance R'_{if}, and the output resistance R'_{0f}. The op amp has open loop gain $\mu = 10^4 V / V$, $R_{id} = 100k\Omega$, $R_{icm} = \infty$, and $r_0 = 1k\Omega$. （題型：並－並式回授）

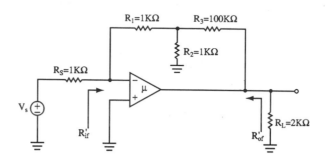

【雲技電機所】

解☞：

1.此為並－並式回授（I'_s，I'_f，V'_0）

2.開路 A 及 β 網路

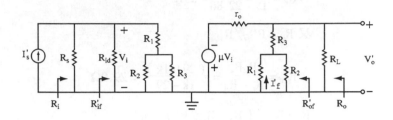

$$\because \frac{R_1 /\!/ R_2 V'_0}{R_1 /\!/ R_2 + R_3} = -I'_f R_1$$

$$\therefore \beta = \frac{I'_f}{V'_0} = -\frac{R_1 /\!/ R_2}{R_1 (R_1 /\!/ R_2 + R_3)} = -\frac{(1k /\!/ 1k)}{(1k)(1k /\!/ 1k + 100k)}$$

$$= -4.98\mu \mho$$

3.$A = R_M = \dfrac{V'_0}{I'_s} = \dfrac{V'_0}{V_i} \cdot \dfrac{V_i}{I'_s}$

$$= (-\mu)\left[\frac{(R_3 + R_1 /\!/ R_2) /\!/ R_L}{(R_3 + R_1 /\!/ R_2) /\!/ R_L + r_0}\right] \cdot \left[(R_1 + R_2 /\!/ R_3) /\!/ R_{id} /\!/ R_s\right]$$

$$= \frac{(-10^4)[(100k + 1k /\!/ 1k) /\!/ 2k][(1k + 1k /\!/ 100k) /\!/ 100k /\!/ 1k]}{(100k + 1k /\!/ 1k) /\!/ 2k + 1k}$$

$$= -4389k\Omega$$

$$D = 1 + \beta A = 1 + (-4.98\mu)(-4389k) = 22.86$$

4.$R_{mf} = \dfrac{R_M}{1 + \beta R_M} = \dfrac{R_M}{D} = \dfrac{-4389k}{22.86} = -192k\Omega$

$$\therefore A_{vf} = \frac{V_0}{V_s} = \frac{V_0}{I_s R_s} = \frac{R_{mf}}{R_s} = \frac{-192k}{1k} = -192$$

5. $R_i = R_s /\!\!/ R_{id} /\!\!/ (R_1 + R_2 /\!\!/ R_3) = 662\Omega$

$$\therefore R_{if} = \frac{R_i}{D} = \frac{662}{22.86} = 29\Omega$$

又 $R_{if} = R'_{if} /\!\!/ R_s$

$$\therefore R'_{if} = \frac{R_{if}R_s}{R_s - R_{if}} = \frac{(29)(1k)}{1k - 29} = 29.9\Omega$$

6. $R_0 = R_L /\!\!/ (R_3 + R_1 /\!\!/ R_2) /\!\!/ r_0$

$$= 2k /\!\!/ (100k + 1k /\!\!/ 1k) /\!\!/ 1k = 662\Omega$$

$$\therefore R_{0f} = \frac{R_0}{D} = \frac{662}{22.86} = 29\Omega$$

又 $R_{0f} = R'_{0f} /\!\!/ R_L$

$$\therefore R'_{0f} = \frac{R_L R_{0f}}{R_L - R_{0f}} = \frac{(2k)(29)}{2k - 29} = 29.4\Omega$$

---

63. 下圖中，Q_1 與 Q_2 的參數為

$h_{fe1} = h_{fe2} = 100$

$r_{\pi 1} = r_{\pi 2} = 1k\Omega$

$h_{o1} = h_{o12} = \infty$

求出 $V_o /\!/ V_s$、R_{if} 及 R_{of}。（題型：多級放大器的並—並型負回授）

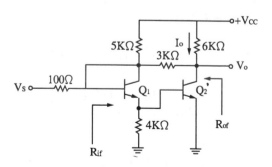

解☞ :

1.此為並—並型負回授

$\therefore X_s = I'_s \ , \ X_f = I'_f \ , \ X_o = V'_o$

2.繪開回路等效圖

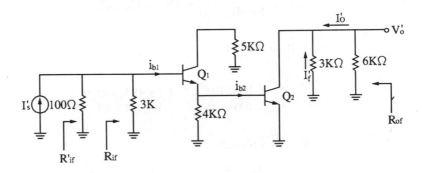

3. $\because A = \dfrac{X_o}{X_s} = \dfrac{V_o{}'}{I_s{}'} = R_m$

$\therefore R_m = \dfrac{V_o{}'}{I_s{}'} = \dfrac{V_o{}'}{I_{b2}} \cdot \dfrac{I_{b2}}{I_{b1}} \cdot \dfrac{I_{b1}}{I_s{}'}$

$= \left[\ - h_{fe2} \ (\ 3k \ /\!/ \ 6k \ ) \ \right] \left[\ (\ \dfrac{4k}{4k + r_{\pi 2}} \ ) \ (\ 1 \ + \ h_{fe1} \ ) \ \right] \cdot$

$\left[\ \dfrac{100 /\!/ 3k}{(\ 100 /\!/ 3k \ ) \ + \ (\ 1 + h_{fe1})(4k /\!/ r_{\pi 2} \ ) \ + \ r_{\pi 1}} \ \right]$

$= -19096$

4. $\beta = \dfrac{X_f}{X_o} = \dfrac{I_f{}'}{V_o{}'} = -\dfrac{1}{3k}$

$\therefore D = 1 + \beta R_m = 1 + \ (\ -\dfrac{1}{3k})(\ -19096 \ ) \ = 6.37$

5. $R_{mf} = \dfrac{R_m}{1 + \beta R_m} = \dfrac{R_m}{D} = \dfrac{-19096}{6.37} = -2997$

6. $A_{vf} = \dfrac{V_o}{V_s} = \dfrac{V_o}{I_s R_s} = \dfrac{R_{mf}}{R_s} = \dfrac{-2997}{100} = -29.97$

7. $R_i{}' = 100 /\!/ 3k /\!/ [\, r_{\pi 1} + (1 + h_{fe1})(4k /\!/ r_{\pi 2}) \,] = 96.7\Omega$

$\therefore R_{if}' = \dfrac{R_i{}'}{1 + \beta R_m} = \dfrac{R_i}{D} = \dfrac{96.7}{6.37} = 15.18\Omega$

$\because R_{if}' = 100 /\!/ R_{if}$

$\therefore R_{if} = \dfrac{(R_{if}')(100)}{100 - R_{if}'} = \dfrac{(15.18)(100)}{100 - 15.18} = 17.9\Omega$

8. $R_o = 3k /\!/ 6k = 2k$

$\therefore R_{of} = \dfrac{R_o}{D} = \dfrac{2k}{6.37} = 314\Omega$

64.試分析 BJT 電路,並求出

(1)β (2)A (3)D (4)A_f (5)A_{vf} (6)R_{in} (7)R_{inf} (8)R_o (9)R_{of} (10)R_{of}'

（題型：BJT 的並—並型負回授）

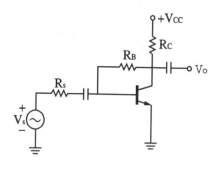

解☞ :

1.此為並—並型負回授

$\therefore X_s = I'_s$, $X_f = I'_f$, $X_o = V'_o$

2.繪開回路等效圖

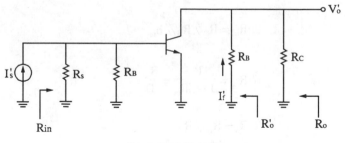

⇓小訊號等效圖

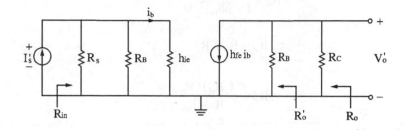

3.分析電路

$(1)\beta = \dfrac{X_f}{X_o} = \dfrac{I_f{}'}{V_o{}'} = -\dfrac{1}{R_B}\mho$

$(2)A = \dfrac{X_o}{X_s} = \dfrac{V_o{}'}{I_s{}'} = R_m$

$A = R_m = \dfrac{V_o{}'}{I_s{}'} = \dfrac{V_o{}'}{I_b}\cdot\dfrac{I_b}{I_s{}'} = \left[-h_{fe}\left(R_B/\!/R_c\right)\right]\cdot\dfrac{R_s/\!/R_B}{h_{ie}+R_s/\!/R_B}$

$(3)D = 1+\beta R_m = 1+\left(-\dfrac{1}{R_B}\right)\left[-\dfrac{h_{fe}\left(R_B/\!/R_c\right)\left(R_s/\!/R_B\right)}{h_{ie}+R_s/\!/R_B}\right]$

$(4)A_f = R_{mf} = \dfrac{R_m}{1+\beta R_m} = \dfrac{R_m}{D}$

$$(5) A_{vf} = \frac{V_o}{V_s} = \frac{V_o}{I_s R_s} = \frac{R_{mf}}{R_s}$$

$$(6) R_{in} = R_s /\!/ R_B /\!/ h_{ie}$$

$$(7) R_{inf} = \frac{R_{in}}{1 + \beta R_m} = \frac{R_{in}}{D}$$

$$(8) R_o = R_B /\!/ R_C$$

$$(9) R_{of} = \frac{R_o}{1 + \beta R_m} = \frac{R_o}{D}$$

$$(10) \because R_{of} = R_C /\!/ R'_{of}$$

$$\therefore R'_{of} = \frac{(R_{of})(R_c)}{R_c - R_{of}}$$

65.已知 OPA 參數為 r_i、r_o、μ 試推導 R_{if}、R_{of}、A_{vf}（題型：OPA 的並—並型負回授）

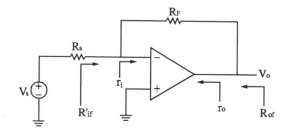

解☞：

1.此為並—並型負回授

$$\therefore X_s = I'_s \text{，} X_f = I'_f \text{，} X_o = V'_o$$

2.繪開回路等效圖

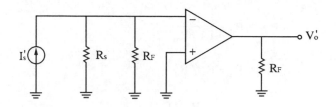

$$\Downarrow \text{小訊號等效電路}$$

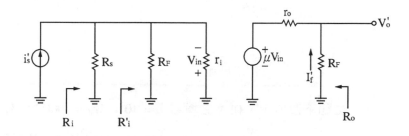

3.分析電路

$(1)\beta = \dfrac{X_f}{X_o} = \dfrac{I_f{}'}{V_o{}'} = -\dfrac{1}{R_F}$

$(2)A = \dfrac{X_o}{X_s} = \dfrac{V_o{}'}{I_s{}'} = R_m$

$\therefore R_m = \dfrac{V_o{}'}{I_s{}'} = \dfrac{V_o{}'}{V_{in}} \cdot \dfrac{V_{in}}{I_s{}'} = \left(\dfrac{\mu R_F}{r_o + R_F}\right)\left[-\left(R_s /\!/ R_F /\!/ r_i\right)\right]$

$\qquad = -\dfrac{\mu R_F\left(R_S /\!/ R_F /\!/ r_i\right)}{r_o + R_F}$

$(3)R_{mf} = \dfrac{R_m}{1 + \beta R_m}$

$(4)A_{vf} = \dfrac{V_o}{V_s} = \dfrac{V_o}{I_s R_s} = \dfrac{R_{mf}}{R_s}$

$(5)R_i = R_S /\!/ R_F /\!/ r_i$

$$\therefore R_{if} = \frac{R_i}{1 + \beta R_m}$$

(6) $\because R_{if} = R_s /\!/ R'_{if}$

$$\therefore R'_{if} = \frac{(R_{if})(R_s)}{R_s - R_{if}}$$

(7) $R_o = R_F /\!/ r_o$

$$\therefore R_{of} = \frac{R_o}{1 + \beta R_m}$$

---

66. 如下圖所示，OPA 之增益 $\mu = 10^4$，$R_{id} = 100k\Omega$，$R_{icm} = \infty$，$r_o = 1k\Omega$，試求：$\dfrac{V_o}{V_s}$，R'_{if}，R'_{of}。（**題型：OPA 的並—並型負回授**）

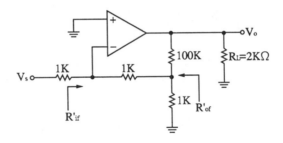

$\underline{\text{解}}$ ☞：

1. 此為並—並型負回授

$\therefore X_s = I'_s$，$X_f = I'_f$，$X_o = V'_o$

2. 繪開回路等效圖

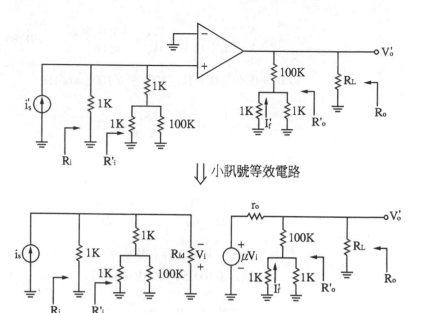

$$\Downarrow 小訊號等效電路$$

3.分析電路

$(1)\beta = \dfrac{\dot{X_f}}{X_o} = \dfrac{I_f'}{V_o'} = \dfrac{1}{2}\left[\dfrac{-1}{100k+1k/\!/1k}\right] = -4.98\mu\text{℧}$

$(2)A = R_m = \dfrac{X_o}{X_s} = \dfrac{V_o'}{I_s'} = \dfrac{V_o'}{V_i}\cdot\dfrac{V_i}{I_s'}$

$\qquad = \dfrac{-\mu\left[R_L/\!/(100k+1k/\!/1k)\right]}{r_o+R_L/\!/(100k+1k/\!/1k)}\cdot\left[1k/\!/R_{id}/\!/(1k+1k/\!/100k)\right]$

$\qquad = \dfrac{-10^4\left[2k/\!/100.5k\right]\left[1k/\!/100k/\!/(1k+100k/\!/1k)\right]}{1k+2k/\!/100.5k}$

$\qquad = -4.38m\Omega$

$(3)D = 1+\beta A = 1+(-4.98\mu)(-4.38M) = 22.8$

$(4)R_{mf} = \dfrac{R_m}{1+\beta A} = \dfrac{R_m}{D} = \dfrac{-4.38M}{22.8} = -191.86k\Omega$

$$(5) A_{vf} = \frac{V_o}{V_s} = \frac{V_o}{I_s\,(1k)} = \frac{R_{mf}}{1k_s} = \frac{-191.86k}{1k} = -191.86$$

$$(6) R_i = 1k \,/\!/\, (1k + 1k \,/\!/\, 100k) \,/\!/\, 100k = 661\Omega$$

$$\therefore R_{if} = \frac{R_i}{1 + \beta R_m} = \frac{R_i}{D} = \frac{661}{22.8} = 29\Omega$$

$$(7) \because R_{if} = 1k \,/\!/\, R_{if}'$$

$$\therefore R_{if}' = \frac{(1k)(R_{if})}{1k - R_{if}} = \frac{(1k)(29)}{1k - 29} = 29.9\Omega$$

$$(8) R_o = R_L \,/\!/\, (100k + 1k \,/\!/\, 1k) \,/\!/\, r_o$$
$$= 2k \,/\!/\, (100.5k) \,/\!/\, 1k = 662\Omega$$

$$\therefore R_{of} = \frac{R_o}{1 + \beta R_m} = \frac{R_o}{D} = \frac{662}{22.8} = 29$$

$$(9) \because R_{of} = R_L \,/\!/\, R_{of}'$$

$$\therefore R_{of}' = \frac{R_L R_{of}}{R_L - R_{of}} = \frac{(2k)(29)}{2k - 29} = 29.4\Omega$$

67.試分析 FET 電路，並求出　(1)β　(2)A　(3)D　(4)A_f　(5)A_{vf}　(6)R_{in}
(7)R_{inf}　(8)R_o　(9)R_{of}　(10)R_{of}'。**（題型：FET 的並—並型頁回授）**

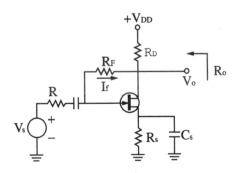

解 ☞ :

1. 此為並一並型負回授

   $\therefore X_s = I'_s$ ， $X_f = I'_f$ ， $X_o = V'_o$

2. 繪開回路等效圖

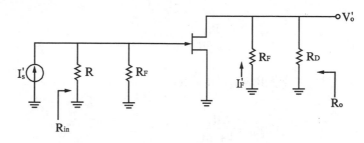

⇓ 小訊號等效電路

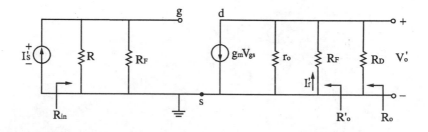

3. 分析電路

(1) $\beta = \dfrac{X_f}{X_o} = \dfrac{I_f{}'}{V_o{}'} = -\dfrac{1}{R_F}$

(2) $A = R_M = \dfrac{X_o}{X_s} = \dfrac{V_o{}'}{I_s{}'} = \dfrac{V_o{}'}{V_{gs}} \cdot \dfrac{V_{gs}}{I_s{}'}$

   $= \left[\, -g_m\,(\, r_o /\!/ R_F /\!/ R_D \,)\, \right] \cdot (\, R /\!/ R_F \,)$

(3) $D = 1 + \beta R_m$

$(4) A_f = R_{mf} = \dfrac{R_m}{1 + \beta R_m}$

$(5) A_{vf} = \dfrac{V_o}{V_s} = \dfrac{V_o}{I_s R} = \dfrac{R_{mf}}{R}$

$(6) R_{in} = R /\!/ R_F$

$(7) R_{inf} = \dfrac{R_{in}}{1 + \beta R_m}$

$(8) R_o = r_o /\!/ R_F /\!/ R_D$

$(9) R_{of} = \dfrac{R_o}{1 + \beta R_m}$

$(10) \because R_{of} = R_D /\!/ R'_{of}$

$\therefore R'_{of} = \dfrac{R_D R_{of}}{R_D - R_{of}}$

§12-6〔題型七十二〕：穩定性判斷

考型202　以極點位置判斷穩定性

一、觀念

　　1.極點在 S 平面的左半面，則電路穩定。

　　2.極點在 S 平面的右半面，則電路不穩定。

　　3.極點在 S 平面的虛軸上，則電路會振盪。

4.系統經負回授後，因將極點更加左移，所以電路更加穩定。其情況如下：

  (1)單極點電路，經負回授後為：「**無條件穩定**」。

  (2)雙極點電路，經負回授後為：「**無條件穩定**」。

  (3)三極點以上的電路，經負回授後為：「**有條件穩定**」。

5.上述(1)、(2)、(3)、(4)項，以下列圖形解釋。

  設極點為 $pole = \sigma_o \pm j\omega_n$，則其轉移函數為

$$T(S) = \frac{V_o(S)}{V_1(S)} = \frac{k}{(S - \sigma - j\omega_n)(S - \sigma + j\omega_n)}$$

$$= \frac{k}{[(S - \sigma_o) - j\omega_n][(S - \sigma_o) + j\omega_n]}$$

$$\therefore T(S) = \frac{k}{(S - \sigma)^2 + \omega_n^2} \Rightarrow V_o(S) = \frac{kV_I(S)}{(S - \sigma)^2 + \omega_n^2}$$

故 $V_o(t) = \dfrac{k}{\omega_n}e^{\sigma_o}\sin\omega_n t$〔設 $V_i(t)$ 為脈衝 $\delta(t)$〕，

(1)**若極點在 S 平面的左平邊**→$\sigma_n < 0$→**穩定系統：**

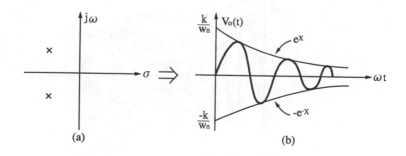

         (a)   (b)

(2)**若極點在 S 平面的右平邊**→$\sigma_n > 0$→**不穩定系統：**

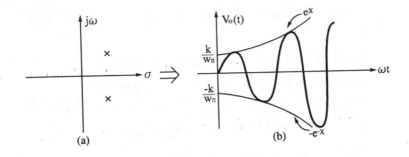

(a)　　　　　　　　(b)

(3)極點在虛軸上時→$\sigma_n = 0$→振盪系統：

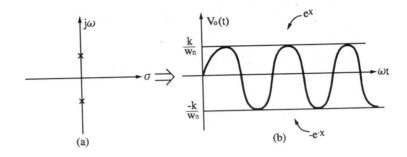

(a)　　　　　　　　(b)

(4)系統經負回授,更加穩定。(以極點在左半面為例)

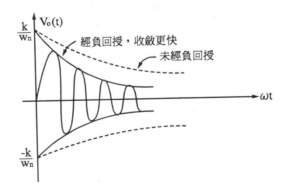

6.上述第(4)項內的三種情形,以下列極點的根軌跡(Root Locus)說明,
　(註:公式證明,詳見研究所題庫大全)

(1)單極點電路(一階 RC 電路)

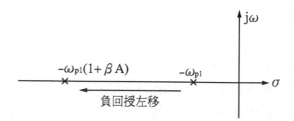

故單極點經負回授後的穩定爲" 無條件穩定 "。

(2)雙極點放大器（一級放大器）

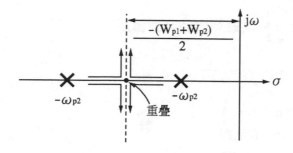

故知雙極點放大器經負回授，亦爲" 無條件穩定 "。

(3)三極點放大器（二級放大器）

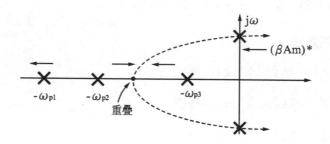

有條件穩定：

①$\beta A_M <$ （ βA_M ）$^* \to$穩定系統

②$\beta A_M =$ （ βA_M ）$^* \to$振盪系統

③$\beta A_M =$ （ βA_M ）$^* \to$不穩定系統

(4)**結論**

　①高頻：有極點：可能有不穩定情形。

　②中頻：必然穩定。

　③一級放大器→二個極點→必穩定。

　④二級放大器→除頻寬減小外，更可能產生不穩定情形。

　⑤不穩定時，需以頻率補償方式，以獲較低的 βA 值，來達到穩定
　　狀態。

考型203　以迴路增益判斷穩定性

1. $\because A_f = \dfrac{A}{1 + \beta A} = \dfrac{A}{1 + L}$

2. 迴路增益 $L = \beta A$

　(1) $L > 0$　負回授

　(2) $L < 0$　正回授

3. 特性方程式：

　$1 + \beta A = 0 \Rightarrow \beta A = -1 \to -\beta A = -L = 1$

4. 判斷法

　(1) $\left| -\beta A(j\omega) \right| < 1$：穩定

　(2) $\left| -\beta A(j\omega) \right| = 1$：振盪

　(3) $\left| -\beta A(j\omega) \right| > 1$：不穩定

5. 計算迴路增益的快速法

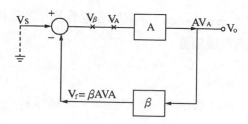

步驟：

(1)令 $V_s = 0$

(2)在 A 的輸入端切開，定 V_A 及 V_β

(3)∵ $V_\beta = -\beta A V_A$

(4)∴ $L = \beta A = -\dfrac{V_\beta}{V_A}$

考型204 以波德圖判斷穩定性

由 βA 之波德圖求 GM，PM

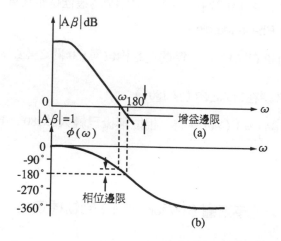

1.GM：**增益邊限**（ gain margin ）。其物理意義是指能維持系統穩定的最大迴路增益大小的增加值。

2.PM：**相位邊限**（ phase margin ）。其物理意義是指能維持系統穩定的最
  大迴路增益相角的增加值。

3.GM = 1 − $\left| \beta A \right|_{\angle \beta A - 180°}$

  若 GM 以分貝（ dB ）表示時，則 $GM_{dB} = -20\log \left| \beta A \right|_{\angle \beta A = -180°}$

4.

  (1)PM = $\angle \beta A$（ 負 ）−（ −180° ）

  (2)PM = $\angle \beta A$（ 正 ）−（ 180° ）

   ①PM > 0代表系統穩定

   ②PM = 0代表系統振盪

   ③PM < 0代表系統不穩定

     PM = 45°時爲最佳穩定系統

5.GM > 0dB，穩定系統

  GM = 0dB，振盪系統

  GM < 0dB，不穩定系統

6.一般穩定系統之 PM 爲30° ~ 60°，而以45°爲最佳穩定角度。

7.**相位邊限**（ Phase Margin ）：

  $\left| \beta A \right|$ dB = 0dB（ $\left| \beta A \right|$ = 1 ）時的迴路相位與180°間之差距。

  (1)此差距必須在180°之內（ < 180° ）

  (2)如果在 $\left| \beta A \right|$ = 1（ 0dB ）時，相位落後已經大於180°，則系統將會不
    穩定。

╔══════════════════════════╗
║ 考型205 ║ 以尼奎斯圖（ Nyquist plot ）判斷穩定性
╚══════════════════════════╝

1.尼奎斯圖是迴路增益的極座標圖。

2.徑距離是 $\left| \beta A \right|$

3.角度是相角 θ

4.實線代表正頻率

5.虛線代表負頻率

6.兩線在負實軸相交之點,則爲 ω_π

7.判斷法:

(1)ω_π 之點,若在 (−1,0) 的左側,代表 $\left|\beta A\right|$ >1,不穩定。

(2)ω_π 之點,若在 (−1,0) 的右側,代表 $\left|\beta A\right|$ <1,穩定。

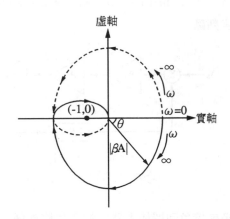

歷屆試題

68. A_1,A_2 are single – pole amplifiers,β is a resistive feedback network (β is independent of frequency). The d.c. gain and poles of A_1 and A_2 and K_1,ω_{p1} and K_2,ω_{p2},respectively.

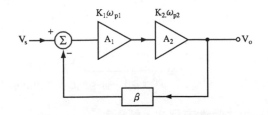

(1)Under what condition will this feedback amplifier be stable？ Explain your answer briefly.

(2)If （$1 + K_1K_2\beta$）$\omega_{p1} \ll \omega_{p2}$, find the poles and the $-$3dB frequency of the feedback amplifier.

(3)A third amplifier A_3 is added. （It' dc gain and pole are K_3 and ω_{p3}, respectively）. If $K_1 = K_2 = K_3 = 10$, $\omega_{p1} = 10^4$ rad／s, $\omega_{p2} = 10^6$ rad／s, $\omega_{p3} = 10^7$ rad／s, select the β so that the feedback amplifier has a phase margin of 45°. Also, find the d.c. gain of the feedback amplifier. （**題型：穩定度判斷**）

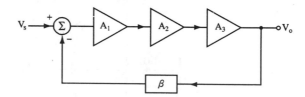

【台大電機所】

解☞：

(1)此為二級串接負回授放大器，故為無條件穩定。

(2)①$A（S）= \dfrac{K_1K_2}{（1 + \dfrac{S}{\omega_{p1}}）(1 + \dfrac{S}{\omega_{p2}})}$

$\therefore A_f（S）= \dfrac{A（S）}{1 + \beta A（S）} = \dfrac{\dfrac{K_1K_2}{（1 + \dfrac{S}{\omega_{p1}}）(1 + \dfrac{S}{\omega_{p2}})}}{1 + \dfrac{\beta K_1K_2}{（1 + \dfrac{S}{\omega_{p1}}）(1 + \dfrac{S}{\omega_{p2}})}}$

$= \dfrac{K_1K_2\omega_{p1}\omega_{p2}}{S^2 + S（\omega_{p1} + \omega_{p2}）+ \omega_{p1}\omega_{p2}（1 + \beta K_1K_2）}$

由特性方程式，解極點

$$\because S^2 + S(\omega_{p1} + \omega_{p2}) + \omega_{p1}\omega_{p2}(1 + \beta K_1 K_2) = 0$$

$$\therefore S = -\frac{\omega_{p1} + \omega_{p2}}{2} \pm$$

$$\sqrt{\omega_{p1}\left(\frac{\omega_{p1}}{4} + \frac{\omega_{p2}}{2}\right) + \omega_{p2}\left[\omega_{p2} - \omega_{p1}(1 + \beta K_1 K_2)\right] - \frac{3\omega_{p2}^2}{4}}$$

$$\because \omega_{p2} \gg (1 + K_1 K_2 \beta)\omega_{p1} \gg \omega_{p1}$$

$$\therefore S \approx -\frac{1}{2}\omega_{p2} \pm \sqrt{\frac{1}{2}\omega_{p1}\omega_{p2} + \frac{1}{4}\omega_{p2}^2} \approx -\frac{\omega_{p2}}{2} \pm \frac{\omega_{p2}}{2} = 0 \text{ , } -\omega_{p2}$$

②求 –3dB 頻率

$$\because \omega_{p2} \gg (1 + K_1 K_2 \beta)\omega_{p1} \gg \omega_{p1}$$

$$\therefore \omega_{3dB} = \omega_{p1}$$

故 $\omega_{3dBf} = \omega_{p1}(1 + K_1 K_2 \beta)$

(3)依題意知

$$A(S) = A_1(S)A_2(S)A_3(S) = \frac{10^3}{(1 + \frac{S}{10^4})(1 + \frac{S}{10^6})(1 + \frac{S}{10^7})}$$

由波德圖分析知，若擇 $\beta = 10^{-1}$，即 $A \approx \frac{1}{\beta} = 10$

$\Rightarrow |A|_{dB} = 20dB$，可得 PM $= 45°$

故知直流增益 $= \frac{A_0}{1 + \beta A_0} = \frac{10^3}{1 + (0.1)(10^3)} = 9.9$

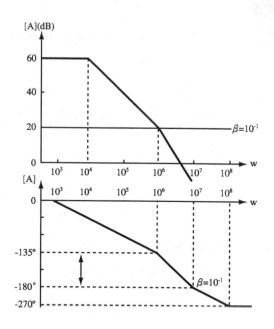

69.兩極點放大器的轉移函數如下：

$$A_V = \frac{2800}{(1+j\frac{f}{0.48})(1+j\frac{f}{2.98})}$$，f：為1MHz。若加入負回授網路 β = 0.0003後，求整個回授放大器的轉移函數。（題型：極點位置）

【台大電機所】

解☞：

1.由 A_V 轉移函數知 $f_{p1} = 0.48\text{MHz}$，$f_{p2} = 2.98\text{MHz}$ 經負回授後，極點變為

$$f_{pf} = \frac{1}{2}(f_{p1}+f_{p2}) \mp \frac{1}{2}\sqrt{(f_{p1}+f_{p2})^2 - 4(1+\beta A_0)f_{p1}f_{p2}}$$

故知 $f_{pf1} = 1.13\text{MHz}$，$f_{pf2} = 2.33\text{MHz}$

2.$A_{vof} = \frac{A_{vo}}{1+\beta A_{vo}} = \frac{2800}{1+(0.0003)(2800)} = 1522$

$$3. \therefore A_{vf} = \cfrac{A_{vof}}{(1+j\cfrac{f}{f_{pf1}})(1+j\cfrac{f}{f_{pf2}})}$$

$$= \cfrac{1522}{(1+j\cfrac{f}{1.13})(1+j\cfrac{f}{2.33})}$$

---

70. The Op – Amp has an open – loop gain of 100dB and a single pole at 10 rad／s.

(1)Sketch the Bode plot for the loop gain.

(2)Find the frequency at which the loop gain = 1.

(3)Is the circuit stable？ Explain.（題型：波德圖）

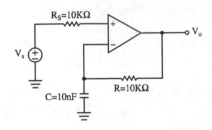

【清大電機所】

簡譯

OPA 的開迴路增益為100dB，單一極點為10rad／sec，

(1)繪出迴路增益的波德圖。

(2)在迴路增益 = 1時，求頻率。

(3)電路是否穩定？解釋之。

解☞：

(1) 1.此為串－並式回授（ V'_s ， V'_f ， V'_0 ）

2.

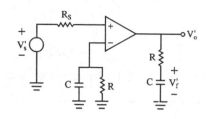

$$\therefore \beta = \frac{V'_f}{V'_0} = \frac{\frac{1}{SC}}{R + \frac{1}{SC}} = \frac{1}{1 + SRC} = \frac{1}{1 + \frac{S}{10^4}}$$

$$\because 100dB = 20\log|A_0| \Rightarrow A_0 = 10^5$$

$$A(S) = \frac{A_0}{1 + \frac{S}{\omega}} = \frac{10^5}{1 + \frac{S}{10}}$$

$$3.L(S) = \beta(S)A(S) = \frac{10^5}{(1 + \frac{S}{10^4})(1 + \frac{S}{10})} = \frac{10^5}{(1 + j\frac{\omega}{10^4})(1 + j\frac{\omega}{10})}$$

4.波德圖：

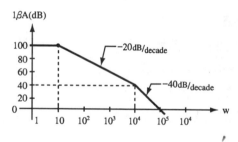

(2)由波德圖可知，當 $|\beta A| = 1$ 時，其頻率為 10^5 rad／sec。

(3)穩定。

理由，此電路只有二個極點，故為無條件穩定。

---

71. Consider a feedback amplifier for which the open－loop transfer function

A (S) is given by

$$A(S) = (\frac{10}{1 + S/10^4})^3$$

Let the feedback factor β be a constant independent of frequency.

(1)Find the frequency ω_{180} at which the phase shift is 180°.

(2)Show that the feedback amplifier will be stable if the feedback factor β is less than a critical value β_{cr} and unstable if $\beta \geq \beta_{cr}$, and find the value of β_{cr}.   【清大電機所】

簡譯

回授放大器的開路轉移函數 $A(S) = (\frac{10}{1 + S/10^4})^3$，而回授因數 β 與頻率無關，求

(1)相移180°時的頻率 $\omega_{180°}$

(2)回授放大器穩定時，$\beta < \beta_{cr}$，若 $\beta \geq \beta_{cr}$，則回授放大器不穩定的 β_{cr}值。

解☞：

以迴路增益判斷穩定度

(1) 1. ∵ β 與頻率無關，所以相移由 A (jω) 決定

$$A(j\omega) = (\frac{10}{1} + j\frac{\omega}{10^4})^3$$

$$\Rightarrow \angle A(j\omega) = -3\tan^{-1}\frac{\omega}{10^4}$$

2. $\angle A(j\omega) = -3\tan^{-1}\frac{\omega_{180}}{10^4} = -180°$

∴ $\omega_{180} = \sqrt{3} \times 10^4 = 1.732 \times 10^4$ rad／sec

(2)當 $|-\beta A| = 1$時，則在穩定與不穩定之邊界

∴ $|-\beta_{cr}A(j\omega)| = 1$

$$故\ \beta_{cr} = \frac{1}{|A(j\omega_{180})|} = \frac{1}{\dfrac{1000}{(\sqrt{1+3})^3}} = 0.008$$

72.理想 OPA 的開迴路增益為 A_0，求：

(1)迴路增益

(2)特性方程式和 Q 值。**（題型：迴路增益）**

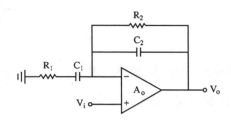

【清大電機所】

解☞：

(1) 1.以快速迴路增益法，求 L（S）

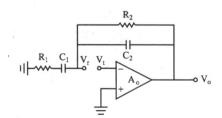

$$L(S) = \beta(S)A(S) = -\frac{V_t}{V_r} = -\frac{V_r}{V_0} \cdot \frac{V_0}{V_t}$$

$$= \left(-\frac{V_r}{V_0}\right)(-A_0) = A_0 \frac{R_1 + \dfrac{1}{SC_1}}{R_1 + \dfrac{1}{SC_1} + \dfrac{1}{\dfrac{1}{R} + SC_2}}$$

$$= A_0 \frac{(R_1 + \frac{1}{SC_1})(\frac{1}{R_2} + SC_2)}{1 + R_1 (\frac{1}{R_2} + SC_2) + \frac{1}{SC_1} (\frac{1}{R_2} + SC_2)}$$

$$= A_0 \frac{S^2 C_2 R_1 + S (\frac{R_1}{R_2} + \frac{C_2}{C_1}) + \frac{1}{C_1 R_2}}{S^2 C_2 R_1 + S (1 + \frac{R_1}{R_2} + \frac{C_2}{C_1}) + \frac{1}{C_1 R_2}}$$

(2) 1. $\because A_f = \dfrac{V_0}{V_i} = \dfrac{A}{1 + \beta A} = \dfrac{A_0}{1 + A_0 \dfrac{R_1 + \frac{1}{SC_1}}{R_1 + \frac{1}{SC_1} + \frac{1}{\frac{1}{R_2} + SC_2}}}$

$$= \frac{A_0}{1 + A_0 \dfrac{S^2 C_2 R_1 + S (\frac{R_1}{R_2} + \frac{C_2}{C_1}) + \frac{1}{C_1 R_2}}{S^2 C_2 R_1 + S (1 + \frac{R_1}{R_2} + \frac{C_2}{C_1}) + \frac{1}{C_1 R_2}}}$$

$$= \frac{A_0 \left[\dfrac{S + (SR_1 + \frac{1}{C_1})(\frac{1}{R_2} + SC_2)}{R_1 C_2 (1 + A_0)} \right]}{S^2 + S \left[\dfrac{1 + (1 + A_0)(\frac{R_1}{R_2} + \frac{C_2}{C_1})}{R_1 C_2 (1 + A_0)} \right] + \dfrac{1}{R_1 R_2 C_1 C_2}}$$

2.特性方程式：

$$S^2 + S \left[\frac{1 + (1 + A_0)(\frac{R_1}{R_2} + \frac{C_2}{C_1})}{R_1 C_2 (1 + A_0)} \right] + \frac{1}{R_1 R_2 C_1 C_2} = 0$$

3.將上式與 $S^2 + S \dfrac{\omega_0}{Q} + \omega_0^2 = 0$ 作比較，得

$$\omega_0 = \sqrt{\frac{1}{R_1 R_2 C_1 C_2}}$$

$$Q = \frac{\sqrt{\dfrac{1}{R_1 R_2 C_1 C_2}}}{\dfrac{1}{R_1 C_2 \, (\, 1 + A_0 \,)} + (\, \dfrac{1}{R_2 C_2} + \dfrac{1}{R_1 C_1} \,)}$$

73.(1) For inverting OP AMP as shown, with $R_i = \infty$, $R_0 = 0$ and open – loop voltage gain $A_v < 0$. Using feedback amplifier analysis method, prove that

$$A_{vf} = \frac{V_0}{V_s} = \frac{R'}{R + R'} \frac{A_v}{1 - \dfrac{R}{R + R'} A_v}$$

(2) Assume $A_v = \dfrac{-1000}{(\, 1 + j \dfrac{f}{f_p} \,)^3}$, $f_p = 100 \text{kHz}$

① Is the amplifier will oscillate？ If it is, what is the frequency of oscillation？

② Find the minimum $R' \diagup R$ so that the amplifier will not oscillate without any compensation.

③ Same as ② but with phase margin = 45°. （題型：穩定性判斷）

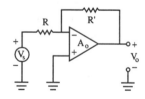

【交大電子所】

簡譯

OPA 的 $R_i = \infty$，$R_0 = 0$，A_v 為

(1)證明 $A_{vf} = \dfrac{V_0}{V_s} = \dfrac{R'}{R + R'} \dfrac{A_v}{1 - \dfrac{R}{R + R'} A_v}$

(2)假設 $A_v = \dfrac{-1000}{\left(1 + j\dfrac{f}{j_p}\right)^3}$，$f_p = 100\text{kHz}$

①回授放大器是否會振盪？若是，問振盪頻率是多少？

②求回授放大器在無補償下而不會振盪的 $\dfrac{R'}{R}$ 最小值。

③若相位邊限 $= 45°$，重作②。

---

74. A multipole amplifier having a first pole at 1MHz and an open–loop gain of 80dB is to be compensated for close–loop gain as low as 20dB by the introduction of a new dominant pole. At what frequency must be the new pole (A) 1Hz (B)10Hz (C)10^2Hz (D)10^3Hz (E)10^4Hz. 〔 題型：波德圖 〕

解☞ : (D)

依題意知

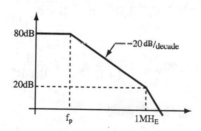

由 GB 值可解 f_p

A_{v1}（ dB ）$= 80\text{dB} \Rightarrow A_{v1} = 10^4$

A_{v2}（ dB ）$= 20\text{dB} \Rightarrow A_{v2} = 10$

$\therefore$（ 10^4 ）$f_p =$（ 10 ）（ 1M ）

故 $f_p = 10^3\text{Hz}$

(1) 1.此為並–並式回授放大器

$\therefore x_s = I'_s$，$x_f = I'_f$，$x_0 = V'_0$

$$\therefore A = \frac{x_0}{x_s} = \frac{V'_0}{I'_s} = R_M \text{（互阻放大器）}$$

2.A 與 β 開回路電路

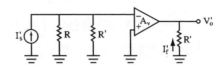

$$\therefore R_M = \frac{V'_0}{I'_s} = \frac{I'_s (R /\!/ R') A_v}{I'_s} = \frac{RR'}{R + R'} A_v \text{，（ } A_v < 0 \text{ ）}$$

$$\beta = \frac{I'_f}{V'_0} = -\frac{1}{R'}$$

$$R_{mf} = \frac{R_M}{1 + \beta R_M} = \frac{\dfrac{RR'}{R + R'} A_v}{1 - \dfrac{R}{R + R'} A_v}$$

$$3.A_{vf} = \frac{V_0}{V_s} = \frac{V_0}{I_s R} = \frac{R_{mf}}{R} = \frac{R'}{R + R'} \cdot \frac{A_v}{1 - \dfrac{R}{R + R'} A_v} \text{ 得證之}$$

$(2)\ 1.\because \beta R_M = -\frac{R}{R + R'} A_v = \left(\frac{R}{R + R'}\right) \cdot \frac{1000}{\left(1 + j\dfrac{f}{f_p}\right)^3}$

若發生振盪則

$$\angle \beta R_M = -180° = -3\tan^{-1}\left(\frac{f}{f_p}\right) = -3\tan^{-1}\left(\frac{f}{100k}\right)$$

$$\therefore f = \sqrt{3} f_p = 173.2 \text{kHz}$$

2.若不發生振盪，則需 $|\beta R_M|_f < 1$

$$|\beta R_M|_f = \frac{R}{R + R'} \cdot \frac{1000}{\left(\sqrt{1 + 3}\right)^3} < 1$$

$$\therefore \frac{R'}{R} > 124$$

3. $\because \mathrm{PM} = 45° = \angle \beta R_M - (-180°) = -3\tan^{-1}\left(\dfrac{f}{f_p} \right) + 180°$

$\therefore f = 100\mathrm{kHz}$

同理，不發生振盪，則需

$|\beta R_M|_f = \dfrac{R}{R + R'} \cdot \dfrac{1000}{(\sqrt{1+1})^3} < 1$

$\therefore \dfrac{R'}{R} > 352.6$

---

75. In a multipole feedback amplifier, the transfer functioin without feedback is

$A (S) = \dfrac{A}{S (S+3)^2}$

(1) Find the value of βA corresponding to the breakaway point. (whick is the point at which the real poles become complex.)

(2) Find the value of βA for which the negative feedback amplifier becomes unstable.

(3) Roughly sketch the root locus. （題型：以極點位置判斷穩定度）

【交大電子所】

解☞：

(1) 1.開路的 A (S)

$\because A (S) = \dfrac{A}{S (S+3)^2} \Rightarrow \omega_{p1} = 0$，$\omega_{p2} = -3\mathrm{rad}/\sec$，

$\omega_{p3} = -3\mathrm{rad}/\sec$

2.經回授的 A_f (S)

$\therefore A_f (S) = \dfrac{A (S)}{1 + \beta A (S)} = \dfrac{\dfrac{A}{S (S+3)^2}}{1 + \dfrac{\beta A}{S (S+3)^2}} = \dfrac{A}{S (S+3)^2 + \beta A}$

3.利用特性方程式，求分離點（ breakaway point ）

特性方程式：$S(S+3)^2 + \beta A = 0$

令 $\dfrac{d}{ds}[S(S+3)^2 + \beta A] = 0$

$\Rightarrow (S+3)^2 + 2(S+3)S = 3S^2 + 12S + 9 = 0$

$\therefore S = -1，-3$

由根軌跡知，分離點在 $S = -1$，代入特性方程式，得

$S(S+3)^2 + \beta A = (-1)(4) + \beta A = 0$

故知在分離點時，$\beta A = 4$

(2) 1.特性方程式

$S(S+3)^2 + \beta A = (j\omega)(j\omega+3)^2 + \beta A = 0$

$\therefore (\beta A - 6\omega^2) + j(-\omega^3 + 9\omega) = 0$

2.令虛部為零，即

$-\omega^3 + 9\omega = \omega(9 - \omega^2) = 0$

即 $j\omega = 0，j3，-j3$（$j\omega = 0$，不合）

3.將 $\omega = \pm 3$ 代入實部，則

$\beta A - 6\omega^2 = \beta A - 54 = 0$

$\therefore \beta A = 54$

此意即當 $\beta A > 54$ 時，則根軌跡即進入右半平面，而導致系統不穩定。

(3)此系統有三個極點，$\omega_{p1} = 0$，$\omega_{p2} = -3$，$\omega_{p3} = -3$，經負回授後 ω_{p3} 向左移，ω_{p2} 向右移，$\omega_{p1} = 0$ 向左移，至分離點 $\omega = -1$ 處，即分離至 $\pm 3j$ 前進。所以根軌跡圖如下：

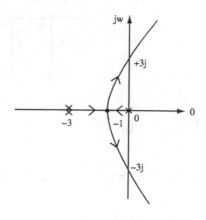

76.一 OP Amp 的開回路增益為

$$A_v = \frac{-10^5}{(1 + j\frac{f}{10})(1 + j\frac{f}{10^4})} \quad (\text{f 單位 Hz})$$

今有一電路如圖所示：

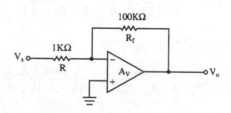

(1)閉回路增益的單位增益頻率

(2)相位增益 **(題型：波德圖)**

解☞ :

  (1) 1.並－並式回授（ I'_s , I'_f , V'_0 ）

    2.A 開回路的網路為：

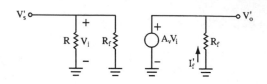

3.$\beta = \dfrac{I'_f}{V'_0} = -\dfrac{1}{R_f}$

$A = R_M = \dfrac{V'_0}{I'_s} = \dfrac{V'_0}{V_i} \cdot \dfrac{V_i}{I'_s} = A_v\,(\,R/\!/R_f\,) = \dfrac{A_v R R_f}{R + R_f}$

$\therefore \beta R_M = \dfrac{-A_v R}{R + R_f}$

故 $R_{mf} = \dfrac{V_0}{I_s} = \dfrac{R_M}{1 + \beta R_M} = \dfrac{\dfrac{A_v R R_f}{R + R_f}}{1 - \dfrac{A_v R}{R + R_f}} = \dfrac{A_v R R_f}{R + R_f - A_v R}$

4.$A_{vf} = \dfrac{V_0}{V_s} = \dfrac{V_0}{I_s R} = \dfrac{R_{mf}}{R} = \dfrac{A_v R_f}{R + R_f - A_v R}$

5.令 $A_{vf} = 1$，即

$A_{vf} = \dfrac{A_v R_f}{R + R_f - A_v R} = \dfrac{(\,100k\,)\,A_v}{101k - (\,1k\,)\,A_v} = 1$

$\therefore A_v = 1$

又 $|A_v| = |\dfrac{-10^5}{(\,1 + j\dfrac{f_t}{10}\,)(\,1 + j\dfrac{f_t}{10^4}\,)}| = 1$

$\therefore f_t = 100kHz$

(2)求 PM

令 $\beta A = 1 = \dfrac{-A_v R}{R + R_f} = \dfrac{(\,1k\,)\,A_v}{101k}$

$$\therefore A_v = 101$$

$$故 \ |A_v|_{\beta A = 1} = | \frac{-10^5}{(1 + j\frac{f}{10})(1 + j\frac{f}{10^4})} | = 101$$

$$\therefore f \approx 8kHz$$

故知

$$\angle \beta A = -\tan^{-1}800 - \tan^{-1}0.8 = -128.6°$$

$$\therefore PM = -128.6 - (-180°) = 51.4°$$

77.已知回授放大器 $A(S) = (\frac{10}{1 + S/10^3})^3$，$\beta$ 為常數，求

(1)$\angle A(j\omega) = 180°$時的頻率 ω_{180}

(2)若 $\beta < \beta_{cr}$則回授放大器穩定，若 $\beta \geq \beta_{cr}$則不穩定。求 β_{cr}值。（題型：頻率補償）

【交大電信所】

解☞：

(1)∵ β 為常數

$$\therefore \beta A(j\omega) = \frac{10^3\beta}{(1 + j\frac{\omega}{10^3})^2} = \frac{10^3\beta}{(1 - 3\frac{\omega^2}{10^6}) + j(\frac{3\omega}{10^3} - \frac{\omega^3}{10^9})}$$

$$= \frac{c}{a + jb}$$

$$\angle A(j\omega) = 180° \Rightarrow \angle \beta A(j\omega) = 180°$$

$$令 \ b = 0 \Rightarrow 即 \frac{3\omega}{10^3} - \frac{\omega^3}{10^9} = 0$$

$$\therefore \omega_{180} = 1.732 \times 10^3 rad / sec$$

(2)令$|\beta A(j\omega)| = 1 \Rightarrow$可求出 β_{cr}

$$\therefore |\beta A(j\omega)|_{\omega_{180}} = \frac{10^3 \beta_{cr}}{|1 - 3 \times 3|} = 1$$

故 $\beta_{cr} = 0.008$

---

78. An OPAMP has an open-loop gain

$$A_{OL} = \frac{10^5}{(1 + \dfrac{S}{\omega_1})(1 + \dfrac{S}{\omega_2})}$$

(1) An amplifier which is used as an unity gain buffer is shown in Fig. (1). Suppose that $\omega_2 = 10^8$ rad／s, then determine ω_1 for a 45 degree phase margin.

(2) The amplifier shown in Fig. (2) has a closed-loop compensated to have the same poles as in (1), then estimate the phase margin of the amplifier by using asymptotic Bode diagram. (題型：波德圖)

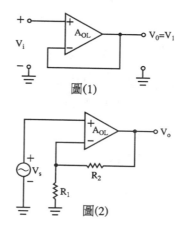

圖(1)

圖(2)

【交大電信所】

簡譯

已知 OPA 的開迴路增益為

$$A_{OL} = \cfrac{10^5}{(1 + \cfrac{S}{\omega_1})(1 + \cfrac{S}{\omega_2})}$$

(1)若將 OPA 接成圖(1)的單位增益緩衝放大器，假設 $\omega_2 = 10^8$rad／sec，求 PM = 45°時的 ω_1值。

(2)若將 OP 接成圖(2)的型式，而閉迴路增益為10，用波德圖求 PM 值。

解☞：

(1)由波德圖可知，在 PM = 45°時，$\omega_1 = 10^3$rad／sec

(2)∵ $A_f \approx \cfrac{1}{\beta} = 10$　∴$\beta = 0.1$

$$PM = (\angle A_{OL}|_{|\beta A| = 1}) - (-180°) = -90° + 180° = 90$$

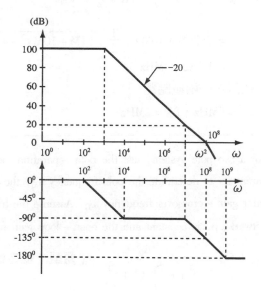

79.A two－pole amplifier has a value $f_2／f_1 = 10$ and a dominant pole at 1MHz in the absence of feedback is applied such that the loop gain is equal to 0.8. Find the two new poles.（題型：極點位置判斷穩定度）

簡譯

雙極點放大器的主極點為1MHz，而二極點的比值 $f_2／f_1 = 10$，若負回授後迴路增益為0.8則兩個新極點為多少？

解☞：

依題意知 $f_1 = 1MHz$，$f_2 = 10MHz$，$\beta A_0 = 0.8$代入負回授放大器特徵方程式的解為

$$S_{pf} = -\frac{1}{2}(\omega_{p1} + \omega_{p2}) \pm \frac{1}{2}\sqrt{(\omega_{p1}+\omega_{p2})^2 - 4(1+\beta A_0)\omega_{p1}\omega_{p2}}$$

$$\because S_{pf} = -\omega_{pf} = -2\pi f_{pf}$$

$$\therefore f_{pf} = \frac{1}{2}(f_{p1}+f_{p2})\beta_{cr} \mp \frac{1}{2}\sqrt{(f_{p1}+f_{p2})^2 - 4(1+\beta A_0)f_{p1}f_{p2}}$$

$$= \frac{1}{2}(1M+10M) \mp \frac{1}{2}\sqrt{(1M+10M)^2 - 4(1+0.8)(1M)(10M)}$$

$$= 9MHz，2MHz$$

所以新的兩極點為

$$f_{pf1} = 9MHz，f_{pf2} = 2MHz$$

---

80. For a two pole system, use the pole separation factor n ($= \omega_2／\omega_1$) as a parameter to determine the pole frequency ω_0, the pole Q factor, and the angular gain – crossover frequency ω_G. Assume the transfer ratio of the feedback network, β, is constant and the open – loop gain function is given by

$$A_{OL}(S) = \frac{A_0}{(1+\frac{S}{\omega_1})(1+\frac{S}{\omega_2})}$$ （題型：穩定性判斷）

簡譯

一個二極點系統，開迴路增益為 $A_{OL}(S) = \dfrac{A_0}{(1+\frac{S}{\omega_1})(1+\frac{S}{\omega_2})}$，$\beta$

為常數，利用極點分離因數 n（ $= \omega_2 / \omega_1$ ），求極點頻率 ω_0 及 Q 和增益交越角頻率（ angular gain – crossover frequency ） ω_G。

解☞：

1. $\because A_f (S) = \dfrac{A_{OL} (S)}{1 + \beta A_{OL} (S)} = \dfrac{\dfrac{A_0}{(1 + \dfrac{S}{\omega_1})(1 + \dfrac{S}{\omega_2})}}{1 + \dfrac{\beta A_0}{(1 + \dfrac{S}{\omega_1})(1 + \dfrac{S}{\omega_2})}}$

$= \dfrac{A_0}{(1 + \dfrac{S}{\omega_1}) (1 + \dfrac{S}{\omega_2}) + \beta A_0}$

$= \dfrac{A_0 \omega_1 \omega_2}{S^2 + S (\omega_1 + \omega_2) + \omega_1 \omega_2 (1 + \beta A_0)}$

$= \dfrac{A_0 \omega_1 \omega_2}{S^2 + S \dfrac{\omega_0}{Q} + \omega_0^2}$

2.① $\omega_0 = \sqrt{\omega_1 \omega_2 (1 + \beta A_0)} = \omega_1 \sqrt{n (1 + \beta A_0)}$

② $\because \omega + \omega_2 = \dfrac{\omega_0}{Q}$

$\therefore Q = \dfrac{\omega_0}{\omega_1 + \omega_2} = \dfrac{\sqrt{\omega_1 \omega_2 (1 + \beta A_0)}}{\omega_1 + \omega_2} = \dfrac{\sqrt{n (1 + \beta A_0)}}{1 + n}$

3.迴路增益 $L_0 = \beta A_0$

$\therefore L (S) = \dfrac{L_0}{(1 + \dfrac{S}{\omega_1})(1 + \dfrac{S}{\omega_2})}$

令 $| L (j\omega_G) | = 1$，則

$$\left| L\left(j\omega_G\right)\right| = \frac{L_0}{\sqrt{1+\left(\frac{\omega_G}{\omega_1}\right)^2} \cdot \sqrt{1+\left(\frac{\omega_G}{\omega_2}\right)^2}}$$

$$= \frac{L_0}{\sqrt{\left(1+\frac{\omega_G^2}{\omega_1^2}\right)\left(1+\frac{\omega_G^2}{n^2\omega_1^2}\right)}} = 1$$

$$\therefore L_0^2 = \left(1+\frac{\omega_G^2}{\omega_1^2}\right)\left(1+\frac{\omega_G^2}{n^2\omega_1^2}\right) = \beta_0^2 A_0^2$$

解上式，得

$$\omega_G = \omega_1 \left[\frac{-\left(1+n^2\right)+\sqrt{\left(1+n^2\right)^2 - 4n^2\left(1-\beta^2 A_0^2\right)}}{2}\right]^{\frac{1}{2}}$$

81.經過補償後的放大器回歸比為

$$T\left(S\right) = \frac{10^4}{\left(1+\frac{S}{\omega_1}\right)\left(1+\frac{S}{10^7}\right)\left(1+\frac{S}{10^8}\right)}$$

(1)求 PM = 90° 的主極點 ω_1

(2)繪出波德圖（**題型：波德圖**）

【 成大電機所 】

解☞：

(1)$PM = \angle T\left(j\omega\right)\Big|_{|T|=1} - \left(-180°\right) = 90°$

$\therefore \angle T\left(j\omega\right)\Big|_{|T|=1} = -90°$

$\Rightarrow \angle T\left(j\omega\right) = -\tan^{-1}\frac{\omega}{\omega_1} - \tan^{-1}\frac{\omega}{10^7} - \tan^{-1}\frac{\omega}{10^8} = -90°$ ——①

又 $|T\left(j\omega\right)| = \frac{10^4}{\sqrt{1+\left(\frac{\omega}{\omega_1}\right)^2} \cdot \sqrt{1+\left(\frac{\omega}{10^7}\right)^2} \cdot \sqrt{1+\left(\frac{\omega}{10^8}\right)^2}}$

$$= 1 ——②$$

解聯立方程式①，②得

當 $\omega_1 = 10\text{rad}/\sec$ 時，則 $\omega = 10^5\text{rad}/\sec$

(2)波德圖如下：

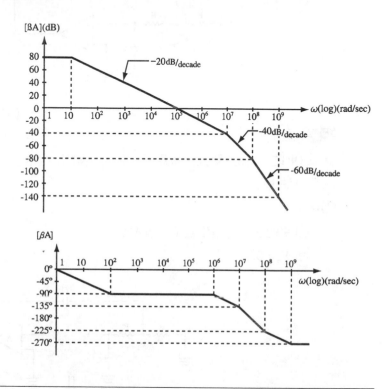

---

82. Explain how to use Bode plot and Nyquist diagram to test the stability of a feedback system.（題型：穩定性判斷）

【成大電機所】

解☞：

詳見內文。

---

83. Assume the OP – Amp shown in Fig. has infinite input impedance and zero

output impedance, (1)determine the return ratio T（S）, (2)find the pole frequency ω_0 and the pole Q factor. **（題型：以迴路增益判斷穩定性）**

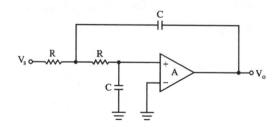

【成大電機所】

簡譯

假設 OP 的 R_{in} 為無窮大，R_0 為零，求(1)回歸比 T（S） (2)極點頻率 ω_0 及 Q 值。

解☞：

(1)以快速法求迴路增益（即回歸比）

　　令 $V_s = 0$

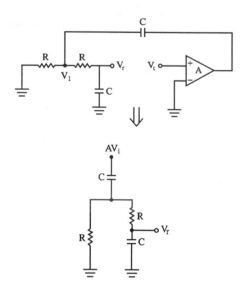

$$V_r = AV_t \left[\frac{R /\!/ (R + \frac{1}{SC})}{\frac{1}{SC} + R /\!/ (R + \frac{1}{SC})} \right] \cdot \left[\frac{\frac{1}{SC}}{R + \frac{1}{SC}} \right]$$

$$\therefore T(S) = \frac{V_r}{V_t} = \frac{SARC}{S^2 R^2 C^2 + S3RC + 1} = \beta A$$

(2)特性方程式（此為正迴授）：

$$\because A_f = \frac{A}{1 - \beta A} = \frac{A}{1 - T} = \frac{A \left[S^2 + S \frac{3}{RC} + (\frac{1}{RC})^2 \right]}{S^2 + S (\frac{3 - A}{RC}) + (\frac{1}{RC})^2}$$

$$= \frac{A \left[S^2 + S \frac{3}{RC} + (\frac{1}{RC})^2 \right]}{S^2 + S \frac{\omega_0}{Q} + \omega_0^2}$$

$$\therefore \omega_0 = \frac{1}{RC}$$

$$Q = \frac{1}{3 - A}$$

---

84. The return ratio (loop gain) of a feedback amplifier is given by

$$T(S) = \frac{10^3}{(1 + S/10^5)(1 + S/10^6)(1 + S/10^7)}$$

(1)Determine whether the closed loop amplifier is stable.

(2)What are the gain and phase margins？（題型：波德圖判斷穩定度）

【中山電機所】

解☞：

(1)波德圖

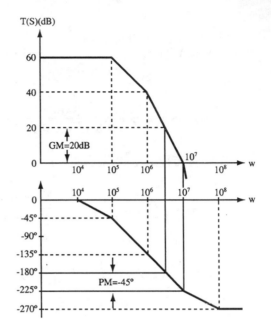

由波德圖知此放大器不穩定

(2)GM = 0 - 20 = - 20dB

PM = - 225° - (- 180°) = - 45°

85.The compensated return ratio of a single - loop amplifier is

$$T(S) = \frac{10^3}{(1 + \frac{S}{\omega_1})(1 + \frac{S}{10^6})(1 + \frac{S}{10^8})}$$

Determine ω_1 so that the phase margin is approximately 45°. （題型：回路增益）

【中山電機所】

簡譯

已知單一迴路放大器經的回歸比 T（S）為

$$T(S) = \frac{10^3}{(1 + \frac{S}{\omega_1})(1 + \frac{S}{10^6})(1 + \frac{S}{10^8})}$$ 求 PM = 45°的 ω_1值。

解☞：

由波德圖知，$\omega_1 = 10^3 \text{rad}/\sec$

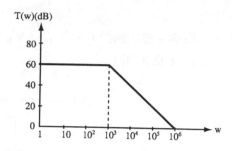

---

86. The op – amp system of Figure has a gain function that is

$$A(S) = \frac{10^3 K}{(1 + S/10^4)^2}$$

$R = 1 k\Omega$ and $C = 0.1 \mu F$.

(1) Determine the closed – loop transfer function $V_0(S)/V_i(S)$.

(2) Find the value of K above which the closed – loop system becomes unstable. (題型：穩定度判斷)

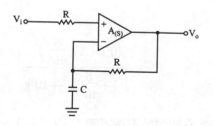

【雲技電機所】

簡譯

OP 的轉移函數為 $A(S) = \dfrac{10^3 K}{(1 + \dfrac{S}{10^4})^2}$，及 $R = 1k\Omega$，$C = 0.1\mu F$ 求

(1)求閉迴路轉移函數 $\dfrac{V_0(S)}{V_i(S)}$

(2)求閉迴路系統開始不穩定時的 K 值。

解☞：

(1) 1.此為串－並式回授（ V'_i , V'_f , V'_0 ）

　　2.開路 A 及 β 網路

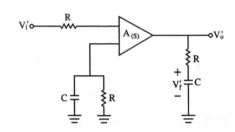

$$\beta(S) = \frac{V'_f}{V'_0} = \frac{\dfrac{1}{SC}}{R + \dfrac{1}{SC}} = \frac{1}{1 + SRC} = \frac{1}{1 + \dfrac{S}{10^4}}$$

$$A_{vf}(S) = \frac{V_0(S)}{V_i(S)} = \frac{A(S)}{1 + \beta(S)A(S)} = \frac{\dfrac{10^3 k}{(1 + \dfrac{S}{10^4})^2}}{1 + \dfrac{10^3 k}{(1 + \dfrac{S}{10^4})^3}}$$

$$= \frac{10^3 k (1 + \dfrac{S}{10^4})}{(1 + \dfrac{S}{10^4})^3 + 10^3 k}$$

(2)當系統開始不穩定時：$\angle L(j\omega) = -180°$, $|L(j\omega)|_{\omega_{180}} = 1$

$$L(S) = \beta(S)A(S) = \frac{10^3 k}{(1 + \dfrac{S}{10^4})^3}$$

$$\Rightarrow L(j\omega) = \frac{10^3 k}{(1 + j\dfrac{\omega}{10^4})^3}$$

①令$\angle L(j\omega) = -3tam^{-1}\dfrac{\omega}{10^4} = -180° \Rightarrow \omega_{180} = \sqrt{3} \times 10^4 rad/sec$

②令$|L(j\omega_{180})| = |\dfrac{10^3 k}{(1-\dfrac{3\omega^2}{10^8}) + j\omega(\dfrac{3}{10^4} - \dfrac{\omega^2}{10^{12}})}|_{(\omega = \omega_{180})} = 1$

解得 $k = 0.008$

87.An amplifier having a low – frequency gain of 10^3 and poles at 10^4 and 10^5 Hz is operated in a closed negative – feedback loop with a frequency – independent β.

(1)For what value of β do the closed – loop poles become coincident？ At what frequency？

(2)What is the low – frequency gain corresponding to the situation in (1)？

（題型：極點位置判斷穩定度）

【中正電機所】

解☞ :

此為雙極點放大器

1.∴$A(S) = \dfrac{A_0}{(1+\dfrac{S}{\omega_{p1}})(1+\dfrac{S}{\omega_{p2}})}$

故 $A_f(S) = \dfrac{A(S)}{1+\beta A(S)} = \dfrac{\dfrac{A_0}{(1+\dfrac{S}{\omega_{p1}})(1+\dfrac{S}{\omega_{p2}})}}{1+\dfrac{\beta A_0}{(1+\dfrac{S}{\omega_{p1}})(1+\dfrac{S}{\omega_{p2}})}}$

$= \dfrac{A_0 \omega_{p1} \omega_{p2}}{S^2 + S(\omega_{p1}+\omega_{p2}) + \omega_{p1}\omega_{p2}(1+\beta A_0)}$

$= \dfrac{\omega_{p1}\omega_{p2}A_0}{S^2 + S(\dfrac{\omega_0}{Q}) + \omega_0^2}$

2.上式分母即爲特徵方程式，如下

①$S^2 + S (\omega_{p1} + \omega_{p2}) + \omega_{p1}\omega_{p2} (1 + \beta A_0) = 0$

②$S^2 + S (\dfrac{\omega_0}{Q}) + \omega_0^2 = 0$

3.由① = ②可得

$\omega_0 = \sqrt{\omega_{p1}\omega_{p2} (1 + \beta A_0)}$

$Q = \dfrac{\sqrt{\omega_{p1}\omega_{p2} (1 + \beta A_0)}}{\omega_{p1} + \omega_{p2}}$

4.由①，②式，亦可求出放大器經負回授後的新極點所在

③$S = -\dfrac{\omega_0}{2Q} \pm \dfrac{\omega_0}{2Q} \sqrt{1 - 4Q^2} = -\omega_{pf}$，或

④$S = -\dfrac{\omega_{p1} + \omega_{p2}}{2} \pm \dfrac{\omega_{p1} + \omega_{p2}}{2} \sqrt{1 - 4Q^2} = -\omega_{pf}$

(1)$\therefore Q = \dfrac{1}{2} = \dfrac{\omega_0}{\omega_{p1} + \omega_{p2}} = \dfrac{\sqrt{\omega_{p1}\omega_{p2} (1 + \beta A_0)}}{\omega_{p1} + \omega_{p2}}$

$\therefore \beta = \dfrac{1}{A_0} \left[\dfrac{Q^2 (\omega_{p1} + \omega_{p2})^2}{\omega_{p1}\omega_p} - 1 \right] = 0.002$

其中$\omega_{p1} = 2\pi f_{p1} = (2\pi)(10^4)$

$\omega_{p2} = 2\pi f_{p2} = (2\pi)(10^5)$

(2)$A_{f0} = \dfrac{A_0}{1 + \beta A_0} = \dfrac{10^3}{1 + (a002)(10^3)} = 333.33$

88.一個負回授放大器，若迴路增益爲0dB，剛好位於第二個極點之頻率，則此放大器的相位邊限爲？　(A)0°　(B)45°　(C)90°　(D)135°**（題型：波德圖的 GM 及 PM）**

解☞ : (B)

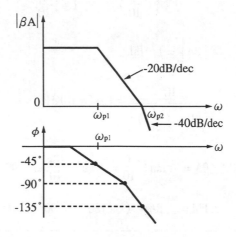

$$\therefore PM = \angle\beta A - (-180°)$$
$$= -135° + 180° = 45°$$

---

89. 一個單一極點放大器開迴路增益 $A_o = 10^5$,$f_p = 10Hz$,其它特性均為理想($R_{in} = \infty$,$R_o = 0$等),如果將之接成非反相放大器型式,使其低頻增益(閉迴路)成為100,試求:(1) $\left| A\beta \right| = 1$時之頻率;(2)此電路之相位邊限。**(題型:波德圖的 PM)**

解☞ :

由題知

$$A(S) = \frac{A_o}{1 + j\dfrac{f}{f_p}} = \frac{10^5}{1 + j\left(\dfrac{f}{10}\right)}$$

$$A_f = \frac{A}{1 + \beta A} \approx \frac{A}{\beta A} = \frac{1}{\beta} = 100 \Rightarrow \beta = 0.01$$

(1) $\left| A\beta \right| = 1$時

$$① \beta A = \frac{10^5 \beta}{1 + j\left(\frac{f}{10}\right)} = \frac{(10^5)(0.01)}{1 + j\frac{f}{10}} = \frac{10^3}{1 + j\frac{f}{10}}$$

$$② \left|\beta A\right| = 1 \text{，即}$$

$$\frac{10^6}{\sqrt{1 + \left(\frac{f}{10}\right)^2}} = 1 \Rightarrow f = 10\text{KHz}$$

$$(2) \angle \beta A = -\tan^{-1}\frac{f}{10} = -\tan^{-1}\frac{10k}{10} \approx -90°$$

$$\therefore PM = \angle\beta A - (-180°) = 90°$$

90.一個 OPA 電路，具有單一極點 $\omega_p = 100\text{Hz}$，低頻增益 $A_o = 10^5$。

(1)若施加一回授因素 $\beta = 0.01$，試求此回授量，將極點移到何處？

(2)如果改良 β 量，使閉造路增益為 $+1$，則極點移到何處？（題型：以極點位置判斷穩定性）

解☞：

　1.觀念：系統經負回授後，會增加頻寬

$$BW_f \cong \omega_{pf} = (1 + \beta A_o)\omega_p = [1 + (0.01)(10^5)](100) \cong 0.1\text{MHz}$$

　2. $\because A_f = \frac{A_o}{1 + \beta A_o} = 1$，即

$$1 + \beta A_o = A_o = 10^5$$

$$\therefore BW'_f = \omega'_{pf} = (1 + \beta A_o)\omega_p = (10^5)(100) = 10\text{MHz}$$

91.一個負回授放大器，迴路增益有 n 個極點，沒有零點，則下列項目何者可能不穩定？

(A)n = 1； (B)n = 2； (C)n = 3； (D)n = 0。（題型：極點對穩定性的影響）

解☞：

    1.n＝0，1，2皆為無條件穩定

    2.n＝3則為有條件穩定

92.如圖所示，若 $A = 10^4$ 倍，且 $R_{in} = \infty$ 大，$R_o = 0\Omega$，求

  (1)β

  (2)若 $A_{vf} = 10$ 倍，則 $R_2 / R_1 = ?$

  (3)D，若以分貝表示。

  (4)若 $V_s = 1V$，則 V_o，V_f，V_i。

  (5)若 $A = 10^4 \pm 20\%$ 之變動，則 A_f 為若干？

  (6)若 A 降低20%，則 A_f 降低多少？（題型：OPA 的串—並型負回授）

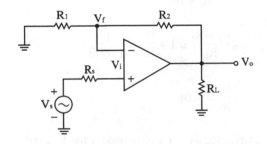

解☞：

    1.此為串—並型負回授

      ∴ $X_s = V'_s$，$X_f = V'_f$，$X_o = V'_o$

    2.繪開回路等效圖

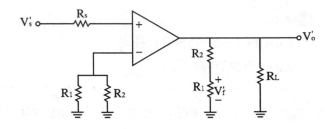

3.分析電路

(1)$\beta = \dfrac{X_f}{X_o} = \dfrac{V'_f}{V'_o} = \dfrac{R_1}{R_1 + R_2}$

(2)$A_{vf} = \dfrac{A}{1 + \beta A} = \dfrac{10^4}{1 + \beta (\ 10^4\ )} = 10$

$\therefore \beta = \dfrac{R_1}{R_1 + R_2} = 0.0999$

$\Rightarrow \dfrac{R_1 + R_2}{R_1} = 1 + \dfrac{R_2}{R_1} = \dfrac{1}{0.0999}$

$\therefore \dfrac{R_2}{R_1} = 9.01$

(3)$D = 1 + \beta A = 1 + (\ 0.0999)(10^4\ ) \cong 10^3$

$\therefore D_{dB} = 20 \log D = 60 dB$

(4)$\because A_{vf} = \dfrac{V_o}{V_s}$

$\therefore V_o = V_s A_{vf} = (\ 1)(10\ ) = 10$

$\because \beta = \dfrac{V'_f}{V'_o}$

$\therefore V_f = \beta V_o = (\ 0.0999)(10\ ) = 0.999 v$

$$V_i = V_s - V_f = 1 - 0.999 = 0.001V$$

(5) $\left| \dfrac{dA_{vf}}{A_{vf}} \right| = \dfrac{1}{1 + \beta A_v} \left| \dfrac{dA_v}{A_v} \right| = \dfrac{1}{10^3} \ (\ \pm 20\%\ ) = \pm 0.02\%$

∴ $A_{vf} = 10 \pm 0.02\%$

(6)方法一：利用靈敏度變動率計算：

$$S_A^{Avf} = \dfrac{dA_{vf}}{dA} \cdot \dfrac{A}{A_{vf}} = \left[\ \dfrac{d}{dA} \left(\ \dfrac{A}{1 + \beta A}\ \right)\ \right] \cdot \left[\ \dfrac{A}{\dfrac{A}{1 + \beta A}}\ \right] = \dfrac{1}{1 + \beta A}$$

$$= \dfrac{1}{1 + (\ 0.0999)(0.8 \times 10^4\ )} \cong 0.125\%$$

方法二：直接計算法：

$$A_{vf} = \dfrac{A}{1 + \beta A} = \dfrac{0.8 \times 10^4}{1 + (\ 0.0999)(0.8 \times 10^4\ )} = 9.9975$$

$$A_{vf}降低比率 = \dfrac{9.9975}{0.8 \times 10^4} \times 100\% = 0.125\%$$

---

§12－7〔題型七十三〕：頻率補償

考型206 **主極點補償法**

一、改善頻率

　　A，β，皆不能變→改變極點→頻率補償

二、補償方式

　1.主極點補償：（加上 R 和 C）

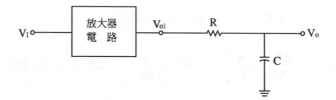

2.補償後：

$$A' = \frac{V_o}{V_I} = \frac{V_o}{V_{01}} \times \frac{V_{01}}{V_I} = A \times \frac{\dfrac{1}{j\omega C}}{R + \dfrac{1}{j\omega C}} = \frac{A}{1 + j\omega RC} = \frac{A}{1 + j\dfrac{f}{f_d}}$$

$$f_d = \frac{1}{2\pi RC} \ (\ f_d：主極點\ )$$

3.結果：頻寬↓，穩定度↑

考型207 極點──零點補償法

1.**補償方式（加上 R_1，R_2和 C）：**

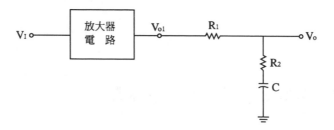

2.補償後：

$$A'' = \frac{V_o}{V_I} = \frac{V_o}{V_{01}} \times \frac{V_{01}}{V_I} = A \frac{R_2 + \dfrac{1}{j\omega C}}{R_1 + R_2 + \dfrac{1}{j\omega C}} = \frac{A\ (\ 1 + j\omega R_2 C\ )}{1 + j\omega\ (\ R_1 + R_2\ )\ C}$$

$$= \frac{A\left(1 + j\dfrac{f}{f_z}\right)}{\left(1 + j\dfrac{f}{f_P}\right)}$$

$$f_z = \frac{1}{2\pi R_2 C} \ , \ f_P = \frac{1}{2\pi\left(R_1 + R_2\right)C} \ , \ \therefore f_P < f_z$$

考型208 密勒（millar）效應補償法

1. 於 B.C 端處，加電容，影響高三分貝頻率 f_H，使 f_H 降低。另對 b′，C 間之電容 C_T 增加至 $C_T = C_\mu + C_M \approx C_M \rightarrow$ 犧牲頻寬以增加穩定性，使電路不致震盪。

2. 補償方式：（加上密勒電容 C_1）

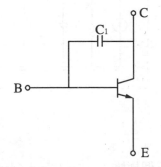

3. 特色：

(1)電容 C_1，可在 IC 中實現。

(2)密勒電容 C_1，會使極點分裂（密勒效應），除能增加穩定度之外。其頻寬比上述二法較大。

歷屆試題

93. Consider an OPAMP whose open – loop transfer function has three poles, ω_{p1}

$= 10^5 \text{rad} / \text{s}$, $\omega_{p2} = 10^6 \text{rad} / \text{s}$, and $\omega_{p3} = 10^7 \text{rad} / \text{s}$. The DC voltage gain, A_0, is 100dB. Assume that the OPAMP circuit includes a stage such as that of Fig. with $C_1 = 100\text{pF}$, $C_2 = 20\text{pF}$, and $g_m = 20\text{mA} / \text{V}$, that the pole at ω_{p1} is caused by the input circuit of that stage, and the pole at ω_{p2} is introduced by the output circuit.

(1) Find R_1 and R_2.

(2) The capacitor C_f is used to compensate the OPAMP so that the closed – loop amplifier with resistive feedback is stable for any gain. In other words, when the amount of feedback is unity, the phase margin is 45°. Find C_f under the condition that the OPAMP has maximum unit gain bandwidth ω_t.

(3) Find the ω_t of the compensated OPAMP. （題型：極點補償）

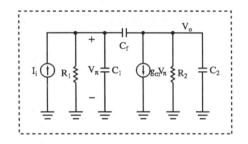

【台大電機所】

簡譯

OPA 的開回路有三個極點，$\omega_{p1} = 10^5 \text{rad} / \text{sec}$，$\omega_{p2} = 10^6 \text{rad} / \text{sec}$，$\omega_{p3} = 10^7 \text{rad} / \text{sec}$，直流電壓增益 A_0 為100dB，設 OPA 電路的某一級如圖，其中 $C_1 = 100\text{pF}$，$C_2 = 20\text{pF}$，$g_m = 20\text{mA} / \text{V}$，又 ω_{p1} 是由這一級的輸入端電路所產生，ω_{p2} 是由這一級的輸出端電路所產生。

(1) 求 R_1，R_2值。

(2) 若加上電容 C_f 以補償 OPA，使具電阻性回授網路的閉迴路放大器，在任何增益下均為穩定。即，當回授量為1，PM 值為45°時，求 OPA 具有最大單位增益頻寬 ω_t 的 C_f 值。

(3)求補償後 OP 的 ω_t 值。

解☞：

(1)由 STC 法知

$$\omega_{p1} = \frac{1}{R_1 C_1} = \frac{1}{R_1\ (\ 100p\ )} = 10^5 \Rightarrow R_1 = 100k\Omega$$

$$\omega_{p2} = \frac{1}{R_2 C_2} = \frac{1}{R_2\ (\ 20p\ )} = 10^6 \Rightarrow R_2 = 50k\Omega$$

(2)當加上 C_f 後

$$\omega'_{p1} = \frac{1}{g_m R_2 R_1 C_f}$$

$$\omega'_{p2} = \frac{g_m C_f}{C_1 C_2 + C_f\ (\ C_1 + C_2\ )} ——①$$

若設 $C_f \gg C_2$，

則 $\omega'_{p2} = \dfrac{g_m}{C_1 + C_2} = \dfrac{20m}{100p + 20p} = 167Mrad／sec$

因此頻率可超過 ω_{p3}，所以視 ω_{p3} 為第2個主極點，因此為得 PM
= 45°，需將 ω'_p 視為第一個主極點，故

$$\omega'_p = \frac{1}{g_m R_2 R_1 C_f} = \frac{1}{(\ 20m\ )(50k\ )\ (\ 100k\ )\ C_f} = 100rad／sec$$

∴ $C_f = 100PF$

(3)驗證：

①$C_f > C_2$

②將 $C_f = 100PF$，代入①式後，ω'_{p2} 仍大於 ω_{p3}，所以所設成立。
  亦即 ω_{p3} 仍為第2個主極點，故

$$\omega_t = \omega_{p3} = 10^7 rad／sec$$

94.The open – loop gain of an amplifier is shown below. Now, this amplifier is to be compensated to have a phase margin of 45°. Find the location of the dominant pole and the value of β for the feedback network, such that the low – frequency closed – loop gain is 40dB. (題型：頻率補償)

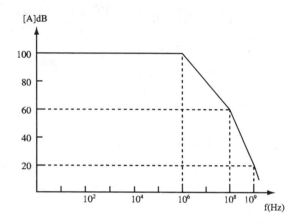

【 清大電機所 】

解☞ :

1.由波德圖知

$$A(jf) = \frac{10^5}{(1 + j\frac{f}{10^6})(1 + j\frac{f}{10^8})}$$

又 $A_f = 40dB \approx 20\log\frac{1}{\beta}$

$\therefore \beta = 10^{-2}$

2.由主極點補償法作圖知，$f_D = 1kHz$

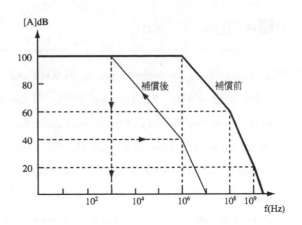

或依公式法知

$$f_D = f_{p1} \cdot 10^{-\left[20\log A_0 - 20\log\frac{1}{\beta}\right]/20}$$

$$= (10^6)(10^{-(100-40)/20}) = 10^3 = 1\text{kHz}$$

95.(1)In a negative feedback amplifier, if the loop gain is just 0dB at the frequency of the second lowest pole, how large is the phase margin of the amplifier？(A)0° (B)45° (C)90° (D)135° (E)No correct answer among the above items.

(2)In a negative feedback amplifier, the loop gain has n pole（s） and no zero. Which of the following items has the possibility to be unstable？(A)n = 1. (B)n = 2. (C)n = 3. (D)n = 4.（題型：頻率補償）

【台大電機所】

簡譯

(1)負回授放大器中，若迴路增益為0dB 的頻率剛好為第二主極點，則放大器的 PM 值為：(A)0° (B)45° (C)90° (D)135° (E)以上皆非。

(2)負回授的放大器中，若迴路增益有 n 個極點但沒有零點，則可能產生不穩定的 n 值為何？(A)n = 1 (B)n = 2 (C)n = 3 (D)n = 4。

解☞：(1)(A)　(2)(C)和(D)

---

96. In an amplifier, the midband gain A_{vo} is 90dB and the three left – Half – plane poles are at 40kHz, 400kHz, and 8MHz. If the Miller' compensation s applied to the amplifier so that the phase margin $\theta_{pm} = 45°$ when the transfer ratio of the feedback network $\beta = -24$dB, the second pole after compensation if shifted to 800kHz whereas the pole at 8MHz remains unchanged. Use the asymptotic Bode diagram to perform the following calculations.

(1) Find the unity – gain frequency of the open – loop gain before compensation.

(2) Find the required dominant – pole location after compensation.

(3) The compensation capacitor C_C is applied to the nodes A and B of the gain stage within the amplifier. The voltage gain of the gain stage is – 500 and the node resistance at the node A is 100kΩ. Determine the calue of C_C to achieve the Miller's compensation with the dominant pole in (2). (**題型：頻率補償**)

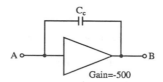

【 交大電子所 】

簡譯

某個放大器的中頻增益 A_{vo} 為90dB，在 s 平面左半面的三個極點分別為40kHz，400kHz，8MHz，當回授的 $\beta = -24$dB 時，用米勒補償使得 $\theta_{pm} = 45°$，使得第二主極點移至800kHz，但，8MHz 的極點仍然維持不變，試以波德圖求下列問題：

(1)求補償前開迴路增益的單位增益頻率。

(2)求補償後的主極點。

(3)若補償電容 C_C 是放在放大器節點 A 與 B 之間，而放大器的電壓增益爲 -500，節點 A 處的電阻值爲 $100k\Omega$，求符合(2)中米勒補償的主極點時的 C_C 值。

解☞：

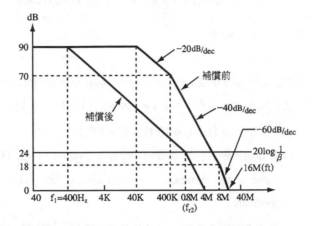

(1) 1. $70dB = 40\log|A_{v1}| \Rightarrow A_{v1} = 56.234$

$\because A_{v1}f_1 = A_{v2}f_2$

$\therefore A_{v2} = \dfrac{A_{v1}f_1}{f_2} = \dfrac{(56.234)(400k)}{8M} = 2.812$

即 $A_{v2(dB)} = 40\log|A_{v2}| = 18dB$

2. $18dB = 60\log|A_{v2}| \Rightarrow A_{v2} = 2$

$f_t = \dfrac{A_{v2}f_2}{1} = \dfrac{(2)(8M)}{1} = 16MHz$

(2) $90dB = 20\log|A_{v1}| \Rightarrow A_{v1} = 31622.78$

$24dB = 20\log|A_{v2}| \Rightarrow A_{v2} = 15.85$

$$\therefore f'_{p1} = \frac{A_{v2}f_2}{A_{v1}} \approx 400\text{Hz}$$

$$(3) f'_{p1} = \frac{1}{2\pi C_C (1-k) R} = 400\text{Hz}$$

$$\therefore C_C = \frac{1}{2\pi f'_{p1} (1-k) R} = \frac{1}{(2\pi)(400)(501)(100\text{k})}$$

$$\approx 7.94\text{PF}$$

97.Consider an OP Amp. with open – loop transfer function of

$A(j\omega) = -10^4 / \{ (1+j\omega/\omega_1)(1+j\omega/\omega_2)(1+j\omega/\omega_3) \}$

where $f_1 = 10^5\text{Hz}$, $f_2 = 10^7\text{Hz}$, $f_3 = 10^8\text{Hz}$.

(1)If dominant – pole compensation is applied to this OP Amp, determine the value of the dominant – pole to ensure 45° phase margin for unit – gain feedback.

(2)Is it possible to use this compensated OP Amp to construct an non – inverting amplifier such that the gain is + 30dB and a bandwidth of at least 5kHz？ why？

(3)Show how to use the compensated OP Amps to design an amplifier that the gain is + 40dB and a bandwidth of at least 4kHz.（題型：主極點補償法）

【交大電子所】

簡譯

OPA 的開迴路轉移函數為

$A(j\omega) = -10^4 / \{ (1+j\omega/\omega_1)(1+j\omega/\omega_2)(1+j\omega/\omega_3) \}$

$f_1 = 10^5\text{Hz}$，$f_2 = 10^7\text{Hz}$，$f_3 = 10^8\text{Hz}$

(1)求在主極點補償下，單位增益回授，PM＝45°時的主極點頻率。

(2)可否用這個已補償過的 OPA，設計一個增益為 + 30dB，頻帶寬至少爲5kHz 的非反相放大器？爲何？

(3)請用數個已補償過的 OPA，設計一個增益爲 + 40dB 而頻帶寬至少爲4kHz 的放大器。

解☞：

(1)$f_D = f_1 \cdot 10^{-\lfloor 20\log A_0 - 20\log(1)\rfloor/20}$

$\qquad = (10^5)(10^{-\lfloor 20\log 10^4 - 20\log(1)\rfloor/20}) = 10Hz$

即此時主極點爲 $f_D = 10Hz$

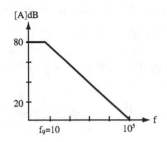

(2)非反相放大器電路如下：

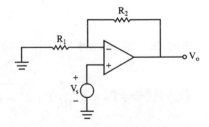

$$A(S) = \frac{V_0}{V_i} = \frac{1 + \dfrac{R_2}{R_1}}{1 + \dfrac{S}{\omega_B}}$$

依題意知

$$A_0 = 1 + \frac{R_2}{R_1} = 30dB \Rightarrow \frac{R_2}{R_1} \approx 30.6$$

又 $\omega_B = \dfrac{\omega_t}{1 + \dfrac{R_2}{R_1}}$

$\Rightarrow f_B = \dfrac{f_t}{1 + \dfrac{R_2}{R_1}} = \dfrac{10^5}{1 + 30.6} = 3.16\text{kHz}$

故知，此頻寬為3.16kHz，不合題目要求的頻寬至少5kHz。所以不能達成目標。

(3) 題意要求：$A_0 = 40\text{dB}$，$f_B > 4\text{kHz}$

故設 n 個 OPA 串接，則

$20\log|A_0| = 20\log\left(1 + \dfrac{R_2}{R_1}\right)^n = 40\text{dB}$

$\Rightarrow \left(1 + \dfrac{R_2}{R_1}\right)^n = 10^2$ —— ①

$f'_B = f_B \cdot \sqrt{2^{\frac{1}{n}} - 1} = \left(\dfrac{f_t}{1 + \dfrac{R_2}{R_1}}\right)\sqrt{2^{\frac{1}{n}} - 1}$ —— ②

由①知，當 n = 2時，$1 + \dfrac{R_2}{R_1} = 10$

代入②式得 $f'_B = \left(\dfrac{10^5}{10}\right)\sqrt{2^{\frac{1}{2}} - 1} = 6.4\text{kHz}$

符合要求。故電路設計如下：

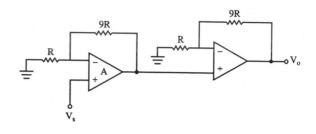

98. 在一負回授放大器中，開迴路放大器之中頻增益 $A_{OLO} = 78dB$，其三個左半平面極點分別在40kHz，400kHz 及8MHz。回授放大器 β 值使其中頻迴路增益 $A_{FO} \approx -1\diagup\beta = 12dB$。試以近似波德圖找出下列問題之答案。

⑴若使用極點－零點補償法於回授放大器，使其在上述 β 值時，相位邊限 PM = 45°，且假設補償後原來在400kHz 及8MHz 之極點均不變，試求補償後回授放大器之主極點。

⑵試求補償後開迴路增益為1時之頻率。（**題型：頻率補償**）

【交大電子所】

解☞：

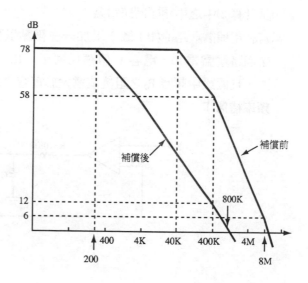

⑴$f'_D = f_p 10^{-(58-12)\diagup 20} = (400k) 10^{-2.3} \approx 200Hz$

⑵由作圖可知800kHz

99. 一個放大器之開迴路電壓增益（open－loop voltage gain）如下：

$A_v(S) = A_0 \diagup [(1 + S\diagup\omega_1)(1 + S\diagup\omega_2)(1 + S\diagup\omega_3)]$

$A_0 = 10^5$，$\omega_1 = 10^4 \text{rad}／\text{s}$，$\omega_2 = \omega_3 = 10^6 \text{rad}／\text{s}$

(1)請利用波德圖決定回授放大器穩定條件下之最大 β 值。

(2)若回授網路如下圖所示，請利用(1)中之最大可能 β 值，計算 R_2（OPA 之輸出阻抗忽略不計）。

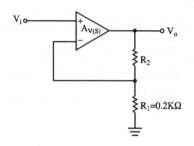

(3)試計算(2)中之中頻閉回路增益。

(4)若利用補償網路（如下圖）增加一土極點以穩定放大器，若中頻閉回路增益為10，電容 C 值應為何？（R_1，R_2阻抗值與(2)中相同，且假設中頻時 R_2 之阻抗值遠大於電容之阻抗值）。（**題型：頻率補償**）

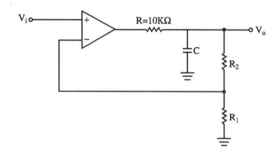

【交大電子所】

解☞：

(1)波德圖

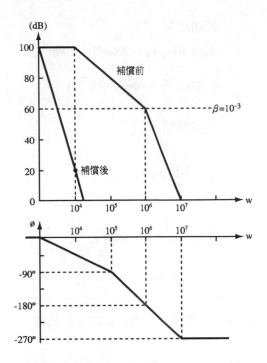

當 $\angle\beta A\,(\,j\omega\,) = -180°$ 時，系統為穩定邊緣點

（即 $|\beta A\,(\,j\omega\,)\,| = 1$）

$\Rightarrow 20\log|\beta A\,(\,j\omega\,)\,| = 20\,(\,\log\beta + \log A\,) = 20\log\beta + 60dB = 0$

$\therefore 20\log\beta = -60dB \Rightarrow 20\log\dfrac{1}{\beta} = 60dB$

故 $\beta = 10^{-3}$

$(2)\beta = \dfrac{R_1}{R_1 + R_2} = \dfrac{0.2k}{0.2k + R_2} = 10^{-3}$

$\therefore R_2 = 199.8k\Omega$

$(3)100dB = 20\log|\,A_v\,| \Rightarrow A_v = 10^5$

$\therefore A_{vf} = \dfrac{A_v}{1 + \beta A_v} = \dfrac{10^5}{1 + (\,10^{-3}\,)\,(\,10^5\,)} = 990.1$

⑷依題意知

$$A_{v0} = 10 \Rightarrow A_{v0} = 20\log10 = 20dB$$

$$\therefore 20\log\frac{1}{\beta} = 20dB \Rightarrow \beta = 0.1$$

由作圖知,

$$\omega_D = \frac{10^4}{10^4} = 1rad\diagup sec$$

$$\therefore \omega_D = \frac{1}{RC} = \frac{1}{(10k)C} = 1$$

故 $C = 0.1mF$

100.爲何在積體電路中常使用米勒補償?（題型：米勒補償效應）

【交大電子所】

解☞ :

利用米勒電容效應,可分離極點,作頻率補償。並此技術可在
IC 中實現。

101.Suppose the Bode diagram of the return ratio $T(S)$ of a feedback amplifier
is as given below. Then answer the following questions：

⑴Solve for $T(S)$.

⑵gain margin = ?

⑶phase margin = ?

⑷Is the feedback amplifier stable?

⑸Let $T_0 = T(0)$. Suppose the amplifier is required to have phase margin
PM = 45°. What will be the new value of T_0?

⑹Is new amplifier stable?（題型：頻率補償）

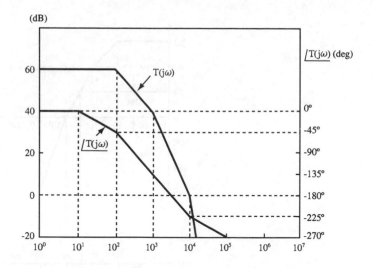

簡譯

已知回授放大器的回歸比 T（S）之波德圖如下，求：

(1)T（S）

(2)增益邊限

(3)相位邊限

(4)回授放大器是否穩定

(5)令 T_0 = T（0），若 PM = 45°時則 T_0 值為多少？

(6)新的放大器是否穩定。

解☞：

(1)T（S）= $\dfrac{10^3}{(1+\dfrac{S}{10^2})(1+\dfrac{S}{10^3})(1+\dfrac{S}{10^4})}$

60dB = 20log|T（jω）| $\Rightarrow T_0$ = T（jω）= 1000

(2)(3)由波德圖知

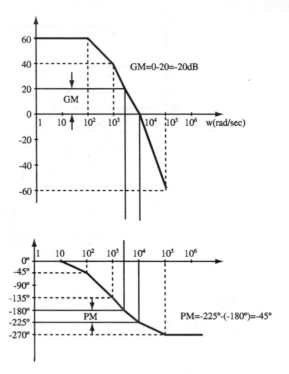

(4)∵ GM < 0且 PM < 0

∴不穩定

(5)若 PM = 45°，則∠T（jω）$|_{|T|=1}$ = − 135°

∴ $T_0 = 10$

(6)穩定。因為 PM = 45°時，系統最穩定。

102.For a feedback amplifier shown in Fig. the operational amplifier voltage gain

A is given by

$$A = \frac{V_0}{V_i} = \frac{1000}{\left(1 + \frac{S}{10^4}\right)\left(1 + \frac{S}{10^5}\right)^2}$$

please answer the following questions.

(1)Find the loop gain.

(2)Is the amplifier stable？ why？

(3)Assume $R_i \rightarrow \infty$, find the midband voltage gain $\dfrac{V_0}{V_i}$.

(4)Assume $R_1 = 10k\Omega$, find the R_2 to obtain the 45° phase margin. （題型：頻率補償）

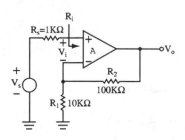

【 交大電信所 】【 高考 】

簡譯

已知回授放大器的 A 為

$$A = \frac{V_0}{V_i} = \frac{1000}{(1 + \dfrac{S}{10^4})(1 + \dfrac{S}{10^5})^2}$$

(1)求迴路增益。

(2)問回授放大器是否穩定。為何？

(3)若 $R_i = \infty$ ，求中頻電壓增益 $\dfrac{V_0}{V_s}$。

(4)若 $R_i = 10k\Omega$，求相位邊限為45°時的 R_2值。

解☞ :

(1) 1.此為串 – 並式回授（ ，V'_f，V'_0 ）

2.A 的開回路增益為（ $R_i = \infty$ ）

$$\therefore \beta = \frac{R_1}{R_1 + R_2} = \frac{10k}{10k + 100k} = \frac{1}{11}$$

故迴路增益

$$L(S) = \beta A(S) = \left(\frac{1}{11}\right)\left[\frac{1000}{(1+\frac{S}{10^4})(1+\frac{S}{10^5})^2}\right]$$

$$= \frac{90.91}{(1+\frac{S}{10^4})(1+\frac{S}{10^5})^2}$$

(2)$\angle L(S) = -\tan^{-1}\frac{\omega}{10^4} - 2\tan^{-1}\frac{\omega}{10^5}$

令$\angle L(S) = -180° \Rightarrow$解得 $\omega_{180°} = 1.1 \times 10^5$ rad／s

$$\therefore |\beta A|_\omega = \frac{90.91}{\sqrt{[1+(\frac{1.1\times10^5}{10^4})^2][1+(\frac{1.1\times10^5}{10^5})^2]}} = 3.7$$

$\because |\beta A| > 1 \quad \therefore$此放大器不穩定

(3)$A_{vf} = \frac{V_0}{V_s} = \frac{A_0}{1+\beta A_0} = \frac{1000}{1+(\frac{1}{11})(1000)} = 10.88$

(4)$PM = 45° = \angle\beta A - (-180°)$

$\therefore \angle\beta A = -135° \Rightarrow \omega = 5.3 \times 10^4$ rad／sec

故 $|A| = \dfrac{1000}{\left[\sqrt{\left(1 + \left(\dfrac{5.3 \times 10^4}{10^4}\right)^2\right)}\right]\left[1 + \left(\dfrac{5.3 \times 10^4}{10^5}\right)^2\right]}$

$= 144.75$

令 $|\beta A| = 1 \Rightarrow \beta = \dfrac{1}{|A|} = \dfrac{1}{144.75} = \dfrac{R_1}{R_1 + R_2} = \dfrac{10k}{10k + R_2}$

$\therefore R_2 = 1.437M\Omega$

---

103. The function block diagram of a feedback amplifier is shown below：

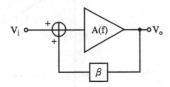

Let the open - loop frequency response of the amplifier is given by

$$A(f) = \dfrac{10^5}{\left(1 + j\dfrac{f}{f_{p1}}\right)\left(1 + j\dfrac{f}{f_{p2}}\right)\left(1 + j\dfrac{f}{f_{p3}}\right)}$$

where $f_{p1} = 1MHz$, $f_{p2} = 20MHz$, $f_{p3} = 400MHz$.

(1) Please roughly plot the magnitude and phase responses of $A(f)$.

(2) Will the amplifier oscillate for $\beta = 0.01$？ Yes or No, please explain your

answer. (題型：頻率補償)

【交大電信所】

解☞：

∵ $f_{p1} = 1MHz$，$f_{p2} = 20MHz$，$f_{p3} = 400MHz$

(1)波德圖：

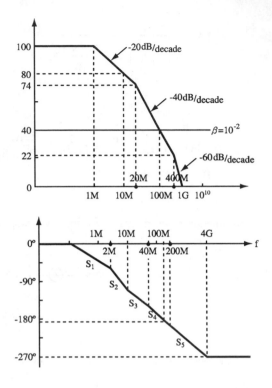

(2)由作圖可知，PM = 0

∴ 此放大器會振盪

104.Explain carefully what is the meaning of pole – zero compensation.（**題型：**
極點－零點補償）

【 成大電機所 】

解☞：

1.極點—零點補償法，如內文所述。

2.其意義為，加入一個比原主極點更低的極點，而形成新的主極
點。而新加入的零點與原主極點，互相抵銷。

3.如此作法，使得增益斜率仍為 – 20dB／decade。而 PM 約為
45°，所以穩定度不錯。

附錄

八十八學年度臺灣大學研究所碩士班招生考試試題／電機所甲組
八十七學年度臺灣大學研究所碩士班招生考試試題／電機所甲組
八十六學年度臺灣大學碩士班招生考試試題／電機所甲組（光電所、
電信所、通訊所）
八十八學年度臺灣大學研究所碩士班招生考試試題／電機所乙組
八十七學年度臺灣大學研究所碩士班招生考試試題／電機所乙組
八十六學年度臺灣大學研究所碩士班招生考試試題／電機所乙組
八十八學年度成功大學碩士班招生考試試題／電機所
八十八學年度成功大學碩士班招生考試試題／工程科學所
八十八學年度成功大學碩士班招生考試試題／醫工所
八十七學年度成功大學碩士班招生考試試題／醫工所
八十七學年度成功大學碩士班招生考試試題／電機所
八十六學年度成功大學碩士班招生考試試題／電機所
八十八學年度成功大學碩士班招生考試試題／電機所
八十七學年度海洋大學碩士班招生考試試題／電機所
八十八學年度海洋大學碩士班招生考試試題／光電所
八十八學年度中央大學碩士班招生考試試題／光電所
八十八學年度中央大學碩士班招生考試試題／電機所
八十七學年度中央大學碩士班招生考試試題／光電所
八十七學年度中央大學碩士班招生考試試題／電機所
八十八學年度逢甲大學碩士班招生考試試題／電子所
八十八學年度逢甲大學碩士班招生考試試題／電機所
八十八學年度逢甲大學碩士班招生考試試題／電子所
八十七學年度逢甲大學碩士班招生考試試題／電機所
八十六學年度逢甲大學碩士班招生考試試題／電機所
八十八學年度義守大學碩士班招生考試試題／電機所、電子所
八十八學年度義守大學進修班招生考試試題／電子所進修班
八十七學年度義守大學碩士班招生考試試題／電子所
八十六學年度中興大學碩士班招生考試試題／電機所

附錄

八十八學年度臺灣大學研究所碩士班招生考試試題
〔電機所甲組〕

1. (20%)圖一(a)所示為射極具有電阻R_e的放大電路。假設電晶體
   偏壓在順向主動區（forward active mode）：

   (A)利用中頻交流小訊號分析，求在輸出端v_o處，向電晶體集
   極看進去所看到的輸出電阻R_o，請將R_o以R_s、R_e、r_π、r_o及β
   表示。其中r_π為電晶體 hybrid-π 模型中之基－射極閘電阻、β
   為電晶體之電流增益而r_o電晶體本身因 Early 效應，所造成
   之有限輸出電阻。（5%）

   (B)圖一(b)所示為 Widlar 電流源電路，利用(a)部分所導出來之
   公式證明 Widlar 電路之輸出電阻R_o（即由輸出端V_o處，向電
   晶體Q_M集極看進去所看到的電阻）約為$R_o = (1 + g_m R_M) r_o$。
   其中 g_m 為電晶體 Q_M 之 transconductance 而r_o為電晶體 Q_M 本
   身因 Early 效應，所造成之有限輸出電阻。（5%）

   (C)如圖一(b)所示之電路，假設基流電流均可忽略且 Q_M 及 Q_R
   之製程及幾何尺寸均相同，利用直流分析，證明（5%）：

   $$V_T \ln(\frac{I_{REF}}{I_o}) = I_o R_M$$

   (D)承上題，假設 $V_{CC} = 15V$，電晶體之電流增益 $\beta = 70$ 而 Early
   voltage $= 120V$，利用(B)及(C)部分之結果，請設計一個輸出

電阻為 50MΩ 而輸出電流為 12μA 的 Widlar 電流源。即請設
計出 I_{REF}、R_M 及 R 之值。（5%）

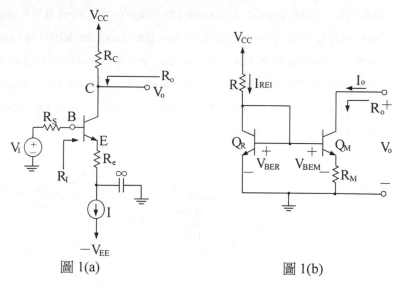

圖 1(a)   圖 1(b)

2. （20%）考慮下圖所示的振盪器，其中的放大器為理想的放大
   器，即輸入阻抗無窮大，輸出阻抗為零，電壓增益為 $-K$。若
   crystal X 的振盪頻率為 ω_p，求在振盪頻率下 crystal X 的阻抗，
   以 C_1、C_2、r、ω_p 等參數表出來。此外，求出維持振盪所需的 K
   範圍。

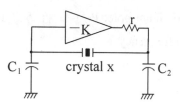

$3.$ (20%) Shown in Fig.3（下圖） is a matched CMOS inverter with its loading capacitance. Draw qualitatively the static i-v curve of the two MOS(i. e., drain current versus output voltage) when input is low and output is high, and explain its static voltage transfer characterisic v_o versus v_o with v_I changing from zero to maximum. Use both texts and figures (8%). Mark out the break points with values specified. Explain the transistor operation in different regions(4%). Then graphically explain the dynamic operation as input suddenly goes high(8%)

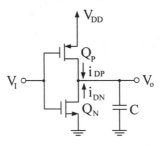

$4.$ (20%)如下圖所示為 full differential OP-AMP 之 ential mode circuit.

(A)試繪 differential mode half circuit（必須註明各 MOS 電晶體的編號及 node numbers）。

(B)只考慮 gate-source 的 parasitic capacitance C_{gs}：試寫出 first non-dominant pole, P_{ND} 的公式。

(C)若只考慮 dominant pole, P_D，試推導該 op-amp differential mode 的 unity gain frequency, ω_1。

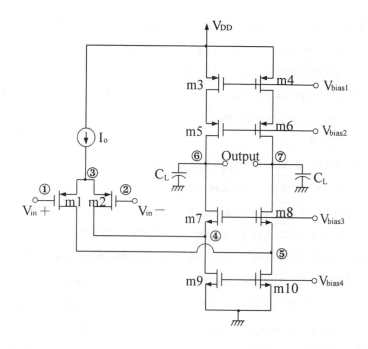

5. 選擇題：20%（每題2%，答錯不倒扣）

(1) 半導體的電阻值：(A)與金屬一樣，隨溫度升高而增大　(B)與金屬一樣，隨溫度升高而減少　(C)與金屬不一樣，半導體電阻值乃隨溫度升高而增大　(D)與金屬不一樣，半導體電阻值乃隨溫度升高而減小。

(2) 其他條件均不變的情況下，將 pn 接面二極體之濃度增加，pn 接面空乏區之寬將　(A)變寬　(B)變窄　(C)不變　(D)仍需視情況。

(3) 有關 pn 接面二極體之擴散電容（diffusion capacitance）：(A)少數載子之 recombination life time 愈長，擴散電容愈大　(B)少數載子之 recombination life time 愈短，擴散電容愈大　(C)與所加偏壓無關　(D)順向偏壓愈大，擴散電容愈小。

(4)電流輸入變成電壓輸出的 transimpedance amplifier 可以應用：
(A)series-series (B)shunt-shunt (C)shunt-series (D)series-shunt 的
negative feedback circuit 來架構。

(5)MOS amplifier 的低頻小信號電壓增益（low frequency small signal
voltage gain）會因 bias 電流：(A)增加而變大 (B)減小而變大
(C)無關。

(6) EMOS operational amplifier 之 input overdrive ($V_{GS} - V_t$)：(A)offset
voltage 會減小 (B)slew rate 會變快 (C)unity gain rency 會加大。

(7) class A 輸出級在功率電晶體 power dissipation 最大時的功率轉
換效率為：(A)0% (B)10% (C)25% (D)50%。

(8) class B 輸出級在功率電晶體 power dissipation 最大時的功率轉
換效率為：(A)0% (B)25% (C)50% (D)~78%。

(9) 若一個開迴路放大器僅有一個極體（pole），沒有零點
（zero）。將此放大器以電阻回授的方式接成負回授放大器，
在最惡劣情況下，此回授放大器的 Phase margin 應可達到：
(A)30 度 (B)45 度 (C)60 度 (D)90 度。

(10) BiCMOS IC technology usually combines the advantages of BJT and
CMOS transistors, which do not include：(A)high gain of BJT (B)
high input impedance of CMOS (C)wide bandwidth of CMOS (D)
low input-offset voltage of BJT.

八十七學年度臺灣大學研究所碩士班招生考試試題
〔電機所甲組〕

選擇題：（24%，每題 2%）

注意：1～9 題為單選題，10～12 題為複選題，均不倒扣，請將答案連
　　　同題號依序寫在答題卷上。

1. 關於 Zener breakdown 及 avalanche breakdown 的 breakdown voltage
　與溫度的關係：(A) Zener breakdown voltage 之大小隨溫度升高而
　增大，avalanche breakdown voltage 亦同　(B) Zener breakdown voltage
　之大小隨溫度升高而減小，avalanche breakdown voltage 亦同　(C)
　Zener breakdown voltage 之大小隨溫度升高而增大，avalanche break-
　down voltage 則反是　(D) Zener breakdown voltage 之大小隨溫度升
　高而減小，avalanche breakdown voltage 則反是。

2. 研究生王小華在台大做出一個雙極電晶體，發現此電晶體 Early
　effect 太嚴重，他想減輕 Early effect, 故下次製作時他應該：(A)
　增加 emitter 摻雜　(B) 增加 base 摻雜　(C) 增加 collector 摻雜　(D)
　降低 base 摻雜。

3. 要使 Ge, GaAs, Si 三種材料所製作出來之二極體導通，各別所
　需施加最小電壓比較：(A) Ge > GaAs > Si　(B) GaAs > Si > Ge
　(C) Si > Ge > GaAs　(D) GaAs > Ge > Si。

4. 下列敘述何者為錯誤？(A) Common gate 放大器的電壓增益絕對
　值小於一　(B) Common base 放大器的電流增益絕對值小於一
　(C) Common source 放大器可以同時有絕對值大於一的電壓增益
　與電流增益　(D) Cascode 結構中 Common emitter 級的電壓增益的
　絕對值非常接近一　(E) 以上皆非。

5. 回授放大器的穩定條件為：(A) open-loop gain 在相位差為 180° 時，其絕對值小於一　(B) closed-loop gain 在相位差為 180° 時，其絕對值小於一　(C) loop gain 在相位差為 180° 時，其絕對值小於一　(D) closed-loop gain 在相位差為 180° 時，其絕對值大於一　(E) 以上皆非

6. 下列各回授結構中，何者的輸入電阻都因回授而提高？(A) Series-shunt　(B) Series-series　(C) Shunt-shunt　(D) Shunt-series　(E) 以上皆非

7. 下列敘述何者為錯誤？(A) 741 型 OP AMP 輸入及內含回授電路，可提昇低頻之 CMRR 值　(B) OP AMP 之大信號頻寬主要是由 Slew Rate 決定　(C) 二級式的 CMOS OP AMP 在推動大電容負載時可能會有不穩定現象　(D) CMOS OP AMP 之 Offset voltage 不完全是由於元件不匹配所造成。

8. 下圖之振盪電路，若不考慮 R_1，R_2，R_3，R_4，D_1，D_2 之效應，且假設 A_1 為理想 OP AMP，則振盪器與 R_f 之最小值 R_{f0} 分別為：

(A) $f_0 = \dfrac{1}{2\pi\sqrt{6}RC}$；$R_{f0} = 2\sqrt{3}R$　(B) $f_0 = \dfrac{1}{2\pi\sqrt{3}RC}$；$R_{f0} = 12R$

(C) $f_0 = \dfrac{1}{2\pi RC}$；$R_{f0} = 2R$　(D) $f_0 = \dfrac{1}{6\pi RC}$；$R_{f0} = 3R$

(E) $f_0 = \dfrac{1}{2\pi\sqrt{3}RC}$；$R_{f0} = (3/4)R$　(F) 以上皆非。

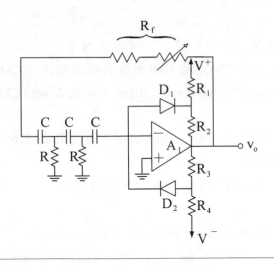

9. 下列五項關於振盪電路的敘述：(1)線性弦波振盪器完全工作在
元件的線性區域。(2)晶體振盪率可調範圍相對較小。(3)一反相
積分器與一非反相雙穩態電路組合可產生三角波及方波。(4)弦
波振盪器中的回授電路必須為 LC 或具同等效果的共振（諧
振）電路。(5)晶體共振元件之共振頻率大於串聯共振頻率，但
二者之值非常接近。

以上五項敘述，不正確的為：(A) 2、3、4　(B) 1、2、5　(C) 1、4
(D) 1、4、5　(E) 1、3、5　(F)以上皆非。

10. 在一般情況下，下列那些敘述不正確？

(A) BiCMOS 邏輯電路之雜訊容忍能力（Noise Margin）比 CMOS
邏輯電路高。

(B) BiCOMS 邏輯電路之電流推動能力（Current-Driving Capability）
比 CMOS 邏輯電路高。

(C) ECL 邏輯電路之雜訊容忍能力（Noise Margin）比 TTL 邏輯電
路高。

(D) ECL 邏輯電路電源電流比較穩定，電壓雜訊也較小。

11. 在一般情況下，下列那些敘述不正確？

(A) 用同樣大小 PMOS 與 NMOS 電晶體所組成之 CMOS 邏輯電路中，2-input NAND Gate 之 delay 一定比 2-input CMOS NOR Gate 小。

(B) 一個 CMOS Inverter 之 gate delay 不會受 Body Effect 影響（沒有 Body Effect）。

(C) 同樣的 5-input NAND Gate，NMOS 邏輯一定比 CMOS 邏輯用較少之電晶體。

(D) 一個 CMOS Transmission Gate 沒有接到 V_{DD}。

12. 下列那些敘述不正確？

(A) 在任何情況下，CMOS 邏輯電路比其他邏輯電路省電。

(B) GaAs 邏輯電路沒有用到 P-channel MESFET。

(C) 動態記憶體（DRAM）之讀寫電路不需要 Sense Amplifier。

(D) 用 CMOS Inverter 所組成之 Ring Oscillator 中之 Inverter 個數一定是奇數。

13. 設有一個 pn 接面二極體其 SPICE 參數表如下：

	記號	設定值
靜態	IS	1.0E-14A
	N	1
	BV	∞ V
動態	RS	1Ω
	CJ0	1pF
	M	0.5
	VJ	1.0V
	TT	10ns

(A) $V_T = 25mV$ 且二極體導通後之電壓為 0.7V。

(B) 查出二極體之完整動態 SPICE 電路模型。（5%）

(C)若通過此二極體之直流偏壓電流為1mA，問二極體此時之小
訊號擴散電容值為多少？又擴散電容產生之成因為何？（5%）

---

14. 如下圖所示為 CA3140 OP AMP 的電路圖：

(A)在偏壓電路中，假設 D_1 與 Q_1 面積相同，M_8 的 Threshold
voltage 為 V_{tp}（＜0），D_2 的順偏電壓為 0.6V 試求出使M_8工作
於飽和區的條件，並解釋在此狀況下，偏壓電流（即流經
D_1，Q_6，M_8，D_2 之電流）不受（V＋，V－）電源電壓變化之
影響。（忽略 BJT 之I_B）（6%）

(B)試分別說明(1)D_3，D_4，D_5及(2)C_1的功能。（6%）

(C)試解釋當輸出電壓為負值時，輸出級的工作原理。（4%）

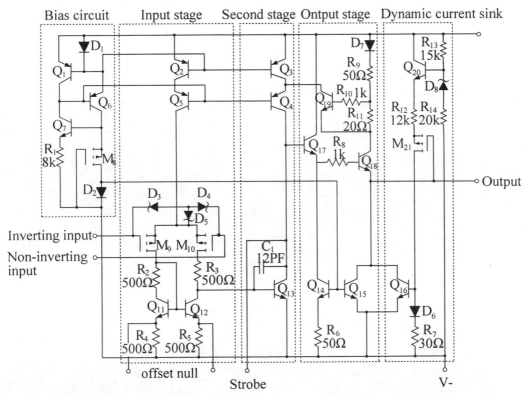

All resistance values are in ohms

15. 就一個 CMOS Inverter，

(A)證明當輸入為「1」（高電壓）時，輸出端對地（OV）之電阻約為 $1 \, / \, [\mu_n C_{OX}] (W \, / \, L)_n (V_{DD} - V_{tn})$。

(B)證明當輸入為「0」（低電壓）時，其輸出端對電源（V_{DD}）之電阻約為 $1 \, / \, [\mu_p C_{OX}] (W \, / \, L)_p (V_{DD} - |V_{tp}|)$（6%）。

(C) 設 $\mu_n C_{OX} = 2\mu_p C_{OX} = 20\mu A \, / \, V^2$，$(W \, / \, L)_a = 10\mu m \, / \, 5\mu m$，$(W \, / \, L)_p = 20\mu m \, / \, 5\mu m$，$V_{tn} = - V_{tp} = 1V$，$V_{DD} = 15V$ 試計算當輸出電壓分別為 0.5V 與 4.5V 時之輸出電流各為多少。（8%）

八十六學年度台灣大學碩士班招生考試試題
〔電機所甲組（光電所、電信所、通訊所）〕

1. 有一個 pn 步階接面（abrupt junction）二極體，在室溫 T = 20℃ 及零偏壓（zero bias）下，其 p 區之摻雜為 $N_a = 10^{15} cm^{-3}$ 而 n 區之摻雜為 $N_d = 2 \times 10^{17} cm^{-3}$。設 ε_r of Si = 12，$\varepsilon_o = 8.854 \times 10^{-14} F/cm$，$n_i = 1.45 \times 10^{10} cm^{-3}$，$\tau_a = 1\mu s$，$\tau_p = 10 ns$，ideality factor $\eta = 1$，$q = 1.6 \times 10^{-19}$ coul，kT/q = 25mV。試求：

   (A) 接觸電位差 V_o(contact difference of potential, volts) 或內建電位 V_{bi} (built-in potential)。(Millman, p.39)

   (B) 空乏區寬度 W(μm)。(Millman, p.73)

   (C) 單位面積空乏電容(depletion capacitance, F/cm^2)(Millman, p.73)

   (D) 空乏區內最大電場 E_{max}(V/cm)。(Millman, p.72)

   (E) 若此二極體之崩潰電場為 3×10^5V/cm，求此二極體之崩潰電壓(Volts)。(Millman, p.68)

   (F) 若反向飽和電流 $I_s = 1fA$，求順向偏壓 1 伏特下之電流，並據此求出此偏壓下增量電阻 r_d (incremental resistance) 及擴散電容 C_D(diffusion capacitance, F)。(Millman, ps.46, 62, 65)

   (G) 畫出完整二極體小訊號等效電路圖。

---

2. 下圖是一個由兩個二極體及兩個電容器所組成的電路。設兩個二極體均為理想二極體（ideal diode）且兩電容器之電容值亦相等。設輸入電壓為正弦波且為 $V_i(t) = 10 \sin(120\pi t)$volts，而剛開始時兩電容器內均未積存電荷。請回答下列問題：

   (A) 分析此電路並粗略畫出輸出電壓 $V_o(t)$ 對時間 t 的關係圖。你應會得到輸出電壓 $V_o(t)$ 對時間作圖呈階梯狀上升且每一台階約略對應於正弦波輸入電壓的每一個週期。求輸出電壓中第一台階電壓是多少伏特（即由正弦波輸入電壓第一個週期對電容充電所造成之輸出電壓）？

(B)求輸出電壓中第二台階電壓是多少伏特（即由正弦波輸入電壓第二個週期對電容充電所造成之輸出電壓）？

(C)若輸出電壓中第 n 個台階的電壓值記作 a_n，那麼 a_n 與 a_{n-1} 的關係式為何？

(D)一段時間後輸出電壓趨近某一極限電壓值，求此值。亦即求

$$\lim_{n \to \infty} a_n = ?$$

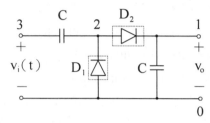

---

3. 如下圖所示為一 CMOS 放大器，假設 $K_a = 4K_p = 2mA/V^2$，$V_{tn} = 2V$，$V_{tp} = -2V$，$\lambda_n = \lambda_p = 1/(50V)$：

(A)若此放大器的輸出端為開路，試以電源電壓 V_{DD} 分別表出輸出端的直流電壓、輸入端的直流電壓、以及輸出端對輸入端的小信號電壓增益。

(B)在此放大器能正常操作的條件下，電源電壓 V_{DD} 值有何限制？若 $V_{DD} = 3V$，求輸出信號電壓的最大振幅。

(C)若將下圖中虛線部分的偏壓源、信號源 V_s 及其內阻 $R_s = 1K\Omega$ 接到放大器的輸入端，求小信號電壓增益 v_o / v_s 的高頻 f_{3dB}（單位限用 H_z）。$V_{DD} = 3V$，$C_{gs} = 10_pF$，$C_{gd} = 2PF$。

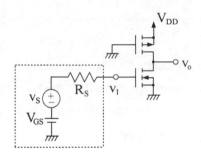

---

4. 如下圖所示為一由兩枚 GaAs MESFET 構成的定電流源。電晶體 Q1 之 $V_p = -2V$，$I_{DSS} = 2mA$，$\lambda = 1 / (20V)$。電晶體 Q2 之特性除了 $I_{DSS} = 3.125mA$ 之外，其餘均與 Q1 相同。而 $R = 2K\Omega$：

(A) 求定電流源的電流值 I_o。

(B) 求此定電流源的內阻 R_o。

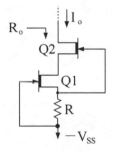

---

5. 簡答題：

(A) List the two elements that determine the slew rate of a two-stage op amp.

(B) List the two reasons that result in a larger input offset voltage for CMOS op amps as compared to bipolar units.

(C) Describe the principle of switched-capacitor filters.

(D) List the elements that specify the transmission characteristics of a filter.

6. 簡答題：

(A) Describe the principle of a linear oscillator.

(B) List the two reasons that make ECL the fastest logic circuit family.

(C) Draw the diagram of a monostable circuit using CMOS NOR gates and describe its principle of operation.

八十八學年度臺灣大學研究所碩士班招生考試試題
〔電機所乙組〕

1. (25%) Fig. 1 shows a BJT emitter-follower and common-emitter-amplifier cascade. Explain the benefits of such a circuit through symbolic derivation of (1) impedance (which impedance?)(10%), and (2) bandwidth (15%), as compared with a single amplifier. Note that you can make any reasonable assemptions to simplify your analysis. Gredits will be gives as long as your analysis is logically complete and rigorous. But simply saying "larger" will not give you full credits.

---

2. (35%) Fig. 2. shows an op amp connected as a non-inveting amplifier. The op amp has an open-loop gain $\mu = 10,000$, a differential input resistance R_{id} =100KΩ, a comon-mode input resistance R_{icm}=10MΩ, and an output resistance r_o=1KΩ. Find, using the feedback theory, the close-loop gain V_o/V_i (10%), the input resistance R'_{if} (10%), and the output resistance R'_{of}(10%) of the feedback amplifier with $R_1 = 1KΩ, R_2 = 1MΩ, R_S = 10KΩ$, and $R_L = 2KΩ$. Compare the input/output resistance before and after the negative feedback and comment on its usefulness in voltage amplifiers(5%).

---

3. (20%) Problem #2 is an example to illustrate some advantages of feedback in improving input/output resistance in op-amp-related circuits(or, "to make the op look ideal"). However, in reality, the use of R_1 =1KΩ and R_2 =1MΩ, in non-inverting op-amp configuration of Problem #2 is rarely seen. For a typical cheap op amp like μA741, the manufacturer specities a typical input bias current of 100nA and input offset voltage of 1mV (Fig 3a, and 3b) what will be the effects on its voltage output it this op is to be connected as in Fig 2(10%)?

Then explain why such a R_1-R_2 combination is rarely used(10%)

---

4. (10%) A popular NMOS ROM structure is schematically shown in Fig.4. Describe its "read" operation(5%). Explain specifically why CMOS is less frequently used than NMOS as the basic "inverter-based cell" in current ROM structure(5%).

---

5. (10%)Given the Wien-bridge oscillator shown in Fig.5, design a sinusoidal oscillator with 100MHz frequency using commercially available 1C op amp and/or comment on its feasibility.

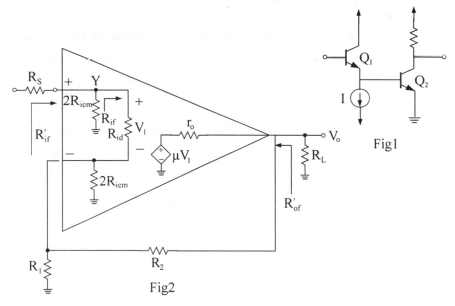

Fig1

Fig2

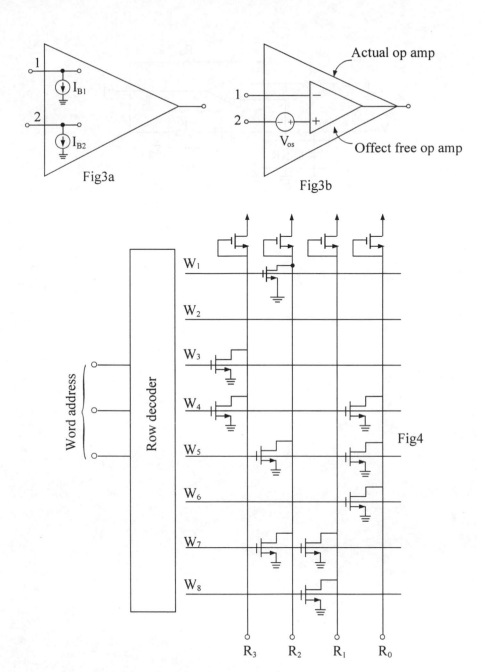

Fig3a

Actual op amp

Offect free op amp

Fig3b

Word address

Row decoder

W_1

W_2

W_3

W_4

W_5

W_6

W_7

W_8

Fig4

R_3 R_2 R_1 R_0

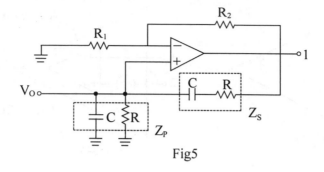

Fig5

八十七學年度台灣大學研究所碩士班招生考試試題
〔電機所乙組〕

1. (25%)A cascode amplifier circuit uses two NMOS transistors Q_1 and Q_2 as shown if Fig.1. Neglect body effects.　(A) Find the short circuit (R_L = 0) transconductance(6%)　(B) Find the output resistance R_o(6%)　(C) Find the small-signal voltage gain v_o/v_i for a finite load R_L(4%)　(D) From the signal's point of view, Q_2 is essentially a common-gate amplifier. In the textbook it was mentioned that since common-gate amplifier has a rather low input resistance and a commonly high out resistance, it is not attractive as a voltage amplifier. So why is the cascode configuration useful? Explain(5%)　(E) For the two NMOS transistors implemented in a single chip, which one(s) may suffer from body effects and why(4%)?

---

2. (45%) Note:may values are explicitly written to save your time. You don't need to calculate everything, buy you need to show me clearly how you would calculate them to show me that you understand. Otherwise penalty points will be deducted.) A 741 OP Amp has its internal circuit diagram shown is Fig. 2a. Q_{13B} has a junction area three-fourth that of Q_{12}.　(A) (4%)Determine the reference current I_{REF} and hence show that the collector bias Currents of Q_{16} and Q_{17} are 16.2 and 550μ A respectively (b) (8%) Including the input resistance of the output stage $R_{13} = 3.7$MΩ,show that the small-signal voltage gain of the second stage is roughly-515 V/V(I suppose you know clearly where the second stage is, right?).　(C)(5%) As you notice that there is a capacitor of 30 pF connected across of the second stage, use Miller's theorem to find the equivalent capacitance looking into the input of the second stage.　(D)(8%) show the the resistance looking into the same point is 6.7MΩ//4MΩ = 2.5MΩ. and hence determine the location of the dominant pole in units of Hertz. Remember to in-

clude "all" resistance.　(E)(5%)What is the resulting frequency response of 741 including this capacitor? Draw qualitatively its Bode plot and briefly illustrate your drawing.　(F)(10%)If a 741 is to be used as a voltage follower as shown connected in Fig.2b, what would happen if there is no such 30 pf capacitor? Explain clearly. Hence discuss the need for "frequency compensation".　(G)(5%)Why did we calculate the capacitance and/or resistance from the input of the second stage? Why don't we do it from the output of the second stage to determine the frequency response? Explain.

---

3. (10%)An IC numbered ADS774 was used as a 12-bit A/D converter working at a maximal frequency of 112 KHz in a 7.0KHz EM-wave receiving circuit to maximal get the signal digitized. The entire project was focused on location/orientation detection for a virtual-reality application, hence real-time digitization is an essential consideration. A detector obtains the receiving signal and sends it through an inverting amplifier such that the analog signal being sent to ADS774 has a range of +5/-5V maximum while the uncertainty due to noise was found to be about 20 mV. The working range of ADS774 was thus set to be +5/-5V as well. It was found that ADS774 was able to work at a sampling frequency of 70KHz to sample 10 data per "signal point". Therefore the circuit works satisfactorily and the digital signal can be sent to a microprocessor for calculation with no problem. However, the project was immediately questioned by an EE expert saying that an ADC with equivalent sampling rate (hence with equivalent conversion time)can be obtained at only a little higher price but with 16 bit resolution. Imagine that you are one of the project members, try answer the question. Do not fool around with wrong answers.

---

4. (10%)In the design of a biomedical signal amplifier, a student constructed a circuit (Fig.4a) to amplify the weak voltage signal and at the same time, to filter out the low-frequency noise (or the so-called baseline drift, Fig. 4b)at a cut-off frequency of 0.25Hz. The circuit was successfully simulated and tested, producing the following frequency response(Fig.4c)as expected. However, baseline drift is still frequently encountered, sometimes even causing output saturation. Why? Try to explain clearly such phencmena with your reasoning as clearly as possible. Present possible solutions if you see any.

---

5. (10%) A circuit was designed to measure the small voltage difference between right wrist and left leg, coming from the beating heart. It is said that an amplifier with a good CMRR is to be used. What is CMRR? What is a good CMRR? What role does this parameter play in-such a circuit?

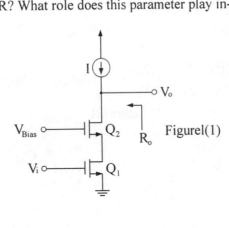

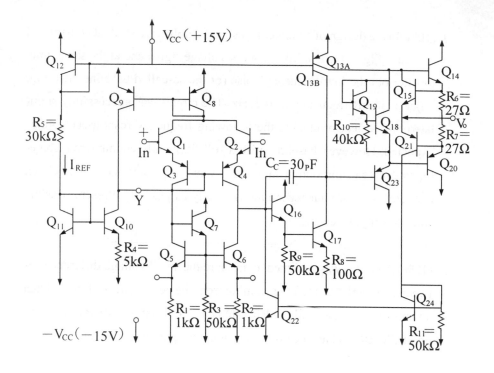

$$\begin{cases} \text{npn} : \beta = 200, \quad V_A = 125V \\ \text{pnp} : \beta = 50, \quad V_A = 50V \end{cases} \qquad I_c \text{ of } Q_8 = 19mA$$

Figure (2)

$V_o = V_I$ Figure (3)

Figure 4a

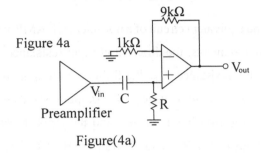

Figure(4a)

Figure(4b)

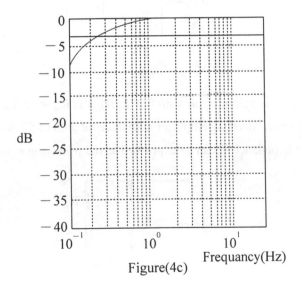

Figure(4c)

八十六學年度臺灣大學研究所碩士班招生考試試題
〔電機所乙組〕

1. (A) Draw the equivalent circuit of a non-ideal OP AMP, which includes the following elements: the differential input resistance R_{id}, the common mode input resistance R_{icm}, the finite open loop gain $A(S)V_{id}$ (V_{id} = the differential input voltage) , the output resistance R_0. （10%）

(B) For the non-inverting amplifier, find the input impedance Z_i seen by V_i, in terms of R_{id}, R_{icm} and $\beta A(s)[\beta = R_1/(R_1 + R_2)]$.(assuming $R_o \cong 0$, $R_1 \ll R_{icm}$, and $R_2 \ll |A|R_{id}$)

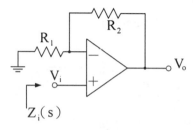

(C) If $A(s)$ has a simple pole with $f_T = 2MH_z$ and $R_{id} = 1M\Omega$, $R_{icm}=100M\Omega$, for a non-inverting amplifier with an ideal gain of 50, show that the input impedance Z_i can be expressed as the following equivalent circuit:

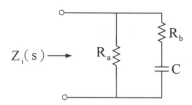

also find the values of R_a, R_b and C. (Assuming the $\omega \gg \omega_t / A_0$)

---

2. (A) Draw the low frequency 4-terminal (S, D, G, B) small signal equivalent

circuit of a MOSFET.(8%)

(B) Assuming the $V_{BS} \equiv 0$, draw the high frequency 3-terminal (S,G, D) small signal equivalent circuit of a MOSFET. (6%)

(C) Derive an expression for the unity-gain (short-circuit) frequency f_T. (10%)

---

3. (A) Draw the circuit diagram of a 3-input CMOS NAND gate. (10%)

(B) Explain how transistor saturation can be avoided in (i) Schottky TTL logic and (ii) ECL logic.(12%)

---

4. $v_s = \sin2000\pi t$ ， $R_L = 10\Omega$ ， $V_{cc} = V_{EE} = 9V$ ， $R_B = 200K\Omega$ ， $R_E = 82k\Omega$, $\beta_F = 50$ ， $C_1 = C_2 = \infty$ ， $V_{BE(on)} = 0.7V$. Find the turns ratio of the ideal transformer so that there is max. power delivered to R_L Also find this max power.(24%)

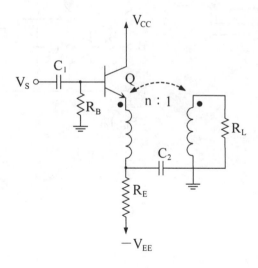

八十八學年度成功大學碩士班招生考試試題
〔電機所〕

1. (A) A TTL NAND gate with a totem-pole output is shown in Fig.1A. Please estimate the (A) average static power dissipation $P_{(av)}$ and (B) dynamic power dissipation $P_{(dyn)}$ of this gate.

(B) A domino logie circuit is shown in Fig.1B. What is the function realized at the output Y?

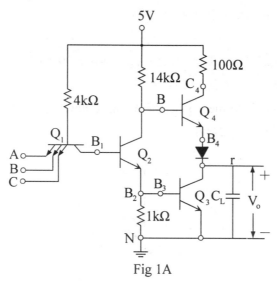

Fig 1A

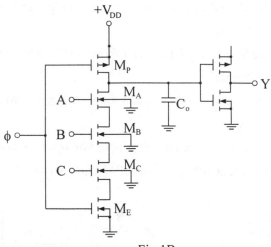

+V_{DD}

Fig 1B

2. (A)簡述：(A)振盪器之振盪如何啟動？振盪器之優劣如何判斷？
(B)動態負電阻振盪器之操作原理？　(C)Op-Amp虛短路成立
之條件。

(B)求圖之所示放大電路之頻率增益乘積（GBP）值與截止頻率，
設 $R_s = 0.25k\Omega$，$R_L = r_\pi = 1k\Omega$，$C_\pi = 100\rho F$，$C_\mu = 1\rho F$，$\beta = 100$。

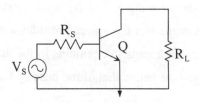

3. 簡述：(A)頻率補償之意義及目的。　(B)試利用波德圖說明如何
判斷網路系統之穩定與不穩定。

4. (A) Calculate V_- and V_o of the circuit shown in Fig 4(a) where the OPAMP gain = 10.(8%)

(B) Calculate V_+ and V_o of the circuit shown in Fig 4(b) where the OPAMP gain = 10.(9%)

(C) Calculate V_+ and V_o of the circuit shown in Fig 4(c) where the OPAMP gain = 1.(8%)

(V_-, V_+, and V_o are the inverting input voltage, noninverting input voltage, and output voltage of the OPAMP, respectively)

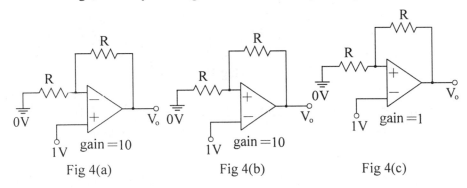

Fig 4(a)   Fig 4(b)   Fig 4(c)

---

5. For the circuit shown in Fig.5, find the input resistance Ri and the voltage gain V_o / V_s Assume that the source provides a small signal v_o and that β is high, Note that a transistor remains in the active region even if the collector voltage falls below that of the base by 0.4V or so.

---

6. For the common-base circuit shown in Fig 6, assuming the bias current to be about 1mA, β = 100, C_μ = 0.8pF, and f_T = 600MHz. Please (A) estimate the midband gain V_o / V_s (B) use the short circuit time constants method to estimate the lower 3dB frequency f_L (C) Find the high frequency poles, and estimate the upper 3dB frequency f_H

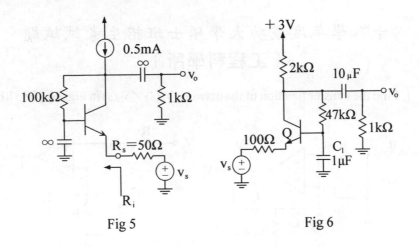

Fig 5   Fig 6

1. Find the transfer function of the network $V_o(s)/V_s(s)$ in Figs.l(a) and l(b).

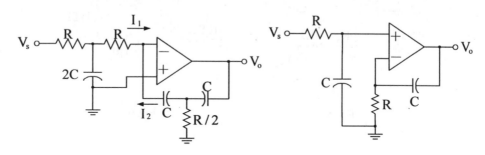

2. For the transistor phase-shift oscillator shown in Fig ,the bias resistors R_1 and R_2 have negligible effect and C' is sufficiently large that it acts as a perfect bypass.Assume $r_\pi \ll R$.Find (A) the oscillation frequency, (B) the minimum value of β of the transistor required for oscillation.

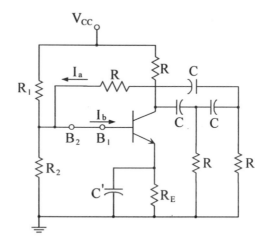

3. Figure shows a monostable multivibrator circuit. In the stable state, $v_o = L_+$, $v_A = 0$, and $v_B = -V_{ref}$. The circuit can be triggered by applying a positive input pulse of height greater V_{ref}. For normal operation, $C_1R_1 \ll CR$. Show the resulting waveforms of v_o and v_A. Also, determine the pulse width T at the output.

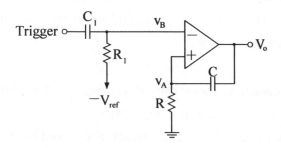

4. For the circuit in Fig., assuming all transistors to have large β, show that $i_o = v_i/R$. For $\beta = 100$, by what approximate percentage is i_o actually lower than this?

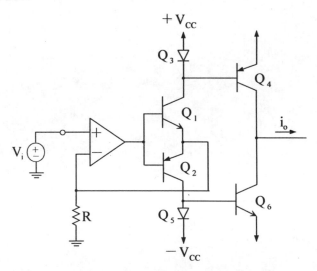

5. Consider a feedback amplifier for which the open-loop gain $A(s)$ is given by

$$A(s) = \frac{1000}{(1 + s/10^4)(1+s/10^5)^2}$$

If the feedback factor β is independent of frequency, find the frequency at which the phase shift is $180°$, and find the critical value of β at which oscillation will commence.

---

6. Use an op-amp and some resistors to design a circuit to obtain

$$v_0 = v_1 + 2v_2 - 2v_3$$

Draw the circuit. The smallest resistor used should be $10\ k\Omega$.

八十八學年度成功大學碩士班招生考試試題
〔醫工所〕

1. Describe the following terms:
(A) Miller effect. (B) Intellectual Property (IP). (C) System on a chip (SOC). (D) BiCMOS. (E) Simulation Program with Integrated Circuit Emphasis (SPICE).

---

2. Figure 1 shows the 555 timer for implementing an astable multivibrator. The exponential rise of v_c can be described by
$$v_C = V_{CC} - (V_{CC} - V_{TL}) \exp(-t/C(R_A + R_B))$$
(A) draw the v_c and v_o and describe the system operation. Label the V_{TH} and V_{TL} on the plot of v_c.
(B) derive the exponential fall of v_c.
(C) If the desired duty cycle is 0.75 with oscillation frequency of 100 KHz, give the appropriate values of R_A, R_B, and C.

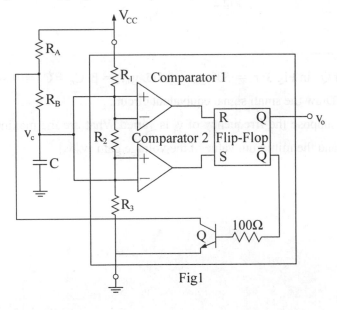

Fig1

3. For Q_N and Q_P in Fig. 2 with the following conditions: $V_{CC} = 15V$, $V_{BE(ON)}$ $\cong 0.7V$, $V_{CE(SAT)} \cong 0.5V$, and $\beta \cong 100$

(A) Sketch v_O versus v_1. Label levels and slopes.

(B) If $V_1 = 10\sin\omega t$, sketch I_{E1}, I_{E2}, and I_L with $R_L = 100\Omega$

(C) Under the conditions in (B) approximate the power conversiion efficiency.

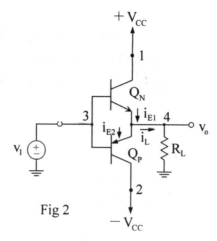

Fig 2

4. for Q1 in Fig.3: $r_\pi = 500$, $g_m = 0.1\mho$, $g_m r_\pi = \beta$. $C_\pi = C_p = 0$

(A) Draw the small signal equivalent circuit.

(B) suppose the frrequency of v_s is varied. What are the maxinmm value and the minimum value of the voltage gain $|v_o/v_s|$

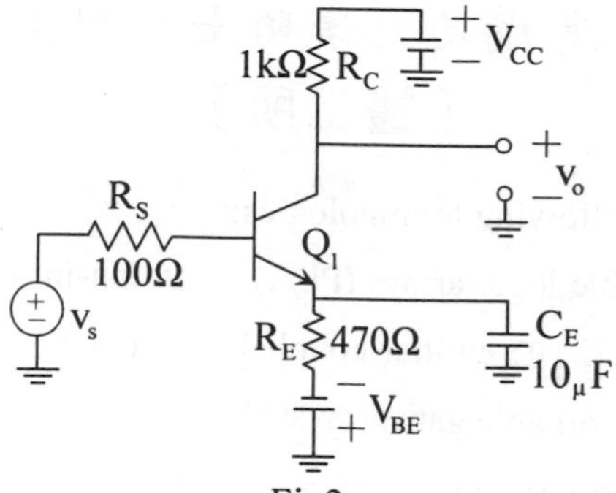

Fig3

---

5. Please design a high-pass active filter with a corner frequency of 10^4 rad/s and a high frequency-frequency gain of 10 using an ideal op-amp.

(A) Please draw the circuit with appropriate R-C values.

(B) Give the transfer function and show the Bode plot. Label the zeros and poles on the s-plane.

---

6. A clinical physician wishes to perform a research by contionuously collecting the blood pressure signal of patient. For at least 24 hours.Assumed that the highest frequency of the blood pressure signal is about 50 H_z. Could you design a PC-based data acquisition system for this purpose? Please give your specifications on the type of analogue-to-digital converter(ADC), the sampling rate, the communication between ADC and PC the memory storage required, and other system hardware for this study.

八十七學年度成功大學碩士班招生考試試題
〔醫工所〕

1. Describe the following terminologies:
   (A) programmable logic arrays (PLA).　(B) fan-in／fan-out:
   (C) Schottks TTL.　(D) emitter-coupled logic (ECL).
   (E) field-programmable gate arrays(FPGAs).

---

2. Fig1. depicts the circuit of a Schmitt trigger. Let the output levels be ±5V,
   i.e.$V_O = + 5$ V or $- 5$ V. Assume that the hysteresis voltage (V_H,the dif-
   ference between high level threshold (V_1) and low level threshold (V_2)) is
   0.1 V.
   (A) By giving $V_A = 1$ V, please derive $R_2/ (R_1 + R_2)$ as well as V_1 and V_2.
   (B) Please give an arbitrary waveform input (V_m) and plot the resulting re-
       sponse of the inverting Schmitt trigger, V_o. Label appropriately the
       threshold voltages, V_1 and V_2.

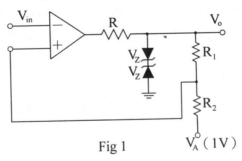

Fig 1

---

3. In Wien bridge oscillator of Fig.2, $R = 2K\Omega$, $C = 500$ pF, and $R_4 = 2K\Omega$.
   (A) Determine the loop gain.
   (B) Find the resonant frequency.

(C) Design a RC phase-shift oscillator at the same frequency of the Wien bridge oscillator.

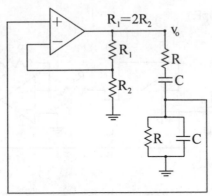

$R_1 = 2R_2$

---

4. For the circuit in Fig, $R_O = 1K\Omega$, $R_1 = 2K\Omega$, $R_2 = 4.7K\Omega$, and $C = 10PFP$.

(A) Determine $G(j\omega) = |V_o(j\omega)/V_i(j\omega)|$

(B) Plot $G(j\omega)$ versus frequency using bode approximations.

(C) Draw the equivalent circuit for $G(j\omega)$ at very low and at very high frequeney.

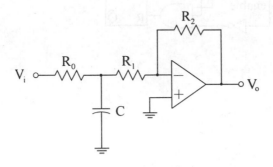

5. Assuming that the op-amps in Fig are ideal, find the V_0 / V_1 and frequency response of input impedmce, $Z_{in}(j\omega)$, (Let $R_1 = 1K\Omega$, $R_2 = 15K\Omega$, and $C = 100pF$.)

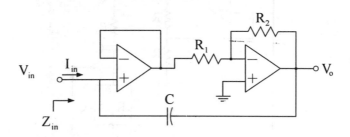

6. Fig. is a simple SR flip-flop served as 1-bit read/write momory. Please describe how to read data out or to write data into to the cell. (Hit: please give the logic states for X address, write enable,S,R,Q, and data read out.)

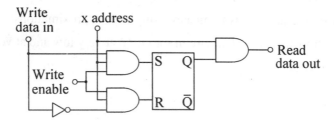

八十七學年度成功大學碩士班招生考試試題
〔電機所〕

1. (A) For the circuit shown in Fig. (A),assume Q_1 and Q_2 are identical (with a finite Early voltage V_A) and were biased in the forward active region, find the voltage gain $A_v (= V_o/V_i)$ for the cases of $R_L = \infty$ and $R_L \neq \infty$ .respectively.

   (B) Calculate the values of f_p (the dominant ploe) and GBP (gain-bandwidth product) for the circuit shown in Fig. (B).Assume that $g_m = 10mS$, $r_o = 70K\Omega$, $R_D = 10K\Omega$, $R_G = 10K\Omega$, $C_{gs} = 6pF$, and $C_{gd} = 2pF$. The effect of C_{ds} can be neglected.

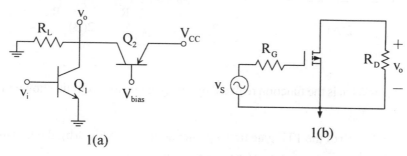

1(a)   1(b)

---

2. (A) A p-n junction at 300K with doping concentration of $N_a = 10^{16}cm^{-3}$ in p-side and $N_d = 10^{16}cm^{-3}$ in n-side. If $n_i = 1.5 \times 10^{10}cm^{-3}$, what is the buit-in voltage V_{bi}? If $C_{j0} = 0.5pF$, please find the junction capacitance C_j when a reverse bias of $V_R = 1V$ and 5 V is applied to the junction.

   (B) For the Zener diode circuit shown in Fig. (A), the Zener breakdown voltage is $V_Z = 5.6$ V and $r_z = 0$. If the input voltage $v_i(t) = 10\sin(\omega t)$ volt, please plot the transfer curve V_0 as a function of v_1, also plot the waveform of $v_o(t)$ and $I_2(t)$.

(C) For the common-collector amplifier circuit shown in Fig. (B), the signal source is directly coupled to the transistor base. If the do component of v_s is zero. Find the dc emtter current. Assume $\beta = 120$, neglecting r_o, find R_o, the voltage gain v_o/v_s, the current gain I_o/I_1 and the output resistance R_o?

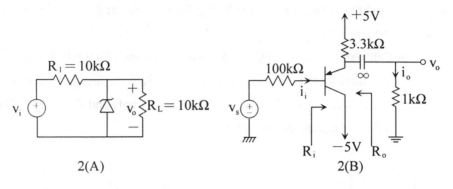

2(A)   2(B)

3. (A) What is the function realized by the dynamic logic circuit shown in Fig. 3 (A)?

(B) Both of the TTL gate tied together as shown in Fig 3(b), the transistors are identical and have $\beta_F = 25$ and $\beta_R = 0.5$.

 (i) Determine β_{Fmin} for proper operation. Assume that Q_2 and Q_3 saturate for $v_1 = V(1)$.

 (ii) What is the fan-out?

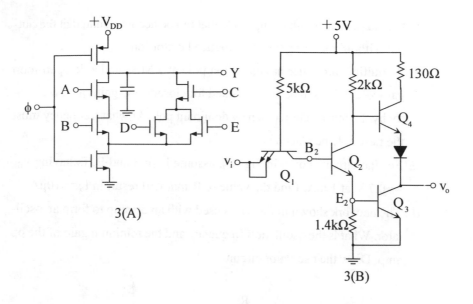

3(A)

3(B)

---

4. (A) Show how a 2 MH$_Z$ switched-capacitor(SC) circuit behaves as a resistor of 50KΩ.

   (B) Draw two stray-insensitive integrators.

---

5. (A) The op amp in the bistable circuit of Fig.(a) has output saturation of ±13 V. Design the circuit to obtain threshold voltages of ±5 V. For R_1 = 10KΩ, find the value required for R_2.

   (B) Provide a design of the inverting precision rectifier shown in Fig.(B) in which the gain is 2 for negative inputs and zero otherwise, and the inputs and zero otherwise, and the input resistance is 100 KΩ. What values of R_1 and R_2 do you choose?

   (C) An op amp has a rated output voltage ±10 V and a slew rate of 1 V/μs. If an input sinusoid with frequency 5 times the full-power bandwidth is applied to an unity-gain follower constructed using this op amp, what is the maximum possible amplitude that ran be accommodated at the output without incurring the slew-induced distortion?

(D) A multiple amplifier having a first pole at 2 MH$_Z$ and a dc open-loop gain of 80 dB is to be compensated for closed-loop gains as low as unity by the introduction of a new dominant pole At what frequency must the new pole be placed?

(E) For the circuit shown in Fig.(C), assume high β and BJTs having v$_{BE}$ = 0.7 V at 1 mA. Find the value of R that will result in I$_o$ = 10μA.

(F) The network shown in Fig.(d) is used with an op amp to form an oscillator. What is the oscillation frequency and the mininum gain of the op amp. Draw the oscillator circuit.

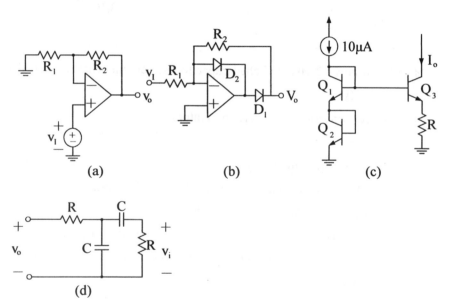

(a)   (b)   (c)

(d)

八十六學年度成功大學碩士班招生考試試題
〔電機所〕

1. (A) A one-sided $P^+ - n$ Si junction diode, if $N_D = 1 \times 10^{16} cm^{-3}$ and $N_A = 1 \times 10^{18} cm^{-3}$, please calculate the depletion region width of the diode with zero bias (assuming $n_i = 1.45 \times 10^{10} cm^{-3}$)

   (B) In a silicon crystal, which one is larger, μ_n or μ_p? What are the factors that might influence the electron mobility μ_n and the hole mobility μ_p, why?

   (C) Please draw the small signal model of a bipolar junction transistor, derive the transconductance $g_m = \dfrac{\Delta i_c}{\Delta v_{BE}}\bigg|_{v_{CEQ}} = \dfrac{|I_{CQ}|}{\eta V_T}$

   (D) Please state in your own words, what are the advantages of BJT and FET, respectively.

---

2. (A) 簡述射極隨偶器電壓增益小於1之原因。

   (B) 頻率補償之主要目的為何？

   (C) 試簡述振盪器之工作原理。振盪條件為何？如何決定振盪頻率？

---

3. (A) 試推導圖1所示電路之電壓增益 $A_v(=v_o/v_i)$。設兩電晶體之輸出電阻均為 r_o。

   (B) 試繪出圖2所示 (A)、(B)兩電路之轉移特性曲線。於電路應用上何者較佳？簡述其原因。

---

4. A TTL gate circuit is shown in Fig.3, Both of the inputs are tied together. The transistors are identical and have $\beta_R = 0.5$

   (A) Determine $\beta_{F(min)}$ for proper operation. Assume that Q_2 and Q_3 saturate for $v_s = V(1)$.

(B) What is the fan-out?

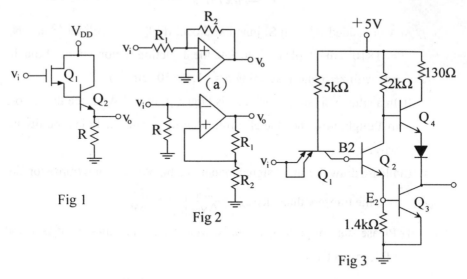

Fig 1

(a)

Fig 2

+5V

Fig 3

---

5. An amplifier circuit is shown in Fig.4, NPN transistors are identical. PNP transisotrs are identical. All transistors operate in the active region Base current can be ignored. $V_{BE} = 0.7V$, Early voltage $V_A = 100V$, thermal voltage $V_T = kT/q = 25mV$. Calculate (A)$I_1 = ?$ (B)$I_2 = ?$ (C)output resistance $R_o = ?$ (D) low frequency gain $V_{out}/V_{in} = ?$

---

6. For a two stage OPAMP, explain (A) Miller compensation. (B) slew rate.

---

7. A single-pole amplifier as shown in Fig.5 (A) is assigned to have a low frequency gain of 100 and a pole at $10^5 Hz$(i.e. $2\pi \times 10^5$ rad/sec). The single-pole amplifier (transfer function = $A(S)$) is used to design a feed-back amplifier (transfer function = $A_F(S)$) as shown in Fig.5 (B). (A) Derive

A(S) and draw its Bode plot.   (B) What's the feedbacd type of the internal stage of the feedback amplifier? β for the interm stage = ?   (C) Derive $A_F(S)$ and draw its Bode plot .   (D) If the gain of the single-pole amplifier is deareased by 20%, what is the corresponding gain decrease in the feedback amplifier?

---

8. (A) for a Butterworth filter that meets the following low-pass specifications: $f_p = 3KH_z$, 20dB attenuation at $f_s = 6KH_z$, calculate N = ?

(N$_{th}$ order Butterworth transmission: $\left|\dfrac{H(f)}{H_o}\right|^2 = \dfrac{1}{1+(f/f_p)^{2N}}$)

(B) Draw the circuit diagram of an universal biquad fiter and show lowpass can be achieved.

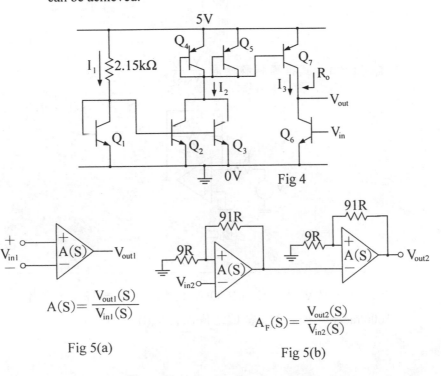

Fig 4

$$A(S)= \frac{V_{out1}(S)}{V_{in1}(S)}$$

Fig 5(a)

$$A_F(S)= \frac{V_{out2}(S)}{V_{in2}(S)}$$

Fig 5(b)

八十八學年度成功大學碩士班招生考試試題
〔電機所〕

1. 圖(一)中，$V_{DD} = 15V$, $R_{G1} = 100k\Omega$, $R_{G2} = 50K\Omega$, $R_s = 1.5K\Omega$, $R_D = 3K\Omega$, $g_m = 5mA/V$, $Y_o = 10K\Omega$, 試求 R_i, $\dfrac{V_o}{V_i}$，以及 R_o 之值。

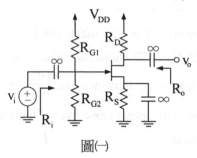

圖(一)

2. 考慮圖(二)，試推導轉移函數 $\dfrac{V_o(s)}{V_s(s)}$

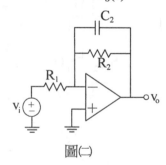

圖(二)

3. 圖(三)中，若 $V_o(t) = 12\sin1000t$ V（亦即振幅為 12，角頻率為 1000 rad/s），試求電容 C 之值以及 $V_a(t)$

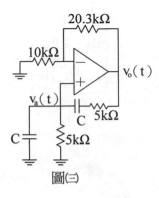

圖(三)

---

4. 圖(四)中，若 $V_o = \hat{V}_o \sin\omega t$（忽略 crossover distortion），則效率為 $\eta = \dfrac{\pi}{4} \dfrac{\hat{V}_D}{V_C}$，試證之。

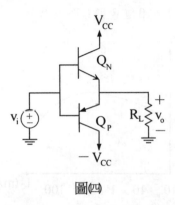

圖(四)

---

5. 圖(五)中，$Q_1 = Q_2$ matched 且 $g_{m1} = g_{m2} = g_m$，試求電壓增益 $\dfrac{V_o}{V_d}$（以 g_m, R_o 表示）。

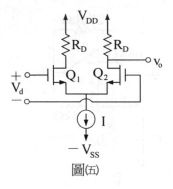

圖(五)

---

6. 請說明 p type semiconductor 和 n type semiconductor 如何形成及其意義。

---

7. 如圖(1)所述，為何β值會隨I_c而改變。

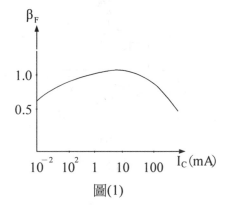

圖(1)

---

8. 如圖 2 (A)所述之電路，假設 diode 為 ideal，而 input 訊號如圖 2 (B)所述，求 $0 \leq t \leq 5ms$ 之 output 電壓 $V_o(t)$。

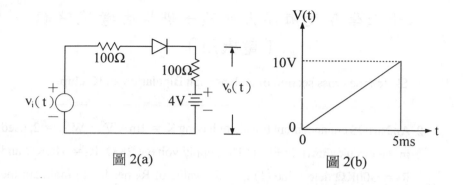

圖 2(a)

圖 2(b)

---

9. 如圖(3)所述之電路，於輸出端需要趨動 N 個相同的 gates：

(A)$\beta_F = 50$，若 v_o/v_i 其值為多少，剛好可以使電晶體 saturate ？請計算 V_o 值

(B)$V_i = V(o) = 0.3\ V$，如果每個 stages 皆剛好 saturate，計算 N 值.

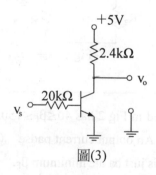

圖(3)

八十七學年度海洋大學碩士班招生考試試題
〔電機所〕

1. Sketch the cross section of z planar npn Bipolar on an IC chip.

---

2. An NMOS enhancement transistor having $K = 1mA/V^2$，$W/L = 2$, used in the circuit shown in Fig 1. The supply voltage 2KΩ, $R_1 = 100K\Omega$ and $R_2 = 300K\Omega$ determine (1) I_D and 1 value of R_S needed to maintain the value of I_D in (2) if V_o

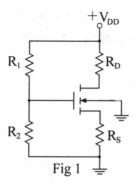

Fig 1

---

3. The transistor used in Fig 2 has $40 \leq \beta_F \leq 150$. The 5V and $V(0) = 0.3V$ and $V(1) = 4.8V$. An output current padse (A) Determine R_C and R_B so that the transistor is just ba the minimum β_F. (B) Assuming that the transistor is "on the time, determine the average power disspated by

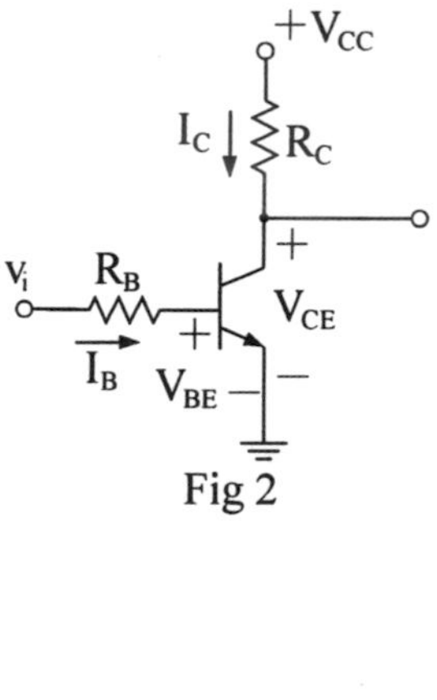

Fig 2

4. Explain the operation of an I^2L inverter.

5. $V_T = 25mV$, $\beta = 100$, $V_A = \infty$, $V_i(t) = 10sint$ 則 $V_o(t) = ?$

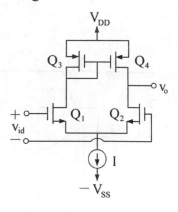

6. 下圖中 $Q1, Q2, Q3, Q4$ 元件特性相同，其中 V_{GS} 為偏壓電壓，V_A 為 Early voltage voltage：

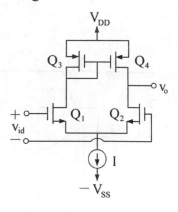

7. 下圖中，令 $E_1 = V_{D1} + V_{D2}$，$E_2 = V_{D2} + V$ 試證 V_o 的振盪週期為：

$$T = RC(\ln\frac{1 + \frac{\beta E_2}{E_1}}{1 - \beta} + \ln\frac{1 + \frac{\beta E_1}{E_2}}{1 - \beta})$$

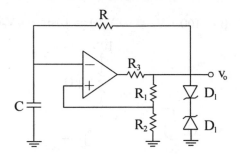

---

8. 下圖中，閉迴路增益為 $A_f = \frac{X_o}{X_s}$；$S_x^G = \frac{\Delta G/G}{\Delta x/x}$；若 $A\beta \gg 1$ 則 S_A^{Af} $\ll 1$，$S_B^{Af} \approx ?$

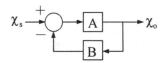

---

9. 試推導轉移函數：

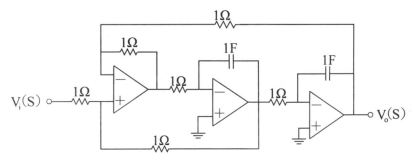

八十八學年度海洋大學碩士班招生考試試題
〔光電所〕

1. 請設計一電路，請用變壓器（Tranferter）、橋式整流器（Bridge rectifier）及穩壓器（valtage regulator）將 110V.AC 轉成 5V DC。

---

2. 求 Wien-Bridge oscallator 電路之輸出波形及頻率（fo）。

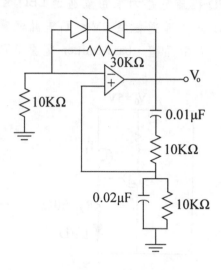

---

3. 請利用——op Amp 設計一電流轉換成電壓（current to voltage）電路。

---

4. 請繪出 Excluwire OR gate 之輸出端信號波形。

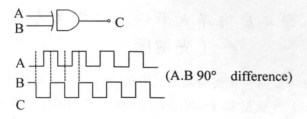

(A.B 90°　difference)

5. 如下圖一 LED 穩流電路如果希望通過 LED 之電流為 25mA, R_2 = 50Ω，LED 正向導通偏壓 2V，T_1 電晶體電流增益（Current gain）= 125，T_1 電晶體，base-emitter 電壓 0.7V，問 R_1 要用多少 Ω？

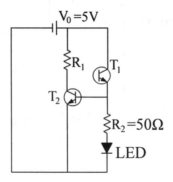

八十八學年度中央大學碩士班招生考試試題
〔光電所〕

1. For the circuit with ideal operational amplifiers shown in Fig. 1, please find the output voltage V_O.

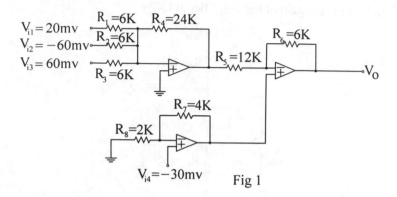

$V_{i1} = 20mv$
$V_{i2} = -60mv$
$V_{i3} = 60mv$

$R_1 = 6K$ $R_4 = 24K$ $R_6 = 6K$
$R_2 = 6K$ $R_5 = 12K$
$R_3 = 6K$

$R_7 = 4K$
$R_8 = 2K$

$V_{i4} = -30mv$ Fig 1

2. For a bipolar junction transistor (BJT) amplifier circuit, please draw and explain three methods to stabilize the operating point of the amplifier circuit.

3. For the circuit with ideal operational amplifiers shown in Fig. 2, please find its oscillation frequency.

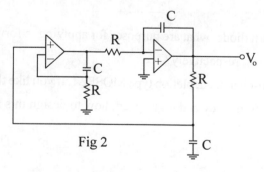

Fig 2

4. The amplifier in Fig. 3 is biased to operate at $I_D = 1$ mA and $g_m = 1$ mA/V. Neglecting r_O,

(A) Find the value of C_S that places the corresponding pole at 10 HZ.

(B) What is the frequency of the transfer-function zero introduced by C_S?

(C) Give an expression for the gain function $V_0(S)/V_1(S)$.

(D) What is the gain of the amplifier at DC?

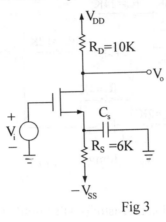

Fig 3

---

5. For an amplifier without feedback, its gain is A_0 dB, upper 3-dB frequency is f_h HZ, and lower 3-dB frequency is f_ℓ HZ. When this amplifier is modified as an amplifier with feedback factor β dB, find (A) the gain and (B) 3-dB bandwidth of this feedback amplifier?

---

6. (A) For a p-n diode, what are purposes for applying in forward bias and reverse bias, respectively?

(B) For an n-channel depletion type MOSFET, if you like that it can operate at high frequency and high speed, how to design this MOSFET?

八十八學年度中央大學碩士班招生考試試題
〔電機所〕

1. 簡答下列問題：

   (A)何謂 Body Effect？對電路有何影響？

   (B)何謂 Thermal Runaway？如何降低此現象？

   (C)何謂 Early Effect？其成因為何？

---

2. 下圖中電晶體 Q_1 及 Q_2 之參數分別 $\beta_1 = 60$，$\beta_2 = 50$，且 $V_{A1} = V_{A2} = \infty$

   (A)計算 Q_1 及 Q_2 之工作點。

   (B)計算其總電壓增益 $A_v = V_o/V_S$。

   (C)計算 R_i 及 R_o。

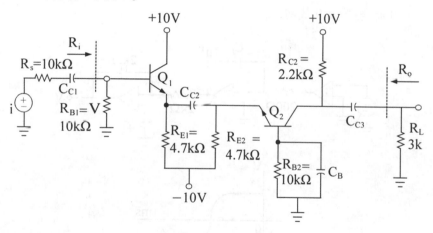

---

3. 下圖為一濾波器，以 R_1、C_1、R_2、C_2 回答以下問題：

   (A)此濾波器之極點（Pole）以角頻率表之。

   (B)此濾波器之零點（Zero）以角頻率表之。

   (C)若 $R_1 = 10R_2$，$C_2 = 10C_1$，畫出電壓增益與相位之波第圖（Bode

plot），須標明重要點之值。

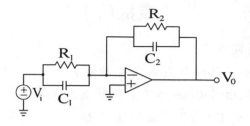

4. 下圖為一運算放大器電路，假設運算放大器均為理想的，輸出最高電壓 $V_{L+}=10V$，輸出最低電壓 $V_{L-}=-10V$。輸入信號 V_S 是一振幅為 1V 頻率為 $1KH_Z$ 的弦波（如圖所示），畫 A、B、C 各點在 $t=0Sec$ 至 $t=1mSec$ 時間內的波形，各波形轉折點的電壓與時間均需以實際計算出的數值標明。假設電容 C1 在 $t=0$ 時電壓為 0 伏特。

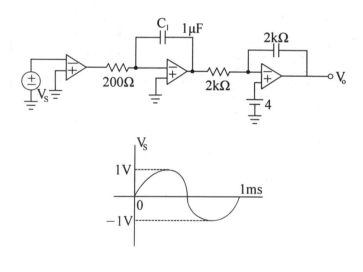

5. (A)下圖(a)為一TTL 電路，請求出 Y 之布林函數（Boolean Expression）。

(B)當 A = B = 1，C = D = 0 時，I_1，I_2，I_3，I_4 之電流何者最大？其大小為何？

(C)若兩個上述之TTL線路G1 與 G2 之Outputs不小心相接在一起，如下圖四(b)所示，A1 = B1 = C1 = D1 = 0，A2 = B2 = C2 = D2 = 1，則相接後 Y 點之電壓為何？流過 Y 點之電流之流向（以 Y1→Y2 或 Y2→Y1 表示及大小為何？

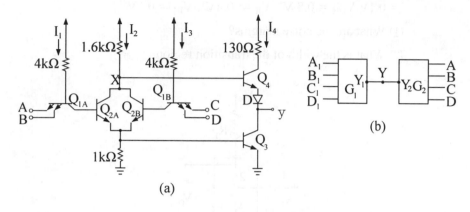

(a)

(b)

6. (A)請畫出一個 One-Transistor Dynamic RAM Cell 之線路圖。

(B)若此 Dynamic RAM 之電容為 0.01pF, Leakage Current 為 2pA，訊號在電容上衰減 1Volt 之內為可接受程度，則每隔多少時間至少要 Refresh 一次？

1. (A) A logic inverter modeled as in Fig employs a switch for which the offset
   Vollage is 100 mV and the on resistance is 100Ω. If the inverter load
   resistance is 1 kΩ and V^+ is 5V. what are the two expected values of the
   output Vollage?

   (B) For a Particular logic family for which the supply voltage is V^+, V_{OL}
   $= 0.1V$ $V_{OH} = 0.8 V^+$, $V_{IL} = 0.4V^+$, $V_{IH} = 0.6V^+$

   (1) What are the noise margins?

   (2) What is the width of the transition region

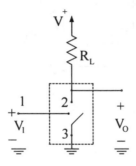

2. For the operational amplifier shown in Fig. If the input voltage $V_i(t) =$
   $5 \sin (2 \times 10^3 t)$, to find its corresponding output voltage $V_O(t)$?

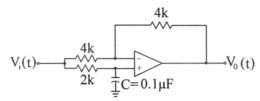

3. Consider the emitter follower circuit of Fig. Find the Values of R_1 and R_2 Which will permit a maximum possible swing in the output.

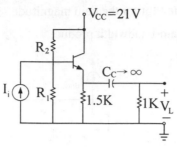

4. For the circuit shown in Fig.

(A) What kind of the MOSFET Q_1 and Q_2 (i.e. P-channel or n-channel ? depletion-type or enhancement-type)? Draw the physical 3 dimentional strudure Q_1

(B) Draw the I_D-V_{DS} characteristics of Q_1

(C) Derive the relation between I_O and I_{REF} [Hint:$Q_1 \neq Q_2$]

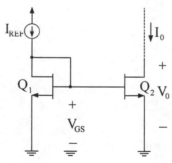

5. Figure Shows the MOSFET amplifier fed with an input signal source V_i, Having a negligible resistance. Using high frequency π model.

(A) To find the transfer function $V_o(s) / V_i(S)$

(B) In practical case, zeros or Poles of the transfer function is dominat Explain it !

(C) Sketch a Bode Plot for the gain magnitude.

(D) To find the gain-bandwidth product

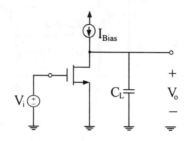

八十七學年度中央大學碩士班招生考試試題
〔電機所〕

1. (1) fig. 中之電晶體參數為 $V_{th} = 0.8V$, $\frac{1}{2}\mu_n C_{OX} = 15\mu A/V^2$，若其中 M_1 及 M_2 之（W/L）分別為 40 及 20，試求 V_{GS1}, V_{GS2}, V_o 及 I_D。(10%)

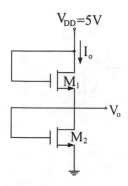

(2) Fig. 中電晶體之參數為 $\beta_1 = \beta_2 = 75$，且 $V_{A1} = V_{A2} = \infty$，

(A) 試求 Q_1 及 Q_2 之 g_m，r_π 及 r_o。

(B) 試求此電路之電流增益 $A_i = I_O/I_S$

(C) 試求此電路之輸入及輸出阻抗 R_i 及 R_o.

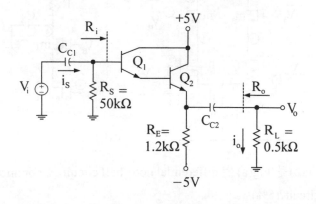

2. (1)(15%)有一放大器的頻率響應可以轉移函數表示如下：

$$F(s) = \frac{s(s+10)}{(s+100)(s+25)}$$

請畫出 $|F(s)|$ 大小之 Bode plot. 在 $\omega = 10.25$ 及 100 rad/s 處，$|F(s)|$ 之 dB 近似值為多少？並估計此放大器的 3 dB 頻率值

(2)(10%)Fig 表示一個包含回授的放大器，請證明輸出阻抗可表示如下：

$$R_{of} = \frac{R_o}{1 + A\beta}$$

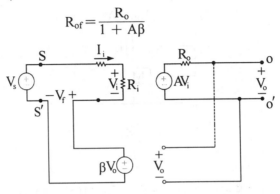

3.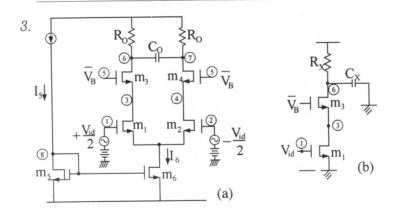

(A) Fig(b) 是 Fig(a) 的 differential node half circuit 或 common mode halfcircuit?(5%)

(B)在 Fig(a)中，若 $C_o = 1PF$，則 Fig(b)中之 C_x 值應為多少

(C)若 MOS 之 r_o（drain-source）電阻值都是無限大；但考慮 parasitic capacitances

(D)試由上題 C.或由觀察法導出 node ③ 如圖所示之 differential mode 時的 pole expression.(10%)

4.(1) Fig.(a)為一 TTL 電路，請寫出 Y 之真值表（truth table）與布林函數（Boolean function）.

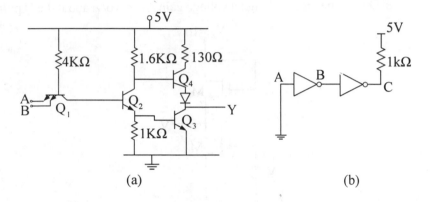

(a)   (b)

(2) Fig(b)中之所有 gate 均為典型之 TTL, TTL 中之電阻數值如 Fig (a)所示，副圖中 A, B, C 三點之電流方向（以←或→表示）與大小各為何？

(3) 假設手邊只有一包含 6 個 inverter 之 IC，已知每一 inverter 之 propagation delay 為 10ns，請問如何僅以此 IC 得到 10MHz 的 clock？畫出線路圖與 timing diagram 說明頻率之計算。

八十八學年度逢甲大學碩士班招生考試試題
〔電子所〕

1. The parameters of the transistors in the circuit shown in Figure are V_{ThD} = -1V, K_D = 0.5mA/V^2 for transistor M_D, and V_{ThL} = +1V, K_L = 30µA/V^2 for transistor M_L. Assume λ = 0 for both transistors.

   (A) Calculate the quiescent drain current I_{DQ} and the dc value of the output voltage.

   (B) Determine the small-signal voltage gain A_V = vo/vi about the Q point.

2. The op-amp in the circuit shown in Figure has an open-loop differential voltage gain of A_d = 10^4. Neglect the current into the op-amp, and assume the output resistance looking back into the op-amp is zero.

   Determine:

   (A) the closed-loop voltage gain A_V = V_O/V_S.

   (B) the input resistance R_{if}.

   (C) the output resistance R_{of}.

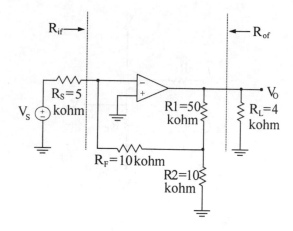

---

3. The amplifier shown in Figure has
   $I = 1mA$, $R_C = 5K\Omega$, $R_s = 5K\Omega$, and $\beta = 100$. Assuming the Early effect and r_O are neglected, determine:

   (A) the input resistance Ri.
   (B) the output resistance Ro.
   (C) the small-signal voltage gain $A_V = V_O/V_S$.
   (D) the small-signal current gain $A_i = I_0/I_1$.

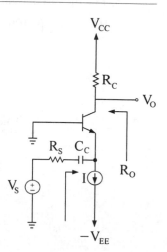

---

4. For the circuit shown in Figure biased at $I_C = 1mA$, $R_S = 1K\Omega$, $R_E = 1K\Omega$, and using a transistor specified to have $f_1 = 400MH_Z$, $C_\mu = 2pF$, $r_x = 100\Omega$, and $\beta_0 = 100$.

   determine:

   (A) the midband gain A_m.
   (B) the frequency of the dominant high-frequency pole.

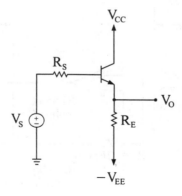

---

5. For the circuit shown in Figure find V_B and V_E for $v_1 = 0$ and $+3$. The BJT's have $\beta=100$.

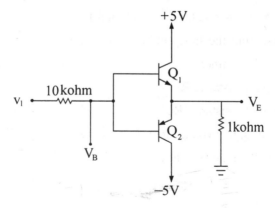

1. The input stage of the 741 op amp is shown in Figure(a). Assume that V_{CC} = V_{EE} = 18V, R_1 = 1KΩ, R_3 = 1KΩ, and R_2 = 50KΩ. The parameters for npn transistor are I_S = 10^{-14}A, β = 50, V_A = 50V.   (A) If the emitter current of the Q_9, I_{E9} = 20μA, find the I_{C1}, I_{C2}, I_C3, I_{C4} [the collector current of the Q_1, Q_2, Q_3, and Q_4, respectively]   (B) Determine the base-emitter voltage of Q_6, V_{BE6}.   (C) Find the input common-mode range of the 741. (Assume that V_{BE} = 0.6V).   (D) Find the input differential resistance of the op amp (seen from the Q_1 and Q_2).   (E) Determine the transconductance of the input stage, G_{m1} = I_0/V_i [V_i = V(+) − V(-) and I_o, is seen from V_{O1}]

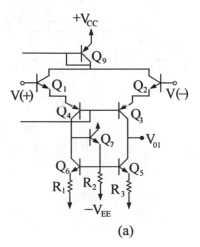

(a)

2. Figure (b) shows a simple astable multivibrator circuit using CMOS gates. Assume that V_{th} = $V_{DD}/2$ and R = 1KΩ, C = 7.21 nF. Find the oscillating frequency.

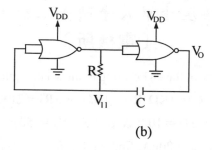

(b)

---

3. Find the logic function implemented by the circuit shown in Figure (c).

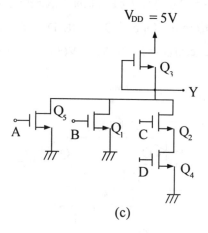

(c)

1. Consider the common-emitter circuit shown in Figure , driven by an ideal signal current source. The transistor parameters are : $h_{FE} = 50$, $V_{EB(on)} = 0.7V$, and the Early voltage $V_A = 100V$ (A)Determine the input and output resistances, R_{if} and R_{of} respectively (B) Find the transresistance tansfer function $A_{is} = v_o/I_s$.

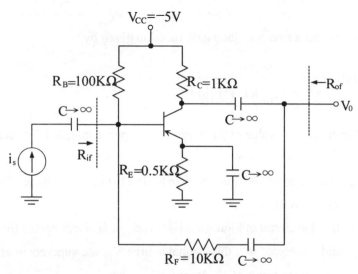

2. For the circuit shown in Figure the NMOS transistor parameters are: $V_{th} = 1V$, $K_n = 0.1mA/V^2$, and $\lambda = 0$. (A) Find dc output V_O. (B) Find ac output resistance R_o.

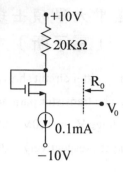

+10V

20KΩ

R_0

V_0

0.1mA

−10V

---

3. Consider a two-pole loop gain function given by

$$T(f) = \frac{\beta(150)}{(1 + j\frac{f}{10^2})(1 + j\frac{f}{10^4})}.$$

Determine the value of β that produces a phase margin of 90 degrees.

---

4. (A) Use the superposition principle to find the output voltage of the circuit shown in Figure

(B) If in the circuit of Figure the 1-kΩ resistor is disconnected from ground and connected to a third signal source V_3, use superposition to determine V_o in terms of V_1, V_2 and V_3.

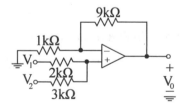

9kΩ

1kΩ

V_1

2kΩ

V_2

3kΩ

+

V_0

---

5. Assuming that the diodes in the circuit of Figure are ideal, find the values of the labeled voltages and currents.

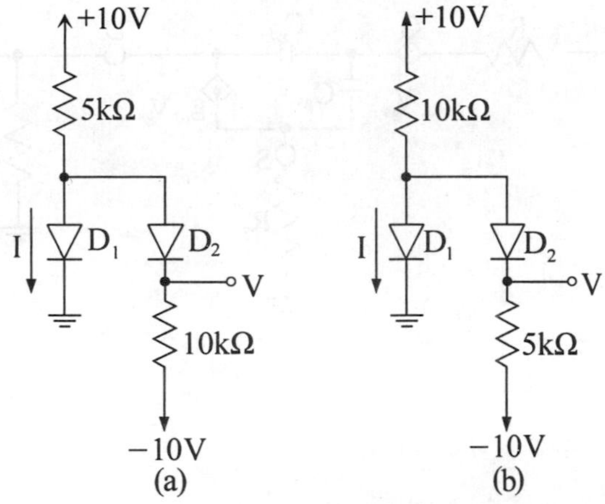

(a)

(b)

6. Figure shows the high-frequency equivalent circuit of a FET amplifier with a resistance R_S connected in the source lead. The purpose of this problem is to show that the value of R_S can be used to control the gain and bandwidth of the amplifier, specifically to allow the designer to trade off gain for increased bandwidth. (A) Derive an expression for the low-frequency voltage gain (set C_{gs} and C_{gd} to zero). (B) In order to be able to determine ω_H using the open-circuit time constants method, derive expressions for R_{gs} and R_{gd}. (C) Let $R = 100K\Omega, g_m = 4mA/V, R_L = 5K\Omega$, and $C_{gs} = C_{gd} = 1pF$ Use the expressions in (A) and (B) above to find the low-frequency gain and the upper 3-dB frequency ω_H for the three cases $R_S = 0, 100,$ and 250Ω. In each case evaluate also the gain-bandwidth product.

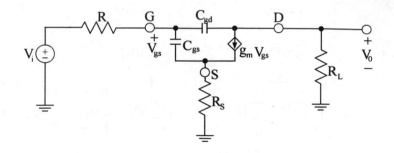

八十七學年度逢甲大學碩士班招生考試試題
〔電機所〕

1. 解釋名詞：
   (A) Einstein Relationship　(B) Depletion Region
   (C) Mass-Action Law　(D) Semiconductor
   (E) Hall Effect

2. 矽質半導體，樣品 A 攙入雜質硼(B)濃度：$5×10^{16}$/cm³
   樣品 B 攙入雜質磷(P)濃度：$5×10^{16}$/cm³
   樣品 C 攙入雜質硼(B)與磷(P)濃度：$5×10^{16}$/cm³
   在室溫下，有關各樣品矽的傳導率(或導電率)之描述，下列何者正確？　(A)A＞B＞C　(B)B＞A＞C　(C)C＞A＞B　(D)C＞B＞A　(E)A＝B＝C

3. 如下圖所示之電路$|V_{BE}| = 0.7V$，$β = ∞$，試求A,B,C,D各節點之電壓。

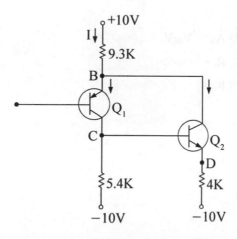

4. 如下圖所示之電路，

 (A)此放大器電路為何種組態？

 (B)電路中所有元件之名稱及其功用，請詳細說明。

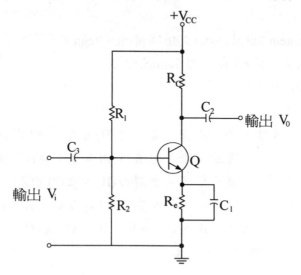

5. 如下圖所示之 Depletion-mode MOSFET 電路，$g_m = 3mA/V$, $r_d = 15K\Omega$，試求：

 (A)電壓增益 $A_V = V_0/V_1$。

 (B)輸入阻抗 R_i。

 (C)輸出阻抗 R_o。

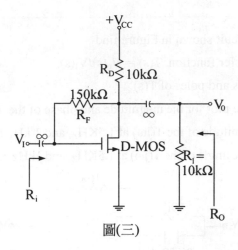

圖(三)

6. Figure shows the output stage of a power amplifier. Assume $V_{CC} = 12V$, $I_{bias} = 0.4mA$, $R_L = 100\Omega$, $\beta_2 = 50$ and $V_{CEsat} = 0$. Also the diodes have the same junction area as the output int transistors.

(A) What is the class of this output stage?(Class A,B,C, or AB)

(B) What is the function of these two diodes?

(C) What is the quiescent current, I_C?

(D) What are the largest positive and negative output signal levels?

[Hint:The largest positive output is obtained when all of I_{bias} flows into the base of Q_2]

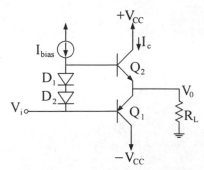

7. For the circuit shown in Figure find

   (A) the transfer function, $T(s) = V_o(s)/V_1(s)$.

   (B) the zeros and poles of $T(s)$.

   (C) the Bode plot for the magnitude and phase of the $T(s)$.

   (D) the magnitude of the $T(j\omega)$ at 1.5KH$_Z$, and 1 kHz respectively[dB].

   (E) the phase angle of the $T(j\omega)$ at 1.5KH$_Z$, and 1kHz respectively[degree].

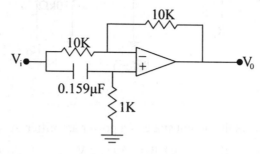

八十六學年度逢甲大學碩士班招生考試試題
〔電機所〕

1. Assume $V_r = 0.7V$ for each diode shown in the circuit in Fig. Plot V_o versus V_i for $-10\,V \le V_i \le +10\,V$.

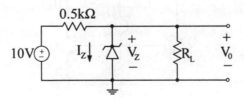

2. Consider the Zener diode circuit shown in Fig. The Zener diode voltage is $V_Z = 6.8\,V$ at $I_Z = 0.1\,mA$ and the incremental Zener resistance is $r_z = 20\Omega$.

(A) Calculate V_O with no load ($R_L = \infty$).

(B) Calculate V_O when a load resistance of $R_L = 1K\Omega$ is connected.

3. In the common-base circuit shown in Fig. , the transistor parameters are:
   $\beta = 100, V_{BE(ON)} = 0.7V, V_A = \infty, C_\pi = 10pF,$ and $C_\mu = 1pF$.
   (A) Determine the upper 3-dB frequencies corresponding to the input and
       output portions of the equivalent circuit.
   (B) Calculate the small-signal midband voltage gain.

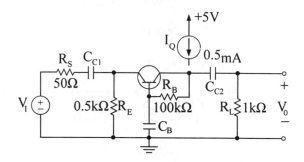

4. If all the transistors in Fig. have very large β and $I_s = 4\times10^{-16}A$. Select
   values for R_1 and R_2 so that $I_1 = 100\mu A$ and $I_2 = 10\mu A$ at $T = 300K$.

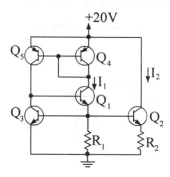

5. Determine the closed-loop gain A_f, input resistance R_{if}, and output resis-
   tance R_{of} for the feedback circuit shown in Fig. Assume $g_{m1} = 275mA/V$,
   $g_{m2} = 133mA/V$ and $h_{fe} = 100$ for both Q_1 and Q_2.

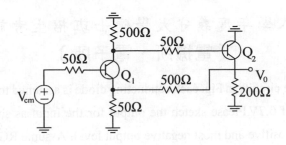

---

6. Consider a depletion-load inverter with $V_{tE} = 1V, V_{tDo} = -3$ V, (W/L) = 2 for the inverting transistor, (W/L) = 0.5 for the load transistor, $\mu_n C_{ox} = 20\mu A/V^2$, $2\phi_f = 0.6V$, $\gamma = 0.5V^{1/2}$, $V_{DD} = 5V$, and the load capacitance $C = 0.1$ pF, calculate the propagation delay time t_{pHL}, t_{pLH}, and t_p.

八十八學年度義守大學碩士班招生考試試題
〔電機所、電子所〕

1. For the circuits in Fig. each conducting diode is assumed to have a voltage drop of 0.7V.Please sketch the output for the input as shown.Label the most positive and most negative output level. Assume $RC \gg T$.

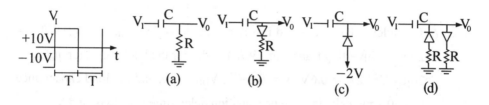

2. For the BiCMOS circuit shown in Fig. the bias current is $I_Q = 1.2$ mA and the transistor parameters are $K_p = 1mA/V^2$. $V_{THp} = -1V$. and $V_{AP} = \infty$ for M_1: and $\beta = 100$. $V_{BF(on)} = 0.7V$. and $V_A = \infty$ for Q_2. Assume R_1 is capacitively coupled with $C_L \to \infty$.

(A) Determine the drain current for M_1 and the collector current for Q_2.(I_{D1}. I_{C2}).

(B) Using hybrid-π model. Determine the small signal voltage gain $A_v = V_o/V_s$.

(C) Find the output resistance R_o.

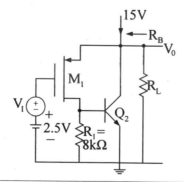

3. The op amp in the circuit of Fig. has an open-loop gain of 10^4 and a single-pole rolloff with $\omega 3dB = 10rad/s$.

(A) Sketch a Bode Plot for the loop gain.

(B) Find the frequency at which the loop gain equals to 1. And find the corresponding phase margin.

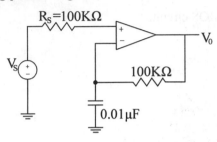

4. A class-A amplifier biased with a constant-constant-current source is shown in Fig. Assume the circuit parameters are $V^+ = 10$ V, $V^- = -10V$, and $R_L = 1K\Omega$. The transistor parameters are: $\beta = 200$, $V_{BE(on)} = 0.7V$, and $V_{CE(sat)} = 0.2V$.

(A) Determine the value of R that will produce the maximum possible output signal swing.

(B) Calculate the conversion efficiency.

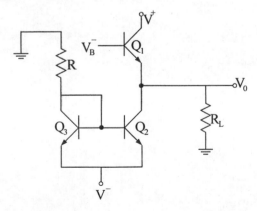

5. Given inputs A,B, and C, please implement the logic function :

$v_o = (A+B) \cdot C$ by

(A) n NMOS circuit.

(B) a CMOS circuit.

(C) a clock CMOS circuit.

八十八學年度義守大學進修班招生考試試題
〔電子所進修班〕

一、單選題

1. 比較其射極（CE），共基極（CB），和共集極（CC）的電晶體低頻小信號放大器，假設電晶體的 π 參數為典型值，$r_b = 0$，$r_\pi = 1k\Omega, \beta = 100, r_o = 50k\Omega$，並且電路中其它元件的值都相同，則下列敘述何者為非：

   (A)共射極（CE）的輸出阻抗最低。

   (B)共基極（CB）的輸入阻抗最低。

   (C)共基極（CB）的電流增益最低。

   (D)共集極（CC）的電壓增益小於1。

   (E)以上皆對。

---

2. 關於增強型（enhancement-type）與空乏型（depletion-type） n-channel MOSFET 的敘述下列何者為非？

   (A)增強型 MOSFET 結構上在閘極（gate）下方，源極（source）與汲極（drain）之間，植入一個 n 型通道。

   (B)增強型與空乏型都是使用 p-type 基片（substrate）。

   (C)空乏型 MOSFET 的 V_{GS} 之臨界電壓（threshold voltage）V_{th}為負的。

   (D)作為放大器使用時，增強型 MOSFET 的 V_{GS} 加正偏壓。

   (E)以上皆對。

---

3. 有一個二極體電路如圖所示，其中D1，D2為理想二極體（ideal diode）若 $V_1 = 3V$，則 V_o 為：

   (A) 5V　(B) 3V　(C) 1.5V　(D) 8V　(E) 2.5V

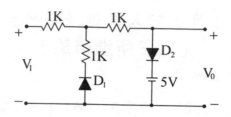

4. 有關電晶體（BJT）的敘述下例何者為非？

(A) 電晶體作為開關時，是在它的截止（cut off）與飽和（satura-tion）兩個區域工作。

(B) 電晶體在飽和區時，B-E 和 B-C 兩個接面都是反偏（reverse bias）。

(C) 電晶體在作用區（active）時，B-E 接面順偏（forward bias），B-C 接面反偏。

(D) 電晶體作為放大器使用時，是在作用（active）區做放大的動作。

(E) 以上皆對。

5. 如下圖所示，試求 $V_{c(S)} = ?$

(A) sCR_2V_S　(B) $\dfrac{V_s}{sCR_2}$　(C) $\dfrac{R_1}{R_2}$　(D) $\dfrac{R_1V_S}{2+sCR_2}$　(E) $\dfrac{R_2}{R_1}V_S$

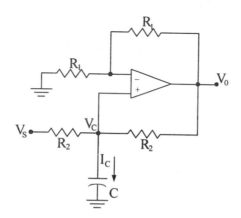

6. 有關電晶體（BJT）和場效電晶體（FET）的比較下列何者為非？

   (A) BJT 是雙載子（carrier）元件，而 FET 單載子元件。

   (B) 在積體電路製作上，BJT 比 FET 佔較大的空間。

   (C) BJT 與 FET 都是電壓控制（voltage-controlled）的電流源。

   (D) 一般而言，FET 作為放大器產生的雜訊（noise）較低。

   (E) 以上皆對。

7. 有一電晶體在電流增益 $|A_1| = 1$ 時，其增益頻寬乘積為 $f_T = 100\text{MH}_Z$。若此電晶體在中頻段的電流增益 $h_{fe} = 200$，試問其 3dB 頻寬 $f_\beta = ?$

   (A) 50kH_Z (B) 20GH_Z (C) 500KH_Z (D) 20MH_Z (E) 1MH_Z

8. 下圖為一共源極放大器（common-source amplifier），若 R_S 被一理想化固定電流源取代，則由 C_S 產生之零點 $W_Z = ?$

   (A) $\dfrac{1}{RC_S}$ (B) $\dfrac{1}{RC_{C1}}$ (C) $\dfrac{1}{R_P C_{C2}}$ (D) 0 (E) $\dfrac{1}{C_S R_S}$

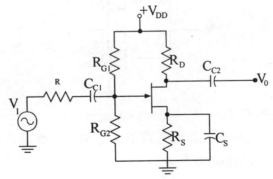

9. 在下圖中，$R_3 = R_4 = 1\text{K}\Omega$，$R_1 = R_2 = R_3 = 2\text{K}\Omega$，$V_1 = 6V$，$V_2 = 3V$，$V_3 = 1V$，則 $V_o =$

(A) 4V　(B) 7V　(C) 6V　(D) 5V　(E) 8V

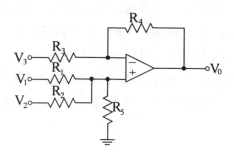

10. 下圖電路中，Q_1 為加強型 NMOS，其臨限電壓 V_T（threshold voltge）$= 2V$, Q_1 為加強型 PMOS，$V_T = -2V$。當 $V_{DD} = 4V$, $0V < V_1 < 2V$ 時

(A) Q_1, Q_2 OFF　(B) Q_1, Q_2 皆 ON　(C) $V_o = 0V$　(D) $V_o = V_{DD}$　(F) Q_1 ON, Q_2 OFF

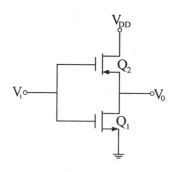

11. 下圖為一回授放大器之迴路增益及相位與頻率的關係圖，則增益邊限（gain margin）為：

(A) $-20 \log|\beta A(f_c)|$　(B) $-20 \log|\beta A(f_n)|$　(C) $-20 \log|\beta A(f_A)|$

(D) $20 \log|\beta A(f_A)| - 20 \log|\beta A(f_c)|$　(E) $20 \log|\beta A(f_A)| - 20 \log|\beta A(f_n)|$

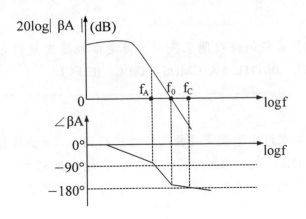

12. 上圖的相位邊限（phase margin）為

(A) $180°+\angle\beta A\,(f_A)$　　(B) $180°+\angle\beta A\,(f_B)$　　(C) $180°+\angle\beta A\,(f_C)$

(D) $\angle\beta A\,(f_C)-\angle\beta A\,(f_A)$　　(E) $\angle\beta A\,(f_B)-\angle\beta A\,(f_A)$

13. 下圖所示為一 JFET 小訊號放大器電路，已知 JFET 的參數值 I_{DSS} ＝ 8mA，夾止電壓 $|V_P|$ ＝ 4V，則在直流偏壓時 JFET 的汲極電流 為：(A) 3.6mA　(B) 3.0mA　(C) 2.0mA　(D) 2.6mA　(E) 1.8mA

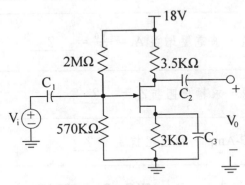

14. 在功率放大器中，工作點的設計是位於負載線中心者是那一類 放大器？　(A) D 類　(B) B 類　(C) C 類　(D) A 類　(E) AB 類

15. 在數位電路的邏輯閘家族中，傳遞信號速度最快者為：
    (A) TTL　(B) DTL　(C) CMOS　(D) I^2L　(E) ECL

二、填空題

16. 設下圖電路中兩個電晶體之特性皆相同，其 h 參數為 $h_{fe} = 100$，
    $h_{ie} = 1K\Omega$，$h_{re} = 0, h_{oe} = 0$。電容值 C 趨近無窮大。試請以近似
    法（忽略比值 0.1 以下之項），求輸入阻抗 Z_i？

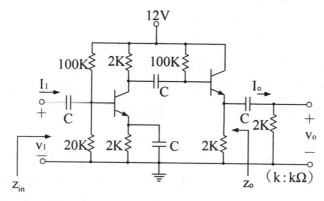

17. 同第 16 題，求電壓增益 $A_v = \dfrac{V_0}{V_1} = $ _____？_____

18. 同第 16 題，求輸出阻抗 $Z_o = $ _____？_____

19. 理想的 OP-Amp 之輸出阻抗為 _____？_____

20. 下圖為一振盪器（$R_3 = 5K\Omega$，$R_4 = 100K\Omega$，$L = 4\mu H, C = 0.01\mu F$），試求：
    振盪頻率 $f_o = ?\ H_z$

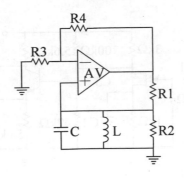

21. 同第 20 題，試求能夠持續振盪的條件：$\dfrac{R_1}{R_2} \leq$ ___?___

22. 下圖為理想運算放大器組成之電路，試問其輸出電壓 $V_o =$?

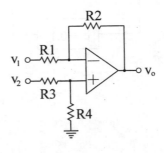

23. 同第 22 題，為使此電路成為差動放大器，則各電阻間須滿足的條件為？

24. 下圖為一放大電路，其中 FET 之 $g_m = 5mS$，電晶體之 $h_{fe} = 3K\Omega$ 及 $h_{fe} = 100$，試求整個電路之電壓增益 $A_v = \dfrac{V_0}{V_1} =$?

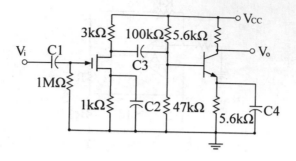

25. 有一負回授放大電路如下圖所示，求 $A_f = \dfrac{V_0}{V_1} = ?$

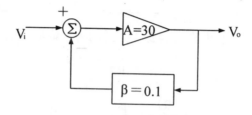

八十七學年度義守大學碩士班招生考試試題
〔電子所〕

1. Fig. shows a cascade of two-transistors amplifiers, each biased by a constant current source I. Q_1 has parameters g_{m1} and r_{d1} and Q_2 has g_{m2} and r_{d2} Find $\dfrac{V_0}{V_1} = ?$

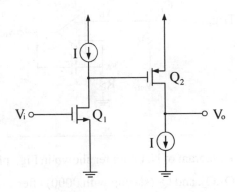

2. The op-amp in the circuit of Fig. has an open-loop gain of 10^4 and two single-pole at $\omega = 10^5$ and 10^6 rad/s, respectively.

(A) Determine whether the closed loop amplifier is stable?

(B) What are the gain and phase margins?

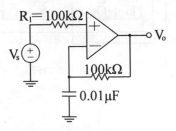

3. Fig. shows a monostable multivibrator circuit. In the stable state, $V_o = L_+$, $V_A = 0$, and $V_B = -V_{ref}$. The circuit can be trigged by applying a positive input pulse of height greater than V_{ref}. For normal operation, $C_1R_1 \ll CR$. Show the resulting waveforms of V_o and V_A. Also, show that the pulse generated at the output will have a width given by $T = CR \ln [\frac{L_+ - L_-}{V_{ref}}]$

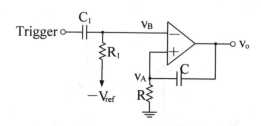

4. For the block diagram of N:1 counter shown in Fig., please write the truth table fot Q_0, Q_1, Q_2, and Q_3 (staring with 0000) after each pulse. Also, please indicate N = ?

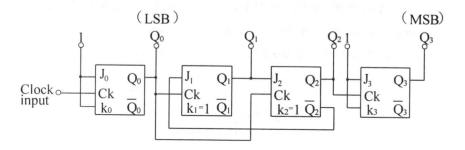

1. Figure here shows a circuit suitable for op amp application. For all transistors $\beta = 150$, $V_{BE} = 0.7V$ and $r_o = \infty$, $R_L = 15K\Omega$ and $C = 30$ pF. The op amp can be treated as a two stage amplifier. The first stage consists of Q_1, Q_2, Q_3 and Q_4 and the second stage second stage consists of Q_5, Q_6 and Q_7. In second stage, there are two paths to the output; One is driven by Q_6 and the other is driven by Q_5 and Q_7.

(A) Calculate the (differential) voltage gain, input resistance of the first strage. The loading effect of second stage should be considered in gain calculation.

(B) Calculate the differential gain through Q_6 in the second stage.

(C) Calculate the differential gain through Q_5 and Q_7 in the second stage.

(D) What is the slew rate and full power bandwidth for this op amp? If op amp is biased by $V_{CC} = +10V$ and $V_{EE} = -10V$.

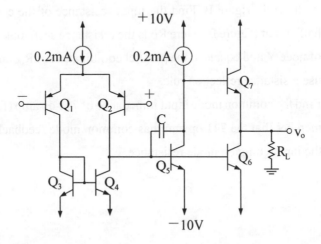

2. Figure A here shows the input stage(including input stage bias) of a 741 op amp. For npn $\beta = 250$, $V_A = 125$. For pnp $\beta = 50$, $V_A = 50$.

(A) The Q1,Q2,Q3 and Q4 of input stage are biased at very law current to increase the input impedance. This is done by using a Wildar current source. The Widlar current source here consists of Q10, Q11,Q12, R4 and R5. Calculate I_{c10}(the collector current of Q10) and R_{o10}.

(B) Continue (A), please explain why $R_{o_{10}}$ is much large than R_{o_9} through the concept of feedback. Also explain what type of feedback (serires-series, series-shunt, shunt-shunt and shunt-scries) it is.

(C) When a common mode input signal is applied to the imput.Q1 through Q4, Q8 and Q9 form a negative feedback loop.which stabilize the bias current for these transistors. Please describe this negative feedback. Also explain what type of feedback (series-series, series-shunt, shunt-shunt and shunt-series) it is and find out the loop gain of common mode feedback.

(D) The equivalent common mode half circuit of the input stage of the 741 is shown in figure B. Find the input resistance of the common mode half circuit (figure B). Here Ro is the resistance seen looking to the left of node Y and equals to the parallel combination of R_{o9} and R_{o10}. Hint: use resistance reflection rule.

(E) Find the common mode input impedance of 741 op amp (figure A). Remember that the 741 op amp has common mode feedback to increase the input common mode resistance.

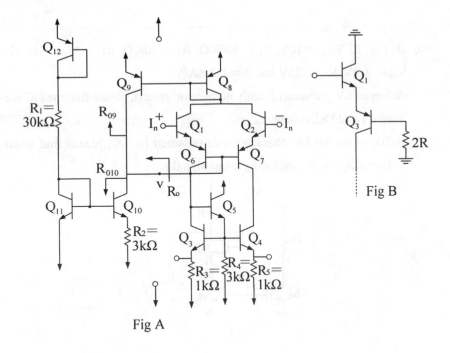

R₁=
30kΩ

R₀₉

R₀₁₀

R₂=
3kΩ

R₃=
1kΩ

R₄=
3kΩ

R₅=
1kΩ

2R

Fig A

Fig B

---

3. In Fig. C, $R_1 = R_2 = R/2 = 10K\Omega$. If the diodes are ideal with cutin potential (V_T) of 0.7V.

(A) Please sketch the transfer characteristic for $-4V \leq v_i \leq 4V$.

(B) Please plot the output voltage (v_o) vs. time for input waveform given in Fig.D.

(C) Please find the average power dissipation of R_o.

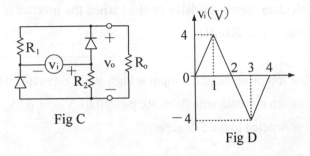

Fig C

Fig D

4. In Fig. E, $V_{DD} = 10V$, $R_1 = 100K\Omega$, $R_2 = 50K\Omega$, $M_1 = M_2 = M_3$ with $V_{th} = 1.0V$, $V_A = 25V$ and $\beta = 0.1mA/V^2$.

   (A) Neglect V_A (channel-length modulation effect), please find the DC current I and DC voltage v_o.

   (B) Based on the DC characteristics obtained in (A), please find small-signal R_{out} while including small-signal r_o.

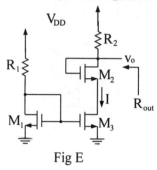

Fig E

5. Consider a CMOS inverter having $\mu_n C_{ox} = 50A/V^2$, $V_{th} = 0.8V$, $L_n = 2\mu m$, and $V_{DD} = 5V$.

   (A) Find the minimum width required to obtain a propagation delay t_{PHL} 0.2ns when the inverter is loaded with a 0.2-pF capacitance. Note that t_{PHL} is time for the output waveform to decrease from 0.9 V_{DD} to 0.1 V_{DD} [Hint: $\int [1/(ax^2 - x)]dx = \ln(1 - 1/ax)$] .

   (B) Calculate the power-delay product when the inverter is switched at a frequency of 200MH$_Z$.

6. For the following circuit, if input is high at 5V, estimate all node voltages and branch currents with $\beta_F = 30$, $\beta_R = 0.01$, $V_{BE} = 0.7V$, and a load of 2KΩ connected to the 5-V supply.

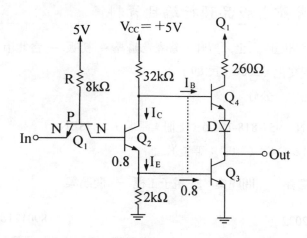

國家圖書館出版品預行編目資料

電子電路題庫大全／賀升，蔡曜光編著. -- 初版. -- 台北市：
揚智文化，2000〔民 89〕

　　冊；　公分

　　ISBN　957-818-187-6（上冊：平裝）. -- ISBN
957-818-224-4（中冊：平裝）.

　1. 電路 － 問題集　2. 電子工程 － 問題集

448.62022　　　　　　　　　　　　　　　89012186

電子電路題庫大全（中冊）

編　　著／賀升　蔡曜光

出 版 者／揚智文化事業股份有限公司

發 行 人／葉忠賢

執行編輯／陶明潔

登 記 證／局版北市業字第 1117 號

地　　址／台北市新生南路三段 88 號 5 樓之 6

電　　話／(02)2366-0309　2366-0313

傳　　真／(02)2366-0310

印　　刷／偉勵彩色印刷股份有限公司

法律顧問／北辰著作權事務所　蕭雄淋律師

初版一刷／2001 年 1 月

ＩＳＢＮ／957-818-224-4

定　　價／新台幣 750 元

帳戶／揚智文化事業股份有限公司　郵政劃撥／14534976

E-mail／tn605547@ms6.tisnet.net.tw　網址／http://www.ycrc.com.tw